| 최신판 |

철골구조
(KDS 14 31)

예문사

Preface..

본 서적은 건축공학을 전공하는 대학 및 대학원생, 실무자들이 새롭게 고시된 강구조설계기준을 쉽게 이해할 수 있도록 다양한 예제를 첨부하였으며, 배경이 되는 이론적인 내용들을 수록하였습니다.

건축물 강구조 설계기준의 개정 연혁은 아래와 같으며, 2024년 5월에 개정된 내용은 이전과 큰 차이가 없습니다.

주요 개정 이력은 다음과 같습니다.

건설기준	주요 내용	제정 또는 개정 (년.월)
하중저항계수설계법에 의한 강구조설계기준	하중저항계수설계법에 의한 기준 제정	제정 (2009.12)
하중저항계수설계법에 의한 강구조설계기준	골조의 안정성, 플레이트 거더 및 곡선박스거더교의 횡설계, 피로 및 파단에 대해 개정	개정 (2014.05)
KDS 14 31 05 : 2016	국토교통부 고시 제2013-640호의 "건설공사기준 코드체계" 전환에 따른 건설기준을 코드로 정비함	제정 (2016.06)
KDS 14 31 05 : 2017	철강재 KS 개정에 따른 주요 기계적 성질인 강도, 연신율 등의 조정 및 세부규정 개정	개정 (2017.12)
KDS 14 31 05 : 2024	구조물 안전 향상을 위한 강구조분야 건설기준 정비 연구에 따른 개정	개정 (2024.05)

미비한 점이 있을지 모르겠지만 계속 수정 및 보완할 것을 약속드리며, 독자 여러분이 목표를 이루는 데 도움이 되었으면 합니다.

끝으로 출간을 위해 후원을 아끼지 않은 예문사 관계자들에게 감사드립니다.

저자 일동

Contents

제1장 철골구조의 개요
  1.1 개요 ··· 1

제2장 강재의 재료적 특성
  2.1 강재의 제법 ··· 4
  2.2 강재의 기계적 성질 ··· 5
  2.3 강재의 열처리 및 용접성 ·· 11
  2.4 구조용 강재의 종류 및 특징 ·· 13

제3장 강구조의 설계법
  3.1 허용응력도 설계법(ASD) ·· 22
  3.2 하중저항계수설계법(LRFD) ··· 23
  3.3 구조계획 및 구조설계 ··· 28

제4장 접합
  4.1 개요 ·· 34
  4.2 고력볼트 접합 ··· 36
  4.3 용접 ·· 53
  4.4 편심접합 ·· 69
  ■ 연습문제 ·· 75

Contents

제5장　인장재

5.1 인장재 설계 개요 ·· 100
5.2 인장재의 단면적 ·· 101
5.3 하중저항계수설계법에 의한 설계인장강도 ·· 113
5.4 조립인장재 ··· 114
5.5 핀접합부재 ··· 115
5.6 아이바(Eyebar) ·· 118
- 연습문제 ·· 120

제6장　압축재

6.1 개요 ··· 140
6.2 압축재의 기본이론 ··· 141
6.3 설계압축강도 ··· 151
- 연습문제 ·· 165

제7장　휨재의 설계

7.1 일반사항 ··· 189
7.2 설계휨강도 ··· 194
7.3 전단강도 ··· 202
7.4 집중하중점 보강 ··· 206
- 연습문제 ·· 208

Contents

제8장　조합력을 받는 부재

8.1 휨과 압축을 받는 1축 및 2축 대칭단면재 ··············· 235

■ 연습문제 ··············· 240

제9장　합성부재의 설계

9.1 일반사항 ··············· 257
9.2 축력을 받는 부재 ··············· 260
9.3 휨을 받는 부재 ··············· 267
9.4 전단을 받는 부재 ··············· 272
9.5 강재 앵커 ··············· 273

■ 연습문제 ··············· 277

제10장　접합부의 설계

10.1 접합부재의 설계강도 ··············· 303
10.2 보이음 ··············· 305
10.3 기둥이음 ··············· 311
10.4 기둥-보 접합 ··············· 315
10.5 패널존 ··············· 324
10.6 베이스 플레이트 설계 ··············· 327

■ 연습문제 ··············· 330

Contents

■ **부록**

1. 형강 단면 성능 ·· 358
2. 용어 정의 ·· 381
3. 주요 기호 ·· 393

제1장 철골구조의 개요

철골구조(KDS 14 31 05)

1.1 개요

철골구조는 철근콘크리트 구조와 더불어 현대에 가장 많이 사용하는 건축구조이며, 경미한 가설구조에서부터 초고층구조 및 장스팬구조와 같은 대규모 구조에 널리 사용되고 있다. 현대 건축구조에서 필수적인 재료로 사용되는 철의 장점과 단점은 다음과 같다.

1. 철골구조의 장점

1) 고강도

강재는 비중에 비해 강도가 높아 골조를 경량화할 수 있기 때문에 고층건물 및 장스팬구조에 적합하다. 가장 일반적으로 사용되는 콘크리트와 철의 강도에 대한 비중을 평가하면 다음과 같다. 여기서 콘크리트와 강재의 강도는 근래에 가장 일반적으로 사용되는 값을 적용하였다.
- 콘크리트 : 강도/비중=24MPa/2.4=10MPa/비중 1
- 강재 : 강도/비중=235MPa/7.8=30MPa/비중 1

2) 연성적 재료

일반적인 구조용 강재는 재료의 항복 이후에도 더 많은 변형에 저항할 수 있는 특성이 있다. 따라서 지진하중에 효과적으로 저항할 수 있는 재료이다.

3) 신뢰성

강재는 재료 자체가 균질하기 때문에 재료적 신뢰성이 매우 높다.

4) 공사기간

강구조의 경우 공장제작 현장설치의 공정으로 공사가 이루어지기 때문에 공사기간을 단축시킬 수 있다.

2. 철골구조의 단점

1) 내화성

강재는 고온에 노출되는 경우 강도가 급격하게 저하되기 때문에 건축물에 사용 시 반드시 내화피복이 필요하다. [그림 1.1]은 구조용 강재의 20~500℃ 범위의 기계적 성질을 나타낸 것이다. 250~300℃에서는 인장강도는 높아지고 연신율과 단면수축률 등이 작아지는 취화점이 있다. 이 현상을 청열취성이라 한다. 그 이상의 온도에서는 강도와 영계수가 저하하고 연신율과 단면수축률은 증대한다. 대략 600℃ 근방에서 강도는 절반으로 떨어진다. 또한 보통의 구조용 강인 경우 상온에서 -80℃까지는 인장강도가 높아지는 경향이 있지만 노치가 있는 경우 일정온도 이하에서 급격히 인장강도가 저하되는 성질이 있다.

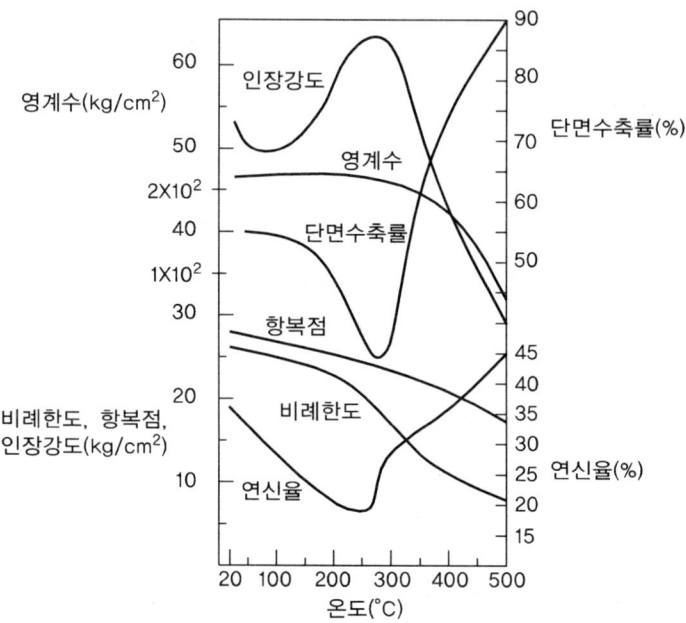

[그림 1.1] 온도변화에 따른 강재의 기계적 성질

2) 접합부

강구조의 경우 콘크리트와 같은 일체식 구조가 아니기 때문에 접합부가 반드시 필요하며, 이러한 접합부를 구성하는 데 많은 비용과 노력이 필요하다.

3) 좌굴

강구조의 경우 재료적 효율을 높이기 위해 얇은 판으로 구성된 단면을 사용하기 때문에 항시 좌굴에 유의해야 한다.

4) 피로

강재는 반복응력이 작용하는 경우 이에 따른 강도저하가 크게 발생된다.

제2장 강재의 재료적 특성

철골구조(KDS 14 31 05)

2.1 강재의 제법

철강재료는 제선-제강-조괴-압연의 과정으로 제조되며, 각 단계별 주요내용은 다음과 같다.

1. 제선(製銑)

고로(용광로) 속에서 코크스의 연소로 생성되는 일산화탄소에 의해 철광석에서 선철(銑鐵)을 만드는 과정

2. 제강(製鋼)

선철은 불순물, 특히 탄소를 3~4.5% 정도 함유하고 있으므로 인성이 부족하다. 따라서 강재의 질을 저하시키는 탄소, 인, 황과 같은 원소들을 선택적으로 제거하고 강재의 성질을 개선시킬 수 있는 원소를 추가하는 과정

3. 조괴(造塊)

제강이 끝나 용융된 강을 꺼내어 주형에 주입하여 강괴를 만드는 과정

4. 성형[압연(壓延)]

강괴를 다시 가열하여 회전하는 롤러 사이를 여러 번 반복적으로 통과시켜 강도를 증가시키고 원하는 형태를 만드는 과정

2.2 강재의 기계적 성질

1. 강재의 응력-변형도 곡선

탄소강의 응력-변형도 곡선에서의 주요영역은 다음과 같이 4가지로 나눌 수 있다.
- 선형구간
- 소성구간
- 변형도 경화구간
- 네킹 및 파괴구간

탄소강의 응력-변형도 곡선상의 주요지점을 정리하면 다음과 같다.

1) 비례한계(A점)

응력과 변형도가 선형비례하는 구간으로 후크의 법칙이 성립한다.

2) 탄성한계(B점)

응력을 제거하면 잔류변형이 남지 않고 원래의 길이로 복귀가 되는 한계점으로 A점과 B점 사이에 존재한다.

3) 상항복점(C점)

4) 하항복점(D점)

응력의 증가 없이 변형도만 증가되는 시점으로 강구조 설계시 기준값 F_y 산정에 기본이 된다.

5) 변형도 경화 개시점(E점)

강재의 항복이 끝나고 다시 응력이 증가되는 개시점으로 이와 같은 응력의 증가현상을 변형도 경화현상이라 한다.

6) 인장강도(F점)

7) Necking(G구간)

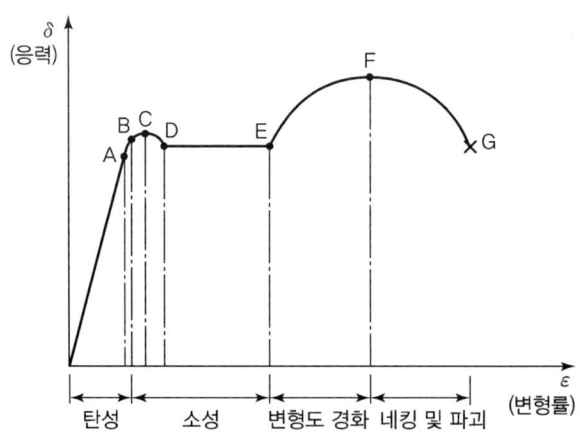

[그림 2.1] 강재의 응력-변형도 곡선

또한, 고강도 강재나 강관과 같이 소성가공된 강재 등에서는 응력-변형도 곡선상에 항복점이나 항복참이 나타나지 않는다. 따라서 이와 같은 강재의 경우 0.2% offset 방법 또는 0.5% extension 방법 등에 의해 항복점을 찾아야 한다. 국내에서는 0.2% offset 방법이 사용된다.

(1) 0.2% offset 방법

변형도 값이 0.2%인 곳에서 원래의 응력-변형도 곡선상의 기울기(탄성계수)와 동일한 기울기로 선을 그렸을 때 만나는 점을 항복점으로 한다.

(2) 0.5% extension 방법

변형도 값이 0.5%인 곳에서 응력-변형도 곡선상에 수직선을 그었을 때 만나는 점을 항복점으로 한다.

(3) 철근콘크리트 구조의 용접철망의 경우 냉간신선에 의한 변형도 경화로 항복강도가 400MPa을 초과하게 된다. 이러한 경우 철근콘크리트 기준에서는 변형도 0.0035(0.35%)에 상응하는 응력값으로 항복강도를 정한다.

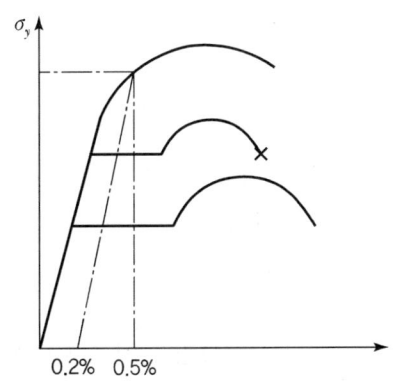

[그림 2.2] 고강도 강재의 항복강도 산정법

2. 연성 및 인성

1) 연성(Ductility)

(1) 재료가 하중을 받아, 비례한도(또는 항복점) 후 파괴에 이르기까지 큰 소성변형을 할 수 있는 능력을 말함
(2) 인장시험 시 시험편의 신장률과 단면적이 줄어드는 것으로 측정
(3) 허용응력도 설계의 여러 가정들을 합리화시켜 줌
(4) 소성설계의 기본이 됨

2) 인성(Toughness)

재료가 파단 시까지 흡수할 수 있는 변형에너지 밀도를 말하며, 응력변형도 곡선에서 곡선 하부의 면적으로 산정할 수 있다. 강구조물에 있어서 인성은 강재가 파괴되기까지 저항할 수 있는 능력을 의미하며, 강구조물에서는 균열을 피할 수 없기 때문에 인성을 균열과 결부시켜서 특별히 노치 인성이라 표현한다. 즉, 노치가 있는 강구조 부재에서 불안정한 균열이라 함은 강구조물에서 균열이 피로에 의해 발생하고 성장하는 안정균열에 반대되는 의미로서, 강구조물에 존재하는 균열이 불안정해지면 구조부재는 취성파괴를 일으키고 순간적으로 붕괴하게 된다. 따라서 이러한 파괴를 막기 위하여 강구조물의 사용환경에 따라 강재의 사용성의 기준으로서 노치인성을 사용한다.

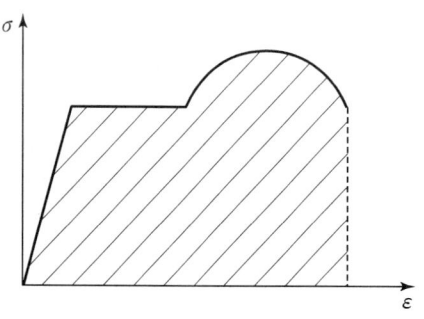

[그림 2.3] 터프니스 계수

이러한 인성을 평가하기 위한 방법은 다음과 같다.

(1) 재료가 충격하중을 받는 경우 이러한 충격하중에 대한 강도는 정적인장시험으로부터 구할 수 없다. 왜냐하면 정적인장시험에 있어 연신율 또는 단면수축률이 큰 재료라고 해서 반드시 충격에도 강하다고 할 수 없기 때문이다.
(2) 온도에 따른 재료의 취성천이과정을 손쉽게 알아볼 수 있다는 점은 충격시험의 가장 커다란 장점이라 할 수 있다.
(3) 일반적으로 충격시험은 재료의 연성 또는 인성의 판정을 위한 것으로 저온 취성, 노치 취성 등의 성질을 파악할 수 있다.
(4) 충격시험은 시험편의 충격저항을 시험하는 데 있다. 시편을 충격적으로 파단시켜 파단될 때까지 흡수되는 에너지의 많고 적음으로써 재료의 인성(Toughness) 및 취성(Brittleness)을 판정하기 위한 것이다.

3. 샤르피(Charpy) 시험방법

노치를 가진 시험편을 일정한 높이에서 해머로 타격해서 파단시키고 그때의 흡수에너지를 구하는 방법을 샤르피 시험방법이라 한다.

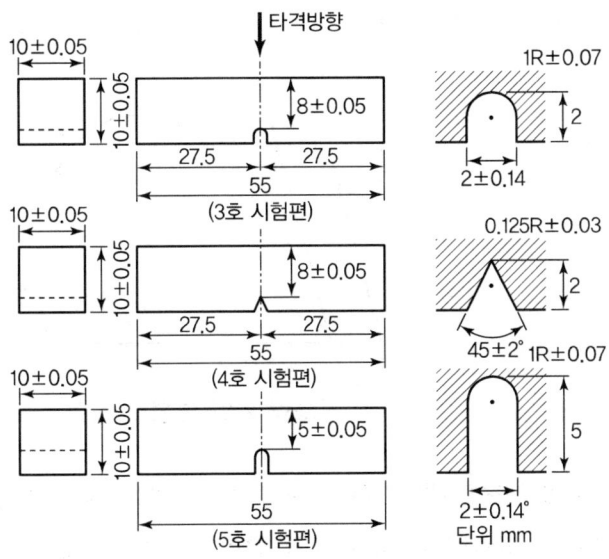

[그림 2.4] 샤르피 충격시험

1) 샤르피 충격치는 샤르피 흡수에너지를 노치부의 원단면적으로 나눈 값을 말한다. 예를 들면 SM강재의 경우 다음과 같이 강종을 구분하고 있다.
   - A : 20℃에서 27J
   - B : 0℃에서 27J
   - C : -20℃에서 27J
   - D : -40℃에서 27J

2) 천이온도는 시험편을 여러 온도에서 시험하였을 때, 흡수에너지가 급격하게 저하 또는 상승하거나, 파면의 겉모양이 연성에서 취성으로 변화하는 등의 현상에 대응하는 온도를 말한다.

4. 변형도 노화

강재의 시험편에 인장력을 가하면 ①과 같은 응력-변형도 곡선을 보인다. 그러나 A점까지 소성변형을 시킨 후 하중을 제거하면 그림에 나타난 것과 같은 잔류변형이 발생한다. 이 시험편에 다시 하중을 가하게 되면 원래의 응력변형도 곡선으로 복귀하게 된다. 그러나 소성변형한 시험편을 1주 혹은 10일 정도 방치한 후 다시 인장력을 가하면 ②와 같은 응력-변형도 곡선이 된다. 이 새로운 응력-변형도 곡선에서는 항복점, 항복참 등이 나타나고 강도가 증가하지만 연신율은 현저히 저하한다. 이러한 현상을 변형도 시효(변형도 노화)라 한다.

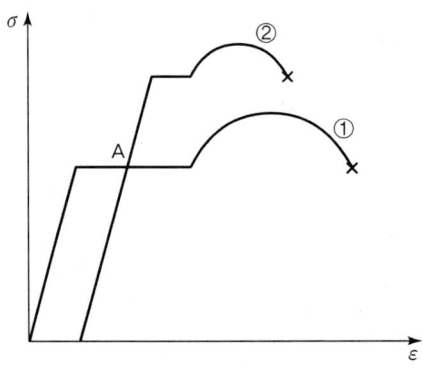

[그림 2.5] 변형도 노화

또한, 재료가 비례한도에 해당하는 응력을 받고 있을 때의 변형에너지 밀도를 복원계수(Modulus of Resilience)라 하며, 다음과 같이 산정할 수 있다.

$$u_r = \frac{\sigma_{pl}\,\varepsilon_{pl}}{2} = \frac{\sigma_{pl}^2}{2E} = \frac{E\,\varepsilon_{pl}^2}{2}$$

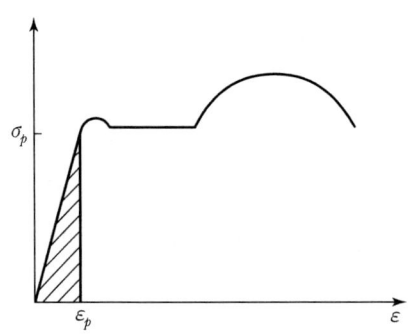

[그림 2.6] 레질리언스 계수

5. 바우싱거 효과

강재 시험편에 인장력을 가해 일정량 소성변형시킨 후, 반대방향 하중인 압축력을 가하게 되면, 인장력을 가한 경우보다 비례한도가 현저하게 작아지게 된다. 즉, 인장응력인 경우보다 훨씬 작은 하중에서 탄성을 상실하게 되는데 이를 바우싱거 효과라 한다.

또한, 변형도 이력에서 응력을 가하는 중 이를 제거하였다가 다시 하중을 가하면 탄성한도가 증가하게 되는데 이를 가공경화라 한다.

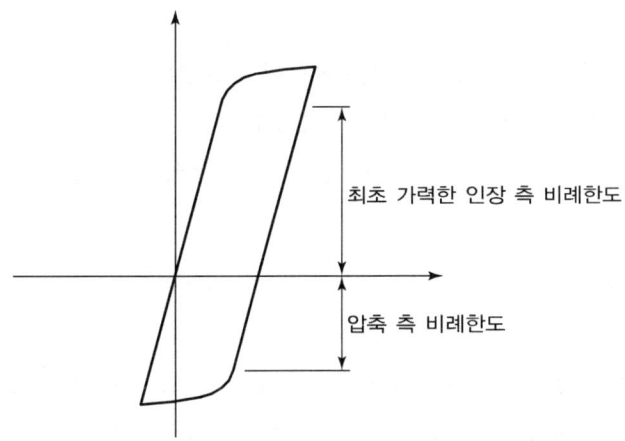

[그림 2.7] 바우싱거 효과

6. 강재의 항복비

강재의 항복강도와 인장강도의 비를 항복비라 하며, 항복비는 강구조에서 보통 쓰이는 SS400 정도인 강재에서는 0.6~0.7 정도이지만 고강도 강재일수록 항복비가 크게 된다. 항복비의 대소는 강재가 항복하고부터 파단에 이르기까지를 나타내는 기계적 성질의 지표로서 항복비가 클수록 연성적인 거동을 확보할 수 없으며, 항복비가 작을수록 강재의 인성도, 취성파괴방지, 소성능력 및 에너지 흡수 및 소산능력 등이 향상된다.

2.3 강재의 열처리 및 용접성

1. 강재의 열처리

1) 담금질(Quenching)

700~750℃ 정도의 온도로 강을 가열한 후 급랭하여 강의 조직을 변화시켜 강재의 강도와 경도를 향상시키기 위한 열처리를 말한다. 담금질에 의해 강의 강도와 경도는 증가하지만 연성은 감소한다.

2) 뜨임(Tempering)

담금질에 의해 생긴 강재의 조직을 변화시켜 안정된 조직에 근접시키는 동시에 잔류응력을 감소시키는 것을 목적으로 적당한 온도(200~400℃)로 가열한 후 서서히 냉각시키는 열처리를 말한다. 높은 강도는 그대로 유지하고 강재의 인성을 증가시키기 위하여 실시한다.

2. 강재의 용접성

1) 개요

KS 규격품의 강재는 강재검사증명서(Mill Sheet)가 첨부되어 출하된다. 밀시트에는 화학성분 분석시험과 기계적 성질의 시험결과가 기재되어 있다. 밀시트에 기재된 화학분석치로부터 강재의 용접성을 추정할 수 있다. 강재의 용접성에 가장 큰 영향을 미치는 인자는 탄소량이며, 탄소량이 많아질수록 고강도 강재를 만들 수 있으나 용접성은 급격히 저하된다. 강재의 용접성을 평가하기 위해 탄소 이외의 원소도 탄소의 상당량으로 환산하여 합산한 값을 탄소 당량이라 한다.

2) 특성

(1) 용접시공에서 용접재료의 선택 또는 예열이나 후열처리 등의 여부를 판단하는 기준으로서 널리 사용된다. 일반적으로 탄소성분이 높을수록 임계점에서의 냉각속도가 빠르므로 더욱 예열이 필요하며 저수소계 용접봉을 사용해야 한다.
(2) 강재의 저온균열 감수성을 평가하는 데에도 이용된다.
(3) 구조용 강의 용접 열영향부의 경화성을 표현하는 척도로 사용되고 있다.
(4) 탄소당량값이 낮을수록 용접성이 좋아진다.
(5) 용접강재의 경우 탄소당량값이 보통 0.44% 이하이다. 구조용 강에서 탄소당량이 0.44%를 초과할 때는 규정된 예열을 실시하여야 한다.

3) 산출식

$$C_{eq} = C + \frac{M_n}{6} + \frac{(C_r + M_o + V)}{5} + \frac{(N_i + C_u)}{15}$$

3. 라멜라 티어링

압연강재는 제조특성상 압연방향과 그 직각방향, 그리고 압연의 두께방향에 따라 다른 특성을 가지게 된다. 탄성상태에서 압연방향과 그 직각방향은 거의 대등한 특성을 가지지만 압연두께 방향의 연신율은 압연방향에 비해 현저하게 떨어진다. 특히 압연두께 방향으로 용접 등에 의해 수축이 발생하게 되면 압연의 결을 따라 찢겨짐 현상이 발생하는데 이를 라멜라 티어링이라 한다.

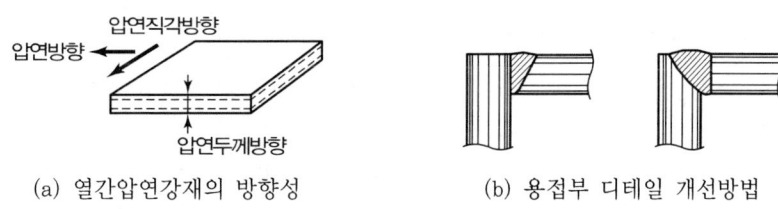

(a) 열간압연강재의 방향성   (b) 용접부 디테일 개선방법

[그림 2.8] 라멜라 티어링 및 용접부 디테일 개선방법

2.4 구조용 강재의 종류 및 특징

1. 구조용 강재의 분류 및 특징

건축구조에서 일반적으로 사용하는 구조용 강재의 표기법은 다음 그림과 같다. 구조용 강재는 용접성과 항복강도 그리고 열처리 등으로 구분하고 있다. 예를 들어 SMA 355AW의 경우는 SMA는 용접구조용 내후성 열간압연강재를 나타내고, 355는 항복강도 355N/mm²를 나타낸다. 그리고 열처리 및 라멜라 테어링에 대해서는 별도의 표기를 하지 않고 있으므로 이러한 특성들에 대한 보증은 특별히 고려하지 않았음을 의미한다.

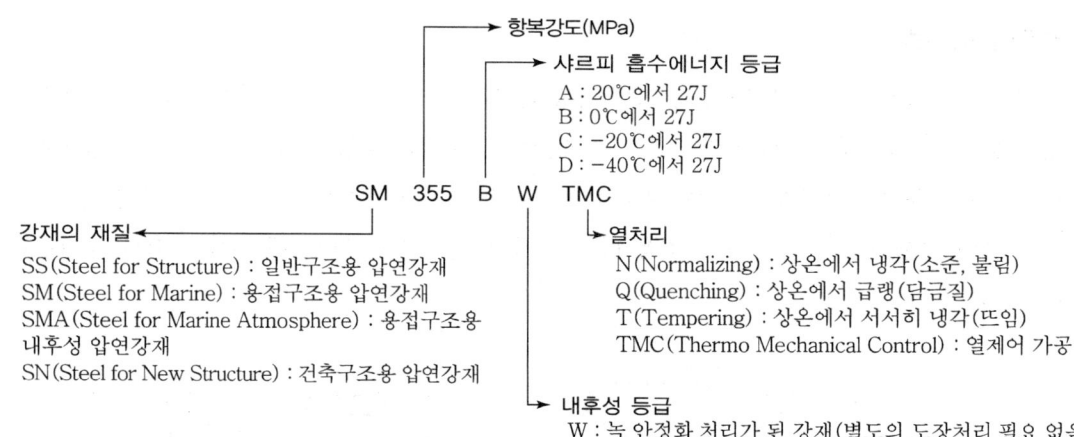

[그림 2.9] 강재의 표기법

주요구조용 강재의 특징은 다음과 같다.

1) 일반구조용 압연강재(SS강재)

SS275등급은 그동안 가장 일반적으로 널리 사용되어 왔다. 그러나 두께가 두꺼워지는 경우(약 25mm) 용접성에 문제가 발생되는 것으로 보고되어 왔으며 고강도강재의 필요성이 요구되는 근래에 와서는 점점 사용이 줄어들고 있다. 특히 SS315강재의 경우 용접성이 문제가 많아 현 기준에서도 용접되지 않는 곳에 사용되는 강재로 분류되어 있기 때문에 사용에 유의하여야 한다.

2) 용접구조용 압연강재(SM강재)

SS강재의 용접성을 개선시키기 위해 원소함유량을 조절하여 탄소당량을 낮게 만든 강재이다. 최근 SM355강재의 사용이 점차 늘고 있는 추세이다. SM강재의 뒤에 붙는 A, B, C는 샤르피 충격에너지 등급을 나타내며, 반복하중을 받는 경우나 저온지역에 사용되는 강재의 경우 B 또는 C등급을 사용하는 것이 바람직하다.

3) 건축구조용 압연강재(SN강재) 및 건축구조용 열간압연강재(SHN강재)

SN강재 및 SHN강재는 일반 강재와는 다르게 건축구조에서만 사용하는 건축전용강재이다. 대규모 지진 등의 자연재해가 발생되어 대형 건축물이 붕괴하는 경우 많은 인명의 손실이 발생되기 때문에 보다 품질관리가 엄격한 강재의 필요성이 대두되어 개발된 강재이다. 주요 특징은 항복비를 제한하여 내진성능을 향상시켰으며, 용접성능을 강화시킨 강재이다. 건축구조용 압연강재가 개발된 이유는 일반기계, 선박 등과 같은 설계에서는 탄성설계를 기본으로 하고 있으나, 건축물의 내진설계에서는 소성변형을 허용하는 설계를 할 수 있기 때문이다. 소성변형을 허용하는 경우 탄성설계에서는 고려하지 않아도 되는 변형능력의 확보, 설계에서 의도한 변형능력의 실현 및 붕괴 메커니즘의 재현성 및 용접성 확보 등이 필요하다. 다만, 건축구조용 압연강재(SN강) 뒤에 붙는 A, B, C는 샤르피 흡수에너지 등급으로 분류된 것이 아니며, 사용 부위에 의한 요구성능의 차이를 나타낸다. 예를 들어 용접이 없고 소성변형성능도 요구하지 않는 보조부재에는 A종을, 주요구조부재 혹은 용접을 필요로 하는 부재에는 B종을, 다이어프램 등과 같이 판두께 방향의 특성도 요구되는 부재에는 C종을 사용하는 것이 바람직함을 나타낸다.

SN강재의 경우 포항제철에서 생산되는 판재의 강재이며, SHN강재의 경우 현대제철에서 생산되는 압연형강이다.

4) TMC : 후판재의 성능개선을 위해 열가공 제어처리

두께가 40mm를 초과하는 강재는 두께 40mm 이하의 강재에 비해 강재표면과 내부의 냉각속도 차이가 크기 때문에 냉각과정에서 발생하는 잔류응력의 영향을 고려하여 항복강도를 낮게 설정하고 있다. 그러나 TMC강재의 경우는 열가공제어에 의해 생산하기 때문에 일반적으로 공랭 혹은 급랭을 하는 강재에 비해 40mm 이상의 강재에서도 잔류응력의 영향이 매우 작아진다. 따라서 TMC강재의 경우는 두께 40mm 이상에서도 항복강도가 거의 저하되지 않으므로 두께 40mm 이하인 경우와 같은 항복강도를 사용할 수 있다.

(1) 고강도를 유지하면서도 탄소당량이 낮아 용접성이 좋다.
(2) 항복비가 낮아 내진성능이 좋다.(항복비 0.8 이하)
(3) 강판의 두께가 40mm를 초과하는 경우에도 항복강도의 감소가 없다.
(4) 후판재의 용접성을 개선시킬 수 있다.

5) 내후성 강

강재를 비바람에 맞히면 수분·염분·아황산가스(이산화황) 등의 작용으로 부식하여 붉은 녹이 슬기 쉽다. 그러나 소량의 구리·인(燐)·크롬 등을 강철에 첨가하면 이 원소들이 녹 층(層)의 안쪽에 농축하여 밀착성이 높은 녹이 슬어, 보호피막의 역할을 하므로 강철이 부식하기 어렵다.

내후성 강은 부식에 효과가 있는 Cu, P, Cr 등을 첨가한 강재로서 내식성은 보통강재일 때보다 4~6배 정도 높다. 내후성 강재는 교량, 수문, 탱크용기, 철탑, 건물의 외장재 등으

로 사용되며, 건물외장재 사용 시 표피에 발생되는 녹의 색을 그대로 외관에 이용한 것이다. 내후성 강은 녹이 나지 않는 것이 아니라 보통 붉은 녹 밑에 특유한 흑갈색 녹이 발생하여 밑바탕 강재와 밀착됨으로써 붉은 녹이 더 깊이 침투하지 못하게 한다.

6) 내화강

(1) 배경

① 1871년 시카고 대화재에 의한 건축물 붕괴로 엄격한 내화규정이 만들어졌으며, 현재 일반적인 구조용 강의 경우 내화피복이 필요하다.

② 화재 시 온도는 1,000℃ 정도이며, 3시간 내화성능을 위해 5cm 피복이 필요하다.

③ 피복감소, 공기단축, 공간이용도 극대화를 위해 내화성능이 뛰어난 강재가 필요하다.

(2) 내화강의 특징

① 일반 구조용 강과 상온에서의 용접성, 가공성 등은 동등

② 항복비가 낮아 내진성이 우수

③ 크롬 및 몰디브덴 원소를 첨가하여 일반강에 비해 고온특성이 우수
600℃에서 상온규격강도의 2/3 이상 보증

(3) 향후 전망

내화강이 가격 경쟁력을 확보하는 경우, 피복의 경감 및 생략으로 공기단축 등이 가능하며, 건물의 유효공간 증대로 경제성을 확보할 수 있을 것으로 사료된다.

2. 주요 구조용 강재의 강도

〈표 2-1〉~〈표 2-4〉는 주요 구조용 강재의 항복강도를 나타낸 것이다. 지난 KBC(2009)의 강구조 설계기준에 비교하여 항복강도의 변화가 있다. 또한 2017년 12월 일부 개정안을 반영하였다.

일반적으로 강재의 두께가 두꺼워지는 경우 냉각속도의 차이에 의해 품질의 확보가 어려워지기 때문에 두께에 따라 항복강도를 저감하여 사용하여야 한다. 그러나 TMC강재의 경우 추가 열처리를 통해 후판재의 성능을 개선하였기 때문에 항복강도의 저감 없이 사용할 수 있다. 용접구조용 압연강재인 SM420, SM460의 고강도강에 TMC강이 추가된 이유는 최근에 건축물이 대형화·고층화되면서 구조부재의 단면이 커지는 경향이 있으므로 단면을 작게 하기 위해 고강도강의 필요성이 증대되고 있기 때문이다. 그러나 강재의 강도를 높이면 탄소량이 증

가되어 인장강도의 증가에 비해 항복강도의 증가비율이 높아져 항복비가 높아지고, 탄소량 증가에 의한 용접성이 저하된다. 따라서 탄소량을 제어하여 고강도를 실현시키기 위해 열처리과정을 개선함으로써 열가공제어를 하여야 한다.

〈표 2-1〉 주요구조용 강재의 재료강도(MPa)

(N/mm²)

강도	강재기호 판두께	SS275	SM275 SMA275	SM355 SMA355	SM420	SM460	SN275	SN355	SHN275	SHN355
F_y	16mm 이하	275	275	355	420	460	275	355	275	355
	16mm 초과 40mm 이하	265	265	345	410	450				
	40mm 초과 75mm 이하	245	255	335	400	430	255	335	–	–
	75mm 초과 100mm 이하		245	325	390	420			–	–
F_u	75mm 이하	410	410	490	520	570	410	490	410	490
	75mm 초과 100mm 이하								–	–

강도	강재기호 판두께	HSA650	SM275-TMC	SM355-TMC	SM420-TMC	SM460-TMC
F_y	80mm 이하	650	275	355	420	460
F_u	80mm 이하	800	410	490	520	570

〈표 2-2〉 냉간가공재 및 주강의 재료강도(MPa)

강재종별		SSC275 SWH275	SNT275	SNT355	SNRT275A	SNRT295E	SNRT355A
판두께(mm)		2.3~6.0⁽¹⁾	2.3~40⁽²⁾		6.0~40⁽²⁾		
강도	F_y	275	275	355	275	295	355
	F_u	410	410	490	410	400	490

주) (1) SWH275의 판두께는 12mm 이하
　　(2) SNRT295E의 판두께는 22mm 이하
비고 1) 강제갑판(SDP)의 재료강도는 모재의 강도 적용

〈표 2-3〉 용접하지 않는 부분에 사용하는 강재 등의 재료강도(MPa)

강도	강재종별 판두께	SS315	SS410	SGT275[1] SRT275[1]	SGT355 SRT355[2]	SF490A	SF540A
F_y	16mm 이하	315	410	275	355	245	275
	16mm 초과 40mm 이하	305	400				
	40mm 초과 100mm 이하	295	–	–	–	–	–
F_u	40mm 초과	490	540	410	500	490	540
	40mm 초과 100mm 이하		–	–	–	–	–

주) (1) SGT275, SRT275의 판두께는 22mm 이하
 (2) SRT355의 판두께는 30mm 이하

〈표 2-4〉 케이블에 사용되는 강재의 재료강도(KS의 최소파단강도)(MPa)

종별	파단강도	적용
E	1,320	비도금 및 도금(도금 후 냉간 가공한 것을 포함한다.)
G	1,470	도금(도금 후 냉간 가공한 것을 포함한다.)
A	1,620	비도금 및 도금(도금 후 냉간 가공한 것을 포함한다.)
B	1,770	비도금 및 도금(도금 후 냉간 가공한 것을 포함한다.)

〈표 2-5〉은 주요 구조용 강재의 재질 및 규격을 나타낸 것이며, 〈표 2-6〉은 냉간가공재와 주강의 재질 및 규격을 나타낸 것이다. 강재를 냉간가공하는 경우, 강관 및 각형 강관으로 성형하는 과정에서 강재가 소성상태로 되는 경우가 많다. 강재를 냉간소성가공하면 그 부분은 큰 소성변형에 의해 강도가 상승함과 동시에 연신율과 인성이 저하된다. 따라서 냉간가공 후에도 건축구조의 강재성능이 크게 저하되는 것을 방지하고, 구조안전성 및 내진안전성을 확보하기 위해 건축구조용 탄소강관 및 내진 건축구조용 냉간성형 각형강관을 사용하여야 한다.

〈표 2-5〉 주요 구조용 강재의 재질·규격

번호	명칭	강종
KS D 3503	일반구조용 압연강재	SS275
KS D 3515	용접구조용 압연강재	SM275A, B, C, D, -TMC SM355A, B, C, D, -TMC SM420A, B, C, D, -TMC SM460B, C, -TMC
KS D 3529	용접구조용 내후성 열간 압연강재	SMA275AW, AP, BW, BP, CW, CP SMA355AW, AP, BW, BP, CW, CP
KS D 3861	건축구조용 압연강재	SN275A, B, C SN355B, C
KS D 3866	건축구조용 열간압연 형강	SHN275, SHN355
KS D 5994	건축구조용 고성능 압연강재	HSA650

〈표 2-6〉 냉간가공재 및 주강의 재질·규격

번호	명칭	강종
KS D 3530	일반구조용 경량형강	SSC275
KS D 3558	일반구조용 용접경량H형강	SWH275, L
KS D 3602	강제갑판(데크플레이트)	SDP 1, 2, 3
KS D 3632	건축구조용 탄소강관	SNT275E, SNT355E, SNT275A, SNT355A
KS D 3864	건축구조용 각형 탄소강관	SNRT295E, SNRT75A, SNRT355A

〈표 2-7〉은 용접하지 않는 부분에 사용되는 강재의 재질 및 규격을 나타낸 것이다. 〈표 2-4〉에 명기된 강재의 경우 용접성이 떨어지기 때문에 용접이 필요한 곳에 사용하여서는 안 된다. 특히 SS315 강재의 경우, 이전에는 건축구조에서 사용되던 강재였지만 지금은 용접이 필요한 부분에는 사용할 수 없기 때문에 주의가 필요하다.

〈표 2-7〉 용접하지 않는 부분에 사용되는 강재의 재질·규격

번호	명칭	강종
KS D 3503	일반구조용 압연강재	SS315, SS410
KS D 3566	일반구조용 탄소강관	SGT275, SGT355
KS D 3568	일반구조용 각형강관	SRT275, SRT355
KS D 3710	탄소강 단강품	SF490A, SF540A

〈표 2-8〉~〈표 2-11〉은 주요구조재료의 규격 등을 나타낸 것이고, 〈표 2-12〉는 강재 재료 정수를 나타낸 것이다.

〈표 2-8〉 케이블로 사용되는 강재의 규격

번호	명칭	강종
KS D 3514	와이어 로프	E종, G종, A종, B종
KS D 7048	이형선 로프	E종, G종, A종, B종
KS D ISO 8369	태경 강선 로프	

〈표 2-9〉 볼트, 고장력볼트 등의 규격

번호	명칭	강종
KS B 1002	6각볼트	4.6
KS B 1010	마찰접합용 고장력 6각 볼트, 6각 너트, 평와셔의 세트	1종(F8T/F10/F35)[1] 2종(F10T/F10/F35)[1] 4종(F13T/F13/F35)[1][2]
KS B 1012	6각 너트	4.6
KS B 1016	기초볼트	모양 : L형, J형, LA형, JA형 강도등급 구분 : 4.6, 6.8, 8.8
KS B 1324	스프링 와셔	—
KS B 1326	평와셔	—
KS F 4512 KS F 4513	건축용 턴버클 볼트 건축용 턴버클 몸체	S, E, D ST, PT
KS F 4521	건축용 턴버클	—

주) (1) 각각 볼트/너트/와셔의 종류
    (2) KS B 1010에 의해 수소지연파괴 민감도에 대하여 합격된 시험성적표가 첨부된 제품에 한하여 사용해야 한다.

〈표 2-10〉 일반볼트의 최소인장강도(MPa)

최소강도 \ 볼트등급	4.6[1]
F_y	240
F_u	400

주) (1) KS D 1002에 따른 강도 구분

〈표 2-11〉 용접재료의 규격

번호	명칭
KS D 3508	피복아크 용접봉심선재
KS D 3550	피복아크 용접봉심선
KS D 7004	연강용 피복아크용접봉
KS D 7006	고장력강용 피복아크용접봉
KS D 7025	연강 및 고장력강 아크용접 솔리드 와이어
KS D 7101	내후성 강용 피복아크용접봉
KS D 7104	연강 및 고장력강용 아크용접 플럭스 코어선
KS D 7106	내후성 강용 탄산가스 아크용접 솔리드 와이어
KS D 7109	내후성 강용 탄산가스 아크용접 플럭스 충전 와이어

〈표 2-12〉 열간압연강재의 형상, 치수규격

번호	명칭
KS D 3051	열간압연봉강과 코일봉강의 형상 치수 및 무게와 그 허용차
KS D 3052	열간압연평강의 형상 치수 및 무게와 그 허용차
KS D 3500	열간압연강판 및 강대의 형상 치수 및 무게와 그 허용차
KS D 3502	열간압연형강의 형상 치수 및 무게와 그 허용차
KS F 4521	건축용 턴버클

〈표 2-13〉 강재의 재료정수

재료 \ 정수	탄성계수(E) (MPa)	전단탄성계수(G) (MPa)	푸아송비 ν	선팽창계수 α(1/℃)
강재	210,000MPa	81,000MPa	0.3	0.000012

제3장 강구조의 설계법

철골구조(KDS 14 31 05)

3.1 허용응력도 설계법(ASD)

허용응력도 설계법은 가장 오래된 설계법이며, 현재에도 널리 사용되고 있다. 이 설계법에서는 재료의 응력과 변형률이 비례한다는 탄성거동에 기초한 설계법으로 안정상의 여유를 확보하기 위해 재료의 강도를 안전율로 나누어 허용응력을 정의하고 있다. 즉 재료의 강도를 일정범위로 작게 본 경우에도 재료에 발생되는 응력보다 크다면 충분히 안정성을 확보할 수 있다는 개념이다. 일반적인 경우 허용응력은 재료강도를 안전율로 나누어 산정하게 되지만 허용휨강도 및 허용압축강도의 경우 항복응력보다는 좌굴과 불안정성 등의 영향을 받게 된다.

즉 허용압축응력도와 허용휨응력도 등은 세장비, 비지지 길이, 폭두께비 등에 의해 결정된다. 허용응력도 설계법을 공식으로 표현하면 다음과 같다.

$$\frac{R_n}{SF} \geq \Sigma Q_i$$

여기서, R_n : 재료의 공칭강도
SF : 안전계수(Safety Factor)

이와 같은 탄성설계에 바탕을 둔 허용응력도 설계법은 안전성에서는 신뢰성이 높은 설계법이지만, 재료 및 하중의 특성을 반영할 수 없는 단점이 있다.

3.2 하중저항계수설계법(LRFD)

1. 개요

하중저하계수설계법은 구조물이 모든 계수하중 조합에 대하여 어떠한 적용 한계상태도 초과하지 않도록 구조물을 설계하는 방법으로 구조물에 요구되는 여러 가지 상태에 대해 한계상태를 확보하는 것으로 확률 또는 신뢰성 이론에 기초한다.

수식으로 표현하면 다음과 같다.

$$\sum \eta_i \gamma_i q_i \leq \phi R_n$$

여기서, η_i : 하중수정계수, γ_i : 하중계수
q_i : 하중 또는 하중효과
ϕ : 공칭저항에 곱하는 강도저항계수
R_n : 공칭저항

강재로 된 부재 또는 다른 재료와 강재가 합성으로 된 부재는 제작, 운반, 시공 및 사용 중의 각 단계에서 검토해야 한다. 부재 및 연결부의 설계는 일반적으로 다음의 한계상태를 만족해야 하며, 구조물의 상황 및 조건에 따라 적절한 한계상태를 적용한다. 각 한계상태에서 적용하는 하중, 하중계수, 저항계수 등은 구조물별 설계기준에 따른다.

1) 강도한계상태

부재와 연결부의 강도 및 국부적 또는 전체적 안전성을 고려하는 한계상태이다.

2) 사용한계상태

정상적인 사용하중상태에서 응력변형 또는 균열 등을 고려하는 한계상태이다. 휨부재의 사용한계상태의 검토는 KDS 14 31 10(4.3.3.1.4 및 4.3.3.2.4)의 규정을 적용한다.

3) 피로 및 파단한계상태

피로 및 재료의 인성에 관계된 파괴를 고려하는 한계상태이며, KDS 14 31 20의 규정에 따라 검토한다.

4) 극한하중한계상태

지진, 홍수 또는 선박충돌 등의 극한적 상황을 고려하는 한계상태이다.

2. 설계하중의 종류

① 고정하중(D) ② 활하중(L) ③ 지붕활하중(L_r)
④ 설하중(S) ⑤ 풍하중(W) ⑥ 지진하중(E)
⑦ 지하수압·토압, 분말 및 입자형 재료의 횡압력(H) ⑧ 온도하중(T)
⑨ 유체압(F) 및 용기내용물하중(F 또는 H) ⑩ 홍수하중(Fa)
⑪ 운반설비 및 부속장치 하중(M) ⑫ 강우하중(R)
⑬ 시공하중(C) ⑭ 파랑하중(Wa) ⑮ 기타 하중

3. 하중조합

1) 강도설계법 또는 하중저항계수설계법의 하중조합

$$1.4(D+F) \quad \cdots (1)$$
$$1.2(D+F+T)+1.6L+0.5(L_r \text{ 또는 } S \text{ 또는 } R) \quad \cdots (2)$$
$$1.2D+1.6(L_r \text{ 또는 } S \text{ 또는 } R)+(1.0L \text{ 또는 } 0.5W) \quad \cdots (3)$$
$$1.2D+1.0W+1.0L+0.5(L_r \text{ 또는 } S \text{ 또는 } R) \quad \cdots (4)$$
$$1.2D+1.0E+1.0L+0.2S \quad \cdots (5)$$
$$0.9D+1.0W \quad \cdots (6)$$
$$0.9D+1.0E \quad \cdots (7)$$

(1) 주차장과 공공집회 장소를 제외하고 기본등분포활하중이 5.0kN/m² 이하인 용도에 대해서는 식 (3), 식 (4) 및 식 (5)에서 활하중 L에 대한 하중계수를 0.5로 감소할 수 있다.

(2) 지하수압·토압 또는 분말 및 입자형 재료의 횡압력에 의한 하중 H가 존재할 때는 다음의 하중계수를 적용하여 조합하여야 한다.

 ① H가 단독으로 작용하거나 H의 하중효과가 다른 하중효과를 증대하는 경우에는 하중계수를 1.6으로 하여야 한다.

 ② H의 하중효과가 영구적이면서 다른 하중효과를 상쇄하는 경우에는 하중계수를 0.9로 하여야 한다.

 ③ H의 하중효과가 영구적이지 않으면서 다른 하중효과를 상쇄하는 경우에는 하중계수를 0으로 하여야 한다.

(3) 별도 요구가 있는 경우 시공하중에 대한 하중조합을 추가하여 고려한다.

2) 허용응력설계법 또는 허용강도설계법의 하중조합

$$D+F \quad \cdots\cdots\cdots\cdots\cdots\cdots\cdots\cdots\cdots\cdots\cdots\cdots\cdots\cdots\cdots\cdots\cdots\cdots\cdots\cdots\cdots\cdots\cdots\cdots\cdots\cdots\cdots\cdots\cdots\cdots\cdots \quad (1)$$

$$D+F+L+T \quad \cdots\cdots\cdots\cdots\cdots\cdots\cdots\cdots\cdots\cdots\cdots\cdots\cdots\cdots\cdots\cdots\cdots\cdots\cdots\cdots\cdots\cdots\cdots \quad (2)$$

$$D+F+(L_r \text{ 또는 } S \text{ 또는 } R) \quad \cdots\cdots\cdots\cdots\cdots\cdots\cdots\cdots\cdots\cdots\cdots\cdots\cdots\cdots \quad (3)$$

$$D+F+0.75(L+T)+0.75(L_r \text{ 또는 } S \text{ 또는 } R) \quad \cdots\cdots\cdots\cdots \quad (4)$$

$$D+F+(0.65W \text{ 또는 } 0.7E) \quad \cdots\cdots\cdots\cdots\cdots\cdots\cdots\cdots\cdots\cdots\cdots\cdots\cdots \quad (5)$$

$$D+F+0.75(0.65W \text{ 또는 } 0.7E)+0.75L+0.75(L_r \text{ 또는 } S \text{ 또는 } R) \cdots (6)$$

$$0.6D+0.65W \quad \cdots\cdots\cdots\cdots\cdots\cdots\cdots\cdots\cdots\cdots\cdots\cdots\cdots\cdots\cdots\cdots\cdots\cdots\cdots\cdots\cdots \quad (7)$$

$$0.6D+0.7E \quad \cdots\cdots\cdots\cdots\cdots\cdots\cdots\cdots\cdots\cdots\cdots\cdots\cdots\cdots\cdots\cdots\cdots\cdots\cdots\cdots\cdots\cdots \quad (8)$$

(1) 지하수압·토압 또는 분말 및 입자형 재료의 횡압력에 의한 하중 H가 존재할 때는 다음의 하중계수를 적용하여 조합하여야 한다.

① H가 단독으로 작용하거나 H의 하중효과가 다른 하중효과를 증대하는 경우에는 하중계수를 1.0으로 하여야 한다.

② H의 하중효과가 영구적이면서 다른 하중효과를 상쇄하는 경우에는 하중계수를 0.6으로 하여야 한다.

③ H의 하중효과가 영구적이지 않으면서 다른 하중효과를 상쇄하는 경우에는 하중계수를 0으로 하여야 한다.

(2) 이 하중조합을 사용할 경우에는 허용응력을 증대하여 설계할 수 없다.

(3) 별도 요구가 있는 경우 시공하중에 대한 하중조합을 추가하여 고려한다.

3) 돌발하중에 대한 하중조합

(1) 건축구조물이 화재, 폭발, 차량충돌 등에 의한 돌발하중에 저항하여 비비례붕괴를 방지하도록 강도와 안정성을 확보하기 위해서는 다음의 하중조합을 사용하여 검토한다.

$$(0.9 \text{ 또는 } 1.2)D+A_k+0.5L+0.2S \quad \cdots\cdots\cdots\cdots\cdots\cdots\cdots\cdots\cdots\cdots \quad (1)$$

여기서, A_k = 돌발사고 A에 의한 하중

(2) 돌발하중에 의하여 손상을 입은 구조물의 잔존저항능력은 책임구조기술자가 식별하여 선정한 구조요소를 가상적으로 제거하고, 다음의 하중조합으로 평가한다.

$$(0.9 \text{ 또는 } 1.2)D + 0.5L + 0.2(L_r \text{ 또는 } S \text{ 또는 } R) \quad \cdots\cdots (2)$$

예제 3.1

KDS 41 12 00 건축물 설계하중에 따라 지붕에 작용하는 하중조합의 기본식을 쓰고, 고정하중 1.5kN/m^2, 지붕의 활하중 1.2kN/m^2, 설하중 0.5kN/m^2, 풍하중 0.5kN/m^2(정압 또는 부압) 작용 시 지붕구조를 설계하기 위한 최대소요하중을 설명하시오.

풀이 하중조합

$1.4(D+F) = 2.1\text{kN/m}^2$

$1.2(D+F+T) + 1.6(L+H) + 0.5(L_r \text{ 또는 } S \text{ 또는 } R)$
$= 1.2 \times 1.5 + 0.5 \times 1.2 = 2.4\text{kN/m}^2$

$1.2D + 1.6(L_r \text{ 또는 } S \text{ 또는 } R) + (L \text{ 또는 } 0.5W)$
$= 1.2 \times 1.5 + 1.6 \times 1.2 \pm 0.5 \times 0.5 = 3.97\text{kN/m}^2 \text{ or } 3.47\text{kN/m}^2$

$1.2D + 1.0W + L + 0.5(L_r \text{ 또는 } S \text{ 또는 } R)$
$= 1.2 \times 1.5 \pm 1.0 \times 0.5 + 0.5 \times 1.2 = 2.9\text{kN/m}^2 \text{ or } 1.9\text{kN/m}^2$

$1.2D + 1.0E + L + 0.2S = 1.2 \times 1.5 + 0.2 \times 0.5 = 1.9\text{kN/m}^2$

$0.9D + 1.0W + 1.6H = 0.9 \times 1.5 \pm 1.0 \times 0.5 = 1.85\text{kN/m}^2 \text{ or } 0.85\text{kN/m}^2$

$0.9D + 1.0E + 1.6H = 0.9 \times 1.5 = 1.35\text{kN/m}^2$

따라서 소요강도는 3.97kN/m^2이다.

4. 크레인하중

주행보, 브래킷, 가새 및 접합부를 포함한 크레인의 모든 지지요소들은 크레인의 최대차륜하중, 수직충격하중, 횡방향 및 종방향 수평하중을 지지하도록 설계하여야 한다.

1) 최대차륜하중

최대차륜하중은 브리지의 무게에 의한 차륜하중에 트롤리가 최대의 차륜하중을 일으키는 위치에 있을 때의 정격용량과 트롤리의 무게에 의한 차륜하중을 더한 하중이다.

2) 수직충격하중

크레인의 수직충격하중은 최대차륜하중에 대하여 다음의 비율로 산정한다.

① 모노레일크레인(전동식) ·· 25%
② 운전실조작 또는 원격조작 브리지크레인(전동식) ······························ 25%
③ 펜던트조작 브리지크레인(전동식) ·· 10%
④ 수동식 브리지, 트롤리, 호이스트를 가진 브리지크레인 또는 모노레일크레인 ··· 0%

3) 횡방향수평하중

전동식 트롤리를 가진 크레인의 주행보에 작용하는 횡방향수평하중은 크레인의 정격용량과 호이스트 및 트롤리의 무게를 합한 값의 20%로 한다. 횡방향수평하중은 주행보에 직각방향으로 주행레일 상부에 수평으로 작용하는 것으로 가정하며, 주행보와 그 지지구조체의 횡방향 강성에 따라 분배한다.

4) 종방향수평하중

수동식 브리지를 가진 브리지크레인을 제외한 크레인의 주행보에 작용하는 종방향수평하중은 최대차륜하중의 10%로 한다. 종방향수평하중은 주행보와 평행하게 주행레일 상부에 수평으로 작용하는 것으로 가정한다.

예제 3.2

강구조의 하중저항계수설계법에서 고층건물의 사용성 한계상태에 대하여 설명하시오.

풀이 1. 풍하중에 의해 과도한 횡변위 또는 가속도가 발생되어서는 안 된다.

일반적으로 고층건물의 최대 횡변위는 H/400 이하로 제한하고 있으며, 이는 상부층 거주자들이 불안감을 느끼지 않게 하기 위한 것이다. 그러나 거주자들의 불안감은 변위보다는 가속도에 지배받는다. 최근의 설계에서는 예측되는 풍하중에 대해 고층건물의 응답을 계산하여 인간이 인지하지 못하는 가속도의 범위 내에서 응답을 제한하는 방법에 의해 설계가 이루어지고 있다.

2. 수직부재의 부등축소에 의해 야기되는 문제점 등을 제어해야 한다.

고층건물의 경우 수직부재의 부등축소 현상은 피할 수 없는 문제이다. 이러한 부등축소 현상에 의해 발생될 수 있는 사용성상의 문제점은 다음과 같다.
(1) 커튼월, 수직배관, 엘리베이터 레일
(2) 비구조 부재의 균열
(3) 슬래브 기울어짐

3. 신축 및 해제 작업에 많은 비용이 필요하기 때문에 재건축이 사실상 불가능하다.

따라서 구조체는 설비 및 외장재의 교체에 대응될 수 있도록 충분한 내구성이 확보되어야 한다.

3.3 구조계획 및 구조설계

1. 구조계획

구조계획이란 건축가에 의해 기본적인 평면과 단면이 결정되면 건물의 골격이 되는 구조체(기둥, 벽체, 보, 슬래브)를 적절히 배치하여 하중과 외력이 무리 없이 지반에 전달될 수 있도록 계획하는 것이다. 이러한 구조계획에서 가장 중요한 단계는 기둥과 벽체, 그리고 브레이스 등을 계획하는 것이며, 전체 구조물의 안정성 및 경제성에 큰 영향을 주는 인자이다.

구조계획에서 중요한 인자의 배치가 결정되면, 기둥 및 보의 단면을 가정하고 구조계산을 수행하게 된다.

예제 3.3

아래와 같이 24m×42m의 규모의 단층 철골조 공장을 설계하려 한다. 아래와 같은 순서로 답하시오.[91회]

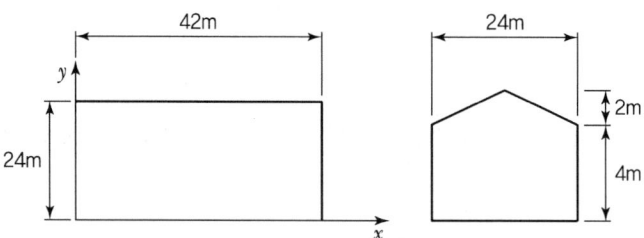

(1) 철골조 공장을 구조계획하고 지붕구조 평면도와 X방향과 Y방향 골조입면도를 도시하시오.(단, 24m 스팬은 단일형강으로 계획한다. 건물의 장방향은 기둥의 간격을 6m로 한다. 지붕과 벽체는 경량판넬이며 PURLIN과 GIRTH는 경량C-형강으로 한다.)
(2) 풍하중에 의한 횡력저항시스템을 X방향과 Y방향으로 나누어 설명하고 풍하중에 의한 힘의 흐름을 설명하시오.
(3) 아래에 명시한 접합부의 디테일을 도시하시오. PURLIN과 큰보의 접합부, 큰보와 기둥접합부, 기둥과 베이스 플레이트와 페데스탈 접합부

풀이 철골구조 구조계획

1. 지붕층구조계획

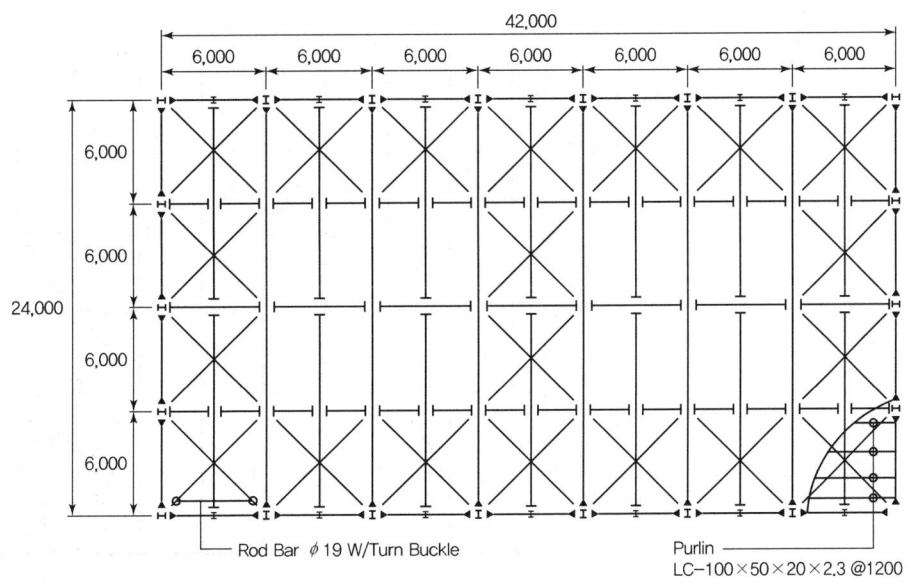

[지붕층 구조평면도]

2. X방향 골조 입면도

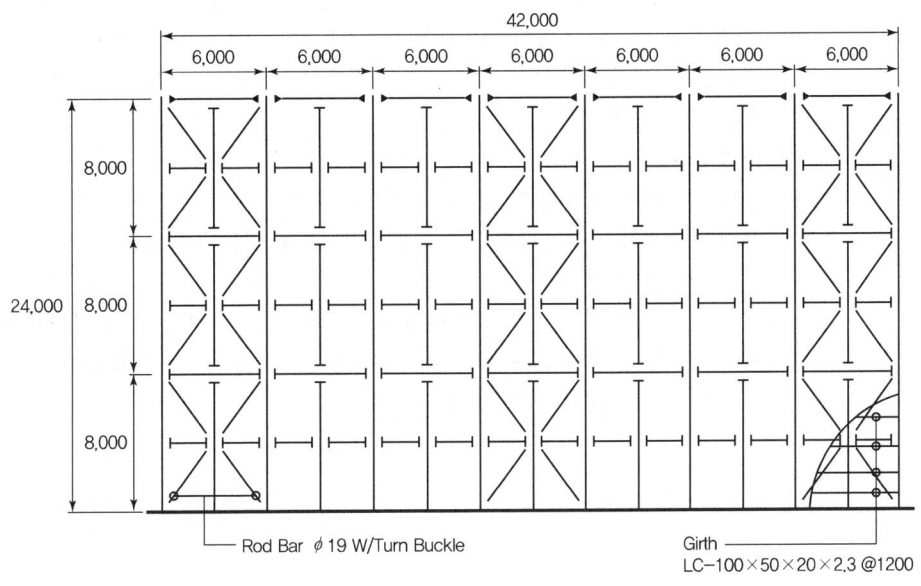

3. Y방향 골조 입면도

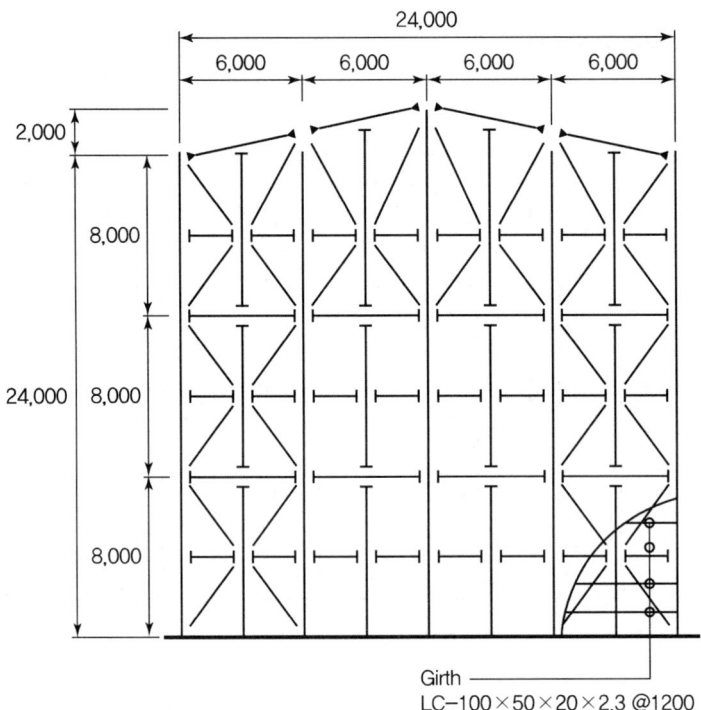

4. 횡력저항 시스템 및 풍하중에 의한 힘의 흐름
   (1) 기본적으로 철골조 공장의 경우 모멘트저항골조로 설계되는 것이 일반적이다. 그러나 특성상 내부에 기둥이 배치되지 않기 때문에 바람에 의한 골조의 변위가 과도하게 발생된다. 이를 제어하기 위해 상기 도면에서와 같이 wall brace를 각 방향으로 계획하는 것이 일반적이다.
   (2) 일반적인 강구조 골조의 경우 바닥판은 콘크리트 슬래브를 적용하며, 이러한 경우 바닥 다이아프램 효과를 기대할 수 있다. 그러나 상기 구조물의 경우 경량 샌드위치 패널로 마감하기 때문에 지붕골조의 다이아프램 거동을 확보할 수 없다. 따라서 roof brace를 설치해야 한다.
   (3) 풍하중은 제일 먼저 샌드위치 패널이 받게 되고 이를 거스 또는 중도리로 전달하게 된다. 거스 및 중도리는 wind column 또는 beam에 의해 지지되며, 이러한 힘은 girder 또는 column으로 전달되게 된다.

5. 접합부 디테일

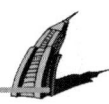

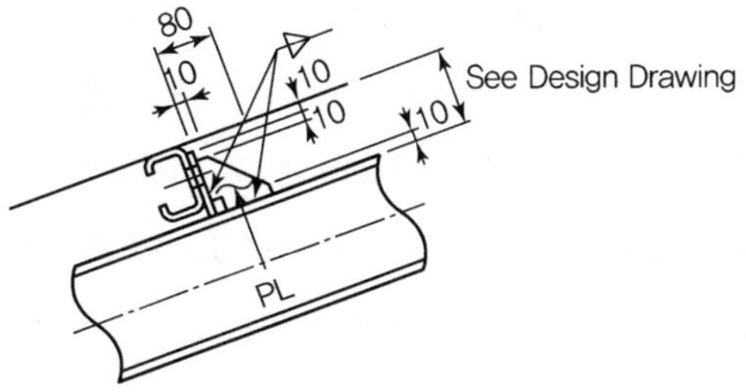

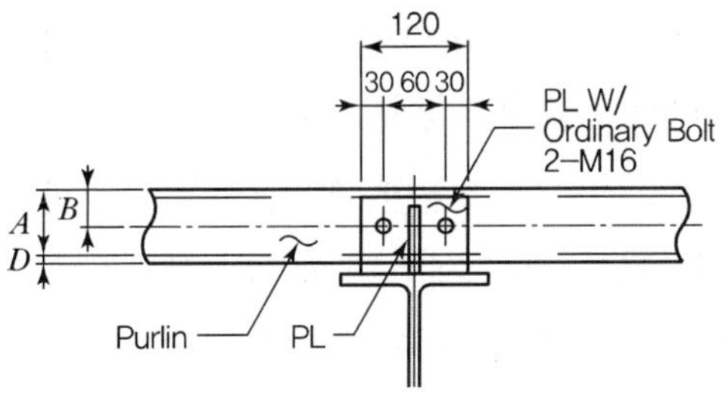

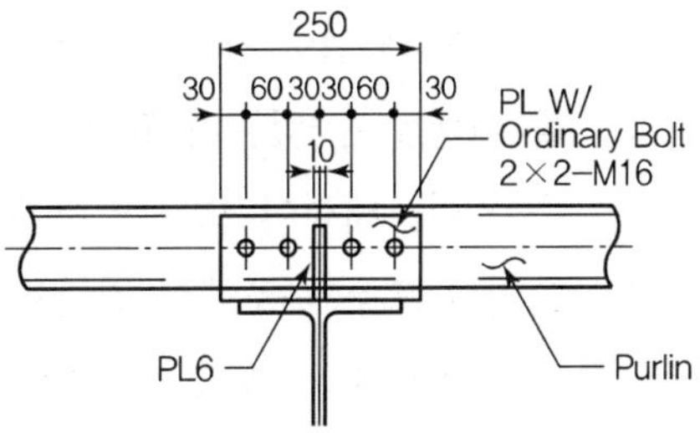

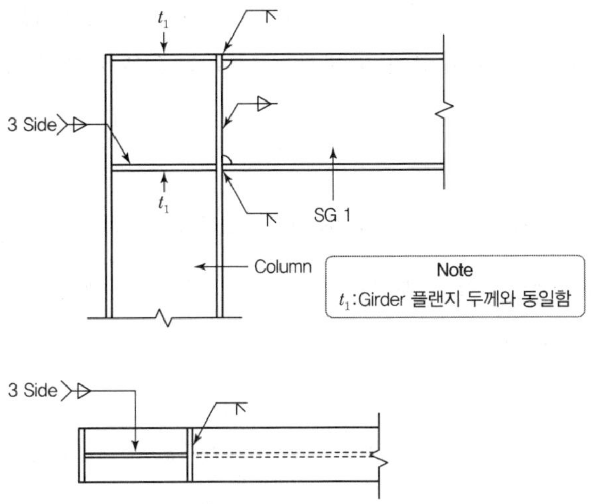

[GIRDER+COLUMN]

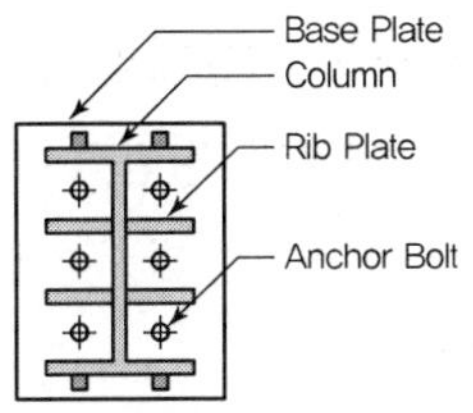

베이스플레이트 상세도

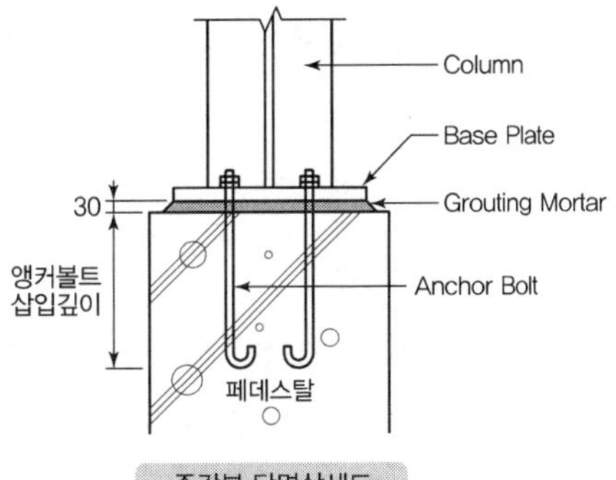

주각부 단면상세도

[COLUMN+BASEPLATE+PEDESTAL]

2. 구조계산

1) 구조계획에 의해 골조의 구성방법이 결정되면 다음 순서로 구조계산을 진행한다.

   (1) 구조해석에 의해 각 부재에 발생되는 휨모멘트, 전단력, 축방향력을 구해야 한다. 보통 구조해석을 프로그램을 이용하여 수행하는데 국내에서 일반적으로 사용되는 해석프로그램은 MIDAS Gen, SAP2000, STUD PRO 등이 있다. 구조해석을 수행하기 위해서는 구조부재의 단면을 가정해야 하며, 능숙한 엔지니어일수록 정확도가 높게 구조단면을 가정한다.

   (2) 구조해석모델이 완성되고 프로그램을 이용하여 단면력이 산정되면 가정된 단면으로 이를 지탱할 수 있는지 확인한다. 이러한 과정도 프로그램의 발전에 의해 빠르게 수행할 수 있다. 내력이 모자란 부재는 그 원인을 확인한 후, 단면을 조정한다.

   (3) 단면이 모두 구조해석 결과를 만족하는 경우 세부 접합부의 설계를 진행한다. 철골구조의 접합부는 제작 및 시공이 편리할 수 있도록 계획하여야 한다.

2) 구조설계 및 계산상 주의사항

   철골구조는 강재의 강도가 매우 높은 수준이므로 부재를 구성하고 있는 플레이트의 두께가 작은 경우가 일반적이다. 따라서 처짐 및 진동 등의 장애가 발생될지에 대해서도 검토가 이루어져야 한다. 경제적인 철골조의 구조계획이 되기 위해서는 다음과 같은 사항을 고려해야 한다.

   (1) 강재의 강도

   고강도 강재를 사용하는 것이 강재량을 절감할 수 있으며, 제작 및 설치비용도 줄일 수 있다. 그러나 처짐 및 진동 등의 사용성이 지배하는 장스팬 구조의 경우에는 고강도 강재를 적용하는 것이 비합리적일 수 있다.

   (2) 부재의 수

   부재의 수가 많아지면 제작 및 설치 비용은 증가하지만, 강재량의 경우에는 강재량이 줄어들 수 있다. 예를 들면 장스팬 보의 경우 단일 형강보를 사용하는 것보다 트러스로 계획하는 것이 강재량이 줄어든다.

   (3) 모멘트 접합부의 수

   접합부를 전단접합보다는 모멘트 접합으로 하는 것이 구조적으로 유리하기 때문에 강재량을 줄일 수 있지만 제작설치비용은 증가되기 때문에 신중히 계획하는 것이 바람직하다.

(4) 동일한 단면의 형강 사용

　단면을 세분화하지 않고 가급적 동일한 단면을 사용하는 경우 강재량은 증가하게 된다. 예를 들면, 스팬이 12m인 보와 스팬이 10m인 보를 동일한 형강으로 계획하는 경우 작업의 단순화 및 제작설치비용은 줄일 수 있지만 강재량이 증가로 인해 재료비는 상승하게 된다. 간단한 구조물의 경우에는 재료비보다는 제작 설치 시의 인건비가 지배하지만, 대규모 구조물인 경우에는 재료비가 지배하기 때문에 경제적인 판단이 매우 필요하다.

(5) 압연형강과 용접형강

　용접형강을 사용하는 경우 설치비의 경우는 큰 차이가 없지만 제작단가가 많이 증가하기 때문에 일반적으로 비경제적이다. 즉 강재량 절감을 통해 얻어지는 비용보다 제작단가의 비용증가가 커지게 된다.

제4장 접합

철골구조(KDS 14 31 25)

4.1 개요

1. 일반사항

철골구조는 압연된 강판, 형강, 강관 등을 구조부재로 사용하며, 공장에서 제작하여 현장에서 조립하여 만드는 가구식 구조이다. 따라서 접합부의 안정성이 매우 중요하다. 그리고 건축시공에서는 공기단축 및 공사비의 절감을 고려하여 접합부가 계획되어야 한다. 철골구조에 적용되는 접합방법은 리벳, 고력볼트, 용접 등이 있으며, 리벳은 시공이 번거롭고 인건비가 많이 들기 때문에 현재 사용되지 않는다.

근래에는 철골구조의 접합부에 주로 고장력 볼트와 용접이 사용되고 있으며, 용접의 경우 현장작업여건이 좋지 않고, 기능공의 수준에 따라 품질이 크게 좌우되기 때문에 대개의 경우 공장에서 이루어진다.

접합부 설계의 일반사항은 다음과 같다.

1) 접합부의 소요강도는 명시된 설계하중에 대한 구조해석에 의해 결정되어야 하며, 설계강도는 이를 만족해야 한다.
2) 축력을 받는 부재의 축이 한 점에서 만나지 않을 경우에는 편심의 영향을 고려해야 한다.
3) 접합부는 "건축강구조표준접합상세지침"에 따른다. 그 외의 경우에는 구조안전상 이상이 없도록 해야 한다.

2. 용접과 볼트의 병용

1) 볼트는 용접과 조합하여 하중을 부담할 수 없으며, 동일한 접합부에 용접과 볼트가 조합하여 사용되는 경우 모든 하중은 용접이 부담하도록 설계해야 한다.

2) 다만 전단접합에는 용접과 볼트의 병용이 허용된다. 전단접합 시 표준구멍과 하중방향에 직각인 단슬롯의 경우 볼트접합과 하중방향에 평행한 필릿용접이 하중을 각각 분담할 수 있다. 이때 볼트의 설계강도는 지압볼트접합 설계강도의 50%를 넘지 않도록 한다.

3) 마찰볼트접합으로 기 시공된 구조물을 개축할 경우 고장력볼트는 기존의 하중을 받는 것으로 가정하고, 추가로 보강되는 용접은 추가된 소요강도를 부담하는 것으로 설계할 수 있다.

3. 볼트와 용접접합의 제한

접합부의 미끄러짐이 발생되는 경우 구조물의 성능저하가 발생되거나 반복하중에 의해 너트가 풀릴 가능성이 있다. 이러한 경우에는 밀착조임만으로 충분치 못하며, 용접접합이나 고력볼트 마찰접합으로 접합부가 설계되어야 한다. 이러한 접합부에 대해서는 용접접합, 전인장조임 지압접합, 마찰접합부로 접합부가 설계되어야 한다.

1) 기둥-보 모멘트접합부에서 볼트가 용접과 병용될 경우에 마찰볼트접합을 사용
2) 충격이나 하중의 반전을 일으키는 활하중이나 동적하중을 받는 기계받침과 교량 등과 같이 동적하중을 받는 구조물의 접합부
3) 높이가 38m 이상인 다층 건축구조물의 기둥이음부
4) 높이가 38m 이상인 건축구조물의 기둥-보 연결부(접합부)와 기둥가새가 연결된 모든 보의 연결부(접합부)
5) 용량 50kN 이상의 크레인을 설치한 건축구조물의 지붕트러스 이음부, 지붕트러스와 기둥 연결부(접합부), 기둥 이음부, 기둥가새, 크레인 지지부

4. 접합부의 최소강도

규정된 설계하중이 없는 경미한 구조의 경우에도 최소한의 소요강도가 고려되어야 한다. 접합부의 설계강도는 어떠한 경우에도 45kN 이상이어야 한다. 그러나 새그로드 또는 띠장의 경우는 예외로 한다.

5. 일반볼트

일반볼트는 주요구조부에서 사용할 수 없으며 주로 가체결용으로 사용하거나, 외장재 등 2차 부재의 체결에 사용된다. 일반볼트의 설계는 고장력볼트 지압접합부의 설계방식과 동일하며, 일반볼트의 강도는 〈표 4-3〉에 나와 있다.

4.2 고력볼트 접합

1. 개요

고장력볼트의 접합은 숙련공이 필요하지 않으며, 비교적 손쉽게 체결이 가능하여 현장에서 주로 사용되는 접합형식이다. 고장력 볼트 접합은 크게 전단접합과 인장접합으로 나눌 수 있으며, 전단접합의 경우 가장 보수적인 마찰접합이 국내에서 일반적으로 사용되고 있다. 그러나 KBC 2009 강구조 기준에서부터 보다 경제적인 접합부 설계를 위해 마찰에 의한 접합뿐만 아니라 고장력 볼트의 직접전단과 판의 지압력에 의한 힘의 전달도 허용하고 있다.

1) 마찰접합

마찰접합은 접합판을 고장력볼트로 강하게 조이면 판의 접합면에 마찰저항이 발생되어 전단력에 저항할 수 있도록 접합된 형식이다.

2) 고력볼트의 지압접합

다음은 마찰력에 의한 체결 시 작용하는 전단력이 마찰력을 초과하는 경우 발생될 수 있는 파괴형상에 대한 그림이다. 고장력볼트의 마찰력을 초과하는 전단력이 작용하는 경우 미끄러짐 변형이 발생된다. 그러나 많은 경우 접합부는 볼트의 전단강도와 판의 지압강도로 추가하중을 저항할 수 있게 된다.

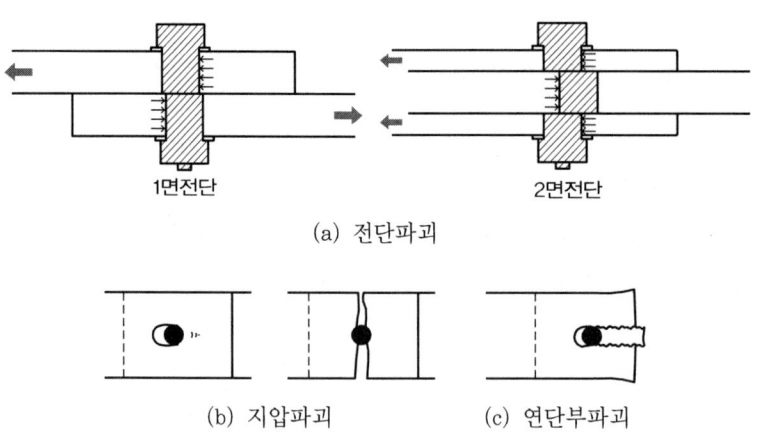

[그림 4.1] 고력볼트 접합부의 파괴형상

고력볼트 접합부의 파괴형상은 다음과 같이 나타낼 수 있다.

(1) 미끄러짐 파괴

마찰력에 의한 체결 시 전단력이 마찰력을 넘게 되면 마찰면에서 미끄러짐 변형이 발생된다.

(2) 전단파괴

미끄러짐 변형이 발생된 이후 고력볼트는 전단력을 받게 되며, 접합판이 충분히 강한 경우 고력볼트는 전단에 의해 파괴된다.

(3) 지압파괴

미끄러짐 변형이 발생된 이후 고력볼트는 전단력을 받게 되며, 접합판은 지압력을 받게 된다. 이때 고력볼트의 전단강도가 충분한 경우 판은 지압에 의해 변형이 발생된다.

(4) 연단부 파괴

연단부의 거리가 충분히 확보되지 않은 경우 접합판이 지압에 의해 연단부에서 파괴된다. 이와 같이 볼트의 전단강도 및 판의 지압강도로써 소요강도에 저항하는 형식의 접합을 지압접합이라 한다. 따라서 마찰접합으로 설계하는 경우보다 볼트의 수량을 줄일 수 있다.

2. 고력볼트 접합부 일반사항

1) 고력볼트의 구멍직경

고장력볼트를 원활히 체결하기 위해서는 고장력볼트의 몸통직경보다 구멍을 크게 뚫어야 한다. 또한 현장에서의 작업성을 위해 구멍을 크게 뚫어야 하는 경우가 발생된다. 설계도서에 명기되지 않은 경우 고장력볼트의 구멍은 표준구멍으로 뚫어야 하며, 작업성을 위해 구멍을 더 크게 뚫어야 하는 경우 과대구멍, 단슬롯구멍 또는 장슬롯구멍을 적용한다. 현재 기준에서의 고력볼트 구멍 직경은 〈표 4-1〉과 같다.

〈표 4-1〉 고장력 볼트의 구멍 직경(mm)

고력볼트의 직경	표준구멍	과대구멍	단슬롯구멍	장슬롯구멍
M16	18	20	18×22	18×40
M20	22	24	22×26	22×50
M22	24	28	24×30	24×55
M24	27	30	27×32	27×60
M27	30	35	30×37	30×67
M30	33	38	33×40	33×75

2) 고장력볼트의 구멍중심 간의 거리는 공칭직경의 2.5배를 최소거리로 하고 3배를 표준거리로 한다.

3) 고력볼트 최소연단거리

고력볼트의 구멍중심에서 피접합재의 연측단까지의 최소거리를 연단거리라 하며, 접합부의 취성파괴를 막기 위해 〈표 4-2〉에 규정된 값 이상의 연단거리가 확보되어야 한다.

〈표 4-2〉 고력볼트 최소 연단거리(mm)

리벳 또는 볼트의 공칭직경(mm)	연측단부의 가공방법	
	전단절단, 수동가스절단	압연, 자동가스절단, 기계가공마감
16	28	22
20	34	26
22	38	28
24	42	30
27	48	34
30	52	38
30 이상	1.75d	1.25d

4) 고력볼트 구멍중심에서 볼트머리 또는 너트가 접하는 재의 연단까지의 최대거리는 판두께의 12배 이하 또한 150mm 이하로 한다.

5) 판과 판 또는 형강이 연속으로 접합되는 경우, 힘이 작용하는 방향으로의 볼트간격은 다음을 만족해야 한다.

(1) 부식을 고려하지 않는 경우에는 얇은 쪽 두께의 24배 또는 300mm 이하

(2) 페인트하지 않은 내후성 강재가 대기 중에 노출되는 경우에는 얇은 쪽 두께의 14배 또는 180mm 이하

상기의 규정은 볼트간격이 너무 먼 경우 판과 판이 서로 밀착되지 않아 수분 등의 침투로 인한 피해를 고려하기 위함이다.

3. 고력볼트의 체결

1) 일반사항

마찰접합 또는 전인장조임되는 고장력볼트는 너트회전법, 직접인장측정법, 토크관리법, 토크쉬어볼트 등을 사용하여 강구조 기준에서 정하고 있는 설계볼트장력 이상으로 체결되어야 하며, 이때 하중이 접합부의 단부를 향할 때는 적절한 설계지압 강도를 갖도록 검토되어야 한다. 그러나 다음의 경우 밀착조임이 사용될 수 있다.

(1) 지압접합

(2) 진동이나 하중변화에 따른 고력볼트의 풀림이나 피로가 설계에 고려되지 않는 경우

(3) 밀착조임이란 임팩트렌치로 수 회 또는 일반렌치로 최대로 조여서 접합판이 완전히 접착된 상태를 말한다. 밀착조임은 설계도면과 시공도면에 명확히 표기되어야 한다.

고장력볼트의 조임 종류는 용도에 따라 밀착조임(Snug-Tight), 전인장조임(Fully-Tensioned) 또는 마찰접합(Slip-Critical Joint)로 구분한다. 여기서, 전인장조임은 마찰면 처리를 하지 않고 설계볼트장력으로 조임한 경우를 말한다.

2) 설계볼트장력(T_o)

고력볼트의 설계상 미끄럼 강도를 확보하기 위한 최소한의 조임력을 말하며, 볼트를 조일 때 발생되는 비틀림응력으로 인해 인장강도가 10% 정도 감소하는 현상과 재료의 항복비가 1.0에 가까운 것을 고려하여 다음과 같이 정하고 있다.

$$T_o = 0.7\sigma_u A_n$$

여기서, A_n : 볼트 유효단면적으로 공칭단면적의 0.75배

3) 표준볼트장력

실제 시공 시 설계볼트장력에 오차가 발생할 수 있으므로 설계볼트 장력에 10% 정도를 할증한 값을 말한다.

〈표 4-3〉 고력볼트의 재료강도(MPa)

강도 \ 강종	F8T	F10T	F13T[1]
F_y	640	900	1170
F_u	800	1000	1300

주1) KS B 1010에 의하여 수소지연파괴 민감도에 대하여 합격된 시험성적표가 첨부된 제품에 한하여 사용하여야 한다.

〈표 4-4〉 고력볼트의 설계볼트 장력

볼트의 등급	볼트의 호칭	공칭단면적(mm²)	설계볼트장력*(T_o)(kN)
F8T	M16	201	84
	M20	314	132
	M22	380	160
	M24	452	190
F10T	M16	201	106
	M20	314	165
	M22	380	200
	M24	452	237
F13T	M16	201	137
	M20	314	214
	M22	380	259
	M24	452	308

* 설계볼트장력은 볼트의 인장강도의 0.7배에 볼트의 유효단면적을 곱한 값
볼트의 유효단면적은 공칭단면적의 0.75배

4) 마찰면의 처리

볼트구멍 중심으로 볼트직경의 2배 이상의 범위의 흑피를 숏블라스트(shot blast) 또는 샌드블라스트(sand blast)로 제거한 후 자연방치 상태에서 붉은 녹이 발생한 상태를 표준마찰면이라 하며, 이 경우 미끄럼계수가 0.5 이상 확보된다. 끼움판(filler plate)을 사용하는 경우 끼움판도 마찰면 처리를 해야 한다.

〈표 4-5〉 미끄럼계수

마찰면의 마감상태	미끄럼계수(μ)
방청도료	0.05~0.20
아연도금	0.10~0.30
흑피	0.20~0.45
샌드페이퍼	0.25~0.45
붉은 녹	0.45~0.75
숏블라스트	0.40~0.75
샌드블라스트	0.45~0.75

5) 고력볼트의 체결방법(마찰접합의 경우)

 (1) 고력볼트 체결 시 볼트군에 동일한 표준볼트장력을 확보하기 위한 기본사항

  ① 볼트군 중앙부에서 외측으로 체결

  ② 고력볼트는 2회에 걸쳐 체결한다.

 (2) 고력볼트의 체결 3단계

  고력볼트의 체결순서는 다음과 같다.

  ① 1차 체결

   가체결 볼트를 남겨둔 채로 잔여볼트 구멍에 고력볼트를 삽입한 후 1차 체결을 실시한다. 이때 가체결 볼트는 부재 간의 밀착을 확보할 수 있어야 한다. 1차 체결은 대략 100,000N·mm(M16)에서 200,000N·mm(M24) 정도의 토크치로 조이는 것이 보통이다.

  ② 마킹(금매김)

   육안검사로 미체결 또는 공회전 볼트를 확인하기 위해 실시하며 너트회전법에서는 합격판정 여부를 검사하기 위해 실시한다. 이때 볼트, 너트, 와셔, 체결판이 모두 포함되도록 마킹한다.

  ③ 본체결

   토크치를 이용하여 체결하는 방법과 너트의 회전량을 이용하여 체결하는 방법이 있다.

   • 토크 관리법

    토크치를 이용하여 표준볼트장력을 도입하는 방법

$$T = k \cdot d_1 \cdot N$$

여기서, k : 토크계수(A종 : 0.11~0.15, B종 : 0.15~0.19)
　　　　　　A종과 B종은 너트 및 와셔의 표면처리상태로 A종의 경우 적은 토크치로
　　　　　　표준볼트장력을 확보할 수 있음
　　　　d_1 : 고력볼트 축부의 공칭직경(mm)
　　　　N : 표준볼트장력

- 너트 회전법

  너트의 회전량을 이용하여 표준볼트장력을 도입하는 방법으로 120°±30° 정도면 합격으로 한다. 볼트의 길이가 긴 경우에는 회전량을 증대시켜야 한다.

- 토크시어볼트법

  체결작업 시 전용공구를 사용하여 일정 토크 이상으로 조이면 볼트 끝부분이 단락되므로 볼트의 장력을 관리할 수 있는 방법이다.

- 직접인장측정법

  돌기가 있는 와셔를 이용하여 볼트의 축력을 추정하는 방법이다.

6) 고력볼트의 체결 시 주의사항

   (1) 나사부를 양호하게 보호한다.
   (2) 나사부에 이물질이 부착되지 않도록 한다.
   (3) 너트는 등급표시가 외부에서 보이도록 한다.
   (4) 고력볼트 머리부의 와셔는 내부지름 면치기가 되어 있는 부분을 볼트 머리 쪽으로 조합한다.

7) 고장력 볼트의 길이

   적정한 볼트 길이의 선정은 매우 중요하므로 체결부 두께를 고려하여 적정길이를 신중히 선정하여야 한다. 실제 시중에서 구할 수 있는 나사의 길이는 KS의 기준에 따라 5mm 단위로 공급되고 있으므로 아래의 선정요령에 의해 선정된 길이에 가장 가까운 것을 선택하여 사용하면 된다.

   $$L = G + (2 \times T) + H + (3 \times P)$$

   여기서, L : 볼트의 길이, G : 체결물의 두께
   　　　　T : 와셔의 두께, H : 너트의 두께
   　　　　P : 볼트의 피치

볼트 체결 후 너트 위로 나오는 볼트의 길이를 여유길이라 하며, 보통 나사산 3개 정도의 길이로 한다. 이상의 내용을 줄여서 설명하면 다음과 같다.

볼트의 길이(L) = 체결물 두께 + 더하는 길이(추천값)

〈표 4-6〉 호칭경별 길이선정 자료

호칭경	와셔의 두께 (T)	너트의 높이 (H)	볼트의 피치 (P)	체결물 두께에 더하는 길이	
				계산값	추천값
M16	4.5	16	2.0	31	30
M20	4.5	20	2.5	36.5	35
M22	6.0	22	2.5	41.5	40
M24	6.0	24	3.0	45	45

추천되는 값보다 더 긴 볼트를 사용할 경우 여유나사 길이가 너무 짧아 볼트의 몸통에서 나사산이 시작되는 부위에 응력이 집중되어 볼트의 연성이 저하되고, 내피로강도가 급격히 저하될 수 있다.

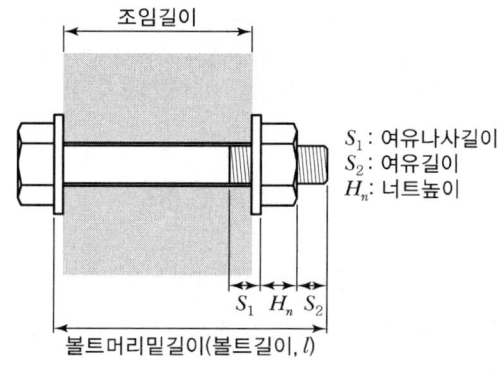

4. 하중저항계수설계법에 의한 고력볼트의 설계강도

1) 볼트의 인장과 전단강도

(1) 고장력볼트의 설계인장강도 또는 전단강도 ϕR_n은 인장파단과 전단파단의 한계상태에 대하여 다음과 같이 산정한다.

$$R_n = F_n A_b \quad \phi = 0.75$$

여기서, F_n : 공칭강도(MPa), F_{nt} : 공칭인장강도
F_{nv} : 공칭전단강도, A_b : 볼트의 공칭단면적(mm²)

(2) 소요인장강도는 접합부의 변형에 의한 지레작용을 고려한 인장력으로 한다. 〈표 4-7〉에 명기된 공칭인장강도 F_{nt}는 볼트의 체결 시 장력의 도입 여부와는 관계없이 적용할 수 있다.

〈표 4-7〉 볼트의 공칭강도(MPa)

강도	강종	고장력볼트			일반볼트
		F8T	F10T	F13T	4.6[5]
공칭인장강도, F_{nt}[1]		600	750	975	300
지압접합의 공칭전단강도, F_{nv}[2]	나사부가 전단면에 포함될 경우[3]	320	400	520	160
	나사부가 전단면에 포함되지 않을 경우[4]	400	500	650	200

주) 1) 인장강도의 0.75배
   2) 힘 작용 방향으로 볼트접합부의 첫 번째 볼트와 맨 끝 볼트의 중심거리가 800mm 이하인 경우에 대한 것임. 이를 초과하는 경우에는 주어진 값의 85%를 적용함. KS B 1010에 의하여 수소지연파괴민감도에 대하여 합격된 시험성적표가 첨부된 제품에 한하여 사용하여야 한다.
   3) 인장강도의 0.4배
   4) 인장강도의 0.5배
   5) KS B 1002에 따른 강도 구분 4.6에 해당

공칭인장강도 F_{nt}는 고장력볼트 인장강도의 75%의 값을 사용하는데, 이는 나사부의 단면적이 공칭단면적의 75%이기 때문이다. 또한 지압접합부의 공칭전단강도의 값은 나사부의 단면적 감소를 고려하여 다음과 같이 산정한다.

① 나사부가 전단면에 포함되지 않는 경우

$$F_{nv} = 0.5 F_u$$

② 나사부가 전단면에 포함되는 경우

$$F_{nv} = 0.4 F_u$$

2) 지압접합에서 인장과 전단의 조합

(1) 지압접합이 인장과 전단의 조합력을 받을 경우 볼트의 설계강도는 다음의 인장과 전단 파괴의 한계상태에 따라서 산정한다.

$$R_n = F_{nt}' A_b \quad \phi = 0.75$$

여기서, F_{nt}' : 전단응력의 효과를 고려한 공칭인장강도, MPa

$$F_{nt}' = 1.3 F_{nt} - \frac{F_{nt}}{\phi F_{nv}} f_v \leq F_{nt}$$

F_{nt} : 고력볼트의 공칭인장강도, MPa
F_{nv} : 고력볼트의 공칭전단강도, MPa
f_v : 소요전단응력, N/mm²

(2) 볼트의 설계전단응력이 단위면적당 전단소요응력 f_v 이상이 되도록 설계한다.

(3) 전단 또는 인장에 의한 소요응력 f가 설계응력의 20% 이하이면 조합응력의 효과를 무시할 수 있다.

3) 볼트구멍의 지압강도

(1) 지압한계상태에 대한 볼트구멍에서 설계강도 ϕR_n는 다음과 같이 산정한다.

① 표준구멍, 과대구멍, 단슬롯구멍의 모든 방향에 대한 지압력 또는 장슬롯 구멍이 지압력 방향에 평행일 경우

㉮ 사용하중상태에서 볼트구멍의 변형이 설계에 고려될 경우

$$R_n = 1.2 L_c t F_u \leq 2.4 dt F_u \quad \phi = 0.75$$

㉯ 사용하중상태에서 볼트구멍의 변형이 설계에 고려되지 않을 경우

$$R_n = 1.5 L_c t F_u \leq 3.0 dt F_u \quad \phi = 0.75$$

② 장슬롯구멍에 구멍의 방향에 수직방향으로 지압력을 받을 경우

$$R_n = 1.0 L_c t F_u \leq 2.0 dt F_u \quad \phi = 0.75$$

여기서, d : 볼트 공칭직경, mm
F_u : 피접합재의 공칭인장강도, MPa
L_c : 하중방향 순간격, 구멍의 끝과 피접합재의 끝 또는 인접구멍 끝까지의 거리, mm
t : 피접합재의 두께, mm

(2) 접합부에 대하여 지압강도는 각각 볼트의 지압강도의 합으로 산정한다.
(3) 지압접합과 마찰접합 모두에 대하여 볼트구멍의 지압강도가 검토되어야 한다.

 예제 4.1

그림과 같은 접합부의 지압접합에 의한 설계강도(강도한계상태)를 구하시오. 단, 강재의 재질은 SS275이며, 고력볼트는 F10T(M20)이다. 상기 접합부는 나사부가 전단면에 존재하지 않으며, 표준 구멍을 사용하였다. 또한 사용하중상태에서 볼트구멍의 변형이 설계에 고려되었다고 가정한다.

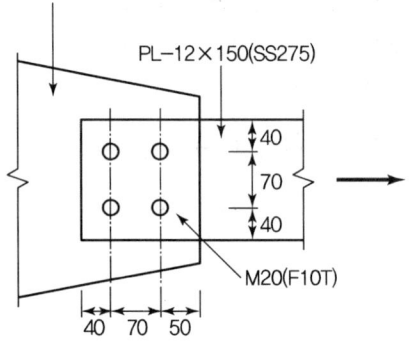

풀이 고력볼트 설계 : 지압접합부

1. 설계전단강도(1면전단)

$$\phi R_n = 0.75 \times F_n \times A_b = 0.75 \times 0.5 F_u \times A_b$$

$$= 0.75(0.5 \times 1,000) \times \frac{\pi(20^2)}{4} \times 10^{-3}$$

$$= 117.75 \text{kN/ea}$$

$$\therefore 4\text{ea} \times 117.75 = 471 \text{kN}$$

2. 설계지압강도

$$R_n = 1.2 L_c t F_u \leq 2.4 dt F_u$$

(1) 인장재 검토

$$2.4 dt F_u = 2.4 \times 20 \times 12 \times 410 \times 10^{-3} = 236.2 \text{kN/ea}$$

① 연단부 구멍에 대해

$$R_n = 1.2 L_c t F_u = 1.2 \times (29) \times 12 \times (410) \times 10^{-3}$$

$$= 171.2 \text{kN} \leq 2.4 dt F_u$$

$$\therefore R_n = 171.2 \text{kN/ea}$$

② 중앙부 구멍에 대해

$R_n = 1.2 L_c t F_u = 1.2 \times (48) \times 12 \times (410) \times 10^{-3} = 283.4 \text{kN} > 2.4 dt F_u$

$\therefore R_n = 2.4 dt F_u = 236.16 \text{kN/ea}$

따라서 볼트 4개에 대한 설계지압강도는

$0.75 [2 \times 171.2 + 2 \times 236.2] = 611.1 \text{kN}$

(2) 거싯 플레이트

$2.4 dt F_u = 2.4 \times 20 \times 10 \times 410 \times 10^{-3} = 196.8 \text{kN/ea}$

① 연단부 구멍에 대해

$R_n = 1.2 L_c t F_u = 1.2 \times (39) \times 10 \times (410) \times 10^{-3} = 191.9 \text{kN} < 2.4 dt F_u$

$\therefore R_n = 191.9 \text{kN/ea}$

② 중앙부 구멍에 대해

$R_n = 1.2 L_c t F_u = 1.2 \times (48) \times 10 \times (410) \times 10^{-3} = 236.2 \text{kN} > 2.4 dt F_u$

$\therefore R_n = 196.8 \text{kN/ea}$

따라서 볼트 4개에 대한 설계지압강도는

$0.75 [2 \times 191.9 + 2 \times 196.8] = 583.1 \text{kN}$

(3) 접합부의 설계지압강도는 거싯플레이트에 의해 지배되며 접합부 설계지압강도는 583.1kN이다.

3. 지압접합부의 설계강도

지압접합부의 설계강도는 고력볼트의 전단에 의해 지배되며, 접합부의 설계강도는 471kN이다.

예제 4.2

그림과 같은 고력볼트 접합부의 안정성을 검토하시오. 단, 강재의 재질은 SS275이며, 상기 접합부는 나사부가 전단면에 존재하며, 표준구멍을 사용하였다. 또한 사용하중상태에서 볼트구멍의 변형이 설계에 고려되었다고 가정하며, 연단거리 및 피치는 최대공칭강도($2.4dtF_u$)가 지배할 수 있을 정도로 충분하다고 가정한다. 인장재 및 연결판의 안정성은 충분히 확보되어 있다.

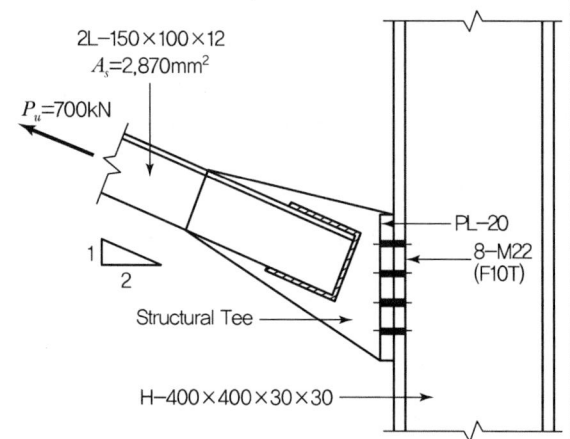

 고력볼트접합 : 조합하중을 받는 지압접합부

    1. 소요강도

       (1) $P_u = 700\text{kN}$

       (2) 고력볼트 접합부 전단력 : $700 \times \dfrac{1}{\sqrt{5} \times 8\text{ea}} = 39.1\text{kN/ea}$

       (3) 고력볼트 접합부 인장력 : $700 \times \dfrac{2}{\sqrt{5} \times 8\text{ea}} = 78.2\text{kN/ea}$

    2. 고력볼트 검토

       (1) 인장검토 : $P_{ut} = 78.2\text{kN} < \phi R_n = 0.75 \times F_n \times A_b = 0.75 \times 0.75 F_u \times A_b$
                                          $= 213.7\text{kN}$

       (2) 전단검토 : $P_{uv} = 39.1\text{kN} < \phi R_n = 0.75 \times F_n \times A_b = 0.75 \times 0.4 F_u \times A_b$
                                          $= 114\text{kN}$

       (3) 조합강도 검토 : $F'_{nt} = 1.3F_{nt} - \dfrac{F_{nt}}{\phi F_{nv}} f_v = 1.3(750) - \dfrac{750}{0.75 \times 400} \times 102.9$

                               $= 717.75\text{MPa} < F_{nt} = 750\text{MPa}$

         여기서, F_{nt} : 고력볼트의 공칭인장강도, MPa
                F_{nv} : 고력볼트의 공칭전단강도, MPa
                f_v : 소요전단응력, N/mm²

       (4) 전단효과를 고려한 설계인장강도
          $\phi R_n = 0.75 F'_{nt} \, A_b = 204.5\text{kN} > 78.2\text{kN}$ ················ O.K

4) 고력볼트의 미끄럼 강도

(1) 미끄럼에 예민한 마찰접합은 미끄럼을 방지하고 지압접합에 의한 한계상태에 대해서도 검토해야 한다.

(2) 미끄럼에 예민한 마찰볼트에 필러를 사용할 경우에는 미끄럼에 관련되는 모든 접촉면에서 미끄럼에 저항할 수 있도록 해야 한다.

(3) 미끄럼 한계상태에 대한 마찰접합의 설계강도는 다음과 같이 산정한다.

$$R_n = \mu\, h_f\, T_o\, N_s$$

- 표준구멍 또는 하중방향에 수직인 단슬롯 구멍인 경우 $\phi = 1.00$
- 과대구멍 또는 하중방향에 평행한 단슬롯 구멍인 경우 $\phi = 0.85$
- 장슬롯 구멍인 경우 $\phi = 0.7$

  여기서, μ : 미끄럼계수
  = 0.5(무도장이고 블라스트 처리한 강재 표면 또는 블라스트 처리한 강재에 미끄럼계수 0.5 발현이 실험적으로 검증된 코팅을 한 표면)
  = 0.4(무기질 아연말 프라이머를 도장한 표면)
  = 0.3(무도장이고 흑피를 제거한 강재 표면 또는 블라스트 처리한 강재에 미끄럼계수 0.3 발현이 실험적으로 검증된 코팅을 한 표면)

  h_f : 필러계수로서,
  $h_f = 1.0$: 필러를 사용하지 않는 경우와 필러 내 하중의 분산을 위하여 볼트를 추가한 경우 또는 필러 내 하중의 분산을 위해 볼트를 추가하지 않은 경우로서 접합되는 재료 사이에 한 개의 필러가 있는 경우
  $h_f = 0.85$: 필러 내 하중의 분산을 위해 볼트를 추가하지 않은 경우로서 접합되는 재료 사이에 2개 이상의 필러가 있는 경우

  N_s : 전단면의 수
  T_o : 설계볼트장력, kN

〈표 4-8〉 고력볼트의 설계볼트장력

볼트의 등급	볼트의 호칭	공칭단면적 (mm²)	설계볼트장력* (T_o)(kN)
F8T	M16	201	84
	M20	314	132
	M22	380	160
	M24	452	190

볼트의 등급	볼트의 호칭	공칭단면적 (mm²)	설계볼트장력* (T_o)(kN)
F10T	M16	201	106
	M20	314	165
	M22	380	200
	M24	452	237
F13T	M16	201	137
	M20	314	214
	M22	380	259
	M24	452	308

* 설계볼트장력은 볼트의 인장강도의 0.7배에 볼트의 유효단면적을 곱한 값
볼트의 유효단면적은 공칭단면적의 0.75배

5) 마찰접합에서 인장과 전단의 조합

마찰접합이 인장하중을 받아 장력이 감소할 경우 설계미끄럼 강도를 다음과 같은 계수를 사용하여 감소시킨 후 검토한다.

$$k_s = 1 - \frac{T_u}{T_o N_b}$$

여기서, N_b : 인장력을 받는 볼트의 수
T_o : 설계볼트장력, kN
T_u : 소요인장력, kN

6) 핀접합

(1) 휨모멘트를 받는 핀의 설계강도 ϕM_n는 다음과 같이 산정한다.

$$M_n = 1.00 F_y Z \quad \phi = 0.90$$

여기서, F_y : 핀의 항복강도, MPa
Z : 핀의 소성단면계수, mm³

(2) 휨모멘트를 받는 핀의 설계전단강도 ϕV_n는 다음과 같이 산정한다.

$$V_n = 0.6\, F_y\, A_p \quad \phi = 0.9$$

여기서, A_p : 핀의 단면적, mm^2

예제 4.3

그림과 같은 접합부의 설계강도를 구하시오. 미끄러짐은 허용되지 않는다. 단, 표준볼트구멍을 사용하였으며, 고력볼트는 F10T(M20), 설계볼트장력은 165kN이다.

[풀이] 고력볼트 설계

1. 볼트구멍의 설계지압강도

   예제 4.1에서 거싯플레이트에 의해 지배되며, 583.1kN이다.

2. 설계미끄러짐 강도

   $\phi R_n = \phi \mu\, h_f\, T_o\, N_s = 1.0 \times 0.5 \times 1.0 \times 165 \times 1.0 = 82.5\text{kN/ea}$

   설계미끄럼 강도 : $82.5 \times 4 = 330\text{kN}$

   - 표준구멍 또는 하중방향에 수직인 단슬롯구멍에 대하여, $\phi = 1.00$
   - 과대구멍 또는 하중방향에 평행한 단슬롯구멍에 대하여, $\phi = 0.85$
   - 장슬롯구멍에 대하여, $\phi = 0.70$

3. 접합부의 설계강도

   설계미끄럼 강도에 의해 결정되며, $\phi R_n = 330\text{kN}$

예제 4.4

그림과 같은 고력볼트 접합부의 안정성을 검토하시오. 미끄러짐은 허용되지 않는다.(단, 강재의 재질은 SS275이며, 상기 접합부는 나사부가 전단면에 존재하며, 과대구멍을 사용하였다. 또한 사용하중상태에서 볼트구멍의 변형이 설계에 고려되었다고 가정하며, 연단거리 및 피치는 최대공칭강도($2.4dtF_u$)가 지배할 수 있을 정도로 충분하다고 가정한다. 인장재 및 연결판의 안정성은 충분히 확보되어 있다. 설계볼트장력은 200kN이다.)

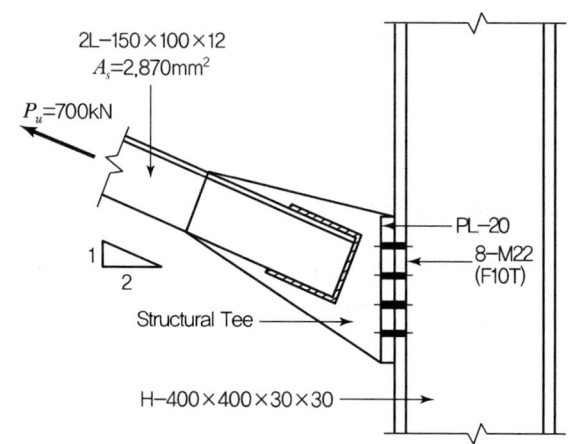

 고력볼트접합 : 조합하중을 받는 지압접합부

1. 소요강도

   (1) $P_u = 700\text{kN}$

   (2) 고력볼트 접합부 전단력 : $700 \times \dfrac{1}{\sqrt{5} \times 8\text{ea}} = 39.1\text{kN/ea}$

   (3) 고력볼트 접합부 인장력 : $700 \times \dfrac{2}{\sqrt{5} \times 8\text{ea}} = 78.2\text{kN/ea}$

2. 볼트구멍의 지압강도

   충분히 안전하므로 검토는 생략함

3. 마찰접합 검토

   (1) 볼트구멍의 지압에 대해서는 안정성을 확보하고 있다.
   (2) 마찰접합 검토
      ① 감소계수

$$k_s = 1 - \dfrac{T_u}{T_o N_b} = 1 - \dfrac{78.2(8)}{200(8)} = 0.61$$

$$\phi R_n = \phi\mu \cdot h_f \cdot T_o \cdot N_s = 0.85 \times 0.5 \times 1.0 \times 200 \times 1 = 85\text{kN/ea}$$

$$k \cdot \phi R_n = 0.61 \times 85 = 51.85\text{kN} > 39.1\text{kN} \quad \cdots\cdots\cdots \text{O.K}$$

4.3 용접

1. 개 요

용접이란 2개 이상의 물체를 국부적으로 원자 간 결합시키는 것을 말한다. 건축에서 사용되는 대표적인 용접법은 다음과 같다.

1) **피복아크 용접(SMAW ; Shielded Metal Arc Welding)**

피복아크 용접은 가장 일반적인 용접법이다. 피복제를 바른 용접봉과 모재 사이에 발생하는 아크의 열을 이용하여 모재의 일부와 용접봉을 녹여서 용접하는 방법이다. 용접봉은 심선(Core Wire)의 외부에 피복제가 씌워져 있으며, 피복제의 역할은 다음과 같다.

(1) 피복제의 역할

① 아크열로 인해 분해되어 다량의 가스를 발생시킴으로써 공기를 차단한다. 따라서 아크를 대기로부터 차단하여 보호 및 안정화시킨다.

② 용융점이 낮은 슬래그를 만들어 용융부의 금속표면을 덮어서 산화나 질화를 방지하고 냉각을 천천히 하여 탈산작용을 돕는다.

③ 탈산작용 : 용융금속 중의 산소와 결합하여 산소의 유해한 영향을 줄인다.

④ 합금원소 첨가 : 용착금속의 성질을 개선하기 위해 Mn, Si, Ni, Mo, Cr 등을 첨가하기도 한다.

(2) 용접 시 주의사항

① 용접봉의 건조 : 심선을 감싸고 있는 피복제는 수분을 흡수하기 쉬운데, 수분은 용접부에 기공이나 균열의 원인이 된다. 따라서 사용 전에는 2~3시간 정도의 건조가 필요하다.

② 균열에 대한 감수성이 큰 고장력강, 고탄소강 등의 용접에는 저수소계 용접봉을 사용한다. 저수소계 용접봉은 다른 용접봉에 비해 수소의 양이 1/10 정도로 낮아서 용착금속의 인성과 기계적 성질에 좋다.

③ 적정 용접전류의 선택 : 지나치게 높은 용접전류는 입력량이 높아져서 모재의 변형을 초래하고 비드면이 거칠며, 언더컷·기공이 발생하기 쉽다. 낮은 전류는 슬래그, 용입불량 등이 생기기 쉽다.

④ 환기 : 용접장소는 항상 환기 및 통풍이 잘되도록 하고, 방진 마스크를 착용하는 것이 안전하다.

2) 서브머지드아크 용접(SAW ; Submerged Arc Welding)

서브머지드아크 용접은 이음부 표면에 뿌린 미세한 입상 플럭스(Flux) 속에 피복하지 않은 용접봉 전극을 갖다 대어서 아크 용접하는 방법이며, 공장에서 자동으로 대량의 용접이 필요할 때 주로 사용하는 자동용접방식이다.

서브머지드아크 용접의 특징은 다음과 같다.

● SAW의 특징
① Flux의 보호작용으로 인해 능률적이며, 안정된 용접이 가능하기 때문에 신뢰성이 높다.
② 용접속도가 빠르다.
③ 아크 보호가 확실하다.
④ 아크광이 거의 보이지 않는다.
⑤ 아크가 보이지 않아 적부를 확인하여 용접할 수 없다.(대량 불량의 가능성)
⑥ 용접자세는 하향으로만 가능하다.
⑦ 용융깊이가 깊으므로 개선가공 시 정밀함이 필요하다.
⑧ 대전류 용접의 경우 열영향부의 성능악화 우려가 있다.

3) 일렉트로슬래그 용접(ESW ; Electro Slag Welding)

일렉트로슬래그 용접은 주로 box형 column 제작에 많이 사용되며, 후판재의 용접을 위해 개발된 방법이다.

● 특징
① 매우 두꺼운 판의 용접에 적당하다.
② 특별한 홈 가공 없이 I형 홈이면 된다.
③ 수동용접에 비해 4~6배의 용접이 빠르다.
④ 한 pass로 용접할 수 있어 모재의 변형이 적다.

4) 가스실드아크 용접(GSAW ; Gas Shield Arc Welding)

가스실드아크 용접은 가스로서 아크를 보호하여 용접하는 방법이다. 가스실드아크 용접의 특징은 다음과 같다.

● 특징

① 가스로는 CO_2, CO_2+O_2, CO_2+Ar이 사용된다.
② 가스로서 실드효과를 내고 있으므로 옥외작업에서는 방풍장치가 필요
③ 일종의 반자동 용접이다.
④ 가스중독 때문에 환기가 필요하다.
⑤ 자동용접에 비해 설치가 쉽고 손용접에 비해 용접속도가 2배 이상 능률적이다.

2. 용접결함

1) 용접균열

(1) 고온균열

① 용접 후 용접부 또는 그 근방의 온도가 550℃ 이상에서 발생
② 철보다 낮은 융점의 유황, 인 등이 철보다 먼저 결정입계에 석출되어 결합력이 낮아진 상태에서 수축응력을 받는 경우 발생
③ 고온균열을 피하기 위해서는 인, 황 등 불순물이 적은 모재를 사용한다.

(2) 저온균열

① 200℃ 이하에서 발생되며, 열영향부에 흡수된 수소가 냉각과 동시에 과포화 상태가 되어 조직이 약해져 발생
② 저온 균열을 제어하기 위해서는 저수소계 용접봉을 사용하고 예열 및 후열한다.
③ 예열 또는 후열은 열영향부의 경화를 방지하고 냉각속도를 낮추기 위해서다.

2) 용접결함

(1) 언더컷(Undercut)

언더컷이란 용접 끝단에 생기는 작은 홈을 말하는 것으로 용접전류가 과대할 때, 아크(arc) 길이가 길 때, 운봉속도가 너무 빠를 때 생기기 쉽다. 따라서 전류를 적절히 조정하고 아크 길이를 짧게 유지하며 너무 빨리 운봉하지 않도록 한다.

(2) 오버랩(Overlap)

오버랩은 용융된 금속이 모재면에 덮인 상태를 말한다. 이것의 원인은 언더컷이 생기는 경우와 반대로 용접전류가 너무 약할 때 또는 용접속도가 너무 느릴 때 생기기 쉬우므로 적당한 용접조건과 운봉법에 주의하면 방지할 수 있다.

(3) 슬래그 혼입

부적당한 운봉 또는 기량 부족에 의한 형상불량이 큰 슬래그 혼입은 용접부의 강도, 연성 등을 약하게 하며 때로는 취성파괴의 원인이 될 수 있다. 슬래그 혼입은 루트부, 각 패스의 경계 및 패스 내의 혼입형태로 분류되며 완전히 제거되어야 한다.

(4) 피트 : 비드 표면에 입을 벌리고 있는 것을 피트라고 한다.

(5) 라멜라 티어링

(6) 용접균열

3. 용접부 비파괴검사

1) 방사선투과법(R.T)

강구조물의 용접부 결함검출에 대표적으로 적용하고 있는 비파괴검사법이다. 방사선 투과법(Radiographic Methods)은 고전적인 검사법으로, X-선 또는 감마선을 물체에 투과하여 물체 내부의 이미지를 얻어내는 방법이다. 장단점은 다음과 같다.

(1) 방사선투과법의 장점
- 내부결함의 크기 및 형태 등 결함의 성질을 판단하기 쉽다.
- 이미지로 얻은 결과가 양호하며 결과를 거의 영구적으로 보관할 수 있다.

(2) 방사선투과법의 단점
- 결함부위의 공간적인 정보를 얻을 수 없다.
- 공간적인 정보를 알기 위해서는 여러 각도에서 촬영한 결과를 분석해야 한다.
- 결함의 깊이를 추정하기 어렵고 방향성이 좋지 않은 2차원 결함을 검출하기 어렵다.
- 인체에 유해한 방사선을 방출하기 때문에 전문가 이외에는 사용이 제한되고 있다.
- 방사선투과기의 크기로 인하여 경우에 따라서 현장에서는 사용이 어려울 수도 있으며, 탐색속도가 느리고, 탐색비용이 상당히 고가이다.

2) 초음파탐상법(U.T)

초음파탐상법은 내부결함을 검출하기 위해서 물체 내에서 발생하는 소리의 파동 특성을 이용한다. 기계진동 형태의 고주파 음파를 시험할 부분으로 주사하면 재료를 통과하는 음파는 결함부 또는 경계면에 부딪히게 된다. 그러면 음향진동은 반사가 되고 반사된 신호를 분석하면 결함 또는 경계면의 위치와 형태를 파악할 수 있게 된다. 초음파탐상법의 특징은 다음과 같다.

(1) 초음파탐상법의 장점은 휴대성, 민감성이 높고 균열의 위치 또는 결함의 공간적인 정보를 얻을 수 있다.
(2) 방사선투과법에 비하여 안전하고 경제적인 비파괴검사법이다.
(3) 표면결함을 효과적으로 찾아낼 수 없다.

3) 침투탐상법(P.T) 또는 염료침투법

침투탐상법은 그 원리가 비교적 간단하면서도 표면의 균열, 결함, 불연속 등의 검출에 효과적인 비파괴검사법이다. 침투탐상법의 원리와 검사법은 다음과 같다.

(1) 침투액이 결함부위에 잘 스며들 수 있도록 조사할 물체 표면을 기계적 또는 화학적인 제거제를 사용하여 기름, 수분, 다른 오염물질을 청소한다.
(2) 분무기를 사용하여 침투액을 조사 위치에 분사하고 침투액이 모세관현상 또는 표면습윤현상에 의해 결함부에 스며들도록 한다.
(3) 일정 시간이 경과한 후 침투액을 닦아내고 현상제를 물체 표면에 분사한다. 침투액을 제거하는 방법으로는 수세법, 유화제법, 용제법 등을 적용한다.
(4) 물체 표면이 건조되면 결함이 있는 부위에 스며든 침투액과 현상제의 반응으로 인하여 결함 부위를 육안으로 확인 가능하게 된다.

침투탐상법은 적용범위가 넓고, 경제적이며 전문적인 기술이 필요없는 시험법이다. 염료침투법의 단점은 물체 표면에 있는 결함 또는 불연속면의 검출 이외에 결함의 공간적인 정보를 얻기는 어렵다는 것이다.

4) 자분탐상법(M.T)

자분탐상법(Magnetic Particle Examination)은 염료침투시험과 같이 물체의 표면이나 표면 부근의 결함검출에 사용된다. 자분탐상법의 원리는 물체표면에 있는 불연속면으로 인한 자기장의 변화를 결함검출에 이용하는 기술이다. 이 검사법은 비교적 복잡한 형상을 갖는 강구조물의 구조상세를 조사할 수 있다. 작은 결함 또는 균열의 검출이 가능하고 경제적인 비파괴검사법이다. 단점으로는 자기장을 형상하기 위하여 고압의 전류가 필요하며, 물체 표면 아래에 있는 작은 결함은 검출하기 어렵다는 것이다.

자분탐상법에 의한 결함검출방법은 다음과 같다.

(1) 조사할 물체의 표면을 자분이 자유롭게 움직일 수 있도록 청소한다. 조사할 물체 표면에 자기장을 발생시키고 미세한 분말상태의 자분을 뿌리거나 불어낸다.
(2) 균열을 탐지하기 위해서는 균열이 자기장에 대해 거의 횡방향으로 정렬되어 있어야 한다. 이러한 이유로 자기장을 예상되는 결함형성 방향에 수직방향 또는 여러 방향으로 정렬시켜야 한다.
(3) 시험부의 표면에 위치시킨 두 개의 전류-전달 구리막대를 사용하여 국부적으로 자성화시킨다. 이 막대는 각 접촉점에 원형 자장을 형성하고, 이들 사이에 전류가 흐를 때 자기장에 수직한 표면결함을 자분을 사용하여 탐지한다. 막대를 조사할 구조물 또는 일부분으로 이동시키면, 어느 방향에서의 결함도 발견이 가능하다.

자분탐상법의 장점은 휴대성이 좋고 시험에 최소한의 기술이 요구되며, 미세균열도 발견할 수 있다는 점이다. 물론 적용할 수 있는 재료 및 발견할 수 있는 결함의 형태는 한정된다. 또한 국부적으로 적용하는 경우, 조사 부분에 자성 상태를 남긴다는 추가적인 제약사항이 있는데 일반적인 강구조물에서는 큰 문제가 되지 않는다. 그러나 용접과 같은 후속작업에 방해가 될 수도 있기 때문에 상당한 시간과 비용을 통하여 검사부위의 자성을 제거시켜야 하는 경우가 있다.

4. 용접부의 종류 및 유효단면적

1) 완전용입 그루브용접

(1) 토목구조물의 경우, 모재의 규정 항복강도와 인장강도 이상이 되도록 용접된 완전용입 그루브용접의 공칭강도는 접합되는 모재 중 공칭강도가 작은 값으로 한다. 단, 인장강도 600MPa 이상의 강종에 대해 언더매칭 용접을 한 경우에는 용접금속의 인장강도를 기준으로 공칭강도를 정한다.
(2) 건축구조물의 경우 완전용입 그루브용접의 공칭강도는 모재의 공칭강도와 완전용입 그루브용접의 공칭강도 중 작은 값으로 한다. 그루브용접의 유효면적, 유효길이, 유효목두께 산정은 다음을 따른다.

① 그루브용접의 유효면적은 용접의 유효길이에 유효목두께를 곱한 것으로 한다.
② 그루브용접의 유효길이는 접합되는 부분의 폭으로 한다.
③ 완전용입된 그루브용접의 유효목두께는 접합판 중 얇은 쪽 판두께로 한다.

2) 부분용입 그루브용접

(1) 토목구조물의 경우, 부분용입 그루브용접의 유효목두께는 $\sqrt{2t}$ (mm) 이상으로 한다. 여기서, t는 연결부(접합부)의 두꺼운 쪽 판의 두께이다. 단, 부분용입 그루브용접의 유효목두께는 얇은쪽 판의 두께 이하이어야 한다.

(2) 건축구조물의 경우, 부분용입 그루브용접의 최소유효목두께는 계산에 의한 응력전달에 필요한 값 이상, 또한 〈표 4-9〉의 값 이상으로 한다. 다만, 표에서는 접합되는 얇은 쪽 판두께이다.

(3) 부분용입 그루브용접의 용접방법 및 그루브 형상에 따른 유효목두께는 〈표 4-10〉에 따른다.

(4) 부분용입 그루브용접의 유효면적은 용접의 유효길이에 유효목두께를 곱한 것으로 한다. 건축구조물의 경우 원형 단면이나 모서리를 90° 원호로 만든 각형강관 등의 용접표면을 직각으로 마감한 플레어그루브용접의 유효목두께는 〈표 4-11〉로 계산해야 한다.

(5) 부분용입 그루브용접의 공칭강도는 용접축에 평행으로 작용하는 인장 또는 압축에 대해서는 고려할 필요가 없으며, 그 외의 경우에는 해당기준에 근거하여 산정한다.

〈표 4-9〉 판두께에 따른 부분용입용접(PJP)의 최소유효목두께

연결부(접합부)의 얇은 쪽 소재 두께 t(mm)	최소유효목두께 (mm)
$t \leq 6$	3
$6 < t \leq 13$	5
$13 < t \leq 19$	6
$19 < t \leq 38$	8
$38 < t \leq 57$	10
$57 < t \leq 150$	13
$t > 150$	16

〈표 4-10〉 용접방법에 따른 부분용입 그루브용접의 유효목두께

용접방법	용접자세*	그루브 형상 및 개선각도	유효목두께
실드메탈 아크용접(SMAW) 가스메탈 아크용접(GMAW) 플럭스코어드 아크용접(FCAW)	모든 자세	J 또는 U 그루브, 60° V 그루브	그루브 깊이
서브머지드 아크용접(SAW)	아래보기 자세(F)	J 또는 U 그루브, 60° 베벨 또는 V 그루브	
가스메탈 아크용접(GMAW) 플럭스코어드 아크용접(FCAW)	아래보기 자세(F) 수평 자세(H)	45° 베벨	
실드메탈 아크용접(SMAW)	모든 자세	45° 베벨	그루브 깊이에서 3mm 공제
가스메탈 아크용접(GMAW) 플럭스코어드 아크용접(FCAW)	수직 자세(V) 위보기 자세(OH)		

* 용접자세 : F(하향), H(수평), V(수직), OH(상향)

〈표 4-11〉 플레어홈용접의 유효목두께

용접과정	플레어베벨용접	플레어V용접
가스메탈 아크용접, 플럭스코어드 아크용접-G	5/8R	3/4R
실드메탈 아크용접, 플럭스코어드 아크용접-G	5/16R	5/8R
서브머지드 아크용접	5/16R	1/2R

반경이 10mm 이내(R<10mm)인 플레어베벨용접의 경우, 플러시조인트에 보강모살용접만을 사용한다.
R=접합표면의 반경(강관의 경우 2t로 산정할 수 있다.)

3) 필릿용접

(1) 유효면적

① 필릿용접의 유효면적은 유효길이에 유효목두께를 곱한 것으로 한다.
② 필릿용접의 유효길이는 필릿용접의 총길이에서 용접치수의 2배를 공제한 값으로 한다.
③ 필릿용접의 유효목두께는 용접치수의 0.7배로 한다. 접합하는 두 부재 사이의 각도가가 90°가 아닌 경우, 또는 용접 다리의 크기가 서로 다른 경우의 필릿용접 유효목두께는 용접루트를 꼭짓점으로, 용접 외측면을 밑변으로 하는 용접단면 내접 삼각형의 높이로 한다.

④ 플러그용접과 슬롯용접의 유효길이는 목두께의 중심을 잇는 용접중심선의 길이로 한다.

(2) 필릿용접의 최소 사이즈(mm)

접합부의 얇은 쪽 모재 두께 t	모살용접의 최소 사이즈
$t \leq 6$	3
$6 < t \leq 13$	5
$13 < t \leq 20$	6
$20 < t$	8

(3) 겹침이음의 필릿용접 최대치수 s는 연단이 용접되는 판의 두께에 대해서,
 ① $t < 6\text{mm}$일 때, $s = t$
 ② $t \geq 6\text{mm}$일 때, $s = t - 2\text{mm}$

(4) 강도를 기반으로 하여 설계되는 필릿용접의 최소길이는 공칭용접사이즈의 4배 이상으로 해야 한다. 또는 유효용접사이즈는 그 용접길이의 1/4 이하가 되어야 한다.

(5) 평판인장재의 단부에 길이방향으로 필릿용접이 될 경우 각 필릿용접의 길이는 필릿용접 수직방향 간격보다 길게 하여야 한다. 이때 인장재의 유효 순단면적은 정해진 기준에 따라 계산되어야 한다.

(6) 부재단부에 용접된 필릿용접의 길이가 용접치수의 100배 이내인 경우에는 실제 용접된 길이를 유효길이로 사용할 수 있다. 용접길이가 용접치수의 100배를 초과하고 300배 이하인 경우에는 실제 용접된 길이에 다음의 감소계수 β를 곱한 값을 필릿용접의 유효길이로 한다.

$$\beta = 1.2 - 0.002\left(\frac{l}{z}\right) \leq 1.0$$

여기서, l : 부재 단부 필릿용접의 실제 길이(mm)
    z : 필릿용접의 치수(mm)

용접길이가 용접치수의 300배를 초과하는 경우에는 용접치수의 180배를 필릿용접의 유효길이로 한다.

(7) 단속필릿용접은 접합부나 접합면을 따라 응력을 전달하고 빌트업 부재의 요소들을 연결하는 데 활용한다. 단속필릿용접에서의 모든 부위의 길이는 용접사이즈의 4배 이상이면서 최소 38mm이어야 한다.

(8) 겹침이음에 있어서의 최소 겹침길이는 연결되는 얇은 판 두께의 5배가 되어야 하고 최소 25mm이어야 한다. 수직방향 필릿용접으로만 축방향응력을 전단하는 겹침이음의 경우 양쪽 단부를 필릿용접하여야 한다. 그러나 최대하중 시 겹친 부분의 처짐이 접합부의 열림현상을 충분히 방지할 수 있도록 구속된 경우는 예외로 한다.

(9) 돌출부분의 유연성이 요구되는 접합부에서 단부돌림용접이 사용되는 경우, 단부돌림용접의 길이는 용접사이즈의 4배 이하, 용접되는 부분 폭의 1/2 이하이어야 한다.

4) 플러그 및 슬롯 용접

(1) 유효면적

플러그 및 슬롯 용접의 유효전단면적은 접합면 내에서 구멍 또는 슬롯의 공칭단면적으로 한다.

(2) 제한사항

① 플러그 및 슬롯 용접은 겹침이음부에서의 전단력 전달, 겹침이음한 요소들 사이의 벌어짐 또는 좌굴을 방지, 조립단면의 요소들 사이의 접합 등을 위해 사용할 수 있다.

② 플러그용접을 위한 구멍의 직경은 구멍이 있는 판의 두께에 8mm를 더한 값 이상, 용접 두께의 2.25배 또는 최소직경에 3mm를 더한 값 이하로 한다.

③ 플러그용접의 최소중심간격은 공칭구멍직경의 4배로 한다.

④ 슬롯용접의 슬롯길이는 용접두께의 10배 이하로 한다. 슬롯의 폭은 슬롯이 있는 판의 두께에 8mm를 더한 값 이상, 용접두께의 2.25배 이하로 한다. 슬롯의 끝부분은 반원형 또는 귀퉁이를 판두께 이상의 반지름으로 둥글게 해야 한다.

⑤ 슬롯용접 길이에 횡방향인 슬롯용접선의 최소간격은 슬롯 폭의 4배로 한다. 길이방향의 최소중심간격은 슬롯길이의 2배로 한다.

⑥ 슬롯용접선의 횡방향 최소간격은 슬롯 폭의 4배로 한다. 길이방향의 최소중심간격은 슬롯길이의 2배로 한다.

⑦ 플러그 및 슬롯용접의 두께는 판 두께 16mm 이하의 경우 판 두께와 동일하게 하고, 16mm를 초과하는 경우에는 판 두께의 1/2 이상으로 하되 최소 16mm로 한다.

5. 하중저항계수설계법에 의한 용접부의 설계강도

용접부의 설계강도 ϕR_n은 모재의 인장파단, 전단파단 한계상태에 의한 강도와 용접재의 파단 한계상태 강도 중 작은 값으로 한다. 〈표 4-11〉은 용접재료의 강도를 나타낸 것이다.

〈표 4-11〉 용접재료의 강도(MPa)

용접재료	강도(MPa)		적용 가능 강종
	F_u	F_y	
KS D 7004 연강용 피복아크 용접봉	420	345	인장강도 400MPa급 연강
KS D 7006 고장력강용 피복아크 용접봉	490	390	인장강도 490~780MPa급 고장력강
	520	410	
KS D 7006 고장력강용 피복아크 용접봉	570	490	인장강도 490~780MPa급 고장력강
	610	500	
	690	550	
	750	620	
	780	665	
KS D 7104 연강, 고장력강 및 저온용 강용 아크용접플럭스 코어선	420	340	인장강도 400MPa급 연강 인장강도 490MPa, 540MPa, 590MPa급 고장력강
	490	390	
	540	430	
	590	490	
KS D 7025 연강 및 고장력강용 마그용접솔리드 와이어	420	345	인장강도 400MPa급 연강 인장강도 490MPa, 590MPa급 고장력강
	490	390	
	570	490	
내후성 강용 KS D 7101 : 피복아크용접봉 KS D 7106 : 탄산가스아크용접 솔리드와이어 KS D 7109 : 탄산가스아크용접 플럭스충전와이어	490	390	인장강도 490~570MPa급 내후성 고장력강
	570	490	

비고 (1) 서브머지드 아크용접(SAW) 용가재의 강도는 표의 피복아크 용접봉 값을 사용하거나, 구기준(KS B 0531 탄소강 및 저합금강용 서브머지드 아크 용착 금속의 품질 구분 및 시험방법)의 값을 참고한다.

1) 모재 강도

$$R_n = F_{BM} A_{BM}$$

여기서, F_{BM} : 모재의 공칭강도, N/mm²
A_{BM} : 모재의 총 단면적, mm²
항복한계상태 : $\phi R_n = 1.0(0.6F_y)A_{BM}$
파단한계상태 : $\phi R_n = 0.75(0.6F_u)A_{BM}$

2) 용접재 강도

$$R_n = F_{nw} A_w$$

여기서, F_{nw} : 용접재의 공칭강도, N/mm², A_w : 용접유효면적, mm²

하중 유형 및 방향	적용 재료	ϕ	공칭강도 (F_{BM}, F_{nw}) (MPa)	유효면적 (A_{BM}, A_w) (mm²)	용접재 요구강도[1]
완전용입그루브용접					
용접선에 직교인장			용접조인트 강도는 모재에 의해 제한된다.		매칭용접재가 사용되어야 한다. 뒷댐재가 남아 있는 T조인트와 모서리조인트는 노치인성 용접재를 사용한다(섭씨 4도에서 27J 이상의 CVN 인성값 이상).
용접선에 직교압축			용접조인트 강도는 모재에 의해 제한된다.		매칭용접재 또는 이보다 한 단계 낮은 강도의 용접재가 사용될 수 있다.
용접선에 평행한 인장, 압축			용접에 평행하게 접합된 요소들에 작용하는 인장 또는 압축은 그 요소들을 접합하는 용접부 설계에 고려할 필요가 없다.		매칭용접재 또는 이보다 한 단계 낮은 강도의 용접재가 사용될 수 있다.
전단			용접조인트 강도는 모재에 의해 제한된다.		매칭용접재를 사용해야 한다.(2)
부분용입그루브용접(플레어V그루브용접, 플레어베벨그루브용접 포함)					
용접선에 직교인장	모재	ϕ=0.75	F_u	0710.4 참조	
	용접재	ϕ=0.80	$0.60 F_w$ (F_w=용접재 인장강도)	0710.2.1.(1) 참조	
0710.1.5.에 따라 설계된 기둥주각부와 기둥이음부의 압축			해당 용접부 설계에서 압축응력은 고려하지 않아도 된다.		매칭용접재 또는 이보다 한 단계 낮은 강도의 용접재가 사용될 수 있다.
기둥을 제외한 부재의 지압접합부의 압축	모재	ϕ=0.90	F_y	0710.4 참조	
	용접재	ϕ=0.80	$0.60 F_w$	0710.2.1.(1) 참조	
지압응력을 전달할 수 있도록 마감되지 않은 접합부의 압축	모재	ϕ=0.90	F_y	0710.4 참조	매칭용접재 또는 이보다 한 단계 낮은 강도의 용접재가 사용될 수 있다.
	용접재	ϕ=0.80	$0.90 F_w$	0710.2.1.(1) 참조	

하중 유형 및 방향	적용 재료	ϕ	공칭강도 (F_{BM}, F_{nw}) (MPa)	유효면적 (A_{BM}, A_w) (mm²)	용접재 요구강도[1]
부분용입그루브용접(플레어V그루브용접, 플레어베벨그루브용접 포함)					
용접선에 평행한 인장, 압축	용접에 평행하게 접합된 요소들에 작용하는 인장 또는 압축은 그 요소들을 접합하는 용접부 설계에 고려할 필요가 없다.				매칭용접재 또는 이보다 한 단계 낮은 강도의 용접재가 사용될 수 있다.
전단	모재		0710.4에 따른다.		
	용접재	$\phi=0.75$	$0.60F_w$	0710.2.1.[1] 참조	
필릿용접(구멍, 슬롯, 빗방향 T 조인트 필릿 포함)					
전단	모재		0710.4에 따른다.		매칭용접재 또는 이보다 한 단계 낮은 강도의 용접재가 사용될 수 있다.
	용접재	$\phi=0.75$	$0.60F_w$	0710.2.3.1 참조	
용접선에 평행한 인장, 압축	용접에 평행하게 접합된 요소들에 작용하는 인장 또는 압축은 그 요소들을 접합하는 용접부 설계에 고려할 필요가 없다.				
플러그 및 슬롯용접					
유효면적의 접합면에 평행한 전단	모재		0710.4에 따른다.		매칭용접재 또는 이보다 한 단계 낮은 강도의 용접재가 사용될 수 있다.
	용접재	$\phi=0.75$	$0.60F_w$	0710.2.4.1 참조	

(1) F_w는 용접재의 등급강도 곧 용접재의 인장강도이다.
(2) 원칙적으로 매칭용접재(Matching Weld Metal)의 공칭인장강도는 모재의 공칭인장강도와 같거나 거의 동등한 수준을 요구한다. 그러나 매칭용접재보다 한 단계 위 강도의 오버매칭용접재(Over-matching Weld)도 허용된다. 일반적으로 용접재와 모재가 동일한 공칭인장강도를 지녀도 용접재의 항복강도가 모재항복강도보다 크므로 모재의 항복이 선행되는 것이 보통이다. 용접재의 공칭인장강도가 모재의 공칭인장강도를 상회/하회하는 경우 각각 오버매칭(Overmatching), 언더매칭(Under-matching)이라 칭한다. 용접재에서 '한 단계(1단계)강도'는 70MPa의 강도크기를 지칭하며, '한 단계 강도'를 상회하는 오버매칭 용접재의 사용은 불필요한 열영향의 증대 등 부작용을 고려하여 권장되지 않는다. 그러나 국내외의 사례에서 보듯이 경험과 실험결과를 바탕으로 종종 오버매칭 용접재가 사용되기도 한다(가령, 모재 공칭인장강도 350~400MPa급 모재에 대해 공칭인장강도 490MPa급 용접재가 사용되고 있음).
(3) 전단하중을 전달하는 조립단면의 웨브-플랜지 그루브 용접 또는 용접변형에 대한 과도한 구속이 우려되는 경우에 언더매칭 용접재(Undermatching Weld Metal)를 사용할 수 있다. 이 경우 용접의 유효목두께는 모재 두께를 사용하고 $\phi=0.8$과 공칭강도는 $0.6F_w$를 적용한다.

※ 용접의 혼용 : 접합부에서 2가지 이상의 용접유형(맞댐용접, 모살용접, 플러그용접, 슬롯용접)을 혼용할 경우, 용접군의 축에 대하여 독립적으로 계산해야 한다.

6. 용접기호

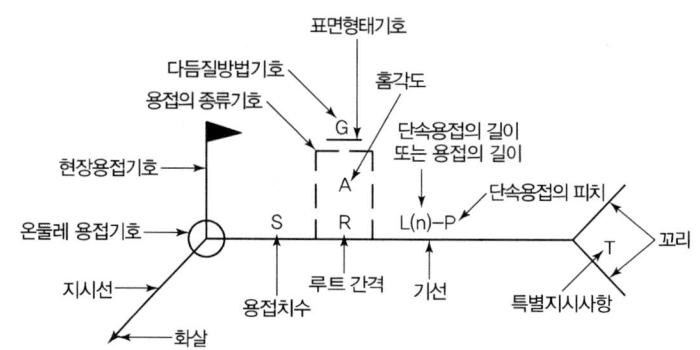

〈표 4-12〉 용접기본기호(KS B 0052)

용접의 종류		기호	적용 예		비고
I형		‖		화살의 반대 측에서 용접	1. 홈을 가공하는 부재에 용접기호의 기선을 위치토록 한다. 2. 홈의 기호가 기선 위에 있는 경우 부재의 반대측에, 기선 밑에 있는 경우 지시선 쪽에 가공한다.
				화살 쪽에서 용접	
				양측에서 용접	
V형		∨		화살의 반대 측에서 용접	
				화살 쪽에서 용접	
X형		×		양측에서 용접	
U형		∪		화살의 반대 측에서 용접	
				화살 쪽에서 용접	
H형		⋈		양측에서 용접	
L형		V		화살의 반대 측에서 용접	
				화살 쪽에서 용접	
K형		K		양측에서 용접	
J형		⌒		화살의 반대 측에서 용접	
				화살 쪽에서 용접	
양면 J형		K		양측에서 용접	
필렛	평면 용접	△		화살의 반대 측에서 용접	P : 피치 L : 용접길이
				화살 쪽에서 용접	
	병렬 용접	⊅		양측에서 용접	
	지그재그용접	⊅		양측에서 용접	
				양측에서 용접	

〈표 4-13〉 용접보조기호

기호	명칭	적용 예	
─	평탄비드	V형 평탄비드(▽)	
⌒	블록비드	X형 블록비드(⧖)	
⌣	오목비드	필렛용접 오목비드(⊿)	
○	온둘레 용접		
⌐	현장용접		
C	치핑		
G	연삭		
M	절삭		

용접 내용	용접형상	용접표기(단면)	용접표기(입면)
용접길이 (L)=500mm			
양쪽 모살용접치수 (S)=6mm			
양쪽 모살용접치수가 다른 경우			
병렬 용접 • 용접길이(L)=50mm • 용접수(n)=3 • 피치(P)=150mm			
지그재그 용접 • 용접치수(S)=6 or 9mm • 용접길이(L)=50mm • 용접수(n)=2 or 3 • 피치(P)=150mm			
지그재그 용접 • 용접치수(S)=6mm • 용접길이(L)=50mm • 용접수(n)=2 or 3 • 피치(P)=100mm			

용접 내용	실제 모양	기호표시
완전용입 용접 • 판두께=12mm • 받침쇠 사용 • 개선각도(A)=45° • Root 간격(R)=4.8mm • 다듬질방법(M)=절삭		
부분용입 용접 • 판두께=19mm • 홈깊이(S)=16mm • 개선각도(A)=60° • Root 간격(R)=4mm		
부분용입 용접 • 판두께=12mm • 홈깊이(S)=5mm • 개선각도(A)=60° • Root 간격(R)=0		
플레어 용접 • 봉강, 철근, 절곡에 의해 모서리가 둥글게 되어 있는 부재를 용접하는 방법으로 플레어 용접은 부분용입 도량용접(partial penetration grove welding)의 특별한 경우		

4.4 편심접합

1. 개요

편심접합은 작용하중이 볼트군이나 용접부의 무게중심을 통과하지 않는 접합을 말한다. 접합부가 대칭면이라면 볼트군과 용접부 도심을 무게중심으로 사용할 수 있으며 하중의 작용선에서 도심까지 수직하는 거리를 편심거리라고 부른다. 접합부에 하중이 편심을 가지고 작용하는 것은 매우 중요하지만, 대부분의 경우 편심거리가 작기 때문에 무시할 수 있다.

[그림 4.2]은 전형적인 편심접합부를 나타낸 것이다. 보통 이러한 접합부는 기둥과 보의 접합상세에서 주로 사용된다. 이러한 편심 접합부에서 볼트군과 용접부는 다음과 같은 두 가지 형태의 단면력이 발생되게 된다.

1) 볼트군 또는 용접부에 전단력만을 발생
2) 볼트군 또는 용접부에 전단과 인장력이 발생

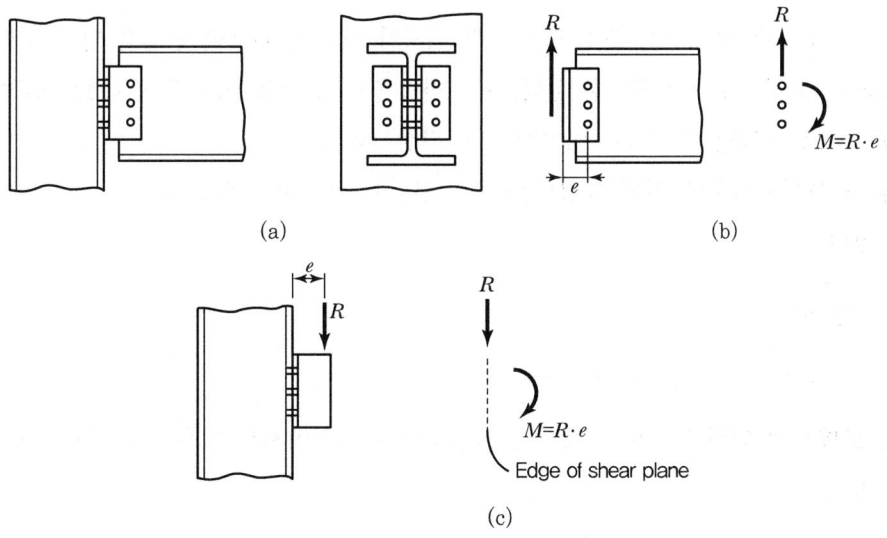

[그림 4.2] 편심접합

[그림 4.2]의 (b)를 참고하면 볼트군의 도심에서 편심거리 e에 의해 볼트군은 비틀림 모멘트를 받게 된다. 또한, [그림 4.2]의 (c)를 참고하면 볼트군은 전단력과 함께 휨에 의해 볼트군 상단은 인장력을 받고, 볼트군 하단은 압축력을 받게 된다. [그림 4.2]에 표현되지는 않았지만 용접부도 유사한 경우가 발생된다.

2. 편심 볼트접합부 : 전단만 작용하는 경우

[그림 4.3]은 전형적인 편심접합부를 나타낸 것이다. 이러한 접합부의 해석은 크게 전통적인 탄성해석법과 종극강도해석법으로 나눌 수 있는데, 종극강도해석법이 보다 경제적인 접합부 설계가 가능하다. 본 교재에서는 해석방법이 비교적 간단하고, 보수적인 설계가 되는 탄성해석법에 대해 서술하기로 한다.

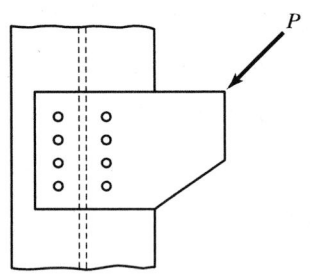

[그림 4.3] 편심접합부

[그림 4.3]에 나온 볼트군은 도심과 하중의 위치가 다르기 때문에 편심을 받고 있다. 이러한 편심효과는 모멘트로 반영할 수 있다. 즉, 하중을 도심으로 옮기고 이러한 효과를 모멘트 $M = P \times e$로 반영할 수 있다. 여기서 e는 편심거리이다.

도심에 작용하는 하중에 의해 발생되는 볼트 전단은 작용하는 힘을 볼트의 개수로 나누어 구할 수 있다.

즉 $R = P/n$

여기서, n은 볼트의 개수이다.

비틀림 모멘트에 의해 볼트에 발생되는 전단응력은 역학에서의 비틀림 공식을 이용하여 산정할 수 있다.

$$f_v = \frac{Md}{J}$$

여기서, d : 도심에서 응력이 계산되는 점까지의 거리
J : 극단면 2차모멘트

그리고 f_v는 d에 수직한다. 상기의 비틀림 공식이 원형단면인 경우 적용가능한 공식이지만, 기타 단면인 경우도 안전 측으로 사용할 수 있다.

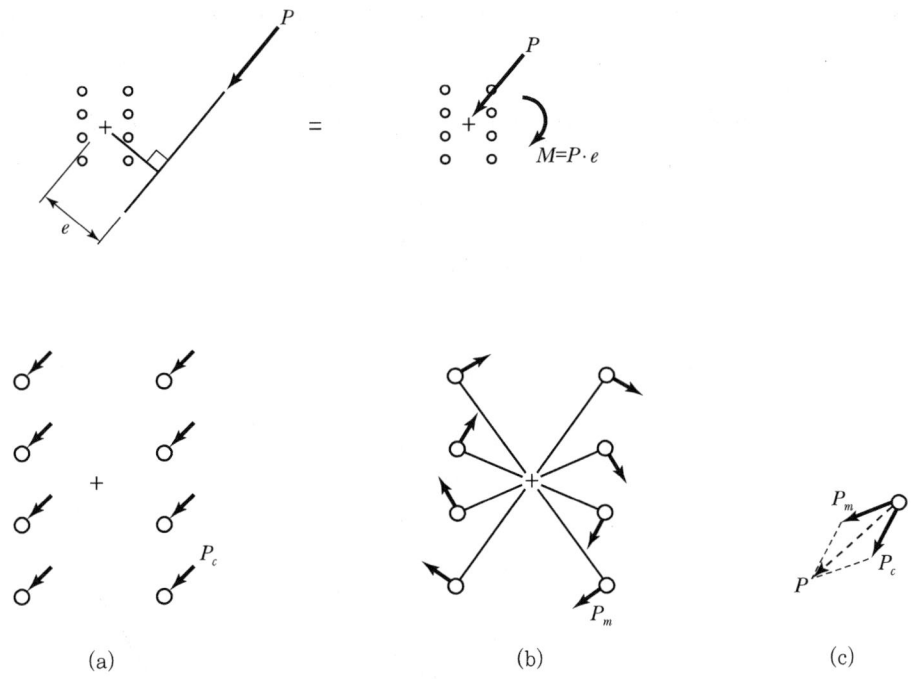

[그림 4.4] 편심접합부 볼트 전단력

볼트 자체의 단면2차모멘트가 매우 미소하기 때문에 이를 무시하면 극단면2차모멘트 J값은 다음과 같이 대략적으로 구할 수 있을 것이다.

$$J = \sum A d^2 = A \sum d^2$$

여기서, 모든 볼트의 면적은 동일하기 때문에 비틀림모멘트에 의해 볼트에 발생되는 전단응력은 다음과 같이 쓸 수 있다.

$$f_v = \frac{Md}{A \sum d^2}$$

또한 비틀림 모멘트에 의해 볼트에 발생되는 모멘트는 다음과 같이 구할 수 있다.

$$R_m = A f_v = A \frac{Md}{A \sum d^2} = \frac{Md}{\sum d^2}$$

결국, 도심에 작용하는 하중에 의한 전단력과 비틀림모멘트에 의한 전단력의 합력이 볼트에 발생되는 최대전단력이 된다. 보다 쉽게 합력을 산정하기 위해 각각의 전단력을 수직성분과 수평성분으로 분해하는 것이 바람직하다. 외력 P에 의해 발생되는 전단력은 경사방향의 힘을 수평과 수직으로 분해하여 다음과 같이 산정할 수 있다.

$$R_x = \frac{P_x}{n}, \text{ 그리고 } R_y = \frac{P_y}{n} \text{이다.}$$

또한 비틀림모멘트에 의해 발생되는 전단은 [그림 4.5]를 참고하여 다음과 같이 구할 수 있다.

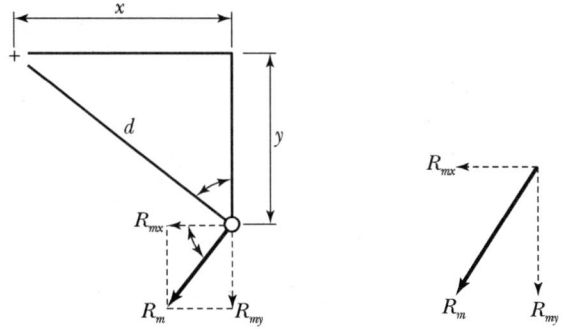

[그림 4.5] 비틀림에 의해 발생되는 볼트 전단력의 분력

여기서 좌표계의 중심은 전체 파스너 전단면적의 중심이다. R_m의 x-요소는

$$R_{mx} = \frac{y}{d}R_m = \frac{y}{d}\frac{Md}{\sum d^2} = \frac{y}{d}\frac{Md}{\sum(x^2+y^2)} = \frac{My}{\sum(x^2+y^2)}$$

마찬가지로,

$$R_{my} = \frac{Mx}{\sum(x^2+y^2)}$$

그리고 전체 파스너의 축력은

$$R_{\max} = \sqrt{(\sum R_x)^2 + (\sum R_y)^2}$$

여기서, $\sum R_x = R_{cx} + R_{mx}$
$\sum R_y = R_{cy} + R_{my}$

3. 편심볼트 접합 : 전단과 인장이 함께 작용하는 경우

[그림 4.6]과 같은 접합부에서의 편심하중은 상부 볼트에는 인장력을 발생시키고, 하부에서는 압축을 발생시킨다. 볼트에 장력이 없는 경우에는 상부볼트는 인장력을 받게 되고, 하부볼트는 영향을 받지 않게 된다.

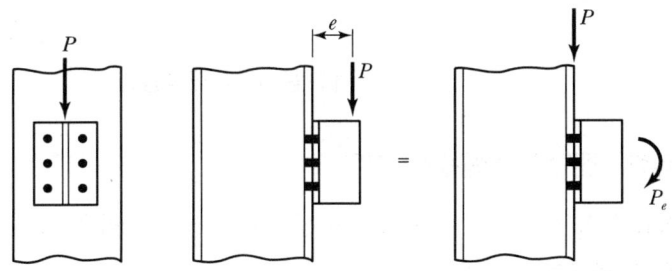

[그림 4.6] 전단력과 인장력이 작용하는 편심볼트 접합

고장력 볼트에 초기장력이 도입된 경우에는 외부하중이 작용하기 이전에는 기둥플랜지와 브라켓 플랜지 간에 볼트장력에 의해 균등한 압축력이 작용하게 된다. 이러한 상태에서 하중 P가 점차적으로 작용하면 그림 4.7(a)과 같이 상부에서의 압축력은 줄어들고, 하부에서의 압축력은 증가하게 될 것이다.

하중이 점차 증가하여 종국하중에 접근하게 되면 볼트의 축력은 종국인장강도에 도달하게 될 것이다. 본 교재에서는 이러한 볼트군을 검토하기 위해 가장 보수적인 방법을 소개하고자 한다. 그림 4.7(b), (c)와 같이 종국상태에서 볼트군의 도심을 중립축으로 가정하면 상부볼트군과 하부볼트군에 발생되는 우력이 편심모멘트와 같다는 식으로부터 볼트군에 발생되는 인장력을 산정할 수 있다.

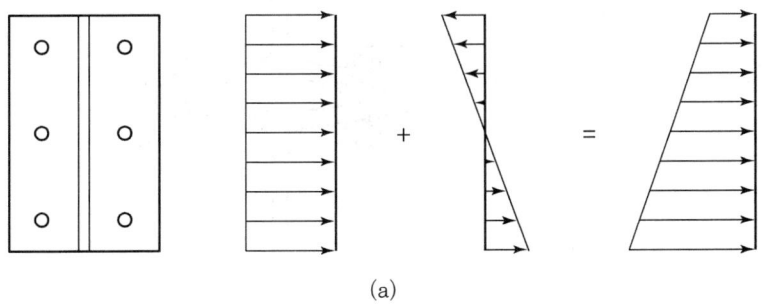

(a)

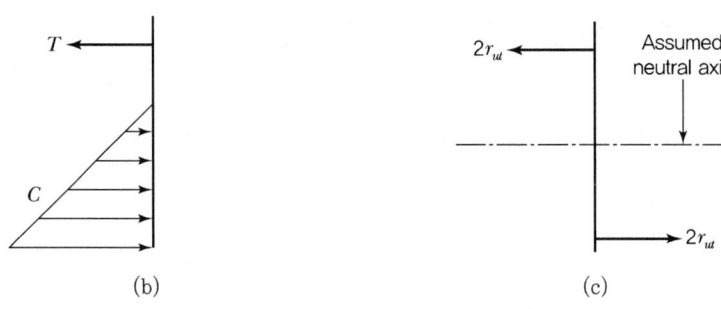

[그림 4.7] 해석방법

4. 편심 용접접합 : 전단만 작용하는 경우

편심 용접접합은 용접의 단위 길이로 단면성능을 산정하는 점을 제외하고는 볼트 접합과 거의 같은 방법으로 해석하면 된다.

5. 고력볼트 접합부에서의 지레작용(Prying Action)

T-stub 접합부 또는 end plate를 이용한 고력볼트의 접합부 등에서 고력볼트는 인장력을 받게 된다. 이때 T-stub 또는 end plate의 강성이 충분히 확보되지 않는 경우 접합부의 변형이 발생하게 되어 고력볼트는 축방향력에 의한 인장력 이외에도 지레 반력에 의한 힘이 추가적으로 발생하게 되는데 이를 지레작용이라 한다.

즉, 아래의 그림을 참고하면, 고력볼트에 발생되는 인장력은

$$F_t = F + Q$$

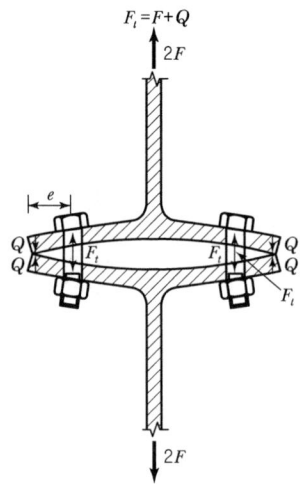

[그림 4.8] 지레작용(Prying Action)

연습문제

제4장 | 접 합

문제01 그림과 같은 접합부에 고정하중과 활하중이 각각 P_D = 150kN, P_L = 150kN 작용할 때 편심이 발생되지 않도록 모살용접부의 용접길이를 구하시오.

단, 사용강재 : SM355, $f_u = 410\text{N/mm}^2$, 용접 사이즈=10mm,
용접봉 인장강도 $F_w = 490\text{MPa}$

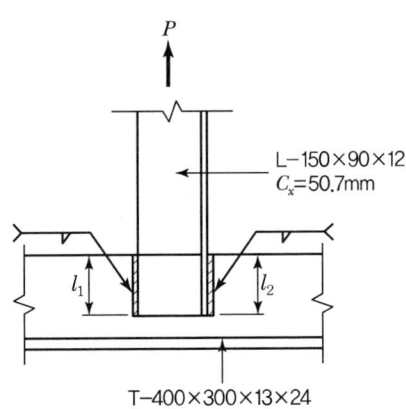

풀이 용접부 설계

1. 계수하중

$$P_u = 1.2 \times 150 + 1.6 \times 150 = 420\text{kN}$$

2. 소요 용접길이

   (1) 목두께

   $$a = 0.7 \times 10 = 7\text{mm}$$

제4장 접합 75

(2) 단위길이당 용접부 내력

$$\phi F_w a = 0.75 \times (0.6 \times 490) \times 7 = 1{,}544 \text{N/mm}$$

(3) 소요 용접길이 산정

$$l_w = \frac{420(10^3)}{1{,}544} = 272 \text{mm}$$

3. 용접길이 산정

(1) $l_1 = \dfrac{50.7}{150} \times 272 + 2 \times 10 = 112\text{mm} \leq 10 \times 100 = 1{,}000\text{mm}$

∴ 120mm로 한다.

(2) $l_2 = \dfrac{(150 - 50.7)}{150} \times 272 + 2 \times 10 = 200\text{mm} \leq 10 \times 100 = 1{,}000\text{mm}$

∴ 210mm로 한다.

4. 용접사이즈 검토

$$s_{\min} = 5\text{mm} < s = 10\text{mm} \leq s_{\max} = 10\text{mm} \cdots\cdots\cdots\cdots \text{O.K}$$

문제02 아래 그림과 같은 지압접합부의 안전성을 검토하시오.

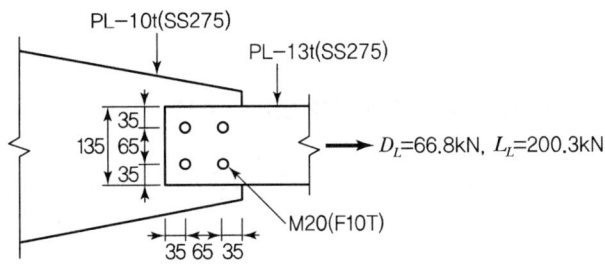

풀이 고력볼트 설계 : 지압접합부

1. 소요강도

   $P_u = 1.2 \times 66.8 + 1.6 \times 200.3 = 400.64 \text{kN}$

2. 볼트구멍 지압강도 검토

   상한치 : $2.4\, dt\, F_u = 2.4 \times 20 \times 10 \times 410 \times 10^{-3} = 196.8 \text{kN}$

   (1) 연단부

   $1.2 L_c\, t\, F_u = 1.2 \times (35 - 22/2) \times 10 \times 410 \times 10^{-3} = 118.1 \text{kN} \leq 196.8 \text{kN}$

   $\therefore R_n = 118.1 \text{kN/ea}$

   (2) 중앙부

   $1.2 L_c\, t F_u = 1.2(65 - 22) \times 10 \times 400 \times 10^{-3} = 211.6 \text{kN} > 196.8 \text{kN}$

   $\therefore R_n = 196.8 \text{kN/ea}$

   (3) 설계지압강도

   $\phi R_n = 0.75\,[2(118.1) + 2(196.8)] = 472.4 \text{kN}$

제4장 접합

3. 고력볼트 전단검토(안전 측으로 나사부가 전단면에 있는 것으로 가정)

   (1) $\phi R_n = 0.75 \times 400 \times \dfrac{\pi \times 20^2}{4} \times 10^{-3} = 94.2 \text{kN/ea}$

   (2) 접합부의 설계전단강도

   $4 \times 94.2 = 376.8 \text{kN} < P_u$ ··· N.G

4. 고력볼트 전단검토(나사부가 전단면에 없는 것으로 가정)

   (1) $\phi R_n = 0.75 \times 500 \times \dfrac{\pi \times 20^2}{4} \times 10^{-3} = 117.75 \text{kN/ea}$

   (2) 접합부의 설계전단강도

   $4 \times 117.75 = 471 \text{kN} > P_u = 400.64 \text{kN}$ ································· O.K

5. 안정성 검토

   (1) 나사부가 전단면에 포함된 경우 접합부는 고력볼트 전단에 의해 지배되며

   $4 \times 94.2 = 376.8 \text{kN} < P_u$ ··· N.G

   (2) 나사부가 전단면에 포함되지 않은 경우 접합부는 고력볼트 전단에 의해 지배되며

   $471 \text{kN} > P_u$ ·· O.K

문제03 그림과 같은 접합부에 M16(F10T) 고력볼트가 한쪽 면에 2개씩 2열(4ea)이 접합되어 있는 경우 안전성을 검토하시오.

단, 상기 접합부는 미끄러짐이 허용되며, 강판의 재질은 SS275이다.

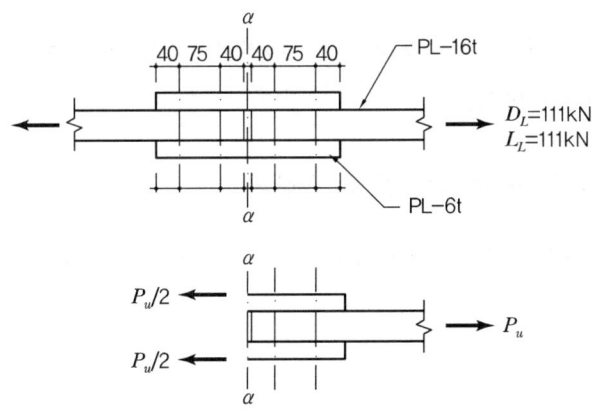

풀이 고력볼트 설계 : 지압접합부

1. 소요강도

$$P_u = 1.2(111) + 1.6(111) = 310.8 \text{kN}$$

2. 볼트 설계 전단강도 산정(나사산이 전단면에 포함된 경우로 가정)

$$R_n = F_{nv} \cdot A_b = \{(0.4 \times 1{,}000) \times (\pi \times 16^2/4) \times 2\} \times 10^{-3} = 160.8 \text{kN}$$

$$\therefore \phi R_n = 0.75 \times 160.8 = 120.6 \text{kN/ea}$$

접합부 볼트의 설계전단강도 : $4 \times 120.6 = 482.4 \text{kN}$

3. 지압강도 산정

★ 상한치 : $2.4 dt\, F_u = 2.4 \times 16 \times (6 \times 2) \times 410 \times 10^{-3} = 188.9 \text{kN}$

제4장 접합

(1) 연단부

$$1.2L_c tF_u = 1.2 \times (40 - 18/2) \times 12 \times 410 \times 10^{-3} = 183\text{kN} \leq 188.9\text{kN}$$

$$\therefore R_n = 183\text{kN}$$

(2) 중앙부

$$1.2L_c tF_u = 1.2(75 - 18) \times 12 \times 410 \times 10^{-3} = 336.5\text{kN} > 188.9\text{kN}$$

$$\therefore R_n = 188.9\text{kN/ea}$$

4. 접합부 설계강도 → 볼트의 전단이 지배함

$$\phi R_n = 482.4\text{kN} > P_u = 310.8\text{kN} \quad \cdots\cdots\cdots\cdots\cdots\cdots\cdots\cdots \text{O.K}$$

문제04 그림과 같은 브레이스 접합부에 소요인장력 P_u = 700kN이 작용할 때 인장전단 접합된 고력볼트의 안전성을 검토하고 용접길이를 산정하시오. 부재의 재질은 모두 SM355이고, 모살용접 사이즈는 10mm로 가정하며 편심의 영향은 무시한다.

단, SM355, 용접봉 인장강도 $F_w = 490\text{MPa}$

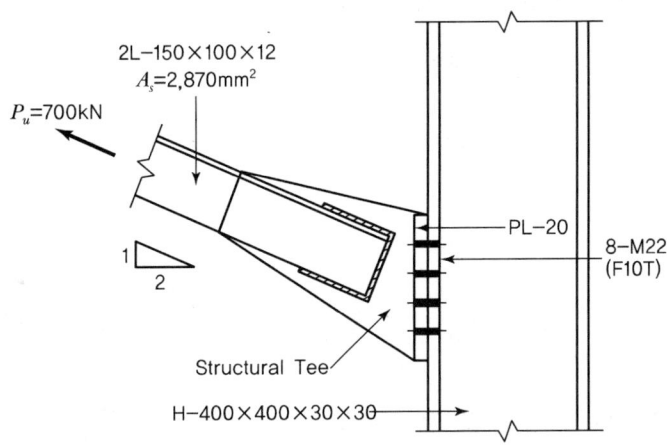

풀이 고력볼트접합 : 조합하중을 받는 지압접합부

1. 소요강도

    (1) $P_u = 700\text{kN}$

    (2) 고력볼트 접합부 전단력 : $700 \times \dfrac{1}{\sqrt{5} \times 8\text{ea}} = 39.1\text{kN/ea}$

    (3) 고력볼트 접합부 인장력 : $700 \times \dfrac{2}{\sqrt{5} \times 8\text{ea}} = 78.2\text{kN/ea}$

2. 고력볼트 검토

    (1) 인장검토

    $$P_{ut} = 78.2\text{kN} < \phi R_n = 0.75 \times F_{nt} \times A_b = 0.75 \times 0.75 F_u \times A_b = 213.7\text{kN}$$

    (2) 전단검토

    $$P_{uv} = 39.1\text{kN} < \phi R_n = 0.75 \times F_{nv} \times A_b = 0.75 \times 0.4 F_u \times A_b = 114\text{kN}$$

(3) 조합강도 검토

$$F_{nt}' = 1.3F_{nt} - \frac{F_{nt}}{\phi F_{nv}}f_v = 1.3(750) - \frac{750}{0.75 \times 400} \times 102.9$$

$$= 717.75\text{MPa} < F_{nt} = 750\text{Mpa}$$

여기서, F_{nt} : 고력볼트의 공칭인장강도, MPa
F_{nv} : 고력볼트의 공칭전단강도, MPa
f_v : 소요전단응력, N/mm²

(4) 전단효과를 고려한 설계인장강도

$$\phi R_n = 0.75 F_{nt}' \; A_b = 204.5\text{kN} > 78.2\text{kN} \; \cdots\cdots\cdots\cdots\cdots\cdots \text{O.K}$$

3. 용접길이 산정

소요 용접길이는 $l_w = \dfrac{P_u}{(\phi F_w a)} = \dfrac{700 \times 10^3}{0.75 \times (0.6 \times 490) \times 7} = 453.5\text{mm}$

앵글 2개가 접합되며, 한쪽 앵글에 필요한 용접길이는 $\dfrac{453.5}{2} + 2(10) = 246.8\text{mm}$

따라서 한쪽 앵글에 250mm를 용접하는 경우 구조적 안정성을 확보할 수 있다.

5. 용접사이즈 검토

$$s_{\min} = 5\text{mm} < s = 10\text{mm} \leq s_{\max} = 10\text{mm} \; \cdots\cdots\cdots\cdots\cdots\cdots \text{O.K}$$

문제 05

T-250×200×10×16 형강은 그림과 같이 H-350×350×12×19 기둥에 접합되어 있으며, 경사방향의 하중을 받고 있다. 고정하중은 70kN이며, 활하중은 200kN이다. 4-M22(F10T)이 상기 접합부에 사용된 경우 안정성을 검토하시오.

단, 기둥은 SM355강재이고, 브라켓은 SS275강재이며, 연단거리 및 고력볼트의 피치는 충분히 확보되어 있는 것으로 가정하시오.
(a) 나사산이 전단평면에 있는 지압연결
(b) 나사산이 전단평면에 있는 마찰연결

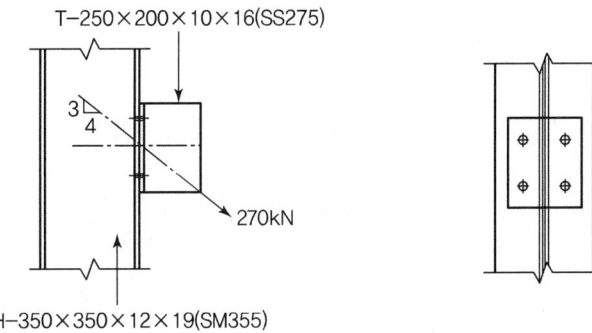

풀이 고력볼트접합 : 조합하중을 받는 지압접합부

1. 소요강도

$$P_u = 1.2 \times 70 + 1.6 \times 200 = 404\text{kN}$$

(1) 볼트 개당 작용 전단력 : $V_u = \left(\dfrac{3}{5} \times 404\right) \div 4\text{ea} = 60.6\text{kN}$

(2) 볼트 개당 작용 인장력 : $T_u = \left(\dfrac{4}{5} \times 404\right) \div 4\text{ea} = 80.8\text{kN}$

2. 연결부 T형강 설계 지압강도 검토

R_n 산정 : $R_n = 2.4 d t F_u = 2.4 \times 22 \times 16 \times 410 \times 10^{-3} = 338\text{kN}$

$\phi R_n = 0.75 \times 338 = 259.8\text{kN/ea} > 60.6\text{kN/ea}$ ·········· O.K

3. 볼트 설계 전단강도 검토

$$R_n \text{ 산정}: R_n = F_{nv} \cdot A_b = 0.4 \times 1{,}000 \times \left(\frac{\pi \times 22^2}{4}\right) \times 10^{-3} = 152.1 \text{kN/ea}$$

$$\phi R_n = 0.75 \times 152.1 = 114 \text{kN/ea} > 60.6 \text{kN/ea} \quad \cdots\cdots\cdots\cdots\text{O.K}$$

4. 고력볼트 인장강도 검토

$$\phi R_n = \phi F_{nt} \cdot A_b = 213.7 \text{kN} > 80.8 \text{kN}$$

5. 조합력을 받는 지압접합부 검토

$$\phi R_n = \phi F'_{nt} \cdot A_b$$

(1) F'_{nt} 산정 :
$$F'_{nt} = 1.3 F_{nt} - \frac{F_{nt}}{\phi F_{nv}} \times f_r \leq F_{nt}$$

$$= 1.3(0.75 \times 1{,}000) - \frac{(0.75 \times 1{,}000)}{0.75 \times 400} \times \frac{60.6 \times 10^3}{380}$$

$$= 576.3 \text{MPa} \leq F_{nt} = 750 \text{MPa}$$

(2) 설계 인장강도 검토

$$\phi R_n = 0.75 \times 576.3 \times 380 \times 10^{-3} = 164.2 \text{kN} \geq 80.8 \text{kN} \quad \cdots\cdots\cdots\text{O.K}$$

6. 마찰접합 시 조합력을 받는 경우 설계 미끄럼강도 검토

(1) 감소계수 k_s 산정

$$k_s = 1 - \frac{T_u}{T_o N_b}$$

$$= 1 - \frac{80.8 \times 4\text{ea}}{200 \times 4\text{ea}} = 0.596$$

(2) 설계 미끄럼강도 산정 및 검토

$\phi = 1.0$ (표준구멍 사용)

$\mu = 0.5$ (미끄럼계수)

$h_f = 1.0$

T_o = 200kN (설계볼트 장력)

N_s = 1.0 (1면 전단)

$\phi R_n \cdot (k_s) = \{1.0 \times 0.5 \times 1.0 \times 200 \times 1.0 \times 0.596\} \times 4\text{ea}$

$\qquad = 238.4\text{kN} < V_u = 60.6 \times 4\text{ea} = 242.4\text{kN}$ ·················· N.G

→ 마찰접합은 부적합함

문제06 다음과 같은 강구조 기둥의 브라켓에 고정하중 P_D = 100kN과 적재하중 P_L = 50kN이 작용할 때 양면모살용접으로 되어 있는 접합부를 검토하시오.

단, ① 하중계수 $1.2P_D + 1.6P_L$에 대한 검토, ② 브라켓 강판재는 16mm의 용접봉 인장강도 F_{uw} = 490MPa

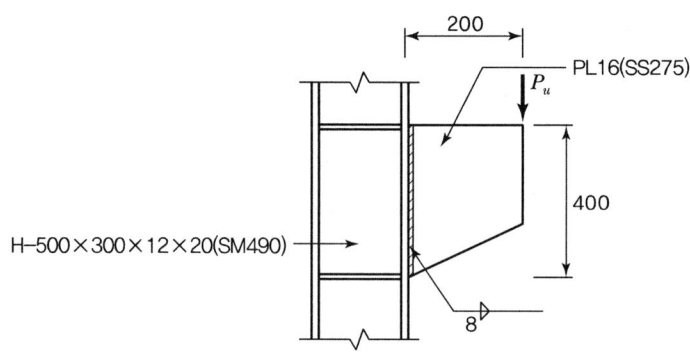

풀이 조합응력을 받는 모살용접부의 내력검토

1. 소요강도

$$P_u = 1.2 \times 100 + 1.6 \times 50 = 200\text{kN}$$

$$M_u = 200 \times 200 = 40,000\text{kN} \cdot \text{mm}$$

2. 용접부의 단면성능 산정

   (1) 목두께

   $$a = 0.7(8) = 5.6\text{mm}$$

   (2) 유효용접길이

   $$l_e = 400 - 2(8) = 384\text{mm}$$

   (3) $A_w = 2(5.6 \times 384) = 4,300\text{mm}^2$

   (4) $S = 2 \times \dfrac{5.6 \times 384^2}{6} = 275,251\text{mm}^3$

3. 용접부의 내력검토

   (1) 휨응력

   $$\sigma_b = \frac{40,000 \times 10^3}{275,251} = 145.3 \text{N/mm}^2$$

   (2) 전단응력

   $$\tau = \frac{200 \times 10^3}{4,300} = 46.51 \text{N/mm}^2$$

   (3) 조합응력 검토

   $$\sqrt{145.3^2 + 46.51^2} = 152.56 \text{N/mm}^2 < \phi(0.6 F_{uw}) = 221 \text{N/mm}^2$$
   ·· O.K

4. 용접사이즈 검토

   $$s_{\min} = 6\text{mm} < s = 8\text{mm}$$ ·· O.K

문제07 그림과 같은 고력볼트 접합부의 안정성을 검토하시오.

단, 대형볼트 구멍을 사용하였으며, 미끄러짐은 허용되지 않는다.
설계볼트 장력 $T_o = 165\text{kN}$

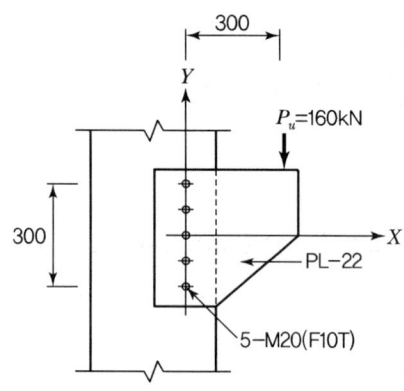

풀이 고력볼트 및 용접부 설계강도

1. 고력볼트 접합부의 모멘트 : $M_u = 160 \times 300 = 48,000 \text{kN} \cdot \text{mm}$

2. 모멘트에 의해 고력볼트에 발생되는 전단력 산정

   (1) $I_p = \sum y^2 = 2 \times 75^2 + 2 \times 150^2 = 56,250 \text{mm}^2$

   (2) $R_x = \dfrac{48,000}{56,250} \times 150 = 128 \text{kN}$

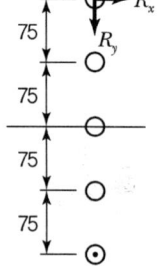

3. $P_u = 160\text{kN}$에 의해 고력볼트에 발생되는 전단력

   $R_y = \dfrac{160}{5} = 32 \text{kN}$

4. 고력볼트에 발생되는 전단력의 합력

   $R_u = \sqrt{32^2 + 128^2} = 131.94 \text{kN}$

5. 고력볼트 검토

   $\phi R_n = 0.85 \times 0.5 \times 1.0 \times 165 \times 1 = 70.12 \text{kN} < R_u = 131.94 \text{kN}$ ······ N.G

문제08 다음 그림과 같은 고력볼트 접합부에서 허용력 P를 구하라.(허용응력설계법)

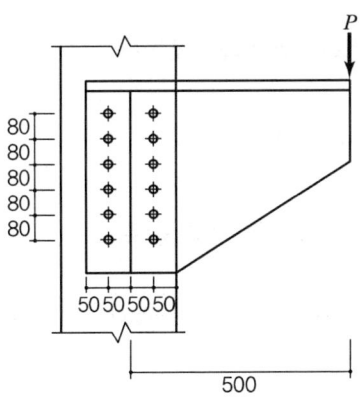

〈설계조건〉
- Bracket과 기둥의 내력은 충분하며 볼트 내력이 이 접합의 내력을 결정하는 것으로 설계할 것
- 사용볼트 : 12 – M24(F10T)
- 허용전단력 : $1R_s = 67.8$ kN/EA

풀이 편심 고력볼트 접합부의 최대전단력

최대전단력은 모멘트의 방향을 고려하면 최상단 우측 또는 최하단 우측 볼트에서 발생된다.

1. 고력볼트 접합부의 모멘트

   $$M_u = P \times 500 = 500P \text{ kN} \cdot \text{mm}$$

2. 모멘트에 의해 고력볼트에 발생되는 전단력 산정

   (1) $I_x = \Sigma y^2 = 4 \times 40^2 + 4 \times 120^2 + 4 \times 200^2$
       $= 224{,}000 \text{mm}^2$

   (2) $I_y = \Sigma y^2 = 12 \times 50^2 = 30{,}000 \text{mm}^2$

   (3) $I_p = 224{,}000 + 30{,}000 = 254{,}000 \text{mm}^2$

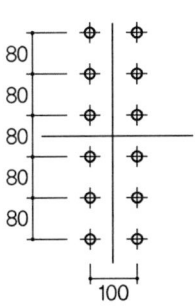

(4) $R_x = \dfrac{500P}{254,000} \times 200 = 0.3937P\,\text{kN}$

(5) $R_y = \dfrac{500P}{254,000} \times 50 = 0.09843P\,\text{kN}$

3. P에 의해 고력볼트에 발생되는 전단력

$$V_y = \dfrac{P}{12} = 0.0833P\,\text{kN}$$

4. 고력볼트에 발생되는 최대전단력 검토

$$\sqrt{(0.3937P)^2 + (0.09843P + 0.0833P)^2} = 0.4336P \leq 67.8\,\text{kN}$$
$$\therefore P = 156.4\,\text{kN}$$

문제09 다음 그림과 같은 Bracket으로 연결된 접합면의 critical fastner force를 구하시오.

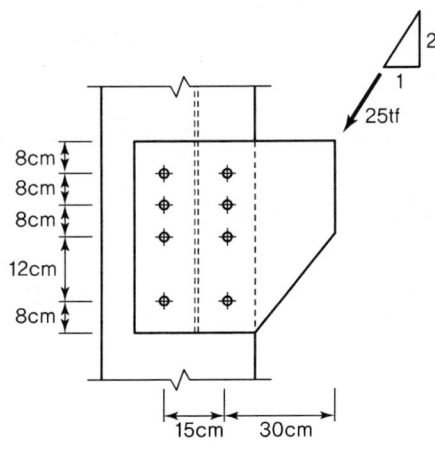

[풀이] 편심 고력볼트 접합부의 최대전단력

최대전단력은 고력볼트군의 도심과 모멘트의 방향을 고려하면 최하단 우측 볼트에서 발생된다.

1. 작용력 산정

$$P_V = 25 \times \frac{2}{\sqrt{5}} = 22.36 \text{tf}$$

$$P_H = 25 \times \frac{1}{\sqrt{5}} = 11.18 \text{tf}$$

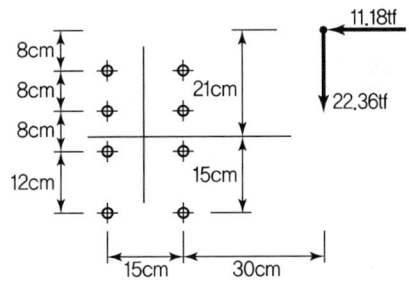

2. 도심 산정

$$\bar{y} = \frac{2(12) + 2(20) + 2(28)}{8} = 15 \text{cm}$$

3. 모멘트 산정

$$M = 22.36 \times 37.5 - 11.18 \times 21 = 603.7 \text{tf} \cdot \text{cm}(\text{시계방향})$$

4. 모멘트에 의해 고력볼트에 발생되는 전단력 및 직접전단력 산정

   (1) $I_x = \sum y^2 = 2 \times 13^2 + 2 \times 5^2 + 2 \times 3^2 + 2 \times 15^2 = 856 \mathrm{cm}^2$

   (2) $I_y = \sum x^2 = 8 \times 7.5^2 = 450 \mathrm{cm}^2$

   (3) $I_p = 856 + 450 = 1,306 \mathrm{cm}^2$

   (4) $R_x = \dfrac{603.7}{1,306} \times 15 = 6.93 \mathrm{tf}, \quad V_x = \dfrac{11.18}{8} = 1.4 \mathrm{tf}$

   (5) $R_y = \dfrac{603.7}{1,306} \times 7.5 = 3.47 \mathrm{tf}, \quad V_y = \dfrac{22.36}{8} = 2.8 \mathrm{tf}$

5. 고력볼트에 발생되는 최대전단력

$$V_{\max} = \sqrt{(6.93+1.4)^2 + (3.47+2.8)^2} = 10.43 \mathrm{tf}$$

문제10 볼트접합에서 A, B점의 볼트 전단력을 구하시오.

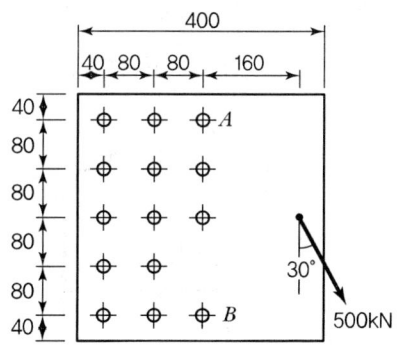

풀이 편심 고력볼트 접합부의 최대전단력

$$R_A = 109\text{kN}, \quad R_B = 87\text{kN}$$

문제11 그림과 같은 용접부에서 사용하중에 의해 발생되는 최대응력을 산정하시오. 또한 용접사이즈가 10mm인 경우에 대해 하중저항계수설계법에 의해 안정성을 검토하시오.

단, $P_d = 20\text{kN}$, $P_L = 30\text{kN}$이다. (용접봉 인장강도 $F_{uw} = 490\text{MPa}$)

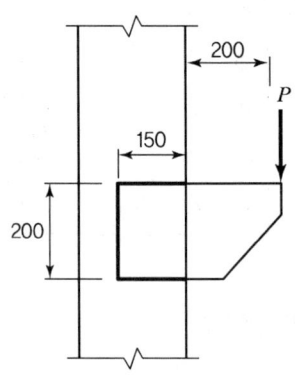

풀이 면내 비틀림력을 받는 용접부

용접부를 하나의 선으로 생각하여 산정하며, 탄성벡터(elastic vector) 방식으로 산정한다. 또한, 최대응력이 발생되는 위치는 A점이다.

1. 단면성능

   (1) 도심 $\bar{x} = \dfrac{2(150 \times 75)}{200 + 2(150)} = 45\text{mm}$

   (2) 용접부 길이 $L = 500\text{mm}$

   (3) $I_p = \dfrac{200^3}{12} + 2(150 \times 100^2) + 200 \times 45^2 + 2\dfrac{150^3}{12} + 2(150 \times 30^2)$
   $= 4.904 \times 10^6 \text{mm}^3$

2. 직접전단에 의한 A점 전단력

   $R_v = \dfrac{50}{500} = 0.1\text{kN/mm}$

3. 비틀림에 의한 A점 전단력

   (1) $R_x = \dfrac{50(350-45)}{4.904 \times 10^6} \times 100 = 0.311 \text{kN/mm}$

   (2) $R_y = \dfrac{50(350-45)}{4.904 \times 10^6} \times 105 = 0.327 \text{kN/mm}$

   (3) 합력에 의한 최대 전단력

   $$\sqrt{0.311^2 + (0.1+0.327)^2} = 0.528 \text{kN/mm}$$

4. 하중저항계수설계법에 의한 안정성 검토

   (1) 설계하중

   $$P_u = 1.2 \times 20 + 1.6 \times 30 = 72 \text{kN}$$

   (2) 용접부 A에 발생되는 최대전단력

   $$0.528 \times \dfrac{72}{50} = 0.76 \text{kN/mm}$$

   $$\phi F_w\, a = 0.75 \times (0.6 \times 490) \times 7 \times 10^{-3} = 1.54 \text{kN/mm} > 0.76 \text{kN/mm} \cdots \text{O.K}$$

문제12 조립압축재의 띠판(SS400)이 최대 $M_u = 50kN \cdot m$의 휨모멘트를 받을 때 띠판과 압축재의 접합에서 다음의 두 가지 경우를 검토하시오.

1) [그림 a]와 같은 배열의 고력볼트 접합으로 하는 경우 F10T−M22($T_o = 200kN$) 볼트 사용의 적합성(단, 표준볼트 구멍을 사용하였다.)

2) [그림 b]와 같은 용접으로 하는 경우 용접 치수 12mm의 적합성(용접봉 인장강도 $F_{uw} = 490MPa$)

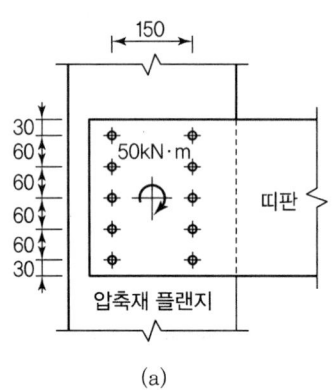

(a)

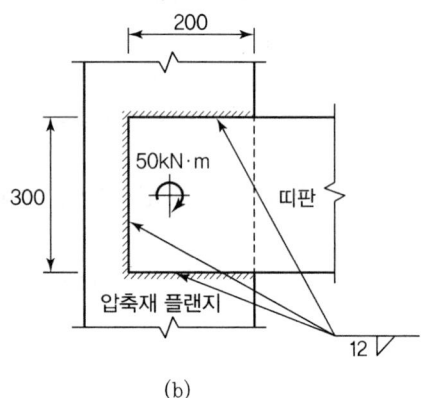

(b)

[풀이] 1. 고력볼트부 검토

$$R_{\max} = \sqrt{46.78^2 + 29.24^2} = 55.17kN < \phi R_n = 100kN \quad \cdots\cdots\cdots\cdots\cdots\cdots \text{O.K}$$

2. 용접부 검토

$$\tau_{\max} = \sqrt{0.525^2 + 0.5^2} = 0.725kN/mm < \phi a 0.6 F_{uw} = 1.85kN/mm \quad \cdots \text{O.K}$$

문제13 $P_D = 90$kN, $P_L = 55$kN이 중심 축하중으로 브라켓에 작용할 때 접합부의 안전성을 검토하시오.

단, 이음면은 양면 모살용접이며, 사용 강재는 SM275, 용접봉인장강도 $F_{uw} = 490$MPa

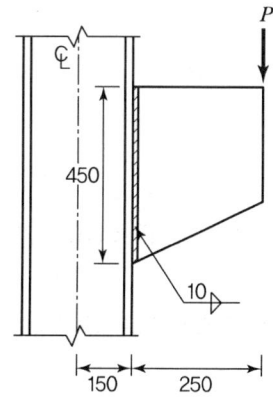

[풀이] 조합응력을 받는 모살용접부의 내력검토

1. 소요강도

$$P_u = 1.2 \times 90 + 1.6 \times 55 = 196\text{kN}$$
$$M_u = 196 \times 250 = 49{,}000\text{kN} \cdot \text{mm}$$

2. 용접부의 단면성능 산정

  (1) 목두께

  $$a = 0.7(10) = 7\text{mm}$$

  (2) 유효용접길이

  $$l_e = 450 - 2(10) = 430\text{mm}$$

  (3) $A_w = 2(7 \times 430) = 6{,}020\text{mm}^2$

  (4) $S = 2 \times \dfrac{0.7 \times 430^2}{6} = 431{,}433\text{mm}^3$

제4장 접합 **97**

3. 용접부의 내력검토

   (1) 휨응력

   $$\sigma_b = \frac{49{,}000 \times 10^3}{431{,}433} = 113.6 \text{N/mm}^2$$

   (2) 전단응력

   $$\tau = \frac{196 \times 10^3}{6{,}020} = 32.6 \text{N/mm}^2$$

   (3) 조합응력검토

   $$\sqrt{113.6^2 + 32.6^2} = 118.2 \text{N/mm}^2 < \phi(0.6 F_{uw}) = 221 \text{N/mm}^2 \cdots \text{O.K}$$

따라서 양면 모살 용접부는 구조적으로 안정성을 확보하고 있다.

문제14 다음 그림에서 용접기호, 치수 등이 실제 어떤 상태인지 그림을 그리고 설명하시오.

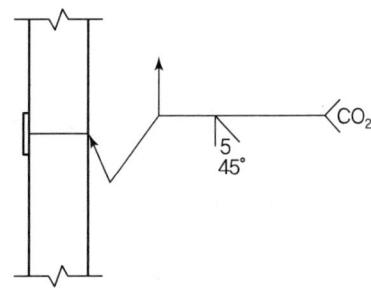

풀이 용접기호

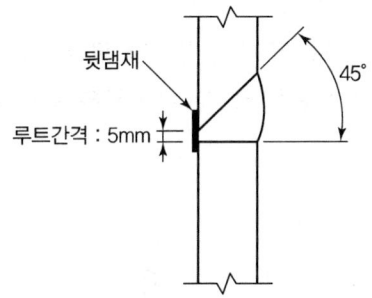

① 뒷댐재를 대고
② 루트간격은 5mm를 두고
③ 상부판재를 45°로 개선하고
④ 현장에서 완전개선용입용접을 실시한다.
⑤ 용접 종류는 가스아크용접(CO_2)이다.

제5장 인장재

철골구조(KDS 14 31 10)

5.1 인장재 설계 개요

인장재는 트러스 부재나 가새 또는 캐노피를 지지하는 강봉과 같이 인장력만을 받는 구조요소이다. 캐노피를 지지하는 강봉과 같이 특수한 경우가 아니면 대개의 경우 하중의 작용방향에 따라 압축력이 작용하기도 한다.

인장재는 좌굴을 고려할 필요가 없기 때문에 설계의 주요 변수는 단면적이 된다. 철골구조는 접합을 위해 구멍을 뚫는 경우가 빈번히 발생되게 된다. 이러한 경우 단면의 결손이 발생되기 때문에 이를 설계에 반영해야 한다. 또한 인장재가 편심으로 접합된 경우에는 응력집중이 발생되게 되며, 이러한 현상을 고려하여 추가로 단면적을 공제해야 한다. 인장재로 주로 사용되는 단면은 [그림 5.1]과 같다.

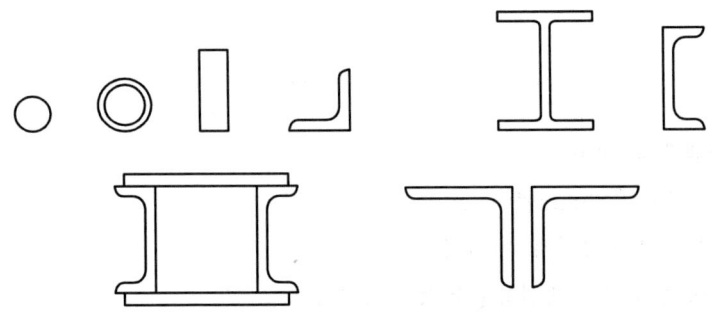

[그림 5.1] 인장재로 주로 사용되는 단면

인장재의 설계는 크게 세 가지를 검토해야 한다.

첫째, 전단면에 대한 항복을 검토해야 한다. 인장재의 설계에서 전단면에 대한 항복을 검토하는 이유는 항복에 의해 과도한 변위가 발생되어 구조물의 사용성에 문제가 되거나 또는 과도한 변위에 의해 구조물에 부가응력이 발생하여 붕괴되는 것을 예방하기 위함이다.

볼트 구멍 등이 있는 접합부위에서 항복이 먼저 발생되지만 전체 인장재의 길이에 비해 접합부위는 미소하기 때문에 접합부에서 항복에 의해 발생되는 변위는 무시할 수 있을 정도로 작은 값이다.

둘째, 접합부에서 파괴에 대한 검토가 필요하다. 파괴가 가장 먼저 발생하는 볼트 구멍이 있는 유효단면에서의 파괴에 대한 검토가 필요하다.

셋째, 접합부의 일부분이 전단과 인장에 의해 찢겨져 나가는 블록시어에 대한 검토가 필요하다.

인장재의 경우에도 설계기준에서는 세장비를 300 이하로 제한하고 있는데, 이는 세장비가 지나치게 큰 경우 풍하중 등에 진동 등의 문제가 발생되기 때문이다. 단, 강봉이 인장재로 사용된 경우에는 세장비의 제한을 받지 않는다.

5.2 인장재의 단면적

1. 순단면적

순단면적은 볼트접합을 위한 구멍의 면적을 공제한 면적으로 다음과 같이 산정한다.

1) 정렬 배치인 경우

$$A_n = A_g - n\,d\,t$$

여기서, n : 인장력 방향에 수직한 동일 단면 상에 있는 구멍의 수
d : 파스너 구멍의 직경(mm)
　　순단면적 산정 시 볼트 구멍의 폭은 공칭구멍치수 값으로 한다.
t : 부재의 두께(mm)

2) 불규칙 배치(엇모배치)인 경우

$$A_n = A_g - n\,d\,t + \sum \frac{s^2}{4g}t$$

여기서 s : 2개의 연속된 구멍의 피치(mm)
g : 파스너 게이지선 사이의 게이지(mm)

3) 볼트구멍이 있는 ㄱ형강의 순단면적은 다리를 동일평면에 전개한 후 산정한다. 이 경우 전개된 인접한 두 면의 구멍의 게이지는 ㄱ형강의 뒷면으로부터 산정한 게이지들의 합에서 두께를 감한 값이다.
4) 거싯플레이트에 슬롯이 있는 강관을 용접하는 경우 강관의 순단면적은 총단면적에서 슬롯의 전체 단면적을 뺀 것으로 한다.
5) 플러그용접이나 슬롯용접을 가로지르는 순단면적을 계산할 때 용접재는 순단면적 계산에 포함하지 않는다.
6) 볼트구멍이 없는 부재의 경우 순단면적은 총단면적과 같다.

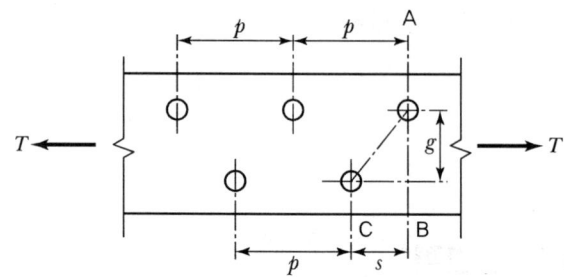

[그림 5.2] 볼트의 엇모배치

예제 5.1

그림과 같은 ㄷ−200×90×8×13.5 형강의 순단면적을 산정하시오.(단, 볼트 직경은 M16(F10T) 이다.)

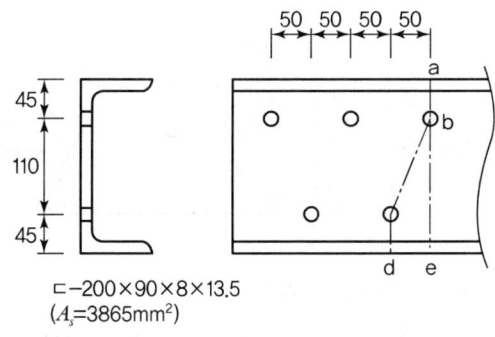

ㄷ−200×90×8×13.5
(A_s=3865mm²)

[풀이] 순단면적

1. 파단선 a−b−e인 경우

   $A_n = A_g - ndt = 3,865 - (18 \times 8) = 3,721 \text{mm}^2$

2. 파단선 a−b−c−d인 경우

   $A_n = A_g - ndt + \sum \dfrac{s^2}{4g}t = 3,865 - (2 \times 18 \times 8) + \left(\dfrac{50^2}{4 \times 110}\right) \times 8$

   $= 3,622 \text{mm}^2$

3. 순단면적은 파단선 a−b−c−d에 의해 지배됨

   $A_n = 3,622 \text{mm}^2$

예제 5.2

그림과 같이 폭 360mm, 두께 15mm의 플레이트에 4개의 표준구멍이 엇모배치되어 있을 때 부재의 순단면적(A_n)을 구하시오.(단, KBC 2016 기준, M24볼트 사용, 강재 재질은 SM355이다.)

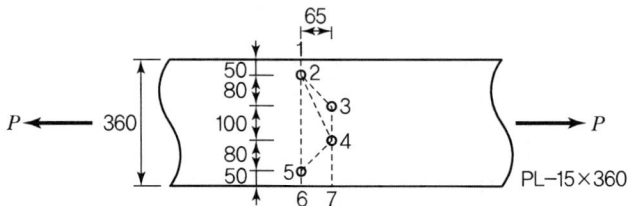

[풀이] 인장재의 설계 : 순단면적 및 유효순단면적

플레이트 간 볼트접합의 경우 $U=1.0$이므로 유효순단면적과 순단면적은 같은 값이다.

1. 파단선 1-2-5-6 검토

$$A_n = A_e = 5,400 - 2 \times (27 \times 15) = 4,590 \text{mm}^2$$

2. 파단선 1-2-4-5-6 검토(1-2-3-5-6과 동일)

$$A_n = A_e = 5,400 - 3 \times (27 \times 15) + \frac{65^2}{4 \times 180}15 + \frac{65^2}{4 \times 80}15 = 4,471 \text{mm}^2$$

3. 파단선 1-2-3-4-7 검토

$$A_n = A_e = 5,400 - 3 \times (27 \times 15) + \frac{65^2}{4 \times 80}15 = 4,383 \text{mm}^2$$

4. 파단선 1-2-3-4-5-6 검토

$$A_n = A_e = 5,400 - 4 \times (27 \times 15) + 2\frac{65^2}{4 \times 80}15 = 4,176 \text{mm}^2 (\text{지배})$$

따라서, 상기 플레이트의 순단면적 및 유효순단면적은 파단선 1-2-3-4-5-6에 의해 지배되며

$$A_n = A_e = 4,176 \text{mm}^2 (\text{지배})$$

2. 유효 순단면적

유효 순단면적은 편심인장접합으로 인해 발생되는 전단뒤짐(Shear Lag) 현상을 고려하여 순단면적을 감소시킨 면적을 말하며, 다음과 같이 산정한다.

1) 하중이 연결재에 의해 전단면적에 직접적으로 전달될 때, 유효 순단면적 A_e는 순단면적 A_n과 같다.
2) 파스너를 사용하는 경우, 유효 순단면적 A_e는 다음과 같이 U를 사용하여 산정한다.
3) H형강, I형강, ㄷ형강, T형강, 단일ㄱ형강 및 쌍ㄱ형강과 같은 개단면의 경우, 전단뒤짐계수는 부재 총단면적에 대한 연결된 요소 총단면적의 비 이상이어야 한다. 이 규정은 강관과 같은 폐단면과 판재에는 적용하지 않는다.

$$A_e = UA_n$$

여기서, 전단뒤짐계수 U는 아래와 같이 산정한다.

(1) 일반적인 인장재

$$U = 1 - \frac{\overline{x}}{L}$$

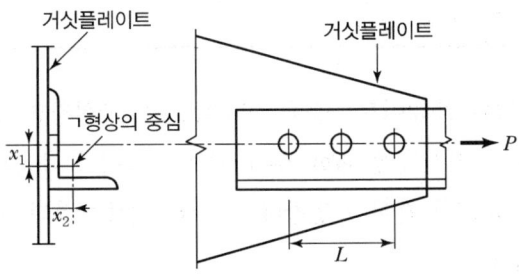

[그림 5.3] 인장재의 접합길이

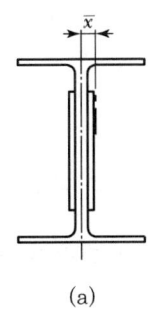

(a)

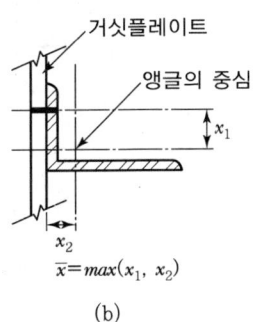

(b)

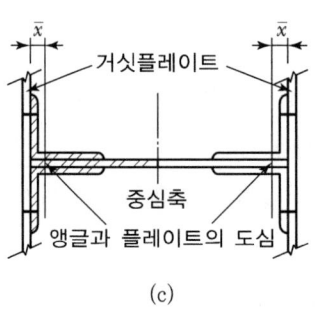
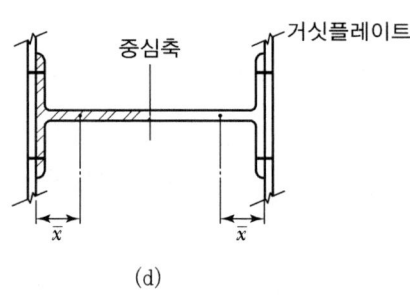

[그림 5.4] 인장재의 편심($\bar{x}$)

H형강과 T형강 그리고 단일ㄱ형강의 경우는 [그림 5.4]에 의한 U값과 다음에 의한 U 값을 비교하여 큰 값을 적용할 수 있다.

H형강 또는 T형강	하중방향으로 매 열당 3개 이상의 파스너로 접합한 플랜지의 경우	$b_f \geq 2/3d \ldots U = 0.90$ $b_f < 2/3d \ldots U = 0.85$
	하중방향으로 매 열당 4개 이상의 파스너로 접합한 웨브 연결의 경우	$U = 0.70$
단일ㄱ형강	하중방향으로 매 열당 4개 이상의 파스너가 있는 경우	$U = 0.80$
	하중방향으로 매 열당 2개 또는 3개의 파스너가 있는 경우	$U = 0.60$

(2) 측면만 용접된 플레이트, 앵글, T형강 또는 C형강의 경우

일반적으로 플레이트에 대한 $U=1.0$이다. 그러나 다음과 같이 용접이 된 경우에 대해서는 [그림 5.5]와 같이 결정한다. 그러나 하중방향과 직각방향이 용접되어 있는 경우 $U=1.0$이다.

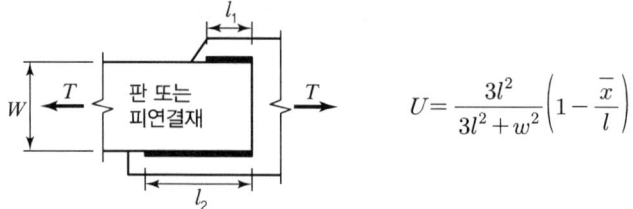

$$U = \frac{3l^2}{3l^2 + w^2}\left(1 - \frac{\bar{x}}{l}\right)$$

$l = \dfrac{l_1 + l_2}{2}$, l_1과 l_2는 용접사이즈의 4배 이상이어야 한다.

[그림 5.5] 길이방향 용접만으로 접합된 경우

(3) 중심축에 단일 거싯플레이트를 용접한 원형 강관의 경우 [그림 5.6]과 같이 결정한다.

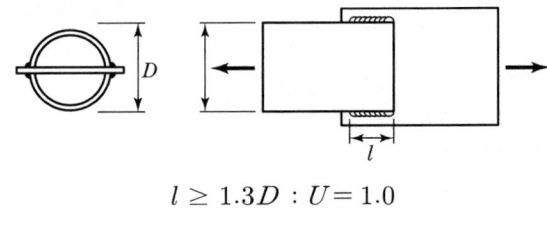

$l \geq 1.3D : U = 1.0$

$D \leq l < 1.3D : U = 1 - \overline{x}/l$

여기서, $\overline{x} = D/\pi$

[그림 5.6] 원형 강관의 감소계수(U)

(4) 각형 강관의 경우 [그림 5.7]과 같이 결정한다.

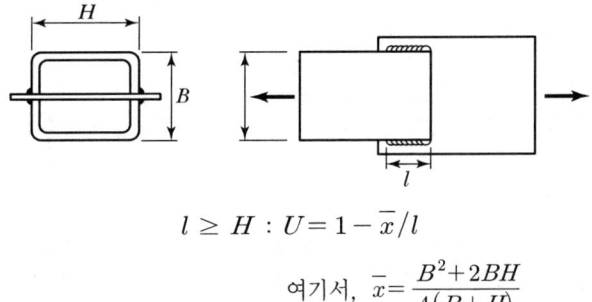

$l \geq H : U = 1 - \overline{x}/l$

여기서, $\overline{x} = \dfrac{B^2 + 2BH}{4(B+H)}$

(a) 중심축에 연결한 경우

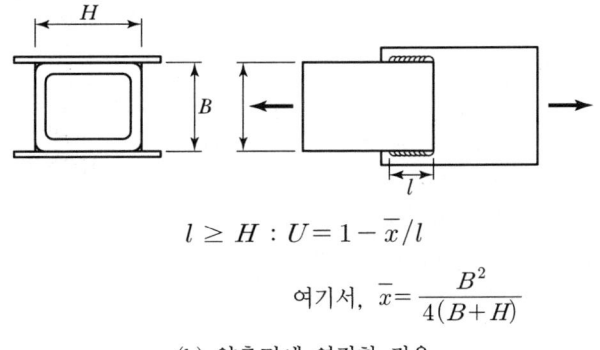

$l \geq H : U = 1 - \overline{x}/l$

여기서, $\overline{x} = \dfrac{B^2}{4(B+H)}$

(b) 양측면에 연결한 경우

[그림 5.7] 각형 강관의 감소계수(U)

〈표 5-1〉 인장재 접합부의 전단뒤짐계수(KDS 14 31 10 : 2024)

사례	요소 설명		전단뒤짐계수, U	예
1		인장력이 용접이나 연결재를 통해 각각의 단면요소에 직접적으로 전달되는 모든 인장재(사례 4, 5, 6과 같은 경우는 제외한다.)	$U = 1.0$	—
2		인장력이 가로방향 용접과 조합된 길이방향 용접이나 연결재를 통해 단면요소의 일부에 전달되는 경우로, 강관을 제외한 모든 인장재(H형강은 사례 7을 적용할 수도 있고, ㄱ형강은 사례 8을 적용할 수 있다.)	$U = 1 - \overline{x}/l$	
3		인장력이 단면요소의 일부에 가로방향 용접을 통해서만 전달되는 모든 인장재	$U = 1.0$ $A_n = $ 직접 접합된 요소의 면적	—
4[1]		인장력이 길이방향 용접만을 통해서 전달되는 경우로, 판재, ㄱ형강, 힐에서 용접되는 ㄷ형강, T형강, 연결된 요소를 갖는 H형강($\overline{x}$의 정의는 사례 2 그림 참조)	$U = \dfrac{3l^2}{3l^2 + w^2}\left(1 - \dfrac{\overline{x}}{l}\right)$	
5		강관에서 슬롯을 통과하는 하나의 동일 중심의 거싯플레이트를 갖는 원형 강관	$l \geq 1.3D \cdots U = 1.0$ $D \leq l < 1.3D \cdots U = 1 - \overline{x}/l$ 여기서, $\overline{x} = D/\pi$	
6	각형강관	하나의 동일 중심의 거싯플레이트가 있는 경우	$l \geq H \cdots U = 1 - \overline{x}/l$ 여기서, $\overline{x} = \dfrac{B^2 + 2BH}{4(B+H)}$	
6	각형강관	양측면에 거싯플레이트가 있는 경우	$l \geq H \cdots U = 1 - \overline{x}/l$ 여기서, $\overline{x} = \dfrac{B^2}{4(B+H)}$	
7	H형강 또는 T형강(사례 2와 비교하여 큰 값의 U를 사용할 수 있다.)	하중방향으로 매 열당 3개 이상의 연결재로 접합한 플랜지 연결의 경우	$b_f \geq 2/3d \cdots U = 0.90$ $b_f < 2/3d \cdots U = 0.85$	—
7	H형강 또는 T형강(사례 2와 비교하여 큰 값의 U를 사용할 수 있다.)	하중방향으로 매 열당 4개 이상의 연결재로 접합한 웨브연결의 경우	$U = 0.70$	—

사례	요소 설명		전단뒤짐계수, U	예
8	단일 ㄱ형강 혹은 쌍 ㄱ형강 (사례 2와 비교하여 큰 값의 U를 사용할 수 있다.)	하중방향으로 매 열당 4개 이상의 연결재가 있는 경우	$U=0.80$	—
		하중방향으로 매 열당 3개의 연결재가 있는 경우(하중방향으로 열당 3개의 연결재보다 작은 경우 사례 2를 사용)	$U=0.60$	—

주) B : 연결면에 대해서 90°로 측정된 각형강관 부재의 전체 폭(mm), D : 원형강관의 외경(mm)
 H : 연결면에서 측정된 각형강관의 전체 높이(mm)
 d : T형강의 경우 단면의 깊이(mm), 절단된 T형강의 경우 단면의 깊이(mm)
 l : 연결의 길이, w : 플레이트의 폭(mm), $\bar{x}$: 연결의 편심(mm)

주 1) $l=(l_1+l_2)/2$ 인 경우 l_1과 l_2는 용접사이즈의 4배 이상이어야 한다.

3) 전단뒤짐(Shear Lag)

일반적으로 인장재의 접합부는 편심접합되는 경우가 많으며, 이러한 경우 인장재에 발생되는 응력은 접합부에서 일정한 거리 이상 떨어진 곳에서는 등분포하게 발생되지만 접합부에서는 응력의 불균형 현상이 발생하게 된다. 이러한 현상을 전단지연현상이라 하며, 인장재의 편심접합부에서는 이를 반영하기 위해 순단면적을 감소시켜 사용하고 있다.

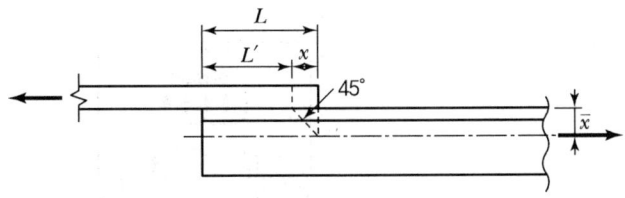

이러한 현상을 감안하여 감소계수 U는 다음과 같이 산정할 수 있다.

$$U = 1 - \frac{\bar{x}}{L}$$

실제 접합부 설계 시 고력볼트 접합부와 용접 접합부에서의 U는 다음 그림과 같이 적용한다.

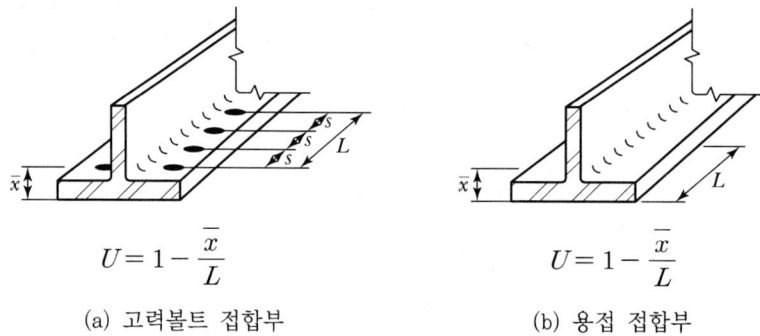

[그림 5.8] 시어래그 계수의 적용

> **참고**
> 전단뒤짐은 광범위한 의미로는 응력불균형 상태를 말한다. 예를 들면, 튜브 구조 시스템에서 모서리 기둥으로 축력이 집중되는 현상도 전단지연현상의 하나이다.

4) 블록전단(Block Shear)

블록전단 파괴는 접합부에서 부재의 일부분이 전단과 인장의 조합에 의해 찢겨 나가는 현상을 말한다. [그림 5.9]는 블록시어 파괴의 일반적인 형태를 나타낸 것이다. KBC 2016에서는 기존의 식을 보다 단순화하고 인장응력집중 영향을 고려하여 보수적 수식으로 수정하였다.

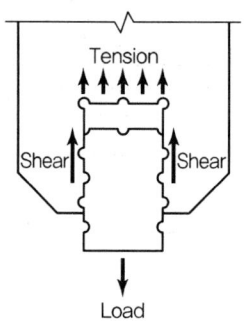

[그림 5.9] 블록시어 파괴

블록전단파단의 한계상태에 대한 설계강도는 전단저항과 인장저항의 합으로 산정한다. 보 단부이음부의 상단 플랜지가 없는 이음부 및 거싯플레이트 등은 블록전단강도를 검토해야 한다. 설계블록전단강도 R_n은 다음과 같이 산정한다.

$\phi = 0.75$

$\phi R_n = 0.6 F_u A_{nv} + U_{bs} \times F_u A_{nt} \leq 0.6 F_y A_{gv} + U_{bs} F_u A_{nt}$

여기서, A_{gv} : 전단력에 대한 총단면적
 A_{gt} : 인장력에 대한 총단면적
 A_{nv} : 전단력에 대한 순단면적
 A_{nt} : 인장력에 대한 순단면적

인장응력이 일정한 경우 $U_{bs} = 1.0$이고, 인장응력이 일정하지 않은 경우에는 $U_{bs} = 0.5$이다.

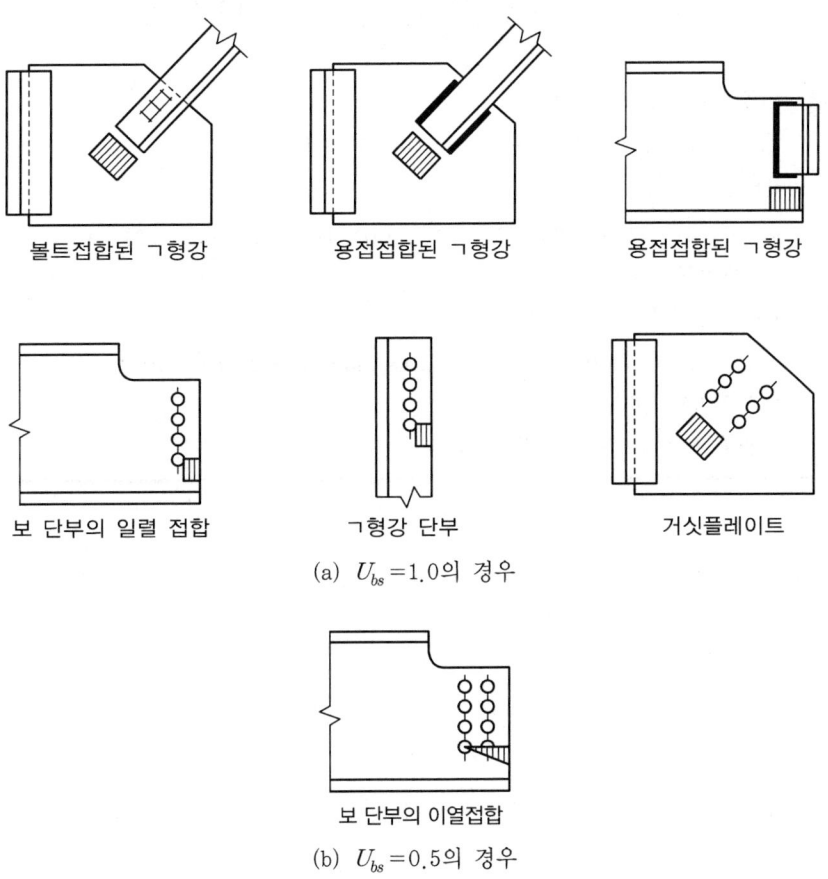

[그림 5.10] 블록전단강도 산정을 위한 응력집중계수(U_{bs})

예제 5.3

그림과 같은 인장재 접합에서 블록전단 파괴강도를 구하시오.(단, 강재는 SS275이고, 구멍 크기는 22mm임)

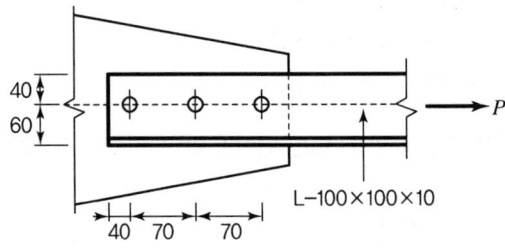

풀이 블록전단 파괴강도 산정

$$\phi R_n = 0.6F_u A_{nv} + U_{bs} \times F_u A_{nt} \leq 0.6F_y A_{gv} + U_{bs} F_u A_{nt}$$

$0.6F_u A_{nv} + U_{bs} \times F_u A_{nt}$
$= [0.6 \times 410 \times (180 - 2.5 \times 22) \times 10 + 1.0 \times 410 \times (40 - 0.5 \times 22) \times 10] \times 10^{-3}$
$= 426.4 \text{kN}$

$0.6F_y A_{gv} + U_{bs} \times F_u \cdot A_{nt}$
$= [0.6 \times 275 \times (180) \times 10 + 1.0 \times 410 \times (40 - 0.5 \times 22)10] \times 10^{-3}$
$= 415.9 \text{kN} (지배)$

$\therefore \phi R_n = 0.75 \times 415.9 = 311.9 \text{kN}$

5.3 하중저항계수설계법에 의한 설계인장강도

1) 전단면적에 대한 항복 검토

$$T_d = \phi_t\, T_n = 0.9\, F_y\, A_g$$

여기서, F_y : 항복강도
A_g : 인장부재의 전단면적

2) 유효단면에 대한 파괴 검토

$$T_d = \phi_t\, T_n = 0.75\, F_u\, A_e$$

여기서, $A_e = U A_n$, $A_n = A_g - \sum d \times t + \sum \dfrac{s^2}{4g}$

U는 시어래그를 반영하기 위한 계수값으로 다음과 같이 결정된다.

$$U = 1 - \dfrac{\bar{x}}{L}$$

여기서, $\bar{x}$: 부재의 도심에서 접합면까지의 거리
L : 접합되어 있는 길이

3) 블록시어(Block Shear) 검토

$\phi = 0.75$

$$\phi R_n = 0.6 F_u A_{nv} + U_{bs} \times F_u A_{nt} \leq 0.6 F_y A_{gv} + U_{bs} F_u A_{nt}$$

여기서, A_{gv} : 전단력에 대한 총단면적
A_{gt} : 인장력에 대한 총단면적
A_{nv} : 전단력에 대한 순단면적
A_{nt} : 인장력에 대한 순단면적

5.4 조립인장재

판재, 형강 등으로 조립인장재를 구성하는 경우 조립재가 일체가 되도록 다음 조건에 맞게 적절하게 조립해야 한다.

1) 판재와 형강 또는 2개의 판재로 구성되어 연속적으로 접촉되어 있는 조립인장재의 재축방향 긴결간격은 다음 값 이하로 해야 한다.
   (1) 도장된 부재 또는 부식의 우려가 없어 도장되지 않은 부재의 경우 얇은 판두께의 24배 또는 300mm
   (2) 대기 중 부식에 노출된 도장되지 않은 내후성 강재의 경우 얇은 판두께의 14배 또는 180mm
2) 끼움판을 사용한 2개 이상의 형강으로 구성된 조립인장재는 개재의 세장비가 가급적 300을 넘지 않도록 한다.
3) 띠판은 조립인장재의 비충복면에 사용할 수 있으며, 다음 조건에 맞도록 해야 한다.
   (1) 띠판의 재축방향길이는 조립부재 개재를 연결시키는 용접이나 파스너 사이 거리의 2/3 이상이 되어야 하고, 띠판두께는 이 열 사이 거리의 1/50 이상 되어야 한다.
   (2) 띠판에서의 단속용접 또는 파스너의 재축방향 간격은 150mm 이하로 한다.
   (3) 띠판 간격을 결정할 때, 조립부재 개재의 세장비는 가급적 300을 넘지 않도록 한다.

5.5 핀접합부재

1. 인장강도

핀접합부재의 설계인장강도 $\phi_t P_n$은 인장파단, 전단파단, 지압, 항복의 한계상태 중에서 가장 작은 값으로 한다.

1) 유효순단면적에 대한 인장파단

$$P_n = 2tb_{eff}F_u$$
$$\phi_t = 0.75$$

여기서, b_{eff} : 유효연단거리(=2t+16), mm
t : 판재의 두께, mm

다만, 볼트구멍연단으로부터 작용하는 힘의 직각방향으로 측정한 부재의 연단까지의 거리보다 커서는 안 된다.

2) 유효단면적에 대한 전단파단

$$P_n = 0.6F_u A_{sf}$$
$$\phi_{sf} = 0.75$$

여기서, $A_{sf} = 2t(a+d/2)$, mm²
a : 핀 구멍의 연단으로부터 힘의 방향과 평행하게 측정한 부재의 연단까지의 최단거리, mm
d : 핀 직경, mm

2. 핀의 투영면적에 대한 지압

$$\phi = 0.75$$
$$R_n = 1.8F_y A_{pb}$$

여기서, F_y : 항복강도, MPa
A_{pb} : 투영된 지압면적, mm²

3. 총 단면적에 대한 항복은 인장재의 설계와 동일

4. 핀접합부재의 구조제한

핀 구멍은 부재의 중앙에 위치하여야 한다. 핀이 전하중 상태에서 접합재들 간의 상대변위를 제어하기 위해 사용될 때, 직경은 핀 직경보다 1mm 이상 크면 안 된다.

핀 구멍이 있는 플레이트의 폭은 $2b_{eff} + d$ 이상이어야 하며, 재축에 평행한 핀 구멍의 연단거리 a는 $1.33b_{eff}$ 이상이어야 한다.

예제 5.4

핀접합 인장재의 구조제한 사항과 안전성을 검토하시오.(단, 인장재의 재질은 SS275, 고정하중 48kN, 활하중 4kN이다.)

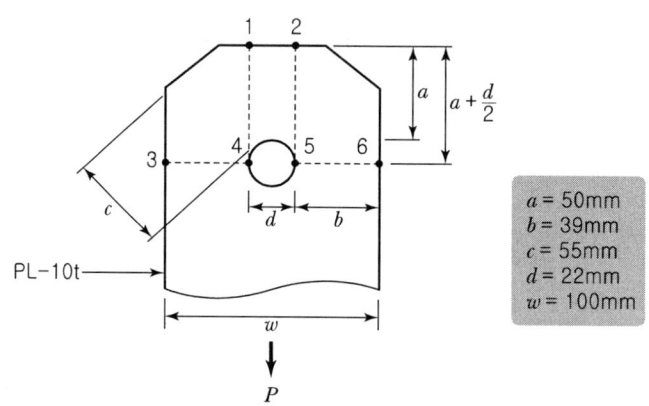

a = 50mm
b = 39mm
c = 55mm
d = 22mm
w = 100mm

풀이 핀접합 인장재의 설계

1. 재료

    SS275 $F_y = 275\text{MPa}$, $F_u = 410\text{MPa}$

2. 소요인장강도 계산

    $P_u = 1.4(48) = 67.2\text{kN}$

    $P_n = 1.2(48) + 1.6(4) = 64\text{kN}$

    $\therefore P_u = \max(67.2, 64) = 67.2\text{kN}$

3. 핀접합 부재의 구조제한

   (1) 유효연단거리 $b_{eff} = 2t + 16 < b$

   $2t + 16 = 2(10) + 16 = 36\text{mm} < b = 39\text{mm}$

   (2) $w \geq 2b_{eff} + d$ $100\text{mm} \geq 2(36) + 22 = 94\text{mm}$

   (3) $a \geq 1.33 b_{eff}$ $50\text{mm} \geq 1.33(36) = 47.9\text{mm}$

   (4) $c \geq a$ $c = 50.3\text{mm} \geq a = 50\text{mm}$

4. 총 단면적의 항복한계상태에 의한 설계인장강도 계산

   $\phi_t F_y A_g = 0.9(275)(10)(100) = 247{,}500\text{N} = 247.5\text{kN}$

5. 유효순단면적에 대한 인장파단강도 계산(3-4-5-6)

   $\phi_t F_u A_e = 0.75(2t)(b_{eff})(F_u)$
   $= 0.75(2)(10)(36)(410) = 221{,}400\text{N} = 221.4\text{kN}$

6. 유효단면적에 대한 전단파단 한계상태에 의한 설계인장강도 계산(1-4-5-2)

   $A_{sf} = 2t\left(a + \dfrac{d}{2}\right) = 2(10)\left(50 + \dfrac{22}{2}\right) = 1{,}220\text{mm}^2$

   $\phi_{sf} P_n = 0.75 \times 0.6 F_u A_{sf} = 0.75(0.6)(410)(1{,}220) = 225{,}090\text{N} = 225.09\text{kN}$

7. 지압한계 상태에 의한 설계인장강도 계산

   $A_{pb} = 10(22) = 220\text{mm}^2$

   $\phi_t R_n = 0.75 \times 1.8 F_y A_{pb} = 0.75(1.8)(275)(220) = 81{,}675\text{N} = 81.7\text{kN}$

8. 설계인장강도 산정

   $\phi_t P_n = \min(247.5,\ 221.4, 225.09,\ 81.7) = 81.7\text{kN}$

   ∴ 지압한계 상태에 의하여 설계인장강도 결정

9. 설계인장강도와 소요인장강도의 비교

   $\phi_t P_n = 81.7\text{kN} > P_u = 67.2\text{kN}$ ·· ∴ O.K

5.6 아이바(Eyebar)

1. 인장강도

아이바의 인장강도는 인장재의 설계와 동일하다. 다만, 아이바 몸체의 단면적은 A_g로 한다. 아이바 몸체의 폭은 두께의 8배를 초과하지 않도록 한다.

2. 아이바의 구조제한

강구조 건축물을 포함한 일반 강구조 아이바에 대한 구조제한은 다음과 같다.

1) 아이바는 핀구멍에 보강 없이 균일한 두께를 가져야 하며, 핀구멍과 동심원을 이루는 둘레가 원형 머리를 가져야 한다.
2) 아이바의 원형 머리부분과 몸체 사이부분의 전환 반지름은 아이바 머리의 직경 이상이어야 한다.
3) 핀 직경은 아이바 몸체폭의 7/8배 이상이어야 하고, 핀 구멍의 직경은 핀 직경보다 1mm를 초과하여 크면 안 된다.
4) 항복강도가 460을 초과하는 강재의 구멍 직경은 플레이트 두께의 5배를 초과할 수 없고 아이바 몸체의 폭은 그에 따라 감소시켜야 한다.
5) 핀 플레이트와 필러 플레이트를 밀착접촉으로 조임하기 위해 외부 너트를 사용하는 경우에만 13mm 미만의 플레이트 두께가 허용된다.
6) 구멍 끝에서부터 힘과 직각 방향의 플레이트 가장자리(측단)까지의 폭은 아이바 몸체폭의 2/3배보다 커야 하고, 3/4배 이하이어야 한다.

그림과 같은 아이바에 고정하중 120kN, 활하중 90kN이 작용한다. 이때의 안전성을 검토하시오.(단, 사용강재는 SM355, 아이바의 두께는 15mm, 핀의 직경은 80mm이다.)

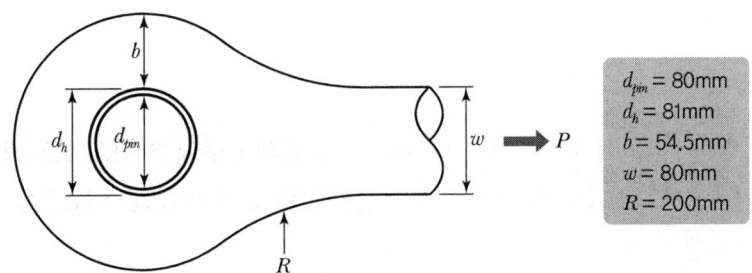

풀이   1. 소요강도

$$T_u = 1.2 \times 120 + 1.6 \times 90 = 288\text{kN}$$

2. 아이바의 구조제한

   (1) $t = 15\text{mm} > 13\text{mm}$ ·· O.K

   (2) $w = 80\text{mm} < 8t = 120$ ·· O.K

   (3) $d_{pin} = 80\text{mm} > \dfrac{7}{8}w = 70$ ·································· O.K

   (4) $d_h = 81\text{mm} \leq d_{pin} + 1\text{mm} = 81\text{mm}$ ························ O.K

   (5) $R = 200 \geq d_n + 2_b = 190\text{mm}$ ································ O.K

   (6) $\dfrac{2w}{3} \leq b \leq \dfrac{4w}{3} \rightarrow 53 < 54.5 < 60$ ···················· O.K

3. 아이바 설계강도

$$A_g = 80 \times 15 = 1{,}200\text{mm}^2$$

$$\therefore \phi P_n = 0.9 \times A_g \times F_y = 0.9 \times 1{,}200 \times 355 \times 10^{-3}$$
$$= 383.4\text{kN} > T_u = 288\text{kN} \quad \cdots\cdots\cdots\cdots\text{O.K}$$

연습문제

제5장 | 인장재

문제01 다음 그림과 같이 두께 12mm의 거싯플레이트에 3-M24 고력볼트로 체결된 L-100×100×7의 설계인장강도를 하중저항계수설계법에 의해 산정하시오.

단, 재질은 SS275(F_y=275MPa), A_s=1,362mm², $C_x = C_y$ = 27.1mm

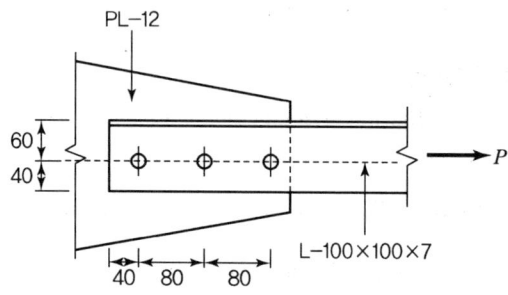

풀이 인장재의 설계

1. 전단면에 대한 항복 검토

    $\phi T_n = 0.9 \times 275 \times 1,362 \times 10^{-3} = 337.1 \text{kN}$

2. 유효단면에 대한 파괴 검토

    (1) 순단면적

    $A_n = 1,362 - (27 \times 7) = 1,173 \text{mm}^2$

    (2) 유효단면적

    KDS 14 31 10(2024)에 의하면 H형강, I형강, ㄷ형강, T형강, 단일ㄱ형강 및 쌍ㄱ형강과 같은 개단면의 경우, 전단뒤짐계수 U는 부재 총단면적에 대한 연결된 요소 총단면적의 비 이상이어야 한다. 따라서 $U_{\min} = 0.5$

사례 2에 의해 $U = 1 - \dfrac{32.9}{160} = 0.79$ (지배)

사례 8에 의해 $U = 0.6$

$\phi T_n = 0.75 \times 410 \times 926.7 \times 10^{-3} = 285 \text{kN}$

3. 블록전단 검토

$0.6 F_u A_{nv} + U_{bs} \times F_u A_{nt}$
$= [0.6 \times 410 \times (200 - 2.5 \times 27) \times 7 + 1.0 \times 410 \times (40 - 0.5 \times 27)$
$\times 7] \times 10^{-3} = 304.2 \text{kN}$

$0.6 F_y A_{gv} + U_{bs} \times F_u \cdot A_{nt}$
$= [0.6 \times 275 \times (200) \times 7 + 1.0 \times 410 \times (40 - 0.5 \times 27) \times 10^{-3}$
$= 307.1 \text{kN}$

$\therefore \phi R_n = 0.75 \times 304.2 = 228.2 \text{kN}$

4. L-100×100×7의 설계인장강도

$\min[337.1,\ 285,\ 228.2] = 228.2 \text{kN}$

문제02. 다음과 같은 인장재의 설계강도를 하중저항계수설계법을 사용하여 구하시오.

단, 재질은 SS275이며, 구멍크기는 22mm이다.
L-150×100×12의 단면적 $A_s = 3,477\text{mm}^2$이다.

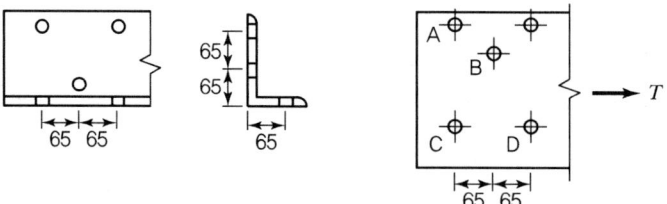

[풀이] 인장재의 설계강도

1. 총단면에 대한 항복

$$\phi T_n = 0.9 \times 275 \times 3,477 \times 10^{-3} = 860.6\text{kN}$$

2. 순단면적 산정

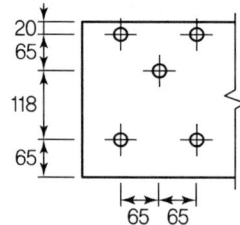

(1) 파단선 A-C

$$A_n = 3,477 - 2 \times (22 \times 12) = 2,949\text{mm}^2$$

(2) 파단선 A-B-C

$$A_n = 3,477 - 3 \times (22 \times 12) + \frac{65^2}{4 \times 65}12 + \frac{65^2}{4 \times 118}12 = 2,987\text{mm}^2$$

(3) 파단선 A-B-D, 파단선 A-B-C와 동일
    따라서 순단면적은 파단선 A-C에 의해 결정된다.

3. 유효단면에 의한 파단

$$\phi T_n = 0.75 \times 410 \times 2,949 \times 10^{-3} = 906.8 \text{kN}$$

설계인장강도는 총단면의 항복에 의해 결정되며 $\phi T_n = 860.6 \text{kN}$

문제03 다음과 같은 조건에 대하여 강구조 하중저항계수설계법을 사용하여 설계인장강도($\phi_t P_n$)를 구하시오.(용접 사이즈 $s = 10\text{mm}$)

단, 계산값은 반올림된 소수점 둘째 자리로 한다.(용접봉인장강도 $F_{uw} = 490\text{MPa}$)

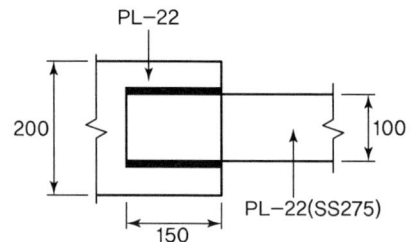

풀이 설계인장강도

1. 전단면에 대한 항복 검토

   $\phi T_n = 0.9 \times 265 \times (100 \times 22) \times 10^{-3} = 524.7\text{kN}$

2. 유효단면에 대한 파괴 검토

   (1) 순단면적 $A_n = A_g = 2{,}200\text{mm}^2$

   (2) 유효단면적 $A_e = 0.807 \times 2{,}200 = 1{,}775.4\text{mm}^2$

   $$\phi T_n = 0.75 \times 410 \times 1{,}775.4 \times 10^{-3} = 545.9\text{kN}$$

   $$U = \frac{3l^2}{3l^2 + w^2}\left(1 - \frac{\overline{x}}{l}\right) = \frac{3 \times 150^2}{3 \times 150^2 + 100^2}\left(1 - \frac{11}{150}\right) = 0.807 \quad (\text{사례 4})$$

3. 용접부 설계강도

   (1) 목두께 $a = 7\text{mm}$

   (2) 유효용접길이 $l_e = 150 - 2 \times 10 = 130\text{mm}$

   $\phi A_w F_w = 0.75 \times 2 \times (130 \times 7) \times (0.6 \times 490) \times 10^{-3} = 401.3\text{kN}$

   따라서, 설계인장강도는 용접부 강도에 의해 결정되며, $\phi T_n = 401.3\text{kN}$

문제04 [그림 1]과 같이 층전단력 $V_u = 700$kN을 받는 강구조골조의 대각선 가새부재를 SS275 재질의 H-200×200×8×12($A = 6,353$mm², $r = 50.2$mm) 형강으로 하고 양 단부를 [그림 2]와 같이 6개의 F10T-M16 볼트로 접합했을 때, 이 가새부재의 구조 안전성을 검토하시오.

단, 고력볼트는 충분히 안전한 것으로 가정한다.

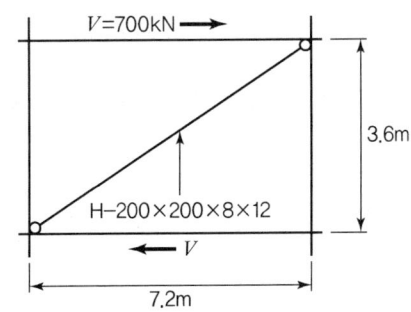

[그림 1]

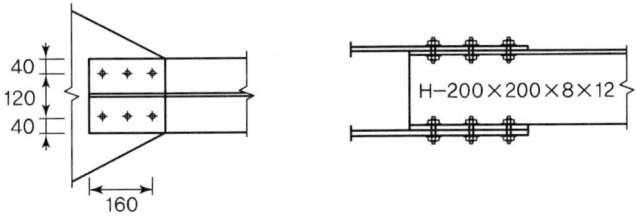

[그림 2]

풀이 인장재의 설계

1. 가새에 발생되는 인장력 산정

$$T \times \frac{2}{\sqrt{5}} = 700 \text{에서}$$

$$\therefore T_u = 782.6 \text{kN}$$

제5장 인장재 **125**

2. 세장비 검토

(1) 가새부재의 길이 $L = \sqrt{7.2^2 + 3.6^2} = 8.05\text{m}$

(2) 세장비 검토 $\lambda = \dfrac{8.05(10^3)}{50.2} = 160.4 < 300$ ·· O.K

3. 단면적 산정

(1) 순단면적 : 플랜지당 2개씩 총 4개의 구멍이 공제

$$A_n = 6,353 - 4 \times (18 \times 12) = 5,489\text{mm}^2$$

(2) 유효순단면적 : 플랜지의 폭이 단면 높이의 2/3보다 크고 열당 3개 이상 볼트를 사용하였으므로 $U = 0.9$ (사례 7)

$$U_{\min} = \dfrac{(2b_f \times t_f)}{A_g} = 0.755$$

$$A_e = 0.9 \times 5,489 = 4,940\text{mm}^2$$ ·· O.K

4. 총 단면적에 대한 항복 검토

$$\phi R_n = 0.9 \times 275 \times 6,353 \times 10^{-3} = 1,572.4\text{kN}$$

5. 유효순단면적에 대한 파단

$$\phi R_n = 0.75 \times 410 \times 4,940 \times 10^{-3} = 1,519.1\text{kN}$$

문제05 다음의 인장가새의 접합부를 설계하시오.

단, 고력 BOLT로 설계하고 아래 순서대로 검토할 것

(1) 볼트의 소요전단강도 검토
(2) 볼트 구멍의 설계지압강도 검토
(3) 설계미끄럼강도 검토
(4) 인장재 인장력 구조 해석
(5) A접합부를 스케치하시오.

〈설계조건〉

- 인장재는 철판 폭 100mm×두께 16mm로 한다.(기둥은 H형강이고 이음판 두께도 16mm이다.)
- 사용볼트 M22(F10T) 사용, $F_{nv}=500\text{N/mm}^2$, 볼트간격 80mm, 연단거리 40mm
- 사용볼트는 하중방향으로 일렬배치한다.
- 강재 SM275 사용
- 지압강도식 : $\phi R_n = (\phi)(1.2)(L_c)(t)(F_u) \leq (\phi)(2.4)(d)(t)(F_u)$
- 설계볼트 장력 $T_o=200\text{kN}$, 미끄럼계수 : 0.5, $h_{sc}=1.0$

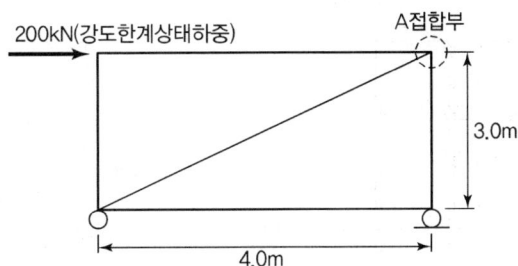

풀이 인장재 및 접합

1. 볼트 설계전단강도(1면 전단)

$$\phi R_n = 0.75 \times 500 \times \frac{\pi \times 22^2}{4} \times 10^{-3} = 142.3 \text{kN/ea}$$

2. 볼트 구멍의 설계지압강도

   (1) 상한값 : $2.4dtF_u = 2.4 \times 22 \times 16 \times 410 \times 10^{-3} = 346.4\text{kN}$

   (2) 연단부 : $1.2L_c tF_u = 1.2 \times (40 - 24/2) \times 16 \times 410 \times 10^{-3} = 220.4\text{kN} < 2.4dtF_u$

   $\phi R_n = 0.75 \times 220.4 = 165.3\text{kN}$

   (3) 중앙부 : $1.2L_c tF_u = 1.2 \times (80 - 24) \times 16 \times 410 \times 10^{-3} = 440.8\text{kN} > 2.4dtF_u$

   $\phi R_n = 0.75 \times 346.4 = 259.8\text{kN}$

3. 설계 미끄럼 강도(1면 전단)

   $\phi R_n = \phi \cdot \mu \cdot h_f \cdot T_o \cdot N_s = 1.0 \times 0.5 \times 1.0 \times 200 \times 1 = 100\text{kN/ea}$

4. 인장재 구조해석

   인장재 부재력을 T라 하면

   $T \cdot \dfrac{4}{5} = 200\text{kN}$에서 $T = 250\text{kN}$

5. 접합부 설계

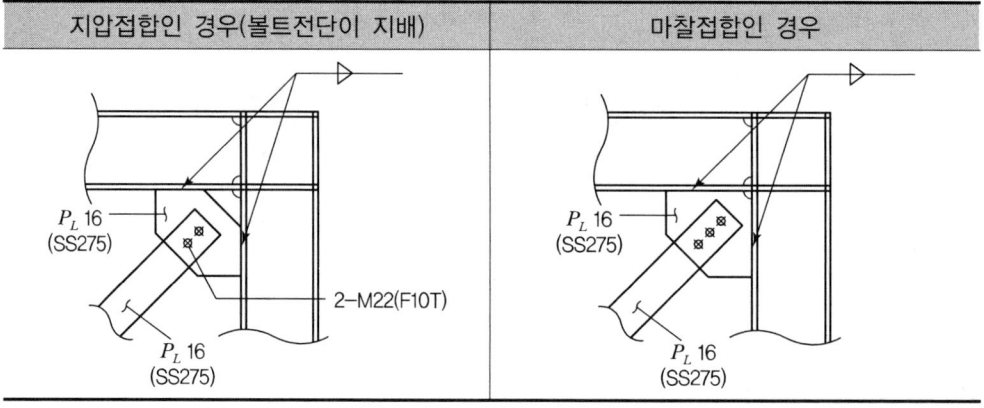

문제06 그림과 같은 인장재의 안정성을 검토하시오.

단, $P_u = 500\text{kN}$, 고력볼트는 M20(F10T), L-100×100×7(SS275), $A_s = 1,362\text{mm}^2$, $C_x = C_y = 27.1\text{mm}$)이다. 거싯플레이트는 충분히 안전하다.

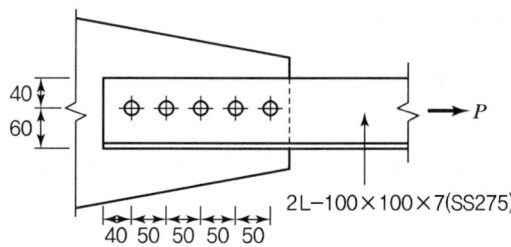

[풀이] 인장재의 설계

1. 전단면에 대한 항복 검토

   $\phi T_n = 0.9 \times 275 \times (2 \times 1,362) \times 10^{-3} = 674.2\text{kN}$

2. 유효단면에 대한 파괴 검토

   (1) 순단면적

   $A_n = 1,362 - (22 \times 7) = 1,208\text{mm}^2$

   (2) 유효단면적

   $U_{\min} = 0.5$, 사례 8 : $U = 0.8$

   $A_e = 0.84 \times 1,208 = 1,014\text{mm}^2$, $U = 1 - \dfrac{32.9}{200} = 0.84$ (사례 2 : 지배)

   $\phi T_n = 0.75 \times 410 \times (2 \times 1,014) \times 10^{-3} = 623.6\text{kN}$

3. 블록전단 검토

   $0.6F_u A_{nv} + U_{bs} \cdot F_u A_{nt} \leq 0.6F_y A_{gv} + U_{bs} \cdot F_u A_{nt}$ 에서

   $0.6F_u A_{nv} + U_{bs} \cdot F_u A_{nt} = [0.6 \times 410 \times (240 - 4.5 \times 22)7 + 1.0 \times 410$
   $\times (40 - 0.5 \times 22) \times 7] \times 10^{-3} \times 2\text{ea}$
   $= 652.1\text{kN}$

$$0.6F_y \cdot A_{gv} + U_{bs} \cdot F_u A_{nt} = [0.6 \times 275 \times 240 \times 7 + 1.0 \times 400(40 - 0.5 \times 22) \times 7]$$
$$\times 10^{-3} \times 2\text{ea}$$
$$= 720.9\text{kN}$$

$$\therefore \phi R_n = 0.75 \times 652.1 = 489.1\text{kN}$$

4. 고력볼트 검토(2면 전단)

   (1) 지압접합부인 경우

   ① 볼트전단강도

   $$\phi R_n = [0.75 \times (400) \times \frac{\pi (20^2)}{4} \times 10^{-3}] \times 2 \times 5\text{ea} = 942\text{kN}$$

   ② 구멍지압강도

   $$2.4 dt F_u = 275.5\text{kN}$$

   연단부 : $1.2 L_c t F_u = 1.2 \times 29 \times 14 \times 410 \times 10^{-3} = 199.8\text{kN}$

   중앙부 : $1.2 L_c t F_u = 1.2 \times 28 \times 14 \times 410 \times 10^{-3} = 192.9\text{kN}$

   $$\phi R_n = 0.75(199.8 + 4 \times 192.9) = 728.6\text{kN}$$

   접합부의 설계강도는 구멍지압에 의해 지배되며

   $$\phi R_n = 728.6\text{kN}$$

   (2) 마찰접합부의 경우

   $$\phi R_n = 1.0 \times 0.5 \times 1.0 \times 165 \times 2 \times 5\text{ea} = 825\text{kN}$$

   구멍의 지압강도 $\phi R_n = 728.6\text{kN}$

   마찰접합부인 경우에도 구멍지압에 의해 지배되며 $\phi R_n = 728.6\text{kN}$

5. 안정성 검토

   인장재의 설계강도는 블록전단에 의해 지배되며

   $$\phi R_n = 489.1\text{kN} < P_u = 500\text{kN} \cdots\cdots\cdots\cdots\cdots \text{N.G}$$

| 문제07 | 다음과 같은 조건에 대하여 강구조 하중저항계수설계법에 따라 접합부의 적합성을 검토하시오. |

단, CT−100×200×8×12

($A_s = 2,850\text{mm}^2$, $C_x = 17.3\text{mm}$, SS275, 용접봉 인장강도 $F_{uw} = 490\text{MPa}$)

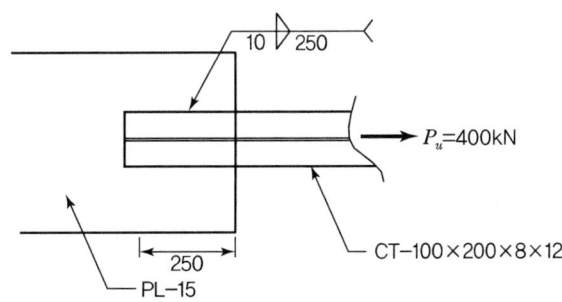

풀이 인장재의 설계

1. 전단면에 대한 항복

$$\phi T_n = 0.9 \times 275 \times 2,850 \times 10^{-3} = 705.4\text{kN} > 400\text{kN} \quad \cdots\cdots\cdots\cdots\cdots \text{O.K}$$

2. 유효순단면에 대한 파괴

   (1) $A_n = A_g$

   (2) U값 산정

$$U_{\min} = \frac{(200 \times 12)}{2,850} = 0.84 \quad (\text{지배})$$

$$U = \frac{3l^2}{3l^2 + w^2}\left(1 - \frac{\overline{x}}{l}\right) = \frac{3 \times 250^2}{3 \times 250^2 + 200^2}\left(1 - \frac{17.3}{250}\right) = 0.767 \quad (\text{사례 4})$$

   (3) $A_e = 0.84 \times 2,850 = 2,394\text{mm}^2$

$$\phi T_n = 0.75 \times 410 \times 2,394 \times 10^{-3} = 736.15\text{kN} > 400\text{kN} \quad \cdots\cdots\cdots \text{O.K}$$

3. 필릿 용접부 검토

$$\phi T_n = 2\left[0.75 \times (7 \times 230) \times (0.6 \times 490) \times 10^{-3}\right] = 710\text{kN} > 400\text{kN} \quad \therefore \text{O.K}$$

따라서 상기의 인장재는 구조적으로 안정성을 확보하고 있다.

문제08 그림과 같은 인장재의 설계블록전단강도를 구하시오.

단, 형강의 재질은 SS275이며 사용하는 고력볼트는 M22(F10T)이다.

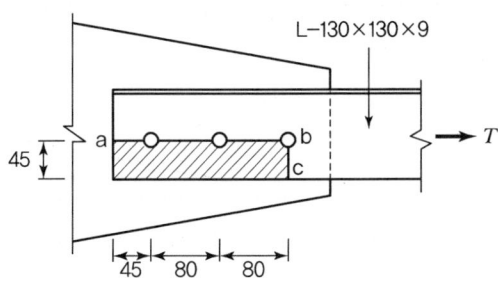

풀이 블록 전단파괴강도

1. 설계블록전단강도

    (1) $0.6F_u A_{mv} + U_{bs} \cdot F_u A_{nt}$

    $= [0.6 \times 410 \times (205 - 2.5 \times 24) \times 9 + 1.0 \times 410 \times (45 - 0.5 \times 24) \times 9] \times 10^{-3}$

    $= 442.8 \text{kN}$

    (2) $0.6F_y \cdot A_{gv} + U_{bs} \cdot F_u \cdot A_{nt}$

    $= [0.6 \times 275 \times 205 \times 9 + 1.0 \times 400(45 - 0.5 \times 24) \times 9] \times 10^{-3}$

    $= 426.2 \text{kN}$

    $\therefore \phi R_n = 0.75 \times 426.2 = 319.7 \text{kN}$

| 문제09 | 아래 그림과 같은 인장접합부에서 설계강도(ϕP_n)에 해당하는 소요강도 P_u 를 결정하시오. |

단, 볼트 재질 F10T, $T_o = 200\text{kN}$이고, 거싯플레이트는 안전한 것으로 가정하며 감소계수는 적용하지 않음(U=1.0), 볼트의 간격 및 연단거리는 기준을 만족, 블록전단강도는 검토하지 않음

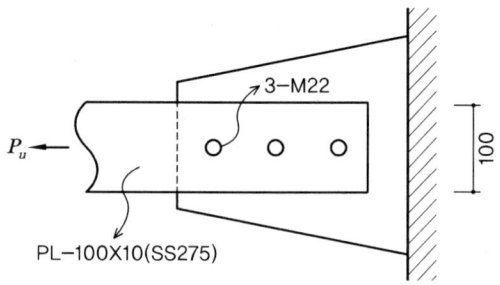

풀이 인장재의 설계강도

1. 총단면에 대한 항복

$$\phi P_n = 0.9 \times A_g \times F_y = 0.9 \times (10 \times 100) \times 275 \times 10^{-3} = 247.5\text{kN}$$

2. 유효순단면에 대한 파괴

$$\phi P_n = 0.75 \times A_e \times F_u = 0.75 \times (10 \times 100 - 24 \times 10) \times 410 \times 10^{-3} = 233.7\text{kN}$$

3. 고장력볼트 검토(마찰접합부로 검토, 표준구멍으로 가정하여 사용성 한계로 검토)

   (1) 마찰강도

   $$\phi R_n = 1.0 \times 0.5 \times 1 \times 200 \times 3\text{ea} = 300\text{kN}$$

   (2) 구멍지압강도(피치 및 연단거리가 충분히 확보된다고 가정하면)

   $$\phi R_n = 0.75 \times 2.4 dt\, F_u \times 3\text{ea} = 487.1\text{kN}$$

   따라서 접합부의 설계강도는 마찰강도가 지배하며 $\phi R_n = 300\text{kN}$

4. 설계인장강도 산정

   설계인장강도는 유효순단면에 대한 파단에 의해 결정되며, $\phi P_n = 233.7\text{kN}$ 이다.

문제10   아래 그림의 거싯플레이트와 브레이스 접합부를 계수 하중(150kN)에 대한 하중저항계수설계법으로 설계하고, 용접 상세를 표기하시오.

단, ① ㄱ−130×130×12(SS275), $A_s = 2{,}976\text{mm}^2$, $S_x = 4.99 \times 10^3 \text{mm}^3$, $C_x = C_y = 36.4\text{mm}$, ② 설계볼트장력 $T_o = 200\text{kN}$, ③ 용접봉인장강도 $F_{uw} = 490\text{MPa}$

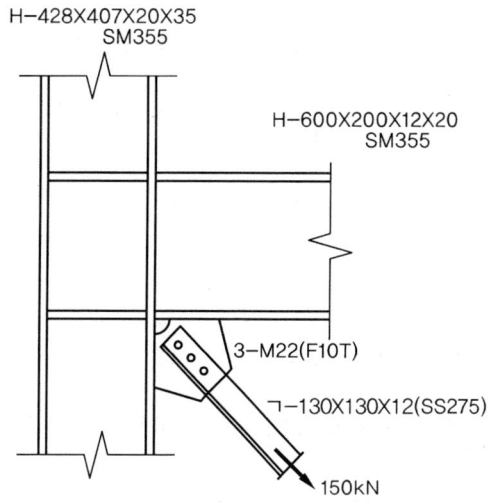

풀이   인장재 및 접합부 설계

1. ㄱ−130×130×12(SS275) 검토

    (1) 전단면에 대한 항복 검토

    $$\phi T_n = 0.9 \times 275 \times 2{,}976 \times 10^{-3} = 736.6\text{kN} > T_u = 150\text{kN} \quad \cdots\cdots \text{O.K}$$

    (2) 유효단면에 대한 파괴 검토

    ① 순단면적

    $$A_n = 2{,}976 - (24 \times 12) = 2{,}688\text{mm}^2$$

    ② 유효단면적

    $U_{\min} = 0.5$, 사례 8 : $U = 0.6$

    $A_e = 0.74 \times 2{,}688 = 1{,}989\text{mm}^2$, $U = 1 - \dfrac{36.4}{140} = 0.74$ (사례 2, 지배)

    $\phi T_n = 0.75 \times 410 \times 1{,}989 \times 10^{-3} = 611.6\text{kN} > T_u = 150\text{kN} \;\cdot\cdot\; \text{O.K}$

제5장 인장재   **135**

(3) 블록전단 검토

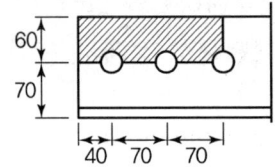

① $0.6 F_u A_{nv} + U_{bs} \cdot F_u A_{nt}$
$= [0.6 \times 410 \times (180 - 2.5 \times 24) \times 12 + 1.0 \times 410 \times (60 - 0.5 \times 24) \times 12] \times 10^{-3}$
$= 590.4 \text{kN}$

② $0.6 F_y \cdot A_{gv} + U_{bs} \cdot F_u \cdot A_{nt}$
$= [0.6 \times 275 \times 180 \times 12 + 1.0 \times 410 \times (60 - 0.5 \times 24) \times 12] \times 10^{-3}$
$= 592.6 \text{kN}$

∴ $\phi R_n = 0.75 \times 590.4 = 442.8 \text{kN}$

2. 3-M22(F10T) 고력볼트 검토

$R_n = 1.0 \times 0.5 \times 1.0 \times 200 \times 3\text{ea} = 300\text{kN} > 150\text{kN}$ ·························· O.K

3. 거싯플레이트 설계(SS275으로 가정한다.)

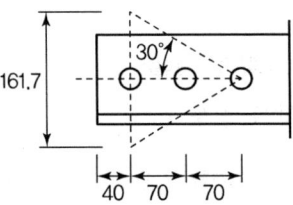

(1) 전단면에 대한 항복 검토

$0.9 \times (161.7 \times t) \times 275 \times 10^{-3} \geq 150\text{kN}$ 에서

$t_{\min} = 3.8\text{mm}$

(2) 유효단면에 대한 파괴 검토

$0.75 \times (161.7 - 24) \times t \times 410 \times 10^{-3} \geq 150\text{kN}$ 에서

$t_{\min} = 3.6\text{mm}$

(3) 거싯플레이트 두께 및 용접부 결정

내력상 필요한 거싯플레이트 두께는 4mm이지만 구멍지압강도와 모살용접 사이즈를 고려하여 12mm로 결정한다. 또한 거싯플레이트와 기둥-보와의 접합부에 작용하는 전단력은 각도를 45도로 가정하는 경우 다음과 같이 산정된다.

$150 \times \cos 45° = 106\text{kN}$

① 목두께 $a = 0.7 \times 8 = 5.6\text{mm}$
② 단위길이당 용접부 내력

$$\phi F_w A_w = 0.75 \times (0.6 \times 490) \times 5.6 = 1,234.8\text{N/mm}$$

③ 소요용접길이 산정

$$l_w = \frac{106(10^3)}{1,234.8 \times 2} = 42.9\text{mm} (양면\ 필릿용접)$$

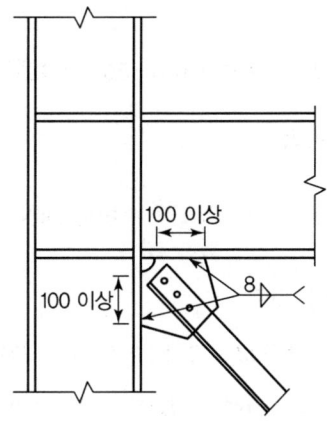

문제11 인장을 받는 각형 강관 □-150×80×6(SNRT 355A)이 두께 10mm의 거싯플레이트에 용접되어 있다. 고정하중 110kN, 활하중 350kN이 작용할 때 안정성을 확인하시오.

단, 각형 강관의 A_g=2,523mm^2, r_y=32.4mm, L=8,000mm

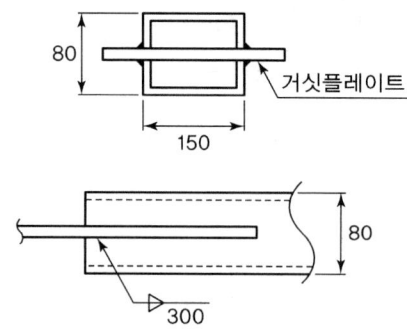

풀이 인장재의 설계

1. 소요강도 : $T_u = 1.2 \times 110 + 1.6 \times 350 = 692\text{kN}$

2. 총 단면적에 대한 항복

    $\phi R_n = 0.9 \times 2,523 \times 355 \times 10^{-3} = 806.1\text{kN} > 692\text{kN}$ ·················· O.K

3. 유효순단면적에 대한 파단

    (1) 순단면적 : $A_n = 2,523 - 2(12 \times 6) = 2,379\text{mm}^2$

    (2) 유효순단면적 : $\bar{x} = \dfrac{B^2 + 2BH}{4(B+H)} = \dfrac{80^2 + 2 \times 80 \times 150}{4(80+150)} = 33\text{mm}$

    $U = 1 - \dfrac{33}{300} = 0.89$

    $A_n = 0.89 \times 2,379 = 2,117.31\text{mm}^2$

    (3) $\phi R_n = 0.75 \times 2,117.3 \times 490 \times 10^{-3} = 778.1\text{kN} > 692\text{kN}$ ············ O.K

4. 용접 검토(s=6mm 가정)

$$\phi R_n = 0.75 \times 0.6 \times 490 \times (0.7 \times 6) \times (300 - 2 \times 6) \times 10^{-3} \times 4\text{ea}$$
$$= 1{,}064\text{kN} > 692\text{kN} \quad \cdots\cdots\cdots\cdots\cdots\cdots\cdots\cdots\cdots\cdots\cdots\cdots\cdots\cdots\cdots\cdots \text{O.K}$$

5. 세장비 검토

$$\frac{KL}{r} = \frac{8{,}000}{32.4} = 247 < 300 \quad \cdots\cdots\cdots\cdots\cdots\cdots\cdots\cdots\cdots\cdots\cdots\cdots\cdots\cdots\cdots\cdots \text{O.K}$$

따라서 해당 인장재는 안정성을 확보하고 있다.

제6장 압축재

철골구조(KDS 14 31 10)

6.1 개요

압축력만을 받는 부재를 압축재라 하는데, 주로 트러스의 현재 및 웨브재와 압축력만을 받는 기둥의 경우를 말한다. 압축재는 구멍이 있는 경우에도 구멍 내에 고장력볼트가 채워져 있기 때문에 단면적은 항상 총 단면적을 사용하게 된다. 따라서 인장재와는 다르게 철골 압축재의 설계에서의 주요 변수는 좌굴이다. 특히 철골조의 경우 세장한 판으로 구성된 단면을 사용하기 때문에 부재의 전체 좌굴뿐만 아니라 부재를 구성하고 있는 개개 판재의 국부 좌굴도 검토해야 한다.

압축재의 좌굴은 크게 오일러의 휨좌굴과 비틀림좌굴, 그리고 휨-비틀림좌굴로 나눌 수 있으며, [그림 6.1]은 3가지 형태의 압축좌굴을 나타낸 것이다.

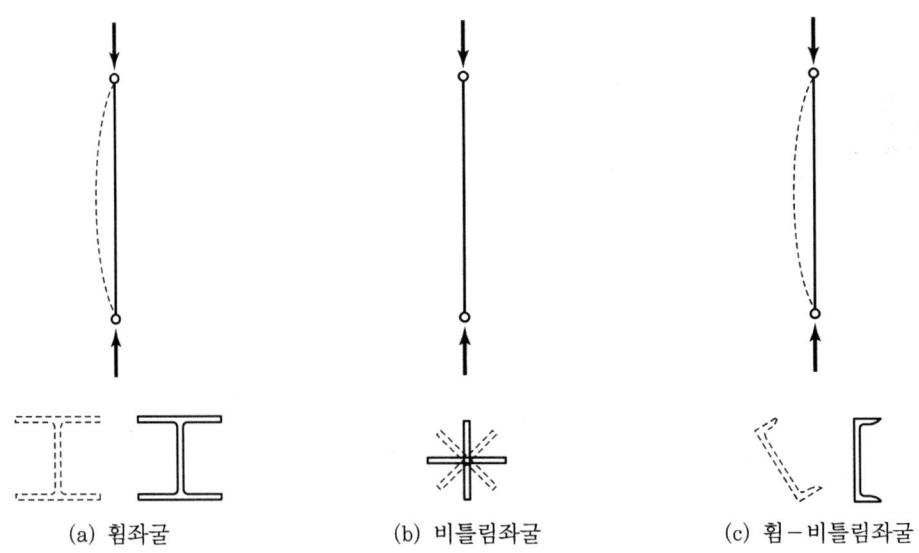

(a) 휨좌굴   (b) 비틀림좌굴   (c) 휨-비틀림좌굴

[그림 6.1] 압축재의 좌굴 종류

휨좌굴은 주로 2축 대칭단면에서 지배되는 형태의 좌굴이며, 세장비가 가장 큰 축에 대해 발생된다. 대표적으로 H형강의 압축좌굴을 예로 들 수 있다. 비틀림좌굴은 박판으로 구성된 십자형 단면에서 발생되는 좌굴의 형태이며, 휨-비틀림좌굴의 경우 휨좌굴과 비틀림좌굴의 조합의 형태로 발생되는 좌굴이다. 휨-비틀림좌굴의 경우 전단중심과 도심이 일치하지 않은 경우 발생되며, 대표적인 단면의 형태는 T-Shape 또는 C형강을 예로 들 수 있다.

6.2 압축재의 기본이론

1. 오일러의 휨좌굴(탄성좌굴)

순수 축방향 압축력을 받는 세장한 압축재는 어느 정도 이상의 압축력에 도달하면 축방향 변위뿐만 아니라 횡방향 변위도 발생하게 된다. 이와 같은 현상을 좌굴(Buckling)이라 한다. 세장하고 곧은 부재의 좌굴에 관한 이론은 1757년 오일러(Euler)에 의해 규명되었다.

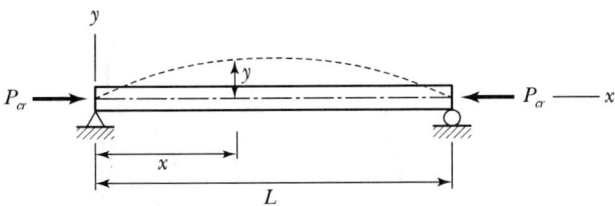

[그림 6.2] 양단 단순지지된 부재의 좌굴

[그림 6.2]를 참조하여 좌굴이 발생된 순간의 모멘트와 곡률 간의 관계를 보면 다음과 같다.

$$\frac{d^2 y}{d x^2} = -\frac{M}{EI}$$

또한, 좌굴이 발생하는 순간의 휨모멘트는 $P_{cr} y$와 같으므로 다음과 같은 미분방정식이 성립한다.

$$y'' + \frac{P_{cr}}{EI} y = 0$$

- 위 식의 일반해는 다음과 같다.

$$y = A\cos(cx) + B\sin(cx), \quad c = \sqrt{\frac{P_{cr}}{EI}}$$

- A와 B는 상수이므로 다음의 경계조건에 의해 결정된다.

$$x = 0, \ y = 0 : 0 = A\cos(0) + B\sin(0), \ A = 0$$
$$x = L, \ y = 0 : 0 = B\sin(cL)$$

$\sin(cL) = 0$인 경우

$$cL = 0, \ \pi, \ 2\pi, \ 3\pi, \ \ldots = n\pi, \ n = 0, \ 1, \ 2, \ 3, \ \ldots$$

$$c = \sqrt{\frac{P_{cr}}{EI}} \text{이므로} \ cL = \left[\sqrt{\frac{P_{cr}}{EI}}\right]L = n\pi, \ \frac{P_{cr}}{EI}L^2 = n^2\pi^2 \ \text{and} \ P_{cr} = \frac{n^2\pi^2 EI}{L^2}$$

여기서, n은 좌굴모드를 말하며, $n=1$이면 1차 모드
$n=2$이면 2차 모드이며, $n=0$이면 하중이 가해지지 않은 상태이다.

이러한 좌굴모드는 [그림 6.3]에 나타나 있다. 실질적인 경우 좌굴은 1차 모드에 의해 지배받게 된다.

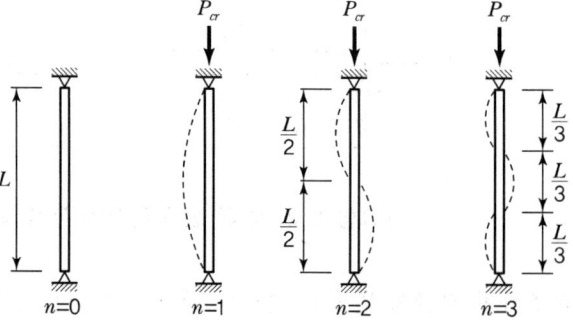

[그림 6.3] 양단 단순지지된 부재의 좌굴모드

양단 단순지지된 일반 압축부재의 경우 $n=1$이며 오일러 식은 다음과 같다.

$$P_{cr} = \frac{\pi^2 EI}{L^2} \quad P_{cr} = \frac{\pi^2 EI}{L^2} = \frac{\pi^2 EAr^2}{L^2} = \frac{\pi^2 E}{(L/r)^2}A$$

위 식에서 r은 좌굴축에 대한 단면2차반경이며 L/r은 세장비이다. 즉, 세장비가 클수록 장주가 된다. 임계하중을 단면적으로 나누면 임계좌굴응력을 구할 수 있으며, 다음과 같다.

$$F_{cr} = \frac{P_{cr}}{A} = \frac{\pi^2 E}{(L/r)^2}$$

예제 6.1

양단 단순지지된 길이 10m의 H−300×300×10×15 단면의 오일러의 좌굴응력도를 다음과 같은 조건에서 산정하시오.(단, $A = 1.198 \times 10^4 \text{mm}^2$, $I_x = 2.04 \times 10^8 \text{mm}^4$, $I_y = 6.75 \times 10^7 \text{mm}^4$)

(1) 약축 방향으로 중앙부가 지지된 경우
(2) 강축 방향으로 중앙부가 지지된 경우
(3) 강축과 약축 방향으로 모두 중앙부가 지지된 경우

풀이 오일러의 좌굴응력도

1. 약축 방향으로 중앙부가 지지된 경우

(1) $r_x = \sqrt{\dfrac{2.04 \times 10^8}{1.198 \times 10^4}} = 130.5 \text{mm}$, $r_y = \sqrt{\dfrac{6.75 \times 10^7}{1.198 \times 10^4}} = 75 \text{mm}$

(2) $\lambda_x = \dfrac{10,000}{130.5} = 76.63$, $\lambda_y = \dfrac{5,000}{75} = 66.67$

강축 방향으로 세장비가 크기 때문에 강축 방향의 좌굴에 의해 오일러의 좌굴응력도가 결정된다.

(3) $\sigma_{cr} = \dfrac{\pi^2 E}{\lambda^2} = \dfrac{\pi^2 \times 205,000}{76.63^2} = 344.6 \text{N/mm}^2$

2. 강축 방향으로 중앙부가 지지된 경우

(1) $r_x = \sqrt{\dfrac{2.04 \times 10^8}{1.198 \times 10^4}} = 130.5 \text{mm}$, $r_y = \sqrt{\dfrac{6.75 \times 10^7}{1.198 \times 10^4}} = 75 \text{mm}$

(2) $\lambda_x = \dfrac{5,000}{130.5} = 38.31$, $\lambda_y = \dfrac{10,000}{75} = 133.3$

약축 방향으로 세장비가 크기 때문에 약축 방향의 좌굴에 의해 오일러의 좌굴응력도가 결정된다.

(3) $\sigma_{cr} = \dfrac{\pi^2 E}{\lambda^2} = \dfrac{\pi^2 \times 205,000}{133.3^2} = 113.9 \text{N/mm}^2$

3. 강축과 약축 방향으로 모두 중앙부가 지지된 경우

   (1) $r_x = \sqrt{\dfrac{2.04 \times 10^8}{1.198 \times 10^4}} = 130.5\text{mm}$, $r_y = \sqrt{\dfrac{6.75 \times 10^7}{1.198 \times 10^4}} = 75\text{mm}$

   (2) $\lambda_x = \dfrac{5,000}{130.5} = 38.31$, $\lambda_y = \dfrac{5,000}{75} = 66.67$

   약축 방향으로 세장비가 크기 때문에 약축 방향의 좌굴에 의해 오일러의 좌굴응력도가 결정된다.

   (3) $\sigma_{cr} = \dfrac{\pi^2 E}{\lambda^2} = \dfrac{\pi^2 \times 205,000}{66.67^2} = 455.2\text{N}/\text{mm}^2$

2. 비탄성좌굴(Inelastic Buckling)

오일러의 좌굴응력도는 세장비의 제곱에 반비례하며, 세장비가 작아지는 경우 좌굴응력도는 무한히 증가하게 된다. 그러나 실제의 경우 좌굴응력이 비례한계를 넘어서게 되면 탄성계수가 감소하게 된다. 즉, 응력이 비례한계를 벗어나면 오일러의 좌굴응력식은 성립하지 않게 된다. 이와 같이 비례한계를 벗어나 좌굴하는 경우를 비탄성좌굴이라 한다. 탄성좌굴과 비탄성좌굴은 세장비에 의해 구분할 수 있는데 분기점이 되는 세장비를 한계세장비라 한다.

1) 접선계수이론(Tangent Modulus Theory)

1889년 F. Engesser는 비례한도 이상의 응력구간에서는 좌굴응력을 산정할 때 접선탄성계수를 사용하여 좌굴응력을 산정해야 한다는 접선계수이론을 발표하였다.

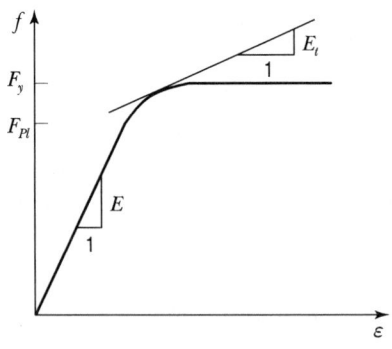

[그림 6.4] 접선계수이론

따라서, 이때의 좌굴응력은 다음과 같이 표현할 수 있다.

$$F_{cr} = \frac{P_{cr}}{A} = \frac{\pi^2 E_t}{(L/r)^2}$$

접선계수이론을 정리하면 다음과 같다.
① 비탄성 영역에서 접선탄성계수로 좌굴응력도 산정
② 이 이론에 근거하여 계산된 좌굴응력은 실제 실험값 이하
③ 실험값과 일치되지 않는 이유는 변형도의 반곡을 고려하지 않았기 때문

2) 등가계수이론(Reduced Modulus Theory, Double Modulus Theory)

F. Engesser의 접선계수이론의 오류를 극복하기 위해 변형도의 반곡을 반영한 이론이다. 즉, 기둥이 좌굴에 의해 휘게 되면, 압축 측 단면과 인장 측 단면이 발생하게 되는데 압축 측은 응력이 비례한도를 넘게 되지만 인장 측에서는 압축응력과 인장응력이 서로 상쇄되어 탄성계수는 원래의 값을 사용하여도 된다는 이론이다. 즉, 압축 측에서는 접선탄성계수를 사용하고, 인장 측에서는 영계수를 적용하게 되므로 전체 단면의 탄성계수는 영계수보다는 작으며 접선탄성계수보다는 큰 값이 된다.

따라서, 이때의 좌굴응력은 다음과 같이 표현할 수 있다.

$$F_{cr} = \frac{P_{cr}}{A} = \frac{\pi^2 E_r}{(L/r)^2}$$

여기서, $E_t < E_r < E$

3) Shanley Concept – True Column Behavior

샨리는 이론과 실험을 통해 실제 좌굴강도는 접선계수이론에 의한 값보다는 항상 크게 발생하지만 등가계수이론에 의한 값보다는 항상 작다는 것을 증명하였다. 실제 좌굴이 막 발생된 기둥은 이후에도 조금의 추가하중에 저항할 수 있으며, 따라서 비탄성 영역에서의 좌굴응력을 접선계수이론으로 계산하는 것이 적정할 것으로 받아들여진다.

3. 유효좌굴길이(Effective Buckling Length)

압축재와 기둥은 지지조건에 따라 좌굴길이가 달라진다. 〈표 6-1〉은 단일 부재의 지지조건에 따른 좌굴길이를 나타낸 것이다.

좌굴하중 : $P_{cr} = \dfrac{\pi^2 EI}{(KL)^2}$

여기서, KL : 유효좌굴길이

〈표 6-1〉 유효좌굴길이계수(K)

	(a)	(b)	(c)	(d)	(e)	(f)
Buckled shape of column is shown by dashed line						
Theoretical K value	0.5	0.7	1.0	1.0	2.0	2.0
Recommended design value when ideal conditions are approximated	0.65	0.80	1.2	1.0	2.10	2.0

End condition code
- Rotation fixed and translation fixed
- Rotation free and translation fixed
- Rotation fixed and translation free
- Rotation free and translation free

실제 골조에서는 완전핀과 완전고정의 조건은 없으며, 핀과 고정의 중간 정도의 지지조건을 가지고 있다. 즉, 골조에서 기둥은 독립기둥이 아니고 보 혹은 거더에 의해서 옆 혹은 위 아래의 기둥과 서로 연결되어 있다. 따라서 기둥의 양단 지지조건은 연결된 부재의 강성에 따라 달라진다. 골조에서의 기둥의 좌굴길이는 기둥과 보의 강성비를 가지고 아래의 차트를 이용하여 산정한다. 또한 k 값 산정 시에는 기둥의 비탄성으로 인한 강성감소 조정이 허용된다.

$$G = \frac{\text{total column stiffness}}{\text{total girder stiffness}} = \frac{\sum \frac{4EI}{L} \text{ for columns}}{\sum \frac{4EI}{L} \text{ for girders}} = \frac{\sum \frac{I_c}{L_c}}{\sum \frac{I_g}{L_g}}$$

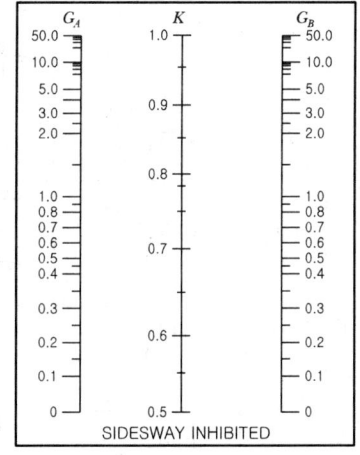
SIDESWAY INHIBITED

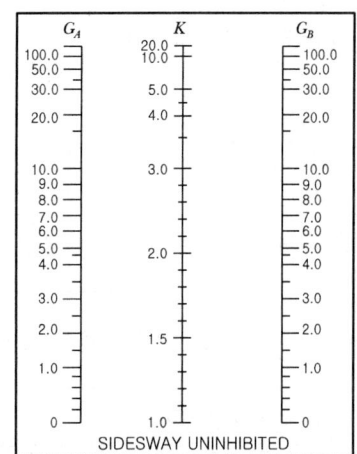
SIDESWAY UNINHIBITED

4. 국부좌굴에 대한 단면의 분류

압축력을 받는 판요소의 단면은 비세장판 단면 및 세장판 단면으로 구분된다.

1) 비세장판 단면

압축 판요소의 폭두께비가 〈표 6-2〉의 폭두께비 한계값을 초과하지 않는 비세장판요소의 단면($\lambda \leq \lambda_r$)

2) 세장판 단면

단면을 구성하는 요소 중 하나 이상의 압축 판요소의 폭두께비가 〈표 6-2〉의 폭두께비 한계값을 초과하는 세장판요소인 단면($\lambda > \lambda_r$)

<표 6-2> 압축력을 받는 압축 판요소의 폭두께비

단면	구분	판요소에 대한 설명	폭두께비	폭두께비 한계값 λ_r (비세장/세장)	예
자유돌출판	1	• 압연 H형강의 플랜지 • 압연 H형강으로부터 돌출된 플레이트 • 서로 접한 쌍H형강의 돌출된 다리 • ㄷ형강의 플랜지 • T형강의 플랜지	b/t	$0.56\sqrt{\dfrac{E}{F_y}}$	
	2	• 용접 H형강의 플랜지 • 용접 H형강으로부터 돌출된 플레이트 또는 ㄱ형강 다리	b/t	$0.64\sqrt{\dfrac{k_c E}{F_y}}$ 1)	
	3	• ㄱ형강의 다리 • 끼판을 낀 쌍ㄱ형강의 다리 • 그 외 모든 한쪽만 지지된 판요소	b/t	$0.45\sqrt{\dfrac{E}{F_y}}$	
	4	T형강의 스템	d/t	$0.75\sqrt{\dfrac{E}{F_y}}$	
양연지지판	5	2축 대칭 H형강의 웨브와 ㄷ형강	h/t_w	$1.49\sqrt{\dfrac{E}{F_y}}$	
	6	균일한 두께를 갖는 각형강관과 박스의 벽	b/t	$1.40\sqrt{\dfrac{E}{F_y}}$	
	7	• 플랜지 커버플레이트 • 연결재 또는 용접선 사이의 다이아프램 플레이트	b/t	$1.40\sqrt{\dfrac{E}{F_y}}$	
	8	그 외 모든 양쪽이 지지된 판요소	b/t	$1.49\sqrt{\dfrac{E}{F_y}}$	
	9	원형강관	D/t	$0.11\dfrac{E}{F_y}$	

주) $k_c = \dfrac{4}{\sqrt{h/t_w}}$

여기서, $0.35 \leq k_c \leq 0.76$

5. 잔류응력

1) 정의

   소성변형의 결과로 외부하중이 작용하기 이전에 이미 구조부재 단면에 존재하고 있는 응력

2) 잔류응력의 발생원인

   (1) 열간압연 강재 – 냉각속도의 차이

   H형강의 경우, 냉각속도의 차이에 의해 플랜지 끝부분은 압축응력, 플랜지 중간부분은 인장응력을 받는 형태로 평형상태를 이룬다.

   웨브에 있어서도 중간 부분은 압축잔류응력이 생기나 웨브는 중립축에 가깝기 때문에 잔류응력의 영향은 플랜지에 비하여 그리 중요하지 않다.

   (2) 용접부재의 냉각 – 냉각속도의 차이

   용접하면 잔류응력과 뒤틀림이 발생하는데 일반적으로 둘의 관계는 상반관계에 있다.

   (3) 용접절단

   (4) 상온에서의 휨 등 부재가공작업

3) 잔류응력 측정방법

   (1) 단면절단법(Sectioning Method)

   (2) 단주의 압축실험법

4) 구조용 형강의 잔류응력에 대한 연구결과에 의하면, H형강의 플랜지 끝부분에서 최대 압축잔류응력의 평균치는 대략 항복응력의 0.3배에 이른다.

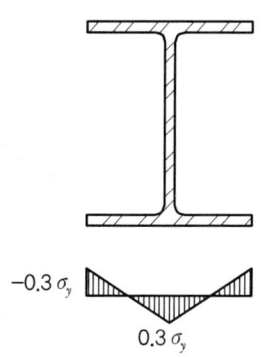

5) 단주실험에서 잔류응력을 가진 부재에 압축력이 작용하면 부재의 압축응력이 항복응력에서 잔류응력을 뺀 값 σ_p에 이르기까지는 선형으로 변형하나 σ_p를 넘어서면 압축 측은 이미 소성역에 들어서므로 인장 측으로 부재응력이 분산되어 부재 전체가 소성에 이르는 변형을 보인다.

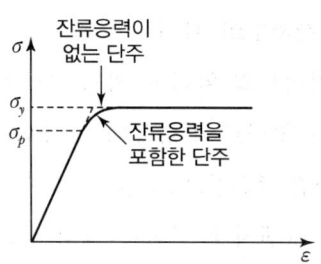

6. 압축재의 세장비 제한

압축재의 세장비가 커지게 되면 좌굴 및 진동에 취약해진다. KBC 2005 기준에서는 압축재의 세장비를 200 이하로 엄격하게 제한하였으나, KBC 2009 기준에서부터는 권장사항으로 변경되었다. 그러나 세장비가 200을 초과하게 되면 다음과 같은 문제점이 발생될 수 있기 때문에 엄격한 관리가 필요하다.

1) 압축재의 세장비가 200을 초과하는 경우 임계응력은 43.5MPa 이하이다.
2) 세장비 200의 제한은 경제성, 작업의 용이성, 운반 및 조립 시 발생될 수 있는 결함 등을 고려하여 정해진 값이다. 따라서 제작 및 설치 전문가의 특별한 관리가 이루어지는 경우를 제외하고는 세장비 제한값을 만족시키는 것이 바람직하다.

6.3 설계압축강도

1. 일반규정

설계압축강도 $\phi_c P_n$은 다음과 같이 산정한다. 공칭압축강도 P_n은 적용하는 휨좌굴, 비틀림좌굴, 휨-비틀림좌굴의 한계상태 중 작은 값으로 한다. 강도저항계수는 $\phi_c = 0.90$을 적용한다. 〈표 6-3〉은 압축부재 단면의 형상과 세장판 유무에 따라 적용하는 절과 그 한계상태를 나타낸다.

〈표 6-3〉 압축부재의 한계상태

단면	세장판이 없는 경우 (비세장판 단면) 한계상태	세장판이 있는 경우 (세장판 단면) 한계상태
I형	휨좌굴 비틀림좌굴	국부좌굴 휨좌굴 비틀림좌굴
[I]	휨좌굴 휨비틀림좌굴	국부좌굴 휨좌굴 휨비틀림좌굴
□	휨좌굴	국부좌굴 휨좌굴
○	휨좌굴	국부좌굴 휨좌굴
T	휨좌굴 휨비틀림좌굴	국부좌굴 휨좌굴 휨비틀림좌굴
⊥	휨좌굴 휨비틀림좌굴	국부좌굴 휨좌굴 휨비틀림좌굴
ㄴ, ∧	단일ㄱ형강 압축부재	단일ㄱ형강 압축부재
○ ▮	휨좌굴	해당 없음
ㄱ형강을 제외한 비대칭 단면	휨비틀림좌굴	국부좌굴 휨비틀림좌굴

2. 비세장판 단면을 가진 부재의 휨좌굴에 대한 압축강도

1) 균일압축을 받는 비세장판 요소의 단면으로 된 압축부재에 경우 공칭압축강도 P_n은 휨좌굴에 대한 한계상태에 기초하여 다음과 같이 산정한다.

$$P_n = F_{cr} A_g$$

2) 임계좌굴응력 F_{cr}은 다음과 같이 산정한다.

(1) $\dfrac{KL}{r} \leq 4.71\sqrt{\dfrac{E}{F_y}}$ 또는 $\dfrac{F_y}{F_e} \leq 2.25$인 경우

$$F_{cr} = \left[0.658^{\frac{F_y}{F_e}}\right] F_y$$

(2) $\dfrac{KL}{r} > 4.71\sqrt{\dfrac{E}{F_y}}$ 또는 $\dfrac{F_y}{F_e} > 2.25$인 경우

$$F_{cr} = 0.877 F_e$$

여기서, F_e : 탄성좌굴해석을 통하여 구하는 탄성좌굴응력 $= \dfrac{\pi^2 E}{\left(\dfrac{KL}{r}\right)^2}$ (MPa)

A_g : 부재의 총단면적(mm²)
F_y : 강재의 항복강도(MPa)
E : 강재의 탄성계수(MPa)
K : 유효길이계수
L : 부재의 횡좌굴에 대한 비지지길이(mm)
r : 좌굴축에 대한 단면2차반경(mm)

 예제 6.2

다음 그림과 같은 중심 압축재 H-400×400×13×21(SS275)에 3,500kN의 소요 압축강도가 작용한다. 기둥의 길이는 6.0m이며 중간에 횡구속되어 있다. 이 기둥의 안전성을 하중저항계수설계법으로 검토하시오.[단, H형강의 단면 특성은 다음과 같다. 이 부재는 약축에 대해 부재 중앙에서 횡변위가 구속되어 있다.($A_s = 21,870mm^2$, $r_x = 175mm$, $r_y = 101mm$, $r = 22mm$)]

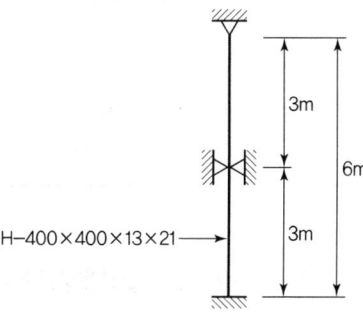

풀이 설계압축강도

1. 폭두께비 검토

    (1) 플랜지

    $$\frac{b}{t_f} = \frac{200}{21} = 9.52 < \lambda_r = 0.56\sqrt{\frac{E}{F_y}} = 0.56\sqrt{\frac{210,000}{265}} = 15.76$$

    (2) 웨브

    $$\frac{h}{t_w} = \frac{400 - 2 \times (21+22)}{13} = 24.1 < \lambda_r$$
    $$= 1.49\sqrt{\frac{E}{F_y}} = 1.49\sqrt{\frac{210,000}{265}} = 41.9$$

    따라서, H-400×400×13×21은 비세장판 단면이다.

2. F_{cr} 산정

    (1) 유효좌굴길이

    ① $KL_x = 0.7 \times 6,000 = 4,200mm$

    ② $KL_y = 3,000mm$

    (2) 세장비

    ① $\lambda_x = \frac{KL}{r} = \frac{4,200}{175} = 24$

    ② $\lambda_y = \frac{KL}{r} = \frac{3,000}{101} = 29.7$ (지배)

(3) F_{cr} 산정

$$\lambda_y < 4.71\sqrt{\frac{E}{F_y}} = 4.71\sqrt{\frac{210,000}{265}} = 117.4 \text{이므로 비탄성좌굴에 의해 결정}$$

또는 $\frac{F_y}{F_e} \leq 2.25$, $F_e = \frac{\pi^2 \cdot E}{29.7^2} = 2,349.7 \text{MPa}$

$$F_{cr} = (0.658)^{\frac{F_y}{F_e}} F_y = 0.658^{\frac{265}{2,349.7}} \times 265 = 252.8 \text{N/mm}^2$$

3. 설계압축강도 산정

$$\phi P_n = 0.9 F_{cr} A_g = 0.9 \times 252.8 \times 21,870 \times 10^{-3}$$
$$= 4,975.9 \text{kN} > P_u = 3,500 \text{kN} \quad \cdots\cdots\cdots\cdots\cdots\cdots\cdots\cdots\cdots \text{O.K}$$

3. 비세장판 단면을 가진 부재의 비틀림좌굴 및 휨비틀림좌굴에 대한 압축강도

1) 비세장판 단면을 가지는 부재로서, 1축대칭 부재, 비대칭 부재, +형 또는 조립부재와 같은 2축대칭 부재, 비틀림에 대한 비지지길이가 휨좌굴에 대한 비지지길이를 초과하는 2축대칭 부재에 적용한다. [그림 6.5]를 참고하면 강봉은 약축휨좌굴에 대한 횡지지는 가능하지만 비틀림좌굴은 방지할 수 없는 상태이다. 이러한 경우 비틀림에 대한 지지지길이가 휨좌굴에 대한 비지지길이를 초과할 수 있다.

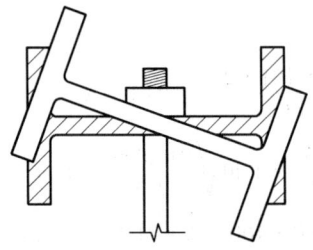

[그림 6.5] 접선계수이론

또한 $b/t > 0.71\sqrt{E/F_y}$ 인 단일ㄱ형강 부재의 경우에도 적용된다. 여기서, b는 가장 긴 다리의 폭이며 t는 두께이다.

2) 공칭압축강도 P_n은 비틀림좌굴과 휨비틀림좌굴에 대한 한계상태에 기초하여 다음과 같이 산정한다.

$$P_n = F_{cr} A_g$$

3) 임계좌굴응력 F_{cr}은 휨좌굴과 동일하게 산정되며, 이 경우에 적용되는 비틀림 또는 휨비틀림 탄성 좌굴응력(F_e)은 다음과 같이 산정한다.

(1) 전단중심을 중심으로 비틀리는 2축대칭 부재의 경우

$$F_e = \left[\frac{\pi^2 E C_w}{L_{cz}^2} + GJ\right]\frac{1}{I_x + I_y}$$

(2) 전단중심을 중심으로 비틀리는 y축에 대칭인 1축대칭 부재의 경우

$$F_e = \left(\frac{F_{ey} + F_{ez}}{2H}\right)\left[1 - \sqrt{1 - \frac{4 F_{ey} F_{ez} H}{(F_{ey} + F_{ez})^2}}\right]$$

ㄷ형강과 같이 x축에 대칭인 1축대칭 부재의 경우 위 식에서 F_{ey} 대신 F_{ex}를 적용한다.

(3) 전단중심을 중심으로 비틀리는 비대칭 부재의 경우 다음 3차방정식의 해 중 가장 작은 해를 F_e로 사용한다.

$$(F_e - F_{ex})(F_e - F_{ey})(F_e - F_{ez}) - F_e^2(F_e - F_{ey})\left(\frac{x_0}{\overline{r_0}}\right)^2 - F_e^2(F_e - F_{ex})\left(\frac{y_o}{\overline{r_0}}\right)^2 = 0$$

여기서, $F_{ex} = \dfrac{\pi^2 E}{\left(\dfrac{K_x L}{r_x}\right)^2}$, $F_{ey} = \dfrac{\pi^2 E}{\left(\dfrac{K_y L}{r_y}\right)^2}$, $F_{ez} = \left[\dfrac{\pi^2 E C_w}{(K_z L)^2} + GJ\right]\dfrac{1}{A_g \overline{r_0}^2}$

$H = 1 - \dfrac{x_0^2 + y_0^2}{\overline{r_0}^2}$

K_x : x축에 대해서 휨좌굴에 대한 유효길이계수
K_y : y축에 대해서 휨좌굴에 대한 유효길이계수
K_z : z축에 대해서 비틀림좌굴에 대한 유효길이계수
$\overline{r_0}$: 전단중심에 대한 극2차반경(mm)

$\overline{r_0}^2 = x_0^2 + y_0^2 + \dfrac{I_x + I_y}{A_g}$

x_0, y_0 : 단면의 도심에서 전단중심까지의 거리(mm)

2축대칭 H형단면의 경우, $C_w = I_y h_0^2/4$ 값을 사용할 수 있다. 여기서, h_0는 플랜지 도심 간의 거리를 나타낸다. T형강과 쌍ㄱ형강의 경우, F_{ez}를 계산할 때 C_w를 포함한 항을 삭제하고 x_0를 0으로 놓는다.

(4) 전단중심으로부터 떨어진 횡지지를 갖는 부재의 경우 탄성비틀림좌굴하중 F_e은 해석을 통해 결정한다.

4. 단일ㄱ형강 압축부재

1) 일반사항

   (1) 단일ㄱ형강 부재의 공칭압축강도 P_n은 휨좌굴과 휨비틀림좌굴을 고려하여 작은 값으로 결정해야 한다. 휨비틀림좌굴은 $b/t \leq 0.71\sqrt{E/F_y}$ 일 때는 고려하지 않아도 된다.

   (2) 단일ㄱ형강 압축부재의 편심에 대한 효과는 다음의 조건 ①~⑤를 만족할 경우 무시할 수 있으며, 아래에 기술될 유효세장비 중 하나를 사용하여 압축부재를 평가할 수 있다.

   ① 동일한 하나의 다리를 통하여 양단에서 압축력을 받는 부재

   ② 용접이나 최소한 2개의 볼트로 접합되어 있는 부재

   ③ 중간 횡하중이 없는 경우

   ④ 단면에서 계산된 L_c/r가 200을 초과하지 않는 경우

   ⑤ 부등변ㄱ형강의 경우, 짧은 다리의 폭에 대한 긴 다리의 폭의 비가 1.7보다 작은 경우

   (3) 조건 ①~⑤를 만족하지 않는 단일ㄱ형강 압축부재는 축력과 휨의 조합된 힘을 받는 부재로 검토한다.

2) 개별 부재 또는 거싯플레이트나 현의 동일한 면에 부착된 인접한 웨브 부재가 있는 평면 트러스의 웨브 부재인 ㄱ형강의 경우

   (1) 등변ㄱ형강 또는 긴 다리로 접합된 부등변ㄱ형강의 경우

   ① $\dfrac{L}{r_a} \leq 80$ 일 때

   $$\dfrac{L_c}{r} = 72 + 0.75\dfrac{L}{r_a} \quad \cdots\cdots\cdots\cdots\cdots\cdots\cdots\cdots\cdots\cdots\cdots\cdots\cdots (1)$$

   ② $\dfrac{L}{r_a} > 80$ 일 때

   $$\dfrac{L_c}{r} = 32 + 1.25\dfrac{L}{r_a} \leq 200 \quad \cdots\cdots\cdots\cdots\cdots\cdots\cdots\cdots\cdots (2)$$

(2) 짧은 다리를 통하여 접합된 부등변ㄱ형강에서, 식 (1)과 식 (2)로부터 계산된 L_c/r는 $4[(b_l/b_s)^2 - 1]$을 더하여 증가시킨다. 다만, L_c/r는 $0.95L/r_z$ 이상이어야 한다.

3) 거싯플레이트 또는 현의 동일한 면에 부착된 인접한 웨브 부재가 있는 박스 또는 입체 트러스의 웨브 부재인 ㄱ형강의 경우

   (1) 등변ㄱ형강 또는 긴 다리로 접합된 부등변ㄱ형강의 경우

   ① $\dfrac{L}{r_a} \leq 75$ 일 때

   $$\dfrac{L_c}{r} = 60 + 0.8 \dfrac{L}{r_a} \quad \cdots\cdots\cdots\cdots\cdots\cdots\cdots\cdots\cdots\cdots\cdots\cdots\cdots (3)$$

   ② $\dfrac{L}{r_a} > 75$ 일 때

   $$\dfrac{L_c}{r} = 45 + \dfrac{L}{r_a} \leq 200 \quad \cdots\cdots\cdots\cdots\cdots\cdots\cdots\cdots\cdots\cdots (4)$$

   (2) 다리길이의 비가 1.7 이하이고 짧은 다리가 접합된 부등변ㄱ형강에서, 식 (3)과 식 (4)로부터 계산된 L_c/r는 $6[(b_l/b_s)^2 - 1]$을 더하여 증가시킨다. 다만, L_c/r는 $0.82L/r_z$ 이상이어야 한다.

   여기서, L : 트러스 현 중심선에서 작업점 사이의 부재 길이(mm)
   L_c : 단축에 대해 좌굴에 대한 부재의 유효길이(mm)
   b_l : ㄱ형강의 긴 쪽 다리의 길이(mm)
   b_s : ㄱ형강의 짧은 쪽 다리의 길이(mm)
   r_a : 접합된 다리에 평행한 기하학적 축에 대한 단면2차반경(mm)
   r_z : 약축에 대한 단면2차반경(mm)

5. 조립압축재

조립압축재는 앵글이나 채널단면을 띠판이나 앵글 등을 용접 또는 고장력볼트 체결하여 경제적으로 만든 압축재를 말한다. [그림 6.6]은 앵글을 조립하여 만든 압축재로 트러스 부재에 널리 사용되는 형태이다.

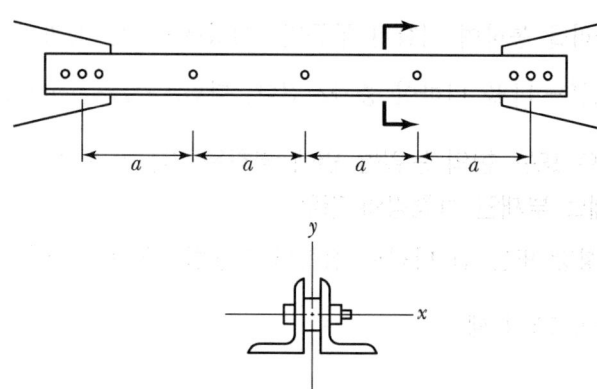

[그림 6.6] 2L 조립 압축재

[그림 6.6]의 2L은 x축 휨에 대해서는 연결재의 간격 a에 관계없이 2L이 동시에 저항할 수 있다. 그러나 y축 휨에 대해서는 연결재의 간격 a가 충분히 조밀하지 않는 경우 전단에 의한 변형에 의해 합성단면으로 저항할 수 없게 된다. 이러한 경우 완전 합성단면으로 저항할 수 없기 때문에 세장비를 증가시키는 방법으로 이를 반영할 수 있다.

조립압축재의 설계강도는 이러한 사항을 반영하여 다음과 같이 산정하고 있다. 또한 개별 부재의 좌굴을 막기 위해 개재의 세장비는 조립압축재의 세장비의 3/4 이하가 되도록 연결재의 간격이 정해져야 한다.

1) 압축강도

(1) 볼트나 용접으로 접합되거나 유공커버플레이트나 타이플레이트를 갖는 레이싱으로 접합된 개단면을 1개 이상 갖고 있는 2개의 부재로 구성된 조립부재에 적용한다. 단부 연결은 용접하거나 인장조임볼트로 연결하여야 한다.

(2) 볼트나 용접으로 접합된 2개의 부재로 구성된 조립압축재의 공칭압축강도는 다음과 같이 수정세장비를 이용하여 산정한다. 보다 정확한 해석을 하는 대신 좌굴모드가 각 개별부재 간의 접합재에 전단력을 발생시키는 상대변형을 포함하고 있다면 L_c/r 대신에 다음과 같이 산정된 $(L_c/r)_m$ 을 사용한다.

① 밀착조임된 중간 연결재의 경우

$$\left(\frac{L_c}{r}\right)_m = \sqrt{\left(\frac{L_c}{r}\right)_0^2 + \left(\frac{a}{r_i}\right)^2} \quad \cdots\cdots\cdots\cdots\cdots\cdots\cdots (5)$$

② 용접이나 전인장조임 볼트로 접합된 중간 연결재의 경우

가. $\dfrac{a}{r_i} \leq 40$일 때

$$\left(\dfrac{L_c}{r}\right)_m = \left(\dfrac{L_c}{r}\right)_o \quad \cdots\cdots\cdots\cdots\cdots\cdots\cdots\cdots\cdots\cdots\cdots\cdots\cdots\cdots\cdots\cdots (6)$$

나. $\dfrac{a}{r_i} > 40$일 때

$$\left(\dfrac{L_c}{r}\right)_m = \sqrt{\left(\dfrac{L_c}{r}\right)_0^2 + \left(\dfrac{K_i a}{r_i}\right)^2} \quad \cdots\cdots\cdots\cdots\cdots\cdots\cdots (7)$$

여기서, $\left(\dfrac{L_c}{r}\right)_m$: 조립부재의 수정된 세장비

$\left(\dfrac{L_c}{r}\right)_0$: 고려하는 좌굴방향으로 단일부재로 거동하는 조립부재의 세장비

L_c : 조립부재의 유효길이

$K_i = 0.5$(서로 맞닿은 ㄱ형강일 경우)
  $= 0.75$(서로 맞닿은 ㄷ형강일 경우)
  $= 0.86$(다른 모든 경우)

a : 연결재 사이의 길이(mm)

r_i : 개별부재의 최소 단면2차반경(mm)

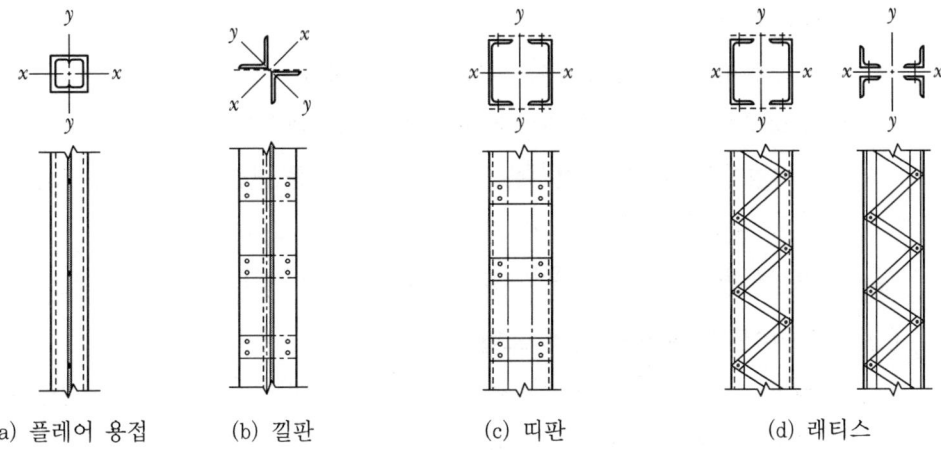

(a) 플레어 용접 (b) 끼움판 (c) 띠판 (d) 래티스

[그림 6.7] 조립압축재의 종류

제6장 압축재 **159**

2) 구조제한 사항

(1) 2개 이상의 형강들로 구성된 조립압축재의 개별 구성요소들은 파스너 사이의 각 개재의 세장비 a/r_i가 조립부재의 주요 세장비의 3/4배를 초과하지 않도록 간격 a로 서로 접합한다. 여기서 r_i는 각 구성요소의 세장비를 계산하는 데 사용되는 최소 단면2차반경이다.

(2) 지압 지지되는 조립압축재의 단부에서 개재 상호 간의 접합은 ① 용접길이가 조립재의 최대폭 이상이 되도록 연속용접하거나, ② 조립재 최대폭의 1.5배 구간에 대하여 길이방향으로 볼트직경의 4배 이하 간격으로 볼트접합한다.

조립 압축재의 길이를 따라, 단부 접합부 사이의 단속용접 또는 볼트의 길이방향 간격은 소요강도를 전달하기에 적절해야 한다. 연속적으로 접촉하는 판재와 형강 또는 2개의 판요소들을 접합하는 파스너의 길이방향 간격에 대한 제한조건은 KDS 14 31 25(4.1.1.10)에 규정하고 있다. 덧판을 사용한 조립 압축재의 경우, 구성재의 모서리를 따라 단속용접하거나, 각 단면의 모든 게이지선에서 파스너 접합할 때 그 최대간격은 가장 얇은 덧판 두께의 $0.75\sqrt{E/F_y}$ 배 및 300mm 이하로 하여야 한다. 파스너가 엇모배치될 경우 각 게이지선에서 파스너의 최대간격은 가장 얇은 덧판 두께의 $1.12\sqrt{E/F_y}$ 배 그리고 460mm 이하로 하여야 한다.

(3) 유공커버플레이트형식 조립압축재

형강과 유공판으로 구성된 유공커버플레이트형식 조립압축재는 다음 조건에 맞도록 구성하여야 한다.

① 폭두께비는 단일압축재와 동일하게 산정한다.
② 응력방향의 개구부의 길이는 개구부 폭의 2배 이하로 한다.
③ 응력방향의 개구부 순간격은 조립압축재 개재를 연결시키는 용접 또는 파스너 열 사이의 최소거리 이상이 되어야 한다.
④ 개구부의 모서리는 곡률반경이 38mm 이상이어야 한다.

(4) 유공커버플레이트형식 대안 조립압축재

① 래티스 설치에 지장이 있는 경우 그 부분의 양단부와 중간부에 띠판을 설치할 수 있으며, 이때의 띠판은 단부에 가깝게 설치하여야 한다.
② 부재단부에 사용되는 띠판의 폭은 구성요소와 띠판을 연결하는 용접선 또는 파스너 열 간격 이상이어야 한다.

③ 부재 중간에 사용되는 띠판의 폭은 부재단부 띠판길이의 1/2 이상이어야 한다.
④ 띠판의 두께는 부재의 구성요소와 띠판을 연결시키는 용접선 또는 파스너열 사이 거리의 1/50 이상이어야 한다.
⑤ 띠판의 조립부재에 접합은 용접의 경우 용접길이는 띠판 길이의 1/3 이상이어야 하고 볼트접합의 경우 띠판에 최소한 3개 이상의 파스너로, 응력방향 간격은 파스너 직경의 6배 이하 간격으로 접합하여야 한다.

(5) 래티스형식 조립 압축재
① 평강, ㄱ형강, ㄷ형강, 기타 형강을 래티스로 사용한다.
② 래티스의 재축방향 간격은 조립부재의 플랜지요소 세장비가 부재 전체의 최대세장비의 3/4을 초과하지 않도록 한다.
③ 래티스는 조립압축재 설계압축강도의 2%에 상당하는 부재축에 수직인 전단강도를 지지할 수 있어야 한다.
④ 단일 래티스재의 세장비 L/r은 140 이하로 하며, 복 래티스재의 경우 세장비는 200 이하로 하고, 그 교차점을 접합한다.
⑤ 압축력을 받는 래티스의 길이 L는 단일 래티스의 경우 주부재와 래티스를 접합하는 용접 또는 파스너 사이의 비지지된 래티스의 길이이며, 복 래티스의 경우 이 길이의 70%로 한다.
⑥ 부재축에 대한 래티스재의 경사각은 다음과 같이 한다.
단일 래티스 경우 : 60° 이상
복 래티스 경우 : 45° 이상
⑦ 조립부재의 플랜지요소의 재축방향 용접선 또는 파스너열 사이 거리가 380mm를 초과하면, 래티스는 복 래티스로 하거나 ㄱ형강으로 하는 것이 바람직하다.

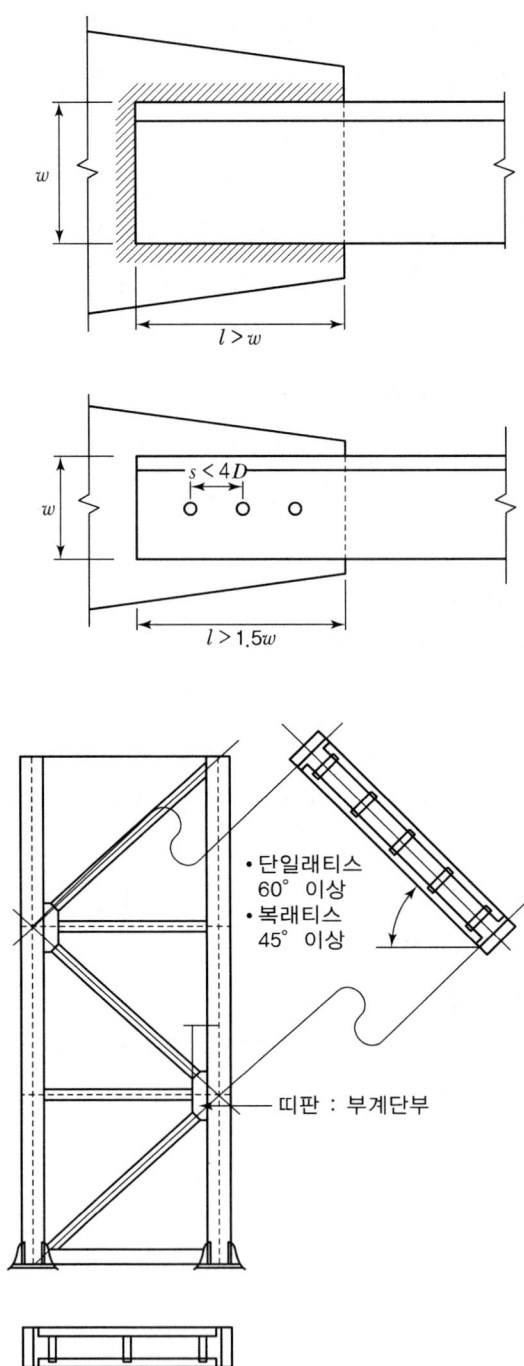

[그림 6.8] 조립압축재의 구조제한

6. 세장판요소를 갖는 압축부재

1) 세장판단면의 압축부재의 공칭압축강도 P_n은 휨좌굴, 비틀림좌굴 및 휨비틀림좌굴에 근거하여 해당하는 한계상태 중 가장 작은 값으로 다음과 같이 산정한다.

$$P_n = F_{cr} A_e$$

여기서, A_e : 감소된 유효폭 b_e, d_e 또는 h_e에 기초하여 계산된 단면의 유효면적
F_{cr} : 임계응력

2) 유효단면적 A_e는 전체단면적 A_g로부터 $(b-b_e)t$로 계산된 감소된 단면적을 감하여 산정할 수 있다.

(1) 원형강관을 제외한 세장판 부재

세장판 부재의 유효폭 b_e(T형강의 경우 유효폭은 d_e, 웨브에 대해서는 h_e)는 다음과 같이 계산한다.

① $\lambda \leq \lambda_r \sqrt{\dfrac{F_y}{F_{cr}}}$ 인 경우

$$b_e = b$$

② $\lambda > \lambda_r \sqrt{\dfrac{F_y}{F_{cr}}}$ 인 경우

$$b_e = b\left(1 - c_1 \sqrt{\dfrac{F_{el}}{F_{cr}}}\right)\sqrt{\dfrac{F_{el}}{F_{cr}}}$$

여기서, b : 부재의 폭(T형강의 경우 폭은 d, 웨브에 대해서는 h)
c_1 : 유효폭 불완전 조정계수
$c_2 = \dfrac{1 - \sqrt{1 - 4c_1}}{2c_1}$
λ : 부재의 폭두께비
λ_r : 한계 폭두께비
$F_{el} = \left(c_2 \dfrac{\lambda_r}{\lambda}\right)^2 F_y$

<표 6-4> 유효폭 불완전 조정계수

사례	세장부재	c_1	c_2
1	정사각형 또는 사각형 강관을 제외한 보강 부재	0.18	1.31
2	정사각형 또는 사각형 강관 부재	0.20	1.38
3	다른 모든 부재	0.22	1.49

(2) 원형강관

유효단면적 A_e는 다음과 같이 계산한다.

① $\dfrac{D}{t} \leq 0.11\dfrac{E}{F_y}$ 인 경우

$$A_e = A_g$$

② $0.11\dfrac{E}{F_y} < \dfrac{D}{t} < 0.45\dfrac{E}{F_y}$ 인 경우

$$A_e = \left[\dfrac{0.038E}{F_y(D/t)} + \dfrac{2}{3}\right]A_g$$

여기서, D : 원형강관의 외경(mm)
t : 두께(mm)

연습문제

제6장 | 압축재

문제01 압연강의 잔류응력 분포상태의 이유를 설명하고 구체적으로 강구조 설계기준에 고려된 사항을 설명하시오.

풀이 압연강의 잔류응력

1. 정의

   소성변형의 결과로 외부하중이 작용하기 이전에 이미 구조부재 단면에 존재하고 있는 응력

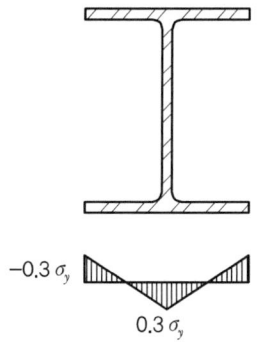

2. 압연강의 잔류응력 – 냉각속도의 차이

   H형강의 경우 플랜지 끝부분은 압축응력, 중간 부분은 인장응력을 받는 형태로 평형상태를 이룬다. 웨브에 있어서도 중간 부분은 압축잔류응력이 생기나, 웨브는 중립축에 가깝기 때문에 잔류응력의 영향은 플랜지에 비하여 그리 중요하지 않다.

3. 강구조설계기준에서의 반영사항

   보의 공칭 휨강도 산정 시 다음과 같이 고려된다.

   (1) 탄성한계세장비에 대응하는 탄성 횡좌굴 모멘트 강도와 강축 휨을 받는 H형강보의 플랜지 국부좌굴에 의한 모멘트 강도는 잔류응력의 영향을 고려하여 다음과 같이 결정한다.

$$M_r = F_L S_x$$

여기서, F_L : $(F_{yf} - F_r)$과 F_{yw} 중 작은 값

F_r = 플랜지 내의 압축잔류응력

압연형강의 경우 $F_r = 69 \text{N/mm}^2$

용접형강의 경우 $F_r = 114 \text{N/mm}^2$

(2) 허용응력도 설계법(ASD)과 하중저항계수설계법에서는 잔류응력의 효과를 고려하여 대략 $0.5 F_y$ 정도에서 압축재의 탄성좌굴 한계를 정하고 있다.

예 ASD89

$$\frac{1}{2} F_y = \frac{\pi^2 E}{(L/r)^2} = \frac{\pi^2 E}{C_c^2} \qquad \therefore \ C_c = \sqrt{\frac{2\pi^2 E}{F_y}}$$

문제02 기둥 설계 시 설계압축강도 계산에서 단주(Short column), 중간주(Intermediate column) 및 장주(Long column)를 세장비의 개념으로 구분하고, 설계압축강도를 산정하는 식을 보이시오.

풀이 기둥의 분류

1. 장주(Long Column)
   오일러의 탄성좌굴응력에 거의 일치하며, 좌굴응력은 비례한도 이하이다.

2. 단주(Short Column)
   좌굴이 발생되지 않으며, 붕괴하중이 항복강도와 거의 같다.

3. 중간주(Intermediate Column)
   (1) 단면의 일부는 항복에 도달하지만 일부는 항복에 도달되지 않는다. 즉, 좌굴과 항복에 의해 붕괴된다.
   (2) 좌굴응력도는 비례한도 이상이다. 즉, 비탄성 압축좌굴이 발생된다.

4. 설계압축강도

   $$P_n = A_g F_{cr}, \ \phi_c = 0.9$$

   $F_y/F_e \le 2.25$인 경우 : $F_{cr} = (0.658^{\frac{F_y}{F_e}}) F_y$

   $F_y/F_e > 2.25$인 경우 : $F_{cr} = 0.877 F_e$

   하중저항계수설계법에서는 $0.44 F_y$의 응력도를 비탄성압축좌굴이 발생되는 한계응력값으로 정하고 있다.

5. ASD89 기준의 한계세장비
   ASD89 기준에서는 잔류응력의 상한을 $0.5 F_y$로 가정하고 이를 오일러의 공식에 대입하여 한계세장비를 구하고 있다.

   $$\frac{1}{2} F_y = \frac{\pi^2 E}{C_c^2} \quad \therefore \ C_c = \sqrt{\frac{2\pi^2 E}{F_y}}$$

   SS275 강재의 경우 $C_c = 122.8 \, (F_y = 275 \mathrm{MPa})$

문제03 P_u = 1,200kN, 양단고정 H−300×200×8×12의 안정성을 하중저항계수설계법으로 검토하시오.

단, 부재길이는 3.5m이며, 재질은 SS275이다.
($A_s = 7,238\text{mm}^2$, $r_x = 125\text{mm}$, $r_y = 47.1\text{mm}$, $r = 18\text{mm}$)

풀이 설계압축강도

1. 폭두께비 검토

    (1) 플랜지

    $$\frac{b}{t_f} = \frac{100}{12} = 8.33 < \lambda_r = 0.56\sqrt{E/F_y} = 0.56\sqrt{210,000/275} = 15.48$$

    (2) 웨브

    $$\frac{h}{t_w} = \frac{300 - 2\times(12+18)}{8}$$
    $$= 30 < \lambda_r = 1.49\sqrt{E/F_y} = 1.49\sqrt{210,000/275} = 41.17$$

    따라서 H−300×200×8×12는 비세장판 단면이다.

2. F_{cr}의 산정

    $$F_e = \frac{\pi^2 E}{\left(\dfrac{KL}{r}\right)^2} = 1,501.4\text{N/mm}^2, \quad F_y/F_e < 2.25 \text{이므로}$$

    $$F_{cr} = \left(0.658^{\frac{F_y}{F_e}}\right)F_y = 254.7\text{N/mm}^2$$

3. 설계강도 산정

    $$\phi_c P_n = 0.9 \times 254.7 \times 7,238 = 1,659.2\text{kN}$$

4. 안전성 검토

    $$\phi_c P_n = 1,659.2\text{kN} > P_u = 1,200\text{kN} \quad \cdots\cdots\cdots\cdots\cdots\cdots\cdots\cdots\cdots\cdots \text{O.K}$$

문제04 양단이 단순지지되어 있는 길이 5m의 압축부재 H−300×300×10×15 (A_s=11,980mm², r_y=75.1mm, 필렛부 반경 1.8cm)에 중심축하중으로 고정하중 1,000kN, 활하중(적재하중) 600kN이 작용할 때 부재의 안정성을 검토하시오.

단, 재질은 SM355이다. 하중저항계수설계법을 이용하시오.

풀이 설계압축강도

1. 소요강도

$$P_u = 1.2 \times 1,000 + 1.6 \times 600 = 2,160\text{kN}$$

2. 폭두께비 검토

   (1) 플랜지

   $$\frac{b}{t_f} = \frac{150}{15} = 10 < \lambda_r = 0.56\sqrt{E/F_y} = 0.56\sqrt{210,000/355} = 13.62$$

   (2) 웨브

   $$\frac{h}{t_w} = \frac{300 - 2 \times (15 + 18)}{10} = 23.4 < \lambda_r$$
   $$= 1.49\sqrt{E/F_y} = 1.49\sqrt{210,000/355} = 36.24$$

   따라서 H−300×300×10×15는 비세장판 단면이다.

3. F_{cr}의 산정

$$F_e = \frac{\pi^2 E}{\left(\dfrac{KL}{r}\right)^2} = 467.6\text{N/mm}^2, \quad F_y/F_e < 2.25 \text{이므로}$$

$$F_{cr} = \left(0.658^{\frac{F_y}{F_e}}\right) F_y = 258.4\text{N/mm}^2$$

4. 설계압축강도 산정

$$\phi P_n = 0.9\, F_{cr}\, A_g = 0.9 \times 258.4 \times 11{,}980 \times 10^{-3}$$
$$= 2{,}786\text{kN} > P_u = 2{,}160\text{kN} \quad \cdots\cdots\cdots\cdots\cdots\cdots\cdots\cdots\cdots\cdots\cdots\cdots\cdots\cdots\cdots\cdots \text{O.K}$$

문제05 1단 고정, 타단 핀고정으로 되어 있는 H-200×200×8×12(SM355) 중심 압축재에 P_u=1,000kN가 작용하는 경우 안정성을 검토하시오.

단, 압축재의 길이는 8m이고 부재 중간에 약축 방향으로 횡지지되어 있다.
(H-200×200×8×12(SM355)의 단면성능
$A_s = 63.53 \times 10^2 \text{mm}^2$, $r_x = 86.2\text{mm}$, $r_y = 50.2\text{mm}$, $r = 13\text{mm}$)

[풀이] 설계압축강도

유효좌굴길이 계수 $K_x = 0.7$, $K_{y_1} = 1.0$, $K_{y_2} = 0.7$

1. 판폭두께비 검토

    (1) 플랜지 : $b/t_f = (200/2)/12 = 8.3 < \lambda_r = 0.56\sqrt{E/F_y} = 13.62$

    (2) 웨브 : $h/t_w = [200 - 2 \times (12 + 13)]/8 = 18.8 < \lambda_r = 1.49\sqrt{E/F_y} = 36.24$

2. F_{cr}의 산정

    (1) 세장비 검토

    $$\left(\frac{KL}{r}\right)_x = \frac{0.7 \times 8,000}{86.2} = 65.0$$

    $$\left(\frac{KL}{r}\right)_{y_1} = \frac{1.0 \times 4,000}{50.2} = 79.7 \text{(약축이 지배)}$$

    (2) $F_e = \dfrac{\pi^2 E}{\left(\dfrac{KL}{r}\right)^2} = 326.3\text{N/mm}^2$, $F_y/F_e < 2.25$이므로

    $$F_{cr} = \left(0.658^{\frac{F_y}{F_e}}\right) F_y = 225.1\text{N/mm}^2$$

    (3) 설계강도 산정

    $$P_n = A_g F_{cr} = 63.53 \times 10^2 \times 225.1 \times 10^{-3} = 1,430\text{kN}$$

    $$\phi_c P_n = 0.9 \times 1,430 = 1,287.1\text{kN}$$

(4) 안전성 검토

$$\phi_c P_n = 1,287.1\text{kN} > P_u = 1,000\text{kN} \quad \cdots\cdots\cdots\cdots\cdots\cdots\cdots\cdots\cdots\cdots\cdots\cdots\cdots \text{O.K}$$

문제06   그림에서와 같이 길이가 7.5m이고 양단이 핀 연결된 H-300×300× 10×15 형강의 기둥이 약축 방향으로 3등분점에서 지지되어 있다. SS275 강재가 사용될 때 설계압축강도를 구하시오.

단, $A_s = 11,980\text{mm}^2$, $r_x = 131\text{mm}$, $r = 18\text{mm}$, $r_y = 75.1\text{mm}$

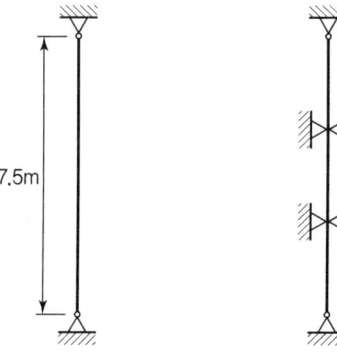

풀이   설계압축강도

1. 폭두께비 검토(비콤팩트 단면 만족 여부 검토)

    (1) 플랜지

    $$\frac{b}{t_f} = \frac{150}{15} = 10 \leq \lambda_r = 0.56\sqrt{\frac{E}{F_y}} = 0.56\sqrt{\frac{210,000}{275}} = 15.47 \quad \cdots\cdots \text{ O.K}$$

    (2) 웨브

    $$\frac{h}{t_w} = \frac{300 - (15 \times 2 + 18 \times 2)}{10} = 23.4 \leq \lambda_r = 1.49\sqrt{\frac{E}{F_y}}$$

    $$= 1.49\sqrt{\frac{210,000}{275}} = 41.17 \quad \cdots\cdots\cdots\cdots \text{ O.K}$$

2. 설계압축강도 산정

    (1) 세장비 산정 및 검토

    ① 강축 $\lambda_x = \dfrac{kl}{r_x} = \dfrac{1.0(7.5 \times 10^3)}{131} = 57.25$

② 약축 $\lambda_y = \dfrac{kl}{r_y} = \dfrac{1.0(2.5 \times 10^3)}{75.1} = 33.29$

(2) 휨좌굴응력 F_{cr} 산정

① 오일러 좌굴응력 F_e 산정

$$F_e = \frac{\pi^2 E}{\lambda^2} = \frac{\pi^2 \times 210{,}000}{57.25^2} = 632.4 \text{N/mm}^2, \quad F_y/F_e < 2.25 \text{이므로}$$

② $F_{cr} = \left(0.658^{F_y/F_e}\right) \cdot F_y = \left(0.658^{275/632.4}\right) \times 275 = 229.2 \text{N/mm}^2$

(3) 설계 압축강도 산정

$$\phi_c P_n = \phi_c (F_{cr} \cdot A_g) = 0.9 \times (229.2 \times 11{,}980) \times 10^{-3} = 2{,}471.2 \text{kN}$$

문제07
H-400×400×13×21(SM355)의 H형강이 양단 단순지지되어 4,000kN 의 중심압축력을 받고 있다. 압축재의 길이가 9m이고 약축 방향으로는 부재 중간에서 가새로 횡지지되어 있으며 횡변위가 구속되어 있다. 이때의 안전성을 검토하시오.

단, H-400×400×13×21 : $A = 2.187 \times 10^4 \text{mm}^2$, $r_x = 175\text{mm}$, $r_y = 101\text{mm}$,
$r = 22\text{mm}$, $l_x = 6.6610^8 \text{mm}^4$, $l_y = 2.24 \times 10^8 \text{mm}^4$

축력은 계수하중이며, 하중저항계수설계법을 적용하시오.

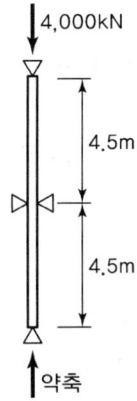

풀이 설계압축강도

1. 폭두께비 검토

    (1) 플랜지

    $$\frac{b}{t_f} = \frac{200}{21} = 9.52 < \lambda_r = 0.56\sqrt{E/F_y} = 0.56\sqrt{210,000/345} = 13.81$$

    (2) 웨브

    $$\frac{h}{t_w} = \frac{400 - 2 \times (21 + 22)}{13} = 24.2 < \lambda_r = 1.49\sqrt{E/F_y}$$
    $$= 1.49\sqrt{210,000/345} = 36.7$$

    따라서 H-400×400×13×21는 비세장판 단면이다.

2. F_{cr} 산정

   (1) 유효좌굴길이

   $$KL_x = 9{,}000\text{mm}, \quad KL_y = 4{,}500\text{mm}$$

   (2) 세장비

   $$\lambda_x = \frac{KL_x}{r_x} = 51.4(\text{강축이 지배}), \quad \lambda_y = \frac{KL_y}{r_y} = 44.6$$

   (3) F_{cr} 산정

   ① 오일러 좌굴응력 F_e 산정

   $$F_e = \frac{\pi^2 E}{\lambda^2} = \frac{\pi^2 \times 210{,}000}{51.4^2} = 784.5\text{N/mm}^2, \quad F_y/F_e < 2.25\text{이므로}$$

   ② $F_{cr} = \left(0.658^{F_y/F_e}\right) \cdot F_y = \left(0.658^{345/784.5}\right) \times 345 = 287\text{N/mm}^2$

3. 설계압축강도 산정

$$\phi P_n = 0.9\, F_{cr}\, A_g = 0.9 \times 287 \times 2.187 \times 10^4 \times 10^{-3}$$
$$= 5{,}649\text{kN} > P_u = 4{,}000\text{kN} \quad \cdots\cdots\cdots\cdots\cdots \text{O.K}$$

문제08

다음과 같이 위층 보와 아래층 보 사이에 샛기둥을 설치하려고 한다. 양단은 단순지지이며 부재 약축에는 부재 중간에 횡지지로 하는 중심압축재로 설계하려고 한다. 안전성을 검토하시오.

단, $P_u = 2,000$kN의 소요압축강도가 필요할 때, 샛기둥을 H−300×300×10×15 ($r=18$mm)로 하면 안전한지 확인하고, 양단(샛기둥)의 상세에 대하여 시공성을 고려하여 설계하시오. (KBC 2016 기준)
- 사용강재 : $E_s = 210,000$MPa, SM355 강재
- 단면성능 : $A_s = 119.8 \times 10^2$mm², $r_x = 131$mm, $r_y = 75.1$mm

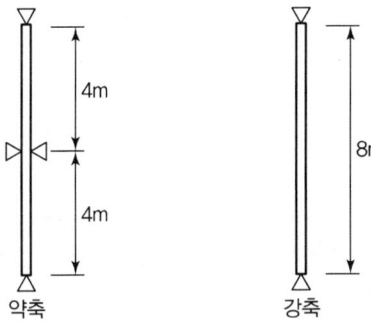

풀이 압축재의 설계

1. 판폭두께비 검토(비콤팩트 단면 만족 여부 검토)

   (1) 플랜지

   $$\frac{b}{t_f} = \frac{150}{15} = 10 \leq 0.56\sqrt{E/F_y} = 0.56\sqrt{210,000/355} = 13.62 \quad \cdots \quad \text{O.K}$$

   (2) 웨브

   $$\frac{h}{t_w} = \frac{300 - 2(18+15)}{10}$$
   $$= 23.4 \leq 1.49\sqrt{E/F_y} = 1.49\sqrt{210,000/355} = 36.24 \quad \cdots\cdots \quad \text{O.K}$$

   ∴ 비세장판 단면을 만족함

2. 설계압축강도 산정

   (1) 세장비 검토

   ① 강축 $\lambda_x = \dfrac{KL}{r_x} = \dfrac{1.0(8 \times 10^3)}{131} = 61.07 \quad$ ∴ 강축이 지배함

② 약축 $\lambda_y = \dfrac{KL}{r_y} = \dfrac{1.0(4 \times 10^3)}{75.1} = 53.26$

(2) 휨좌굴 응력 F_{cr} 산정

① 오일러 좌굴응력 F_e 산정

$$F_e = \dfrac{\pi^2 E}{\lambda^2} = \dfrac{\pi^2 \times 210{,}000}{(61.07)^2} = 555.73, \quad F_y/F_e < 2.25$$

② F_{cr} 산정

$$F_{cr} = \left(0.658^{F_y/F_e}\right) \cdot F_y = \left(0.658^{355/555.73}\right) \times 355 = 271.7 \text{N/mm}^2$$

(3) 설계압축강도 산정 및 안정성 검토

$$\phi_c \cdot P_n = \phi_c \cdot (F_{cr} \cdot A_g) = 0.9 \times (271.7 \times 119.8 \times 10^2) \times 10^{-3}$$
$$= 2{,}929.5\text{kN} > P_u = 2{,}000\text{kN} \quad \cdots\cdots\cdots\cdots\cdots\cdots \text{O.K}$$

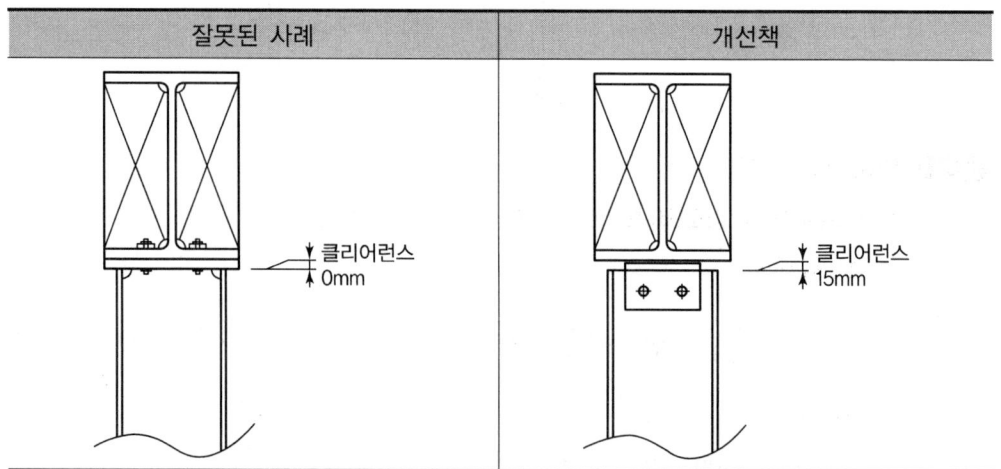

잘못된 사례	개선책
샛기둥의 양쪽 끝이 베이스 플레이트 방식인 경우 1. 보 플랜지 간 거리(H) ≤ 제작 샛기둥 길이인 경우 : 샛기둥 베이스 플레이트와 보 플랜지 간의 클리어런스가 없기 때문에 샛기둥의 삽입을 할 수 없는 경우가 있다. 2. 보 플랜지 간 거리(H) > 제작 샛기둥 길이인 경우 : 클리어런스에 대응한 다수의 필러플레이트를 미리 준비할 필요가 있고, 작업효율이 나쁘다.	1. 일반적으로 건축물 건립상에 제로(0) 정밀도를 요구하는 것은 현실적으로는 어렵다. 2. 개선책은 샛기둥과 보를 접합한 다음 그림처럼 베이스 플레이트 방식에서 거싯 플레이트 방식으로 변경된 제안이다. 이렇게 하면 철골보의 휨에 대해서도 접합의 구멍 중심을 맞추는 것이 용이하게 된다.

| 문제09 | 휨은 부재의 강축 방향으로 발생되며 골조가 버팀지지된 경우 각 기둥의 좌굴길이를 산정하시오. |

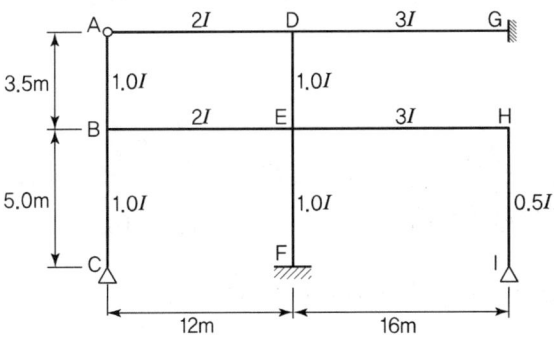

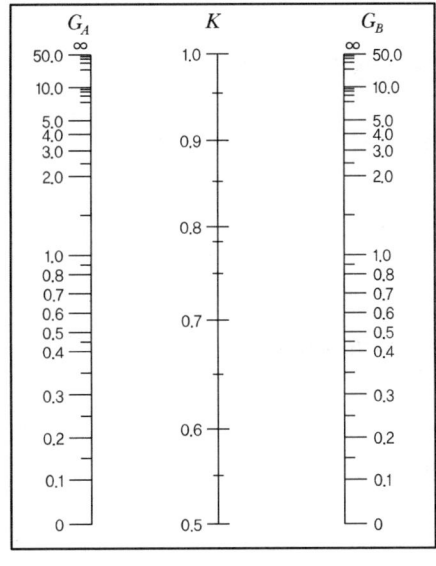

(a) 횡 이동이 없을 때(가새골조)

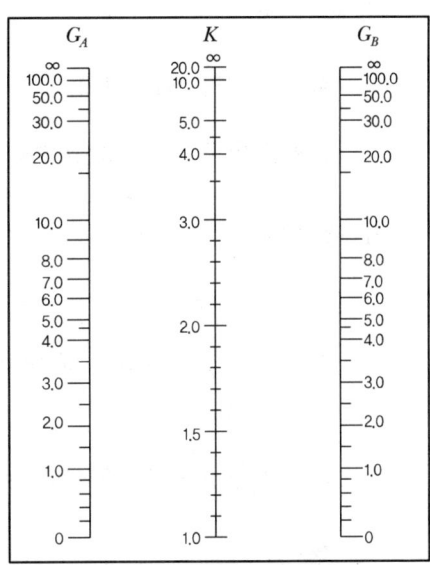

(b) 횡 이동이 있을 때(비가새골조)

풀이 1. AB 기둥

$$G_A = 10, \quad G_B = \frac{\dfrac{I}{3.5} + \dfrac{I}{5.0}}{\dfrac{2I}{12}} = 2.91 \qquad \therefore K = 0.93$$

$$\therefore 좌굴길이(KL) = 3.5 \times 0.93 = 3.3\text{m}$$

제6장 압축재 **179**

2. BC 기둥

$G_B = 2.91$, $G_C = 10$ ∴ $K = 0.93$

∴ 좌굴길이$(KL) = 5.0 \times 0.93 = 4.65\text{m}$

3. DE 기둥

$G_D = \dfrac{\dfrac{I}{3.5}}{1.5\dfrac{2I}{12} + 2\dfrac{3I}{16}} = 0.45$, $G_E = \dfrac{\dfrac{I}{3.5} + \dfrac{I}{5}}{\dfrac{2I}{12} + \dfrac{3I}{16}} = 1.37$ ∴ $K = 0.74$

∴ 좌굴길이$(KL) = 3.5 \times 0.74 = 2.6\text{m}$

4. EF 기둥

$G_E = 1.37$, $G_F = 1.0$ ∴ $K = 0.78$

∴ 좌굴길이$(KL) = 5 \times 0.78 = 3.9\text{m}$

5. HI 기둥

$G_H = \dfrac{\dfrac{0.5I}{5}}{\dfrac{3I}{16}} = 0.53$, $G_I = 10$ ∴ $K = 0.82$

∴ 좌굴길이$(KL) = 5 \times 0.82 = 4.1\text{m}$

> **참고** 횡구속된 골조의 경우
> • 보의 타단이 힌지면 보의 유효강비는 1.5배
> • 보의 타단이 고정이면 보의 유효강비는 2.0배

문제10 다음 물음에 답하시오.

1) 그림 (a), (b)의 AB부재에서 보의 단부조건에 따른 계수값과 유효좌굴길이계수 계산도 표를 사용하여 K_x값을 산정하시오.(다만 $K_y=1.0$으로 함)
2) AB부재가 그림 (c)와 같은 각형강관(200×200×6)이며 $l=6,000\text{mm}$일 경우 설계압축강도(ϕP_n)을 구하시오.

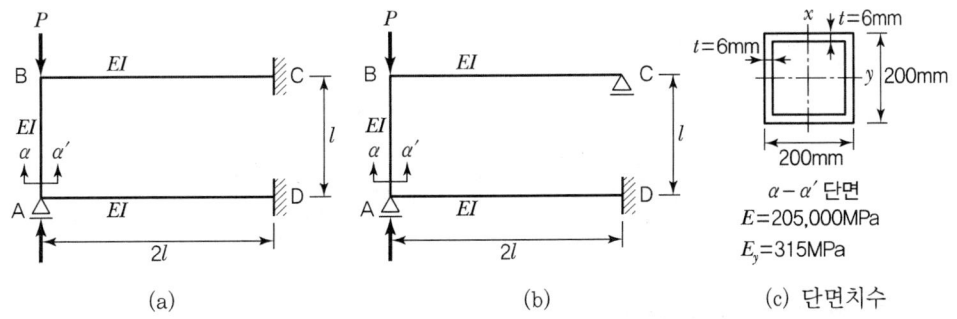

(a) (b) (c) 단면치수

$\alpha-\alpha'$ 단면
$E=205,000\text{MPa}$
$E_y=315\text{MPa}$

〈표〉 보의 단부조건에 따른 계수값

	횡변위가 구속된 경우	횡변위가 구속되지 않은 경우
타단 힌지	1.5	0.50
타단 고정	2.0	0.67

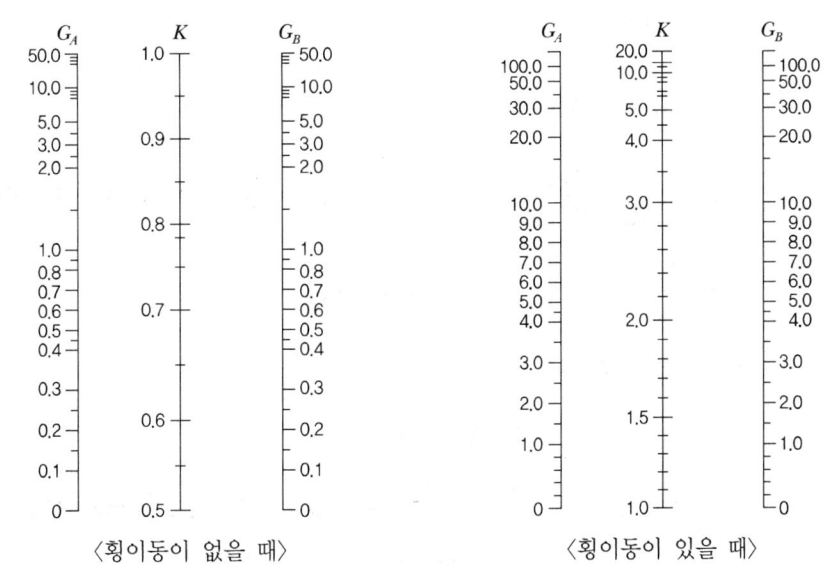

〈횡이동이 없을 때〉 〈횡이동이 있을 때〉

(d) 유효좌굴길이계수 계산도표

풀이 압축재의 설계강도 : SNRT355로 문제 풀이

1. 좌굴길이계수 산정

    (1) 가새골조(a)

    $$G_T = G_B = \frac{\frac{EI}{l}}{2 \times \frac{EI}{2l}} = 1 \quad \therefore K_x = 0.77$$

    (2) 비가새골조(b)

    $$G_T = \frac{\frac{EI}{l}}{0.5 \times \frac{EI}{2l}} = 4, \quad G_B = \frac{\frac{EI}{l}}{0.67 \times \frac{EI}{2l}} = 3 \quad \therefore K_x = 1.9$$

2. 설계압축강도 산정

    (1) 가새골조(a) : $K_y = 1.0$이 지배

    ① 폭두께비 검토 : $\frac{200 - 3 \times 6}{6} = 30.3 < 1.4 \times \sqrt{210,000/355} = 34$

    (비콤팩트 단면 만족)

    ② F_{cr} 산정

    $$r = \sqrt{\frac{I}{A}} = 79.2$$

    $$F_e = \frac{\pi^2 \times 210,000}{(6,000/79.2)^2} = 360.8 \text{MPa}, \quad \frac{F_y}{F_e} < 2.25 \text{(비탄성좌굴이 지배)}$$

    $$F_{cr} = 0.658^{\frac{355}{360.8}} \times 355 = 235 \text{MPa}$$

    ③ $\phi P_n = 0.9 \times A_g \times F_{cr} = 984.7 \text{kN}$

    (2) 가새골조(a) : $K_x = 1.9$이 지배

    ① 폭두께비 검토 : $\frac{200 - 3 \times 6}{6} = 30.3 < 1.4 \times \sqrt{210,000/355} = 34$

    (비콤팩트 단면 만족)

② F_{cr} 산정

$$r = \sqrt{\dfrac{I}{A}} = 79.2$$

$$F_e = \dfrac{\pi^2 \times 210,000}{(1.9 \times 6,000/79.2)^2} = 100\text{MPa}, \quad \dfrac{F_y}{F_e} > 2.25 (\text{탄성좌굴이 지배})$$

$$F_{cr} = 0.877 \times 100 = 87.7\text{MPa}$$

③ $\phi P_n = 0.9 \times A_g \times F_{cr} = 367.5\text{kN}$

문제11
강구조의 기둥과 보에서는 휨좌굴과 횡좌굴을 방지하기 위하여 여러 가지 유형의 안정용 가새를 사용한다.

(1) 다음 [그림 1]과 같이 보와 기둥으로 이루어진 구조입면도에 각 층 기둥의 유효좌굴길이계수(K)가 1.0이 되기 위한 기둥 안정용 가새의 설치 유형들을 도시하고 간단히 설명하시오.
(2) 다음 [그림 2]와 같이 보와 기둥으로 이루어진 구조평면도에 보(X 표시)의 비지지 길이를 1/2로 줄이기 위한 보 안정용 가새의 설치 유형들을 도시하고 간단히 설명하시오.

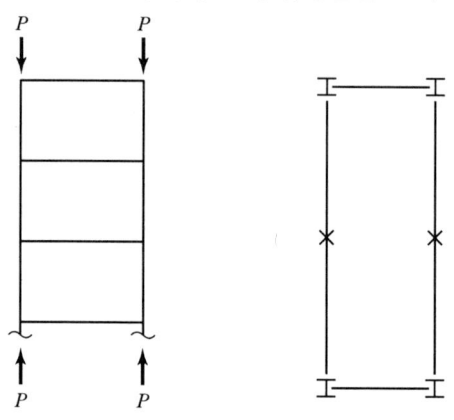

[그림 1] 구조입면도   [그림 2] 구조평면도

풀이 기둥과 보의 안정용 가새

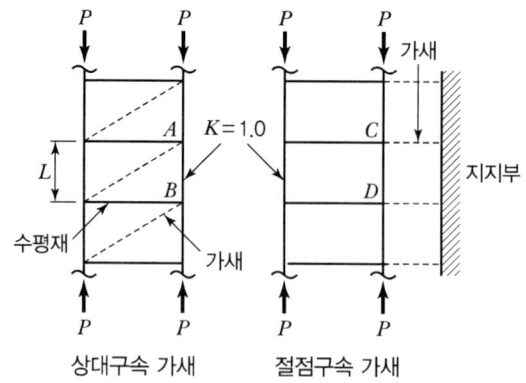

[그림 3] 기둥 안정용 가새

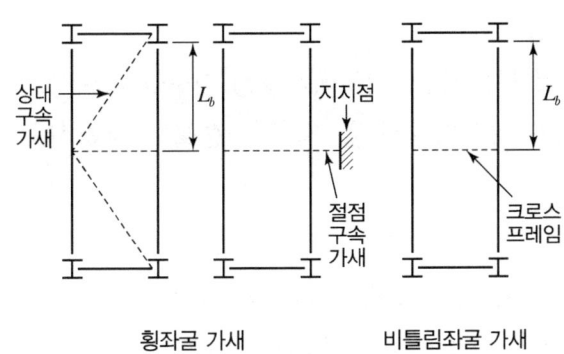

[그림 4] 보 안정용 가새

1. 상대구속가새 구조

기둥의 상대구속가새구조(대각선 가새와 전단벽)는 비가새길이로 정의되는 기둥의 길이에 걸쳐진 두 지점에 연결된다. [그림 3]에서와 같이 상대구속가새는 수평재와 사재로 구성되며 비가새길이의 끝단 부분 A와 B 등, 가새점의 거동을 제어한다. 상대구속가새의 강도와 강성은 사재와 수평재에 분배된다. 수평재가 슬래브와 같은 바닥보인 경우에는 그 강성이 사재의 강성에 비해 매우 크기 때문에 사재가 상대구속가새의 강도와 강성을 제어하는 것으로 한다.

2. 절점구속가새 구조

절점구속가새는 인접가새점의 직접적인 상호작용과는 관계없이 특정가새점의 거동만을 제어한다. 따라서 비가새길이를 정의하기 위해서는 [그림 3]에 나타낸 것처럼 추가적인 인접 가새점이 필요하다. C점과 D점, 두 절점의 구속가새는 강지지부에 연결되며, $K=1.0$을 사용하여 비가새길이를 정의한다.

인접한 2개의 보 사이에 위치하는 크로스프레임의 보는 크로스프레임의 위치에서만 보의 뒤틀림을 구속하므로 절점구속가새로 취급한다. 이 경우에 비가새길이는 보 길이의 절반으로 한다. 2개의 보단부에 대한 뒤틀림은 보 단부의 보-기둥접합으로 인해 방지되는 것으로 한다.

문제12 그림과 같은 골조 입면에서 2층 기둥(AB부재)에 고정하중 2,800kN과 활하중 2,000kN이 작용할 때 안전성을 검토하시오.

⟨설계조건⟩

사용부재 SG_1 : $H-600\times200\times11\times17$(SHN355)

$3SC_1$: $H-400\times400\times13\times21$(SHN355)

$1SC_1$, $2SC_1$: $H-400\times408\times21\times21$(SHN355)

단면성능 $H-600\times200\times11\times17$ $\quad I_x = 7.76\times10^8 \text{mm}^4$

$\qquad\qquad H-400\times400\times13\times21$ $\quad I_x = 6.66\times10^8 \text{mm}^4$

$\qquad\qquad H-400\times408\times21\times21$ $\quad I_x = 7.09\times10^8 \text{mm}^4$

$A_S = 2.5\times10^4 \text{mm}^2$ $\qquad\qquad r = 22\text{mm}$

$r_x = 1.68\times10^2 \text{mm}$ $\qquad\qquad r_y = 9.75\times10\text{mm}$

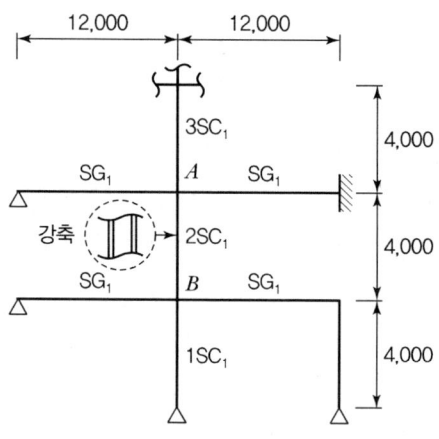

[골조 입면도]

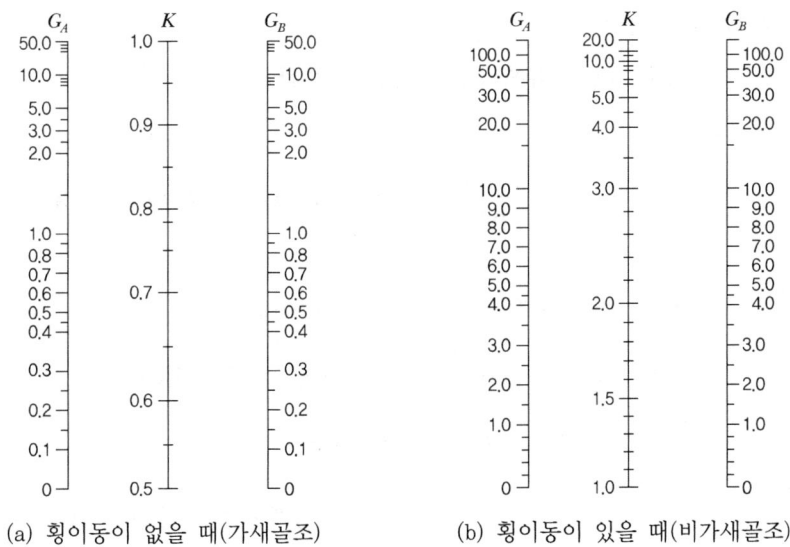

(a) 횡이동이 없을 때(가새골조)   (b) 횡이동이 있을 때(비가새골조)

[유효좌굴길이계수 계산도표]

풀이 좌굴길이(SHN355재질로 풀이)

약축좌굴에 대한 정보가 없기 때문에 강축방향 좌굴로서 안정성을 검토한다.

1. 소요강도

$$P_u = 6{,}560\text{kN}$$

2. 좌굴길이 산정

$$G_A = \frac{7.09(10^8)/4{,}000 + 6.66(10^8)/4{,}000}{1.5 \times 7.76(10^8)/12{,}000 + 2.0 \times 7.76(10^8)/120{,}000} = 1.52$$

$$G_B = \frac{2 \times 7.09(10^8)/4{,}000}{1.5 \times 7.76(10^8)/12{,}000 + 7.76(10^8)/120{,}000} = 2.19$$

도표에서 $K = 0.83$

참고

횡구속된 골조의 경우	비횡구속된 골조의 경우
• 보의 타단이 힌지면 보의 유효강비는 1.5배	• 보의 타단이 힌지면 보의 유효강비는 0.5배
• 보의 타단이 고정이면 보의 유효강비는 2.0배	• 보의 타단이 고정이면 보의 유효강비는 2/3배

3. 설계압축강도 산정

1) 폭두께비 검토 : 비콤팩트 단면을 만족함

2) F_{cr} 산정

(1) $F_e = \dfrac{\pi^2 \times 210{,}000}{(0.83 \times 4{,}000/168)^2} = 5{,}307\text{MPa}$, $F_y/F_e < 2.25$ 이므로

$$F_{cr} = 0.658^{\frac{355}{5{,}307}} \times 355 = 345.2\text{MPa}$$

$$\phi R_n = 0.9 \times 25{,}000 \times 345.2 \times 10^{-3} = 7{,}767\text{kN}$$

기둥의 강성감소를 고려하는 경우

① 비탄성 거동을 하므로 상대강성계수를 이용하여 K값 재산정

$$F_{cr,\,비탄성} = \dfrac{P_u}{\phi A_g} = \dfrac{6{,}560 \times 10^3}{0.9 \times 25{,}000} = 291.6\text{MPa}$$

$$\left(0.658^{\frac{355}{F_e}}\right)355 = 291.6 \text{에서 } F_e = 755\text{MPa}$$

$$F_{cr,\,탄성} = 0.877 F_e = 0.877 \times 755 = 662\text{MPa}$$

$$\therefore \tau_a = \dfrac{291.6}{662} = 0.44$$

② 수정된 K값 및 F_{cr} 재산정

$$G_{A,\,비탄성} = 0.44 \times 1.52 = 0.67$$

$$G_{B,\,비탄성} = 0.44 \times 2.19 = 0.96$$

$$\therefore K = 0.72$$

$$F_e = \dfrac{\pi^2 \times 210{,}000}{(0.72 \times 4{,}000/168)^2} = 7{,}052.7\text{MPa}$$

$$F_{cr} = \left(0.658^{\frac{355}{7{,}052.7}}\right)355 = 347.6\text{MPa}$$

③ 설계압축강도 산정 및 안전성 검토

$$\phi R_n = 0.9 \times 347.6 \times 25{,}000 \times 10^{-3}$$
$$= 7{,}821\text{MPa} > P_u = 6{,}560\text{MPa} \quad \cdots\cdots\cdots\cdots\cdots\cdots \text{O.K}$$

제7장 휨재의 설계

철골구조(KDS 14 31 10)

7.1 일반사항

1. 개요

휨모멘트와 전단력을 받는 부재를 휨재라 하며, 휨재는 바닥 슬래브를 지지하는 구조부재이다. 강구조에서는 주로 H형강 또는 C형강 등이 휨재로 사용된다. 휨재는 크게 3가지 정도로 나눌 수 있다. 먼저 마감재 등을 지지하는 펄린과 거스가 있다. 펄린은 지붕마감을 샌드위치 판넬 등 경량구조로 하는 경우 이를 지지하기 위한 2차 부재이며, 거스는 벽면마감을 지지하는 2차 부재이다. 둘째로 콘크리트 슬래브를 구성하기 위한 데크 플레이트를 지지하는 작은 보(Beam)가 있다. 작은 보의 경우 데크를 동바리 없이 사용하기 위해 일반적으로 4m 이내의 간격으로 배치되며, 대개의 경우 합성보로 설계된다. 이는 9장 합성보에서 자세히 다룰 것이다. 마지막으로 기둥에 접합되는 큰보(Girder)가 있다. 큰보의 경우 일반건축물에서는 보통 기둥에 강접합되는 경우가 일반적이다.

강구조의 휨재의 설계에서 주요 고려사항은 다음과 같다.

1) 휨검토
   (1) 전소성 강도
   (2) 플랜지의 국부좌굴 강도
   (3) 웨브의 국부좌굴 강도
   (4) 횡좌굴 강도

2) 전단검토
3) 사용성 검토

휨재의 기본적인 거동을 [그림 7.1]에 나타내었다. [그림 7.1]에서 1번 곡선의 경우 보의 연단에서 항복이 발생하기 이전에 국부좌굴 또는 횡좌굴에 의해 강도한계 상태에 도달하는 경우이다. 2번과 3번 곡선의 경우 보의 연단에서 최초 항복응력에 도달하지만 전소성모멘트 강도에 도달하기 이전에 국부좌굴 또는 횡좌굴에 의해 강도한계 상태에 도달하는 경우이다. 4번 곡선의 경우는 보의 휨모멘트가 전 길이에 걸쳐 동일한 경우 전소성모멘트에 도달하는 경우이며, 5번 곡선의 경우는 보의 휨모멘트의 분포가 길이별로 다른 경우 전소성모멘트에 도달하는 경우를 나타낸 것이다.

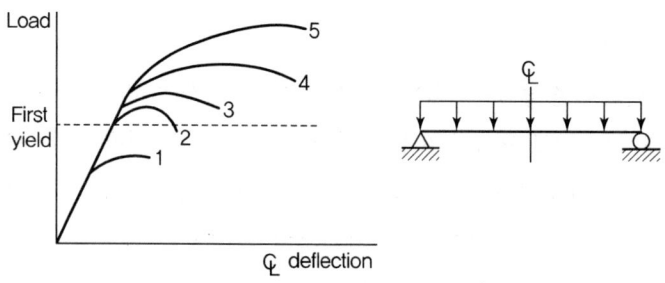

[그림 7.1] 소성곡률($M-\phi$곡선)

2. 보의 휨응력 및 전단응력

1) 휨응력

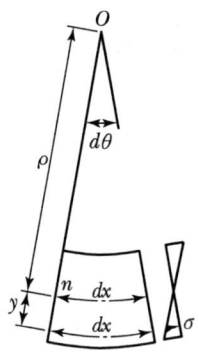

$$\rho : dx = y : (dx' - dx)$$

$$\frac{dx' - dx}{dx} = \frac{y}{\rho}$$

$$\varepsilon_y = \frac{y}{\rho}$$

$$\frac{\sigma_y}{E} = \frac{y}{\rho}, \quad \sigma_y = \frac{Ey}{\rho} \quad \cdots \cdots \cdots \cdots \cdots \cdots \cdots \cdots \cdots \cdots \cdots \cdots \cdots \cdots \cdots \cdots (1)$$

중립축에 대한 모멘트

$$M = \int \sigma_x \cdot dA \cdot y = \int \frac{Ey}{\rho} \cdot dA \cdot y = \frac{E}{\rho} \int y^2 \cdot dA = \frac{EI}{\rho}$$

여기서, $I = \int_A y^2 \, dA$

$$\frac{1}{\rho} = \frac{M}{EI} \quad \cdots \cdots \cdots \cdots \cdots \cdots \cdots \cdots \cdots \cdots \cdots \cdots \cdots \cdots \cdots \cdots \cdots (2)$$

식 (1)과 식 (2)에 의해

$$\sigma_y = \frac{M}{I}y, \quad \sigma_{\max} = \frac{M}{S}$$

2) 전단응력

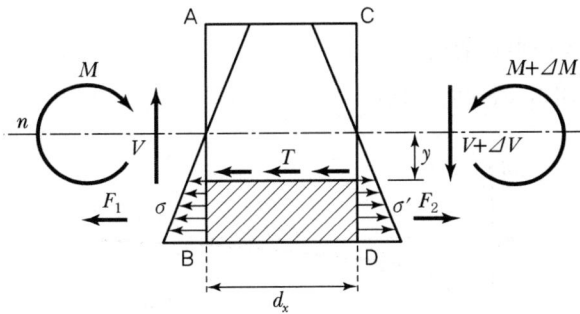

- 전단응력은 AB면과 CD면의 휨응력 차이만큼 발생

$$\sigma = \frac{M}{I}y$$

AB면 : $\int_y^{y_t} \sigma \cdot dA = \frac{M}{I} \int_y^{y_t} y \cdot dA = F_1$

CD면 : $\int_y^{y_t} \sigma' \cdot dA = \frac{M + \triangle M}{I} \int_y^{y_t} y \cdot dA = F_2$

- 중립축에서 y의 전단력 : $V = \tau \cdot dx \cdot b$
- 평형조건식 $\sum F_x = 0$에서

$$F_2 - F_1 = V$$

$$\frac{M + \Delta M}{I} \int_y^{y_t} y \cdot dA - \frac{M}{I} \int_y^{y_t} y \cdot dA = \tau \cdot dx \cdot b$$

$$\frac{\Delta M}{I} \int_y^{y_t} y \cdot dA = \tau \cdot dx \cdot b$$

$$\tau = \frac{\Delta M}{Ib\,dx} \int_y^{y_t} y \cdot dA = \frac{V \cdot Q}{I \cdot b}$$

$$\tau = \frac{V \cdot Q}{I \cdot b}$$

3. 휨재의 소성힌지 및 소성모멘트 강도

순수휨을 받는 장방형 단면재의 모멘트와 곡률의 관계는 [그림 7.2]와 같다.

가정 1. 완전탄소성체의 휨재
    2. 평면 유지의 가정이 성립

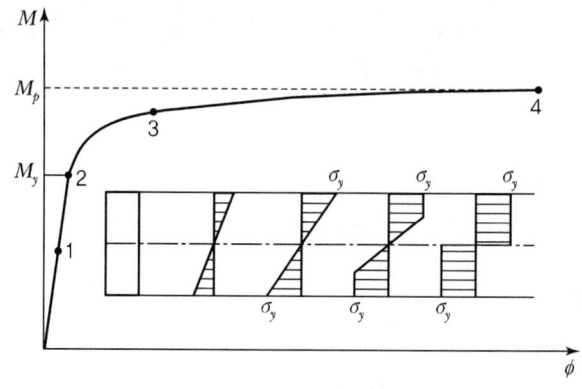

[그림 7.2] 소성곡률($M - \phi$곡선)

1) 항복모멘트 M_y

상·하부의 연단응력이 항복점 σ_y에 도달했을 때의 휨모멘트

$$M_y = \left(\frac{\sigma_y bd}{4}\right)\left(\frac{2d}{3}\right) = \sigma_y\left(\frac{bd^2}{6}\right) = \sigma_y \cdot Z$$

여기서, Z : 탄성단면계수

2) 소성힌지(Plastic Hinge)

단면 내 최대응력이 항복점에 도달한 후 하중을 계속 증가시키면, 소성영역은 가장자리로부터 안으로 확대되어 응력도 분포는 사다리꼴이 된다.

이때 곡률과 저항모멘트도 증가하지만, 소성화한 부분에서는 탄성계수 $E=0$이 되기 때문에 휨강성은 저하되고, 휨모멘트-곡률($M-\phi$) 관계는 곡선이 된다. 이처럼 휘어진 극한상태를 생각하면 소성영역이 중립축까지 넓어져 응력도의 분포는 장방형이 되고, 휨강성이 0이 되어 힌지(핀)와 같이 회전을 일으키게 된다. 이 상태를 소성힌지라 한다.

3) 전소성모멘트 M_p(Full Plastic Moment)

소성힌지는 일정한 휨모멘트에 의해 저항하는 힌지이므로 실제의 힌지와는 다르다. 이때의 일정한 휨모멘트를 전소성모멘트 M_p(Full Plastic Moment)라고 한다.

$$M_P = \left(\frac{\sigma_y bd}{2}\right)\left(\frac{d}{2}\right) = \sigma_y\left(\frac{bd^2}{4}\right) = \sigma_y \cdot Z_p$$

여기서, Z_p : 소성단면계수($Z_P = A_c y_c + A_t y_t$)

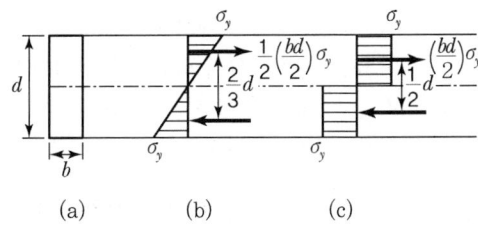

[그림 7.3] 항복모멘트와 소성모멘트 상태에서의 응력분포

7.2 설계휨강도

1. 일반규정

설계휨강도를 산정할 때 다음의 내용은 이 절에 포함된 모든 부재에 공통적으로 적용한다. 휨부재의 한계상태는 〈표 7-1〉과 같고 단면의 폭두께비 제한은 〈표 7-2〉와 같다.

1) 설계휨강도의 산정

공칭휨강도 M_n은 〈표 7-1〉의 한계상태를 고려해야 하며, 이때 저항계수는 $\phi_b = 0.90$를 적용한다.

2) 횡비틀림좌굴 보정계수 C_b

모멘트분포가 일정하지 않은 휨부재의 횡비틀림좌굴강도 산정 시 보정계수 C_b는 다음과 같다.

$$C_b = \frac{12.5 M_{\max}}{2.5 M_{\max} + 3M_A + 4M_B + 3M_C}$$

단, ① 자유단이 횡지지되지 않은 캔틸레버와 내민보의 경우 $C_b = 1.0$

② 횡지지점 사이에 횡하중이 없는 2축 대칭부재에서 C_b는 다음 값을 초과할 수 없다.

    가. 횡지지된 양단부의 모멘트 크기가 같고 부호가 같은 경우에는 1.0

    나. 횡지지된 양단부의 모멘트 크기가 같고 부호가 반대인 경우에는 2.27

    다. 한쪽 단부모멘트가 0인 경우에는 1.67

여기서, $M_{\max}$: 비지지구간에서 최대모멘트 절댓값 (N·mm)
M_A : 비지지구간에서 1/4지점의 모멘트 절댓값 (N·mm)
M_B : 비지지구간에서 중앙부의 모멘트 절댓값 (N·mm)
M_C : 비지지구간에서 3/4지점의 모멘트 절댓값 (N·mm)

복곡률이 발생하는 1축대칭부재의 경우에는 상하플랜지 모두에 대하여 횡비틀림좌굴강도를 검토한다. C_b의 값은 모든 경우에 있어서 안전측으로 1.0을 사용할 수 있다.

<표 7-1> 휨부재 단면에 따른 한계상태

해당 절	단면의 형태	플랜지	웨브	한계상태
강축 휨을 받는 2축대칭 H형강 또는 ㄷ형강 조밀단면 부재		조밀단면	조밀단면	항복 횡비틀림좌굴
강축 휨을 받는 2축대칭 H형강(웨브 조밀단면, 플랜지 비조밀 또는 세장판 단면) 부재		비조밀단면 세장판 단면	조밀단면	횡비틀림좌굴 플랜지 국부좌굴
강축 휨을 받는 기타 H형강(웨브 조밀 또는 비조밀단면) 부재		조밀단면 비조밀단면 세장판 단면	조밀단면 비조밀단면	항복 횡비틀림좌굴 플랜지 국부좌굴 인장플랜지 항복
강축 휨을 받는 세장판 단면웨브를 갖는 1축 또는 2축대칭 H형강 부재		조밀단면 비조밀단면 세장판 단면	세장판 단면	항복 횡비틀림좌굴 플랜지 국부좌굴 인장플랜지 항복
약축 휨을 받는 H형강 또는 ㄷ형강 부재		조밀단면 비조밀단면 세장판 단면	–	항복 플랜지 국부좌굴
각형강관		조밀단면 비조밀단면 세장판 단면	조밀단면 비조밀단면	항복 플랜지 국부좌굴 웨브 국부좌굴
원형강관		–	–	항복 국부좌굴
T형강 및 쌍ㄱ형강		조밀단면 비조밀단면 세장판 단면	–	항복 횡비틀림좌굴 플랜지 국부좌굴
단일ㄱ형강		–	–	항복 횡비틀림좌굴 플랜지 국부좌굴
각형 또는 원형강봉		–	–	항복 횡비틀림좌굴
비대칭 단면	ㄱ형강을 제외한 비대칭 단면	–	–	모든 한계상태 포함

〈표 7-2〉 휨부재 단면의 폭두께비 제한

단면	판요소에 대한 설명	폭두께비	폭두께비 한계값 λ_p(조밀/비조밀)	폭두께비 한계값 λ_r(비세장/세장)	예
자유돌출판	압연 H형강, ㄷ형강 및 T형강의 플랜지	b/t	$0.38\sqrt{\dfrac{E}{F_y}}$	$1.0\sqrt{\dfrac{E}{F_y}}$	
	2축 또는 1축 대칭인 용접 H형강의 플랜지	b/t	$0.38\sqrt{\dfrac{E}{F_y}}$	$0.95\sqrt{\dfrac{k_c E}{F_L}}$ 1),2)	
	단일ㄱ형강의 다리	b/t	$0.54\sqrt{\dfrac{E}{F_y}}$	$0.91\sqrt{\dfrac{E}{F_y}}$	
	약축 휨을 받는 압연 H형강, ㄷ형강의 플랜지	b/t	$0.38\sqrt{\dfrac{E}{F_y}}$	$1.0\sqrt{\dfrac{E}{F_y}}$	
	T형강의 플랜지	d/t	$0.84\sqrt{\dfrac{E}{F_y}}$	$1.52\sqrt{\dfrac{E}{F_y}}$	
양연지지판	• 2축 대칭 H형강의 웨브 • ㄷ형강의 웨브	h/t_w	$3.76\sqrt{\dfrac{E}{F_y}}$	$5.70\sqrt{\dfrac{E}{F_y}}$	
	1축 대칭 H형강의 웨브	h_c/t_w	$\dfrac{\dfrac{h_c}{h_p}\sqrt{\dfrac{E}{F_y}}}{\left(0.54\dfrac{M_p}{M_y}-0.09\right)^2} \leq \lambda_r$	$5.70\sqrt{\dfrac{E}{F_y}}$	
	균일한 두께를 갖는 각형강관과 박스의 플랜지	b/t	$1.12\sqrt{\dfrac{E}{F_y}}$	$1.40\sqrt{\dfrac{E}{F_y}}$	
	• 플랜지 커버플레이트 • 연결재 또는 용접선 사이의 다이아프램 플레이트	b/t	$1.12\sqrt{\dfrac{E}{F_y}}$	$1.40\sqrt{\dfrac{E}{F_y}}$	
	각형강관과 박스의 웨브	h/t	$2.42\sqrt{\dfrac{E}{F_y}}$	$5.70\sqrt{\dfrac{E}{F_y}}$	
	원형강관	D/t	$0.07\dfrac{E}{F_y}$	$0.31\dfrac{E}{F_y}$	

주) 1) $k_c = \dfrac{4}{\sqrt{h/t_w}}$, $0.35 \leq k_c \leq 0.76$

2) $F_L = 0.7F_y$: 약축휨을 받는 경우, 웨브가 세장판 요소인 용접 H형강이 강축휨을 받는 경우 그리고 조밀단면 웨브 또는 비조밀단면 웨브이고 $S_{xt}/S_{xc} \geq 0.7$인 용접 H형강이 강축 휨을 받는 경우

$F_L = F_y S_{xt}/S_{xc} \geq 0.5F_y$: 조밀단면 웨브 또는 비조밀단면 웨브이고 $S_{xt}/S_{xc} < 0.7$인 용접 H형강이 강축 휨을 받는 경우

2. 강축휨을 받는 2축대칭 H형강 또는 ㄷ형강 조밀단면 부재

강축에 대해 휨을 받는 2축대칭 H형강 또는 ㄷ형강이 소성한계 비지지 거리도 만족하며 ($L_b \leq L_p$), 조밀단면인 경우 다음과 같이 설계휨강도를 산정한다.

1) 소성휨모멘트

$$M_n = M_p = F_y Z_x$$

여기서, F_y : 강재의 항복강도, MPa
Z_x : x축에 대한 소성단면계수, mm³

2) 횡좌굴강도

횡좌굴강도와 횡지지 길이와의 관계식을 [그림 7.4]에 나타내었다. 횡지지 길이가 작을수록 보의 모멘트 강도는 점점 커지게 되어 전소성모멘트 강도에 근접하게 된다.

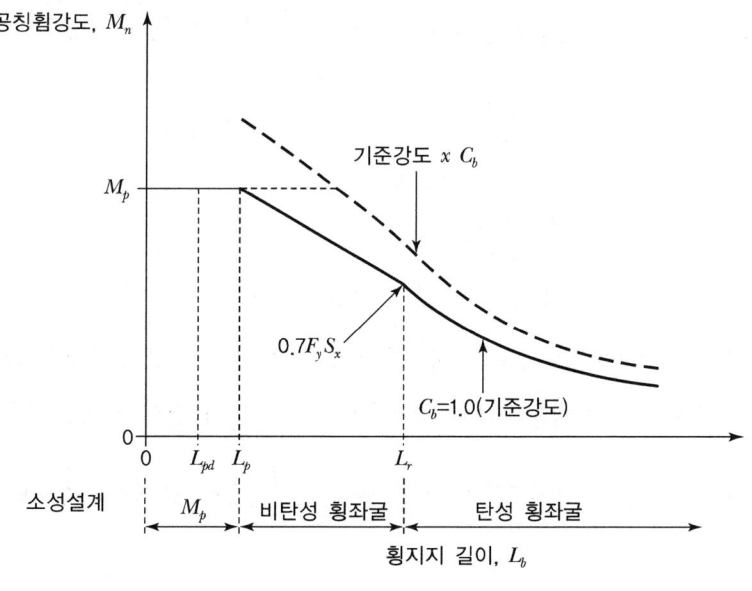

[그림 7.4] 공칭휨강도와 횡지지 길이의 관계식

(1) $L_b \leq L_p$의 경우 : $M_n = M_p = F_y Z_x$

(2) $L_p < L_b \leq L_r$의 경우 : $M_n = C_b \left[M_p - (M_p - 0.7 F_y S_x) \left(\dfrac{L_b - L_p}{L_r - L_p} \right) \right] \leq M_p$

(3) $L_b > L_r$의 경우 : $M_n = F_{cr} S_x \leq M_p$

여기서, L_b : 보의 비지지 길이, mm

$$F_{cr} = \frac{C_b \pi^2 E}{\left(\dfrac{L_b}{r_{ts}}\right)^2} \sqrt{1 + 0.078 \frac{J_C}{S_x h_o} \left(\frac{L_b}{r_{ts}}\right)^2}$$

E : 강재의 탄성계수, MPa

$J = \sum \dfrac{1}{3} b\, t^3$ (단면비틀림상수), mm^4

S_x : 강축에 대한 탄성단면계수, mm^3

(4) 소성한계 비지지 길이 L_p와 탄성한계 비지지 길이 L_r은 다음과 같이 산정한다.

$$L_p = 1.76\, r_y \sqrt{\frac{E}{F_y}} \quad \text{(소성한계 비지지 길이)}$$

$$L_r = 1.95\, r_{ts} \frac{E}{0.7 F_y} \sqrt{\frac{Jc}{S_x h_o}} \sqrt{1 + \sqrt{1 + 6.76\left(\frac{0.7 F_y}{E} \frac{S_x h_o}{Jc}\right)^2}} \quad \text{(탄성한계 비지지 길이)}$$

여기서, $r_{ts}^2 = \dfrac{\sqrt{I_y C_w}}{S_x}$, $C_w = \dfrac{I_y (d - t_f)^2}{4}$ (뒤틀림상수)

$c = 1$: 2축대칭 H형 부재의 경우

$c = \dfrac{h_o}{2} \sqrt{\dfrac{I_y}{C_w}}$: ㄷ형강의 경우

h_o : 상하부 플랜지 간 중심거리, mm

또한 탄성횡좌굴 강도 F_{cr}을 안전 측으로 다음과 같이 적용한 후 이때의 응력이 탄성 횡좌굴과 비탄성횡좌굴의 경계응력인 $0.7 F_y$와 같다고 놓으면,

$$F_{cr} = \frac{C_b \pi^2 E}{\left(\dfrac{L_b}{r_{ts}}\right)^2} = 0.7 F_y \quad \text{에서} \quad L_r = \pi r_{ts} \sqrt{\frac{E}{0.7 F_y}} \quad \text{을 안전 측으로 구할 수 있다.}$$

예제 7.1

그림과 같은 보에서 C_b 계수를 산정하시오. (단, $M_1 = 120\text{kN}\cdot\text{m}$, $M_2 = 120\text{kN}\cdot\text{m}$)

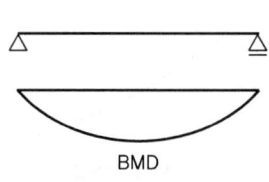

풀이
$$C_b = \frac{12.5 M_{\max}}{2.5 M_{\max} + 3M_A + 4M_B + 3M_C} R_m \leq 3.0$$
$$= \frac{12.5(120)}{2.5(120) + 3(60) + 4(0) + 3(60)} \times 1 = 2.27$$

예제 7.2

등분포하중을 받는 단순보에서 그림과 같이 횡지지가 있는 경우에 대해 C_b 계수를 산정하시오.

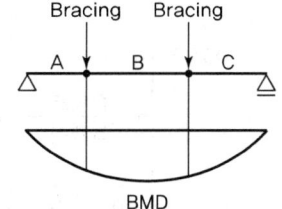

(a) 횡지지가 없는 경우 (b) $l/3$, $2l/3$ 2개소에 횡지지된 경우

풀이 (a) 횡지지가 없는 경우 : 중앙에서 최대 휨모멘트는 $\dfrac{wl^2}{8}$

$\dfrac{l}{4}$, $\dfrac{3l}{4}$ 지점에서의 휨모멘트는 $\dfrac{3wl^2}{32}$

$$C_b = \frac{12.5(1/8)}{2.5(1/8) + 3(3/32) + 4(1/8) + 3(3/32)} = 1.136$$

(b) 2개소에 횡지지된 경우

A 및 C 구간 : $C_b = \dfrac{12.5(1/9)}{2.5(1/9) + 3(11/288) + 4(5/72) + 3(3/32)} = 1.46$

3. 강축휨을 받는 2축대칭 H형강(웨브 조밀단면, 플랜지 비조밀 또는 세장판 단면) 부재

강축에 대해 휨을 받는 2축대칭 H형강이 소성한계 비지지거리를 만족하지만($L_b \leq L_p$) 웨브는 콤팩트이나 플랜지가 비콤팩트 또는 세장판요소인 경우 설계휨강도는 다음과 같이 산정한다.

1) 횡좌굴강도

 강축휨을 받는 2축대칭 H형강 또는 ㄷ형강 조밀단면 부재와 동일하게 산정한다.

2) 압축플랜지 국부좌굴 강도

 플랜지의 폭두께비와 공칭휨강도와의 관계식을 [그림 7.5]에 나타내었다.

 그림에서 $0.38\sqrt{\dfrac{E}{F_y}}$ 와 $1.0\sqrt{\dfrac{E}{F_y}}$ 의 값은 압연H형강의 경우를 표현한 것이다.

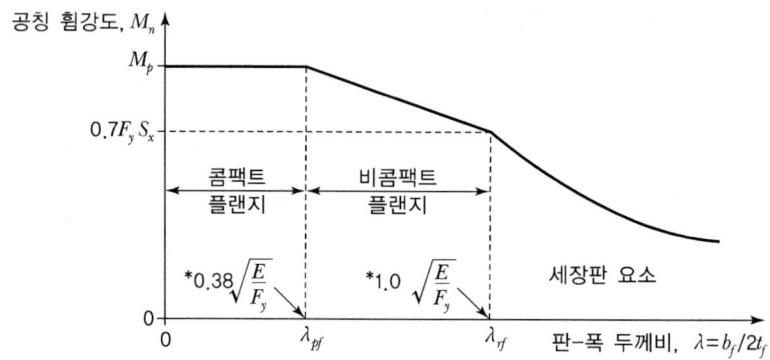

[그림 7.5] 공칭휨강도와 판폭두께비의 관계

 (1) 플랜지가 비콤팩트인 경우

$$M_n = \left[M_p - (M_p - 0.7 F_y S_x) \left(\frac{\lambda - \lambda_{pf}}{\lambda_{rf} - \lambda_{pf}} \right) \right]$$

 (2) 플랜지가 세장판 요소인 경우

$$M_n = \frac{0.9 E k_c S_x}{\lambda^2}$$

여기서, $\lambda = \dfrac{b_f}{2t_f}$ 이며, λ_{pf}와 λ_{rf}는 다음과 같다.

판요소에 대한 설명	판폭 두께비	판폭두께비 제한값	
		λ_p(콤팩트)	λ_r(비콤팩트)
압연H형강과 ㄷ형강 휨재의 플랜지	b/t	$0.38\sqrt{E/F_y}$	$1.0\sqrt{E/F_y}$
2축 또는 1축 대칭인 용접H형강 휨재의 플랜지	b/t	$0.38\sqrt{E/F_y}$	$0.95\sqrt{k_c E/F_L}$ [1), 2)]

1) $k_c = \dfrac{4}{\sqrt{h/t_w}}$, 2) $0.35 \leq k_c \leq 0.76$

4. 약축휨을 받는 H형강 또는 ㄷ형강 부재

약축에 휨을 받는 H형강 또는 ㄷ형강 부재의 경우 공칭휨강도 M_n은 항복강도(전소성 모멘트), 플랜지 국부좌굴강도를 산정한 후 최솟값으로 한다.

1) 항복 강도

$$M_n = M_p = F_y Z_y \leq 1.6 F_y S_y$$

2) 플랜지 국부좌굴강도

콤팩트플랜지인 경우에는 국부좌굴강도를 산정하지 않는다.

(1) 비콤팩트플랜지의 경우

$$M_n = \left[M_p - (M_p - 0.7 F_y S_y)\left(\dfrac{\lambda - \lambda_{pf}}{\lambda_{rf} - \lambda_{pf}}\right)\right]$$

(2) 세장판 요소 플랜지의 경우

$$M_n = F_{cr} S_y$$

여기서, $F_{cr} = \dfrac{0.69 E}{\left(\dfrac{b_f}{2t_f}\right)^2}$

5. 휨부재의 단면 산정

압연형강, 조립(용접)부재, 플레이트 거더 그리고 덧판이 있는 보는 일반적으로 총 단면적의 휨강도에 의해 단면을 산정해야 한다. 이 조항에서의 공칭휨강도는 인장플랜지의 인장파괴한계강도로 산정한다.

1) $F_u A_{fn} \geq Y_t F_y A_{fg}$ 의 경우, 인장파괴에 따른 공칭휨강도를 산정하지 않는다.

2) $F_u A_{fn} < Y_t F_y A_{fg}$ 의 경우, 공칭휨강도는 다음의 값을 초과하지 않아야 한다.

$$M_n = \frac{F_u A_{fn}}{A_{fg}} S_x$$

여기서, A_{fg} : 인장플랜지의 총 단면적, mm^2
A_{fn} : 인장플랜지의 순단면적, mm^2
$Y_t = 1.0 (F_y/F_u \leq 0.8$의 경우$)$
  $= 1.1$(그 이외의 경우)

7.3 전단강도

웨브에 전단력을 받는 1축 또는 2축대칭단면, 단일ㄱ형강과 강관 그리고 약축방향에 전단력을 받는 1축 또는 2축 대칭단면의 경우 다음과 같이 전단강도를 구할 수 있다.

$$V_n = 0.6 F_y A_w C_v$$

1) $h/t_w \leq 2.24 \sqrt{E/F_y}$ 인 압연H형강의 웨브

여기서, $\phi_v = 1.00$, $C_v = 1.0$

2) 원형강관을 제외한 모든 2축대칭단면, 1축대칭 단면 및 ㄷ형강의 전단상수 C_v는 다음과 같이 산정한다.

(1) $h/t_w \leq 1.10 \sqrt{k_v E/F_y}$ 일 때

$C_v = 1.0$

(2) $1.10\sqrt{k_v E/F_y} < h/t_w \leq 1.37\sqrt{k_v E/F_y}$ 일 때

$$C_v = \frac{1.10\sqrt{k_v E/F_y}}{h/t_w}$$

(3) $h/t_w > 1.37\sqrt{k_v E/F_y}$ 일 때

$$C_v = \frac{1.51 E k_v}{(h/t_w)^2 F_y}$$

여기서, A_w : 부재 전체춤 d와 웨브의 두께 t_w의 곱, mm^2

웨브판좌굴계수 k_v는 다음과 같이 산정한다.
- T형강의 스템을 제외한 $h/t_w < 260$인 비구속 지지된 판요소웨브 : $k_v = 5$
- $h/t_w < 260$인 T형강의 스템 : $k_v = 1.2$
- 구속판요소웨브 : $k_v = 5 + \dfrac{5}{(a/h)^2}$

$a/h > 3.0$ 또는 $a/h > \left[\dfrac{260}{(h/t_w)}\right]^2$ 인 경우 : $k_v = 5$

여기서, a : 수직스티프너의 순간격, mm
h : 압연강재에서 모살 또는 코너반경을 제외한 플랜지 간 순거리, mm
용접한 경우에는 플랜지 간 순거리, mm
볼트조립단면에서는 파스너 열간 거리, mm

예제 7.3

그림과 같은 단순보의 설계휨강도를 산정하시오.(단, H-600×200×11×17(SHN355)의 단면성능은 다음과 같다.)

$I_y = 2.28 \times 10^7 \text{mm}^4$, $C_w = 1.94 \times 10^{12} \text{mm}^6$, $J = 9.06 \times 10^5 \text{mm}^4$

Z_x(소성단면계수) $= 2,980 \times 10^3 \text{mm}^3$, r(필렛반경) $= 22\text{mm}$

S_x(탄성단면계수) $= 2,590 \times 10^3 \text{mm}^3$, r_y(단면2차반경) $= 41.2\text{mm}$

(1) 완전 횡지지된 경우
(2) $L/4$ 지점 횡지지된 경우($L_b = 2.5\text{m}$)
(3) $L/3$ 지점 횡지지된 경우($L_b = 3.33\text{m}$)
(4) 중앙부에 횡지지된 경우($L_b = 5.0\text{m}$)

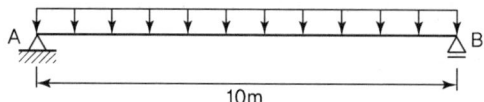

풀이 휨재의 설계(하중저항계수설계법)

1. 폭두께비 검토

(1) 플랜지 : $\lambda = \dfrac{100}{17} = 5.88 < \lambda_p = 0.38\sqrt{210,000/355} = 9.24$

(2) 웨브 : $\lambda = \dfrac{600 - 2(17+22)}{11} = 47.45 < \lambda_p = 3.76\sqrt{210,000/355} = 91.45$

따라서 H-600×200×11×17(SHN355)는 조밀 단면이다.

2. 완전 횡지지된 경우

$M_n = M_p = 2,980 \times 10^3 (355) \times 10^{-6} = 1,057.9 \text{kN} \cdot \text{m}$

$\therefore \phi M_n = 0.9 \times 1,057.9 = 952.1 \text{kN} \cdot \text{m}$

3. $L/4$ 지점이 횡지지된 경우($L_b = 2.5\text{m}$)

(1) $L_b = 2,500\text{mm} > L_p = 1.76 r_y \sqrt{E/F_y} = 1.76 \times 41.2 \times \sqrt{210,000/355}$
$\qquad = 1,763\text{mm}$

(2) $L_r = 1.95 r_{ts} \dfrac{E}{0.7 F_y} \sqrt{\dfrac{Jc}{S_x h_o}} \sqrt{1 + \sqrt{1 + 6.76\left(\dfrac{0.7 F_y}{E} \dfrac{S_x h_o}{Jc}\right)^2}}$ 에서

$r_{ts}^2 = \dfrac{\sqrt{I_y C_w}}{S_x} = 2,567.8 \qquad \therefore r_{ts} = 50.7$

$$L_r = 1.95(50.7)\frac{210{,}000}{0.7\times 355}\sqrt{\frac{9.06(10^5)1.0}{2{,}590{,}000\times(600-17)}}$$

$$\sqrt{1+\sqrt{1+6.76\left(\frac{0.7\times 355}{210{,}000}\frac{2{,}590{,}000(600-17)}{9.06(10^5)1.0}\right)^2}}=5{,}105\text{mm}$$

(3) 횡비틀림좌굴 산정

$$M_n = \left[M_p - (M_p - 0.7F_y S_x)\frac{L_b - L_p}{L_r - L_p}\right]C_b \leq M_p \text{에서}$$

$$= \left[1{,}057.9 - (1{,}057.9 - 643.6)\frac{2{,}500 - 1{,}763}{5{,}105 - 1{,}763}\right]1.06$$

$$= 1{,}024.5\text{kN}\cdot\text{m}$$

$0.7S_x F_y = 0.7\times 2{,}590\times 10^3(355)\times 10^{-6} = 643.6\text{kN}\cdot\text{m}$

$M_p = 2{,}980\times 10^3(355)\times 10^{-6} = 1{,}057.9\text{kN}\cdot\text{m}$

$C_b = 1.06 \qquad \therefore \phi M_n = 0.9\times 1{,}024.5 = 922.1\text{kN}\cdot\text{m}$

4. $L/3$ 지점이 횡지지된 경우($L_b = 3.33\text{m}$)

$L_r = 5{,}105\text{mm} > L_b = 3{,}333\text{mm} > L_p = 1{,}763\text{mm}$ 이므로

$$M_n = \left[M_p - (M_p - 0.7F_y S_x)\frac{L_b - L_p}{L_r - L_p}\right]C_b \leq M_p \text{에서}$$

$$= \left[1{,}057.9 - (1{,}057.9 - 643.6)\frac{3{,}333 - 1{,}763}{5{,}105 - 1{,}763}\right]1.01 = 872.3\text{kN}\cdot\text{m}$$

$\therefore \phi M_n = 0.9\times 872.3 = 785.1\text{kN}\cdot\text{m}$

5. 중앙부에 횡지지된 경우($L_b = 5\text{m}$)

$L_r = 5{,}105\text{mm} > L_b = 5{,}000\text{mm} > L_p = 1{,}850\text{mm}$ 이므로

$$M_n = \left[M_p - (M_p - 0.7F_y S_x)\frac{L_b - L_p}{L_r - L_p}\right]C_b \leq M_p \text{에서}$$

$$= \left[1{,}057.9 - (1{,}057.9 - 643.6)\frac{5{,}000 - 1{,}763}{5{,}105 - 1{,}763}\right]1.3 = 853.6\text{kN}\cdot\text{m}$$

$\therefore \phi M_n = 0.9\times 853.6 = 768.2\text{kN}\cdot\text{m}$

7.4 집중하중점 보강

1. 웨브 국부항복강도

집중력이 작용하는 점에서 웨브 필렛 선단부의 웨브 국부항복에 대한 설계강도 $\phi_l R_n$은 아래 식에 따라 산정한다.

1) 인장 또는 압축 집중력의 작용점과 재단까지의 거리가 부재높이 d를 초과할 경우

$$\phi_l = 1.0$$
$$R_n = (5k + N)\, t_w\, F_{yw}$$

2) 상기 집중력의 작용점이 재단에서 d 이하일 경우

$$\phi_l = 1.0$$
$$R_n = (2.5k + N)\, t_w\, F_{yw}$$

여기서, R_n : 웨브의 공칭국부항복강도, N
  k : 플랜지 표면에서 웨브 필렛 선단까지의 거리, mm
  N : 집중력 작용폭(다만, k보다 작아서는 안 됨), mm
  t_w : 웨브의 두께, mm
  F_{yw} : 웨브의 항복강도, N/mm²
  d : H형 단면재의 전체 높이, mm

2. 플랜지의 국부휨강도

플랜지에 수직으로 용접된 판에 작용된 인장력에 의해 휨을 받는 플랜지의 설계휨강도 $\phi_l R_n$은 아래 식에 따라 산정한다.

$$\phi_l = 0.90$$
$$R_n = 6.25 t_f^2\, F_{yf}$$

여기서, ϕ_l : 저항계수
  R_n : 플랜지 국부휨강도, N
  t_f : 플랜지 두께, mm
  F_{yf} : 플랜지 항복강도, N/mm²

다만, 용접된 인장재 폭이 플랜지 전체 폭의 0.15배 이하이면 플랜지의 국부휨강도의 검토는 필요치 않다. 다만, 부재단부로부터 집중하중에 저항하는 거리가 $10t_f$보다 작은 경우 R_n의 50%를 저감한다.

3. 웨브 크리플링

웨브 크리플링(Crippling)은 플랜지에 작용하는 집중하중에 의해 웨브가 면외로 좌굴하는 현상이다. 집중하중을 받는 무보강웨브의 설계압축강도는 $\phi_l R_n$이고, 공칭강도 R_n은 아래 식에 따라 산정한다.

1) 집중력이 재단에서 $d/2$ 이상 떨어진 위치에서 작용할 때

$$\phi_l = 0.75$$

$$R_n = 0.80 t_w^2 \left[1 + 3 \frac{N}{d} \left(\frac{t_w}{t_f} \right)^{1.5} \right] \sqrt{\frac{E F_{yw} t_f}{t_w}}$$

2) 집중력이 재단에서 $d/2$ 미만 떨어진 위치에서 작용할 때

$$\phi_l = 0.75$$

(1) $\dfrac{N}{d} \leq 0.2$ 인 경우

$$R_n = 0.40 t_w^2 \left[1 + 3 \frac{N}{d} \left(\frac{t_w}{t_f} \right)^{1.5} \right] \sqrt{\frac{E F_{yw} t_f}{t_w}}$$

(2) $\dfrac{N}{d} > 0.2$ 인 경우

$$R_n = 0.40 t_w^2 \left[1 + \left(\frac{4N}{d} - 0.2 \right) \left(\frac{t_w}{t_f} \right)^{1.5} \right] \sqrt{\frac{E F_{yw} t_f}{t_w}}$$

연습문제

제7장 | 휨재의 설계

문제01 강구조 하중저항계수설계법에 따라 휨재의 공칭휨강도 M_n을 산정하려 한다. 공칭휨강도 M_n을 구하기 위해서는 횡좌굴강도와 국부좌굴강도를 산정하여야 한다. 횡좌굴강도와 국부좌굴강도는 어떻게 산정되는지 설명하시오.(단, 공식은 기술할 필요가 없으며, 강도 산정에 관한 매개변수를 중심으로 영역별로 설명하시오.)

풀이 공칭휨강도

1. 강축휨을 받는 2축대칭 H형강 또는 ㄷ형강 조밀단면 부재

   공칭휨강도는 횡좌굴강도에 의해 결정되며, 아래 그림과 같다.

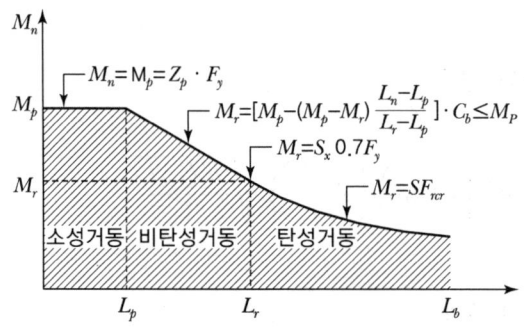

[그림 7.6] 휨재의 횡좌굴강도

2. 강축휨을 받는 2축대칭 H형강(웨브 조밀단면, 플랜지 비조밀 또는 세장판 단면)

   공칭휨강도는 횡좌굴강도와 플랜지의 국부좌굴강도 중 작은 값으로 결정된다.

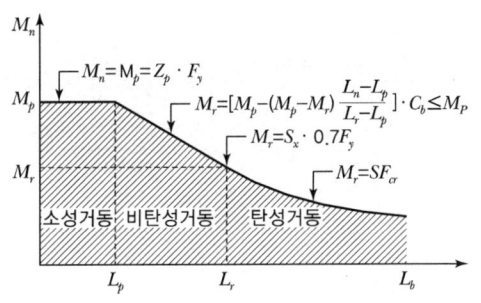

[그림 7.7] 횡좌굴 강도

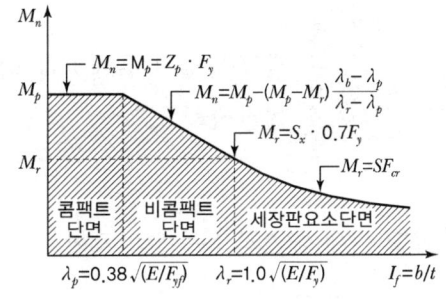

[그림 7.8] 플랜지의 국부좌굴 강도

3. 강축휨을 받는 기타 H형강(웨브 조밀 또는 비조밀단면) 부재

   공칭휨 강도는 다음의 한계상태 중 최솟값으로 결정된다.
   (1) 압축플랜지 항복강도
   (2) 횡비틀림좌굴강도
   (3) 압축플랜지 국부좌굴강도
   (4) 인장플랜지 항복강도

4. 강축휨을 받는 세장판 단면웨브를 갖는 1축 또는 2축대칭 H형강 부재

   공칭휨강도는 다음의 한계상태 중 최솟값으로 결정된다.
   (1) 압축플랜지 항복강도
   (2) 횡비틀림좌굴강도
   (3) 압축플랜지 국부좌굴강도
   (4) 인장플랜지 항복강도

문제02 강재에 길이두께비가 아닌 폭두께비에 대한 제한을 규정하고 있는 이유를 설명하시오.

풀이 강재 단면의 폭두께비 제한

1. 개요

   일반적으로 얇은 판의 조합으로 구성된 강재 단면의 경우 전체 좌굴이 발생되기 이전에 단면을 구성하고 있는 판이 먼저 국부좌굴함으로써 급격히 붕괴될 가능성이 있다. 이를 설계에 반영하기 위해 단면의 폭두께비를 제한한다.

2. 판의 좌굴강도(Buckling Strength of Plate)

   판의 이론적인 탄성좌굴강도는 다음 식과 같다.

   $$F_{cr} = k \frac{\pi^2 E}{12(1-\mu^2)(b/t)^2}$$

   여기서, 좌굴계수 k는 판의 종횡비와 지지조건에 따른 계수이다.

   오른쪽 그림과 판의 좌굴강도식에서 알 수 있듯이 플레이트의 좌굴은 길이에 의해 지배되지 않으며, 지지조건과 폭두께비에 의해 결정된다. 따라서 길이 두께비가 아닌 폭두께비로서 국부좌굴에 대한 방지를 설계에 반영한다.

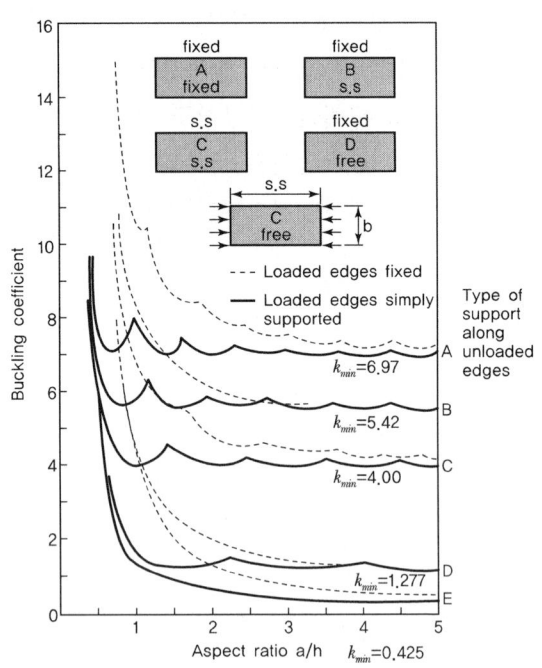

[그림 7.9] 판(plate)의 좌굴계수 k

문제03 소성 힌지(Plastic Hinge)에 대해 설명하고, H형강보의 항복모멘트, 소성모멘트 및 소성힌지에 대하여 설명하시오.

풀이 소성힌지 및 소성모멘트 강도

순수휨을 받는 장방형 단면재의 모멘트와 곡률의 관계는 다음 그림과 같다.

(가정) 1. 완전탄소성체의 휨재
2. 평면 유지의 가정이 성립

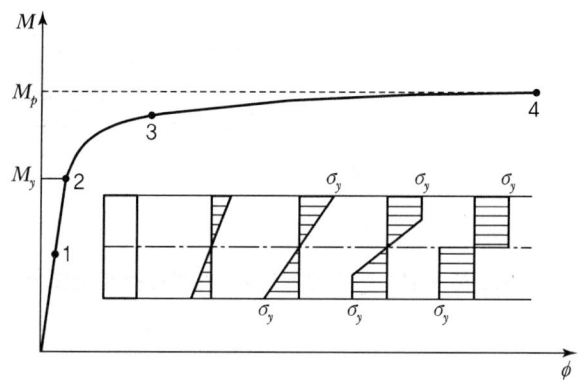

[그림 7.10] 소성곡률($M-\phi$곡선)

(1) 항복모멘트 M_y

상·하부의 연단응력이 항복점 σ_y에 도달했을 때의 휨모멘트

$$M_y = \left(\frac{\sigma_y bd}{4}\right)\left(\frac{3d}{2}\right) = \sigma_y\left(\frac{bd^2}{6}\right) = \sigma_y \cdot Z$$

여기서, Z : 탄성단면계수

(2) 소성힌지(Plastic Hinge)

단면 내 최대응력이 항복점에 도달한 후 하중을 계속 증가시키면, 소성영역은 가장자리로부터 안으로 확대되어 응력도 분포는 사다리꼴이 된다.

이때 곡률과 저항모멘트도 증가하지만, 소성화한 부분에서는 탄성계수 $E=0$이 되기 때문에 휨강성은 저하되고, 휨모멘트-곡률($M-\phi$)관계는 곡선이 된다. 이처럼 휘어진 극한상태를 생각하면 소성영역이 중립축까지 넓어져 응력도의 분포는 장방형이 되고, 휨강성이 0이 되어 힌지(핀)와 같이 회전을 일으키게 된다. 이 상태를 소성힌지라 한다.

(3) 전소성모멘트 M_p(Full Plastic Moment)

소성힌지는 일정한 휨모멘트에 의해 저항하는 힌지이므로 실제의 힌지와는 다르다. 이때의 일정한 휨모멘트를 전소성모멘트 M_p(Full Plastic Moment)라고 한다.

$$M_P = \left(\frac{\sigma_y bd}{2}\right)\left(\frac{d}{2}\right) = \sigma_y\left(\frac{bd^2}{4}\right) = \sigma_y \cdot Z_p$$

여기서, Z_p : 소성단면계수($Z_P = A_c y_c + A_t y_t$)

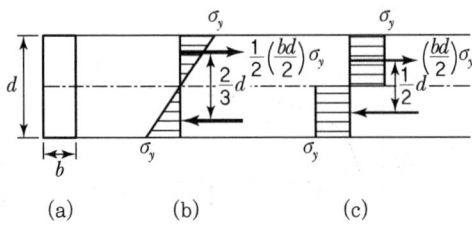

(a)　　　　(b)　　　　(c)

[그림 7.11] 항복모멘트와 소성모멘트 상태에서의 응력분포

문제04 아래 콤팩트 단면(Compact Section)의 H형강 보 그림 (a)가 그림 (b)와 같은 모멘트-처짐곡선을 보일 때 이 보의 내력-변형 거동 특성을 P값을 기준으로 하여 영역별(Ⅰ, Ⅱ 및 Ⅲ)로 설명하시오.

단, $M_y = 90\text{kN} \cdot \text{mm}$, $M_p = 120\text{kN} \cdot \text{mm}$

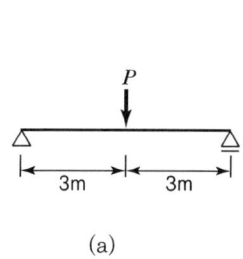

(a)

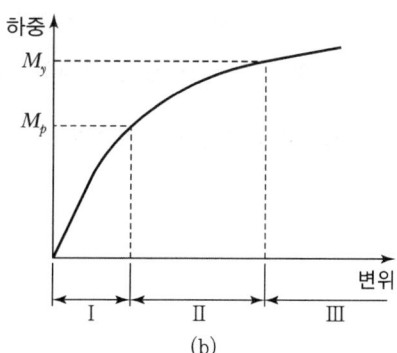

(b)

풀이 철골 휨재의 거동특성

1. P_y 및 P_u 산정

    (1) $\dfrac{P_y \times 6}{4} = 90\text{kN} \cdot \text{mm}$ 에서 $P_y = 60\text{kN}$

    (2) $\dfrac{P_u \times 6}{4} = 120\text{kN} \cdot \text{mm}$ 에서 $P_u = 80\text{kN}$

2. 구간별 거동특성

    (1) 구간 Ⅰ : $0 \leq P \leq 60\text{kN}$

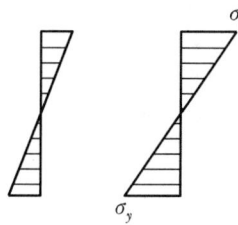

플랜지의 연단응력이 비례한계까지는 모멘트-변위곡선이 선형으로 변하다가 비례한도 이상에서는 강성이 조금씩 작아진다.
항복모멘트 강도에 도달한 경우 보의 연단응력이 F_y에 도달한다.

(2) 구간 Ⅰ : 60 < P < 80kN

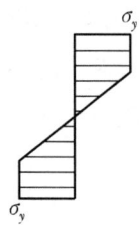

플랜지와 웨브로 점차 항복이 진행되며, 이에 따라 강성이 작아지게 된다. 조밀 단면이기 때문에 플랜지와 웨브의 국부좌굴은 발생되지 않는다.

(3) 구간 Ⅰ : P ≥ 80kN

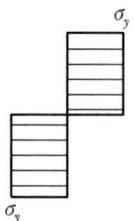

플랜지와 웨브가 완전소성에 도달한다. 강재의 변형도 경화를 고려하지 않는다면 보의 강성이 0이 되기 때문에 하중의 증가 없이 변위가 급격하게 발생하게 된다. 그러나 조밀 단면이기 때문에 플랜지와 웨브의 국부좌굴은 발생되지 않는다.

문제05 경간 9m의 단순지지보에 등분포하중 $w_D = 700\text{N/m}$와 집중하중 $P_L = 45\text{kN}$이 아래와 같이 3등분점에 작용하고 있다. H−396×199×7×11(SM460)을 사용하여 설계휨강도와 처짐을 계산하시오.

단, 전 경간 연속횡지지되어 있다.

⟨조건⟩

H−396×199×7×11(r=16mm)

$F_y = 460\text{MPa}$ $F_u = 570\text{MPa}$

$I_x = 200 \times 10^6 \text{mm}^4$ $S_x = 1.01 \times 10^6 \text{mm}^3$

$Z_x = 1.13 \times 10^6 \text{mm}^3$ $E = 210{,}000\text{N/mm}^2$

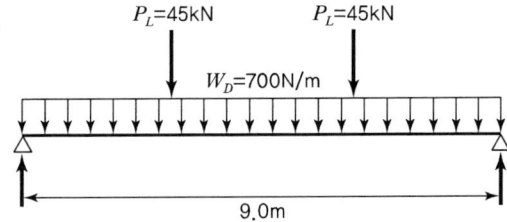

풀이 설계휨강도

1. 소요휨강도 산정

$$M_u = \frac{1.2(0.7) \times 9^2}{8} + 1.6(45) \times 3 = 224.5 \text{kN} \cdot \text{m}$$

2. 폭두께비 검토

(1) 플랜지 : $\lambda = \dfrac{(199/2)}{11} = 9.05 > \lambda_p = 0.38\sqrt{210{,}000/460} = 8.1$

$\lambda_r = 1.0\sqrt{210{,}000/460} = 21.3$

(2) 웨브 : $\lambda = \dfrac{396 - 2(11+16)}{7} = 48.9 < \lambda_p = 3.76\sqrt{210{,}000/460} = 80.3$

플랜지 비콤팩트 웨브는 조밀 단면이다.

3. 압축플랜지 국부좌굴강도

$$M_p = 1.13 \times 10^6 \times 460 \times 10^{-6} = 519.8 \text{kN} \cdot \text{m}$$

$$0.7 S_x F_y = 0.7 \times 1.01 \times 10^6 \times 460 \times 10^{-6} = 325.2 \text{kN} \cdot \text{m}$$

$$M_n = \left[M_p - (M_p - 0.7 S_x F_y) \frac{\lambda - \lambda_p}{\lambda_r - \lambda_p} \right]$$

$$= \left[519.8 - (519.8 - 352.2) \frac{9.05 - 8.1}{21.3 - 8.1} \right] = 507.7 \text{kN} \cdot \text{m} > M_u = 224.5 \text{kN} \cdot \text{m}$$

4. 처짐 산정

$$\delta_{\max} = \frac{5wl^4}{384EI} + \frac{23Pl^3}{648EI} = 29.86 \text{mm}$$

문제06 그림과 같은 보를 H형강으로 설계하시오.

단, 단부와 집중하중점에서 횡변위가 구속되어 있으며, 집중하중에 의한 웨브 크리플링 검토는 제외함

〈설계조건〉

단부 지압폭 : $l_c = 100\text{mm}$ 내부 지압폭 : $l_c = 80\text{mm}$

사용강재 : SHN275   보의 자중 : 1kN/m

$P_L = 150\text{kN}$ $w_D = 20\text{kN/m}$

$H-600 \times 200 \times 11 \times 17 < r = 22 >$ $l_x = 77,600 \times 10^4 \text{mm}^4$

$r_y = 41.2\text{mm}$ $S_x = 2,590 \times 10^3 \text{mm}^3$

$S_y = 228 \times 10^3 \text{mm}^3$ $Z_x = 2,980 \times 10^3 \text{mm}^3$

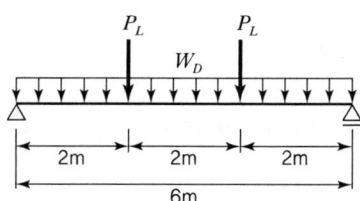

풀이 휨재의 설계강도

1. 소요강도

   (1) $w_u = 1.2(20+1) = 25.2\text{kN/m}$

   (2) $P_u = 1.6 \times 150 = 240\text{kN}$

   (3) $M_u = \dfrac{25.2(6^2)}{8} + 240 \times 2 = 593.4\text{kN} \cdot \text{m}$

   (4) $V_u = 25.2 \times \dfrac{6}{2} + 240 = 315.6\text{kN}$

2. 설계휨강도 산정 및 검토

   (1) 압축플랜지 국부좌굴강도

   ① 플랜지 폭두께비 검토

   $$\lambda = \frac{100}{17} = 5.88 < \lambda_p = 0.38\sqrt{210,000/275} = 10.5 \text{(조밀 단면)}$$

② 웨브 폭두께비 검토

$$\lambda = \frac{600 - 2(17+22)}{11} = 47.45 < \lambda_p = 3.76\sqrt{210,000/275} = 103.9$$

플랜지와 웨브가 모두 콤팩트 단면이기 때문에 공칭모멘트 강도는 횡좌굴 강도에 의해 결정된다.

(2) 횡비틀림좌굴강도

$$L_b = 2,000\text{mm} < 1.76\,r_y\sqrt{E/F_y} = 1.76 \times 41.2 \times \sqrt{210,000/275} = 2,003\text{mm}$$

$$\therefore M_n = M_p$$

(3) 설계휨강도 산정

$$\therefore \phi M_n = 0.9 \times (2,980 \times 10^3) \times 275 \times 10^{-6}$$
$$= 737.6\text{kN} \cdot \text{mm} > M_u = 593.4\text{kN} \cdot \text{mm} \quad\cdots\cdots\cdots\cdots\quad \text{O.K}$$

3. 설계전단 강도 산정 및 검토

$$\frac{h}{t_w} = \frac{600 - 2(17+22)}{11} = 47.45 < 2.24\sqrt{210,000/275} = 61.9 \text{이므로}$$

$$\phi V_n = 0.6 \times 275 \times (600 \times 11) \times 10^{-3} = 1,089\text{kN} > V_u = 315.6\text{kN} \quad\cdots\quad \text{O.K}$$

4. 집중하중점 웨브 국부항복 검토

(1) 내부

$$\phi R_n = 1.0 \times (5k+l)t_w F_y = [5(17+22) + 80] \times 11 \times 275 \times 10^{-3}$$
$$= 831.9\text{kN} > P_u = 240\text{kN} \quad\cdots\cdots\cdots\cdots\cdots\cdots\cdots\quad \text{O.K}$$

(2) 단부

$$\phi R_n = 1.0 \times (2.5k+l)t_w F_y = [2.5(17+22) + 100] \times 11 \times 275 \times 10^{-3}$$
$$= 597.4\text{kN} > R_u = 315.6\text{kN} \quad\cdots\cdots\cdots\cdots\cdots\cdots\cdots\quad \text{O.K}$$

문제07 아래 그림의 철골 단순지지보에서, 단부지점 및 하중작용점의 Web에 대한 국부안정성을 검토하시오.(단부 및 하중점의 지지길이는 100mm임)

집중하중 $P_L = 150\text{kN}$(활하중)

등분포하중 $W_D = 20\text{kN/m}$(고정하중)

단면 : $H-496\times199\times9\times14(r=20\text{mm})$, SS275

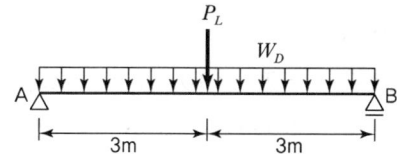

풀이 휨재의 설계강도

1. 소요강도

   (1) 단부 $1.2 \times \dfrac{20\times6}{2} + 1.6 \times 75 = 192\text{kN}$

   (2) 중앙부 $1.6 \times 150 = 240\text{kN}$

2. 설계전단강도 산정 및 검토

   $$\dfrac{h}{t_w} = \dfrac{496 - 2(14+20)}{9} = 47.6 < 2.24\sqrt{210,000/275} = 61.9 \text{이므로}$$

   $$\phi V_n = 0.6 \times 275 \times (496 \times 9) \times 10^{-3} = 736.6\text{kN} > V_u = 192\text{kN} \quad \cdots\cdots \text{O.K}$$

3. 집중하중점 웨브 국부항복 검토

   (1) 내부(보 중앙부 집중하중 작용점)

   $$\phi R_n = 1.0 \times (5k+l)t_w F_y = [5(14+20)+100] \times 9 \times 275 \times 10^{-3}$$
   $$= 693\text{kN} > P_u = 240\text{kN} \quad \cdots\cdots \text{O.K}$$

   (2) 단부

   $$\phi R_n = 1.0 \times (2.5k+l)t_w F_y = [2.5(14+20)+100] \times 9 \times 275 \times 10^{-3}$$
   $$= 470.3\text{kN} > R_u = 192\text{kN} \quad \cdots\cdots \text{O.K}$$

문제08 단순 지지된 보에 고정하중 $w_d = 17$kN/m, 활하중 $w_l = 26$kN/m가 작용하고 있다. 보의 단면을 H-600×200×11×17(SHN355)로 가정하여 휨에 대한 안정성을 검토하시오.

단, 보의 단부와 경간의 1/4 지점에 작은 보에 의해서 횡 변위는 구속됨
$l_y = 2.28 \times 10^7 \text{mm}^4$
$C_w = 1.94 \times 10^{12} \text{mm}^6$
$J = 9.06 \times 10^5 \text{mm}^4$
Z_x(소성단면계수)$= 2,980 \times 10^3 \text{mm}^3$, r(필렛반경)$= 22$mm
S_x(탄성단면계수)$= 2,590 \times 10^3 \text{mm}^3$, r_y(단면2차반경)$= 41.2$mm

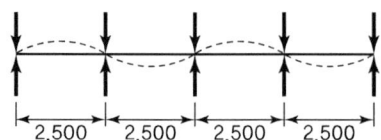

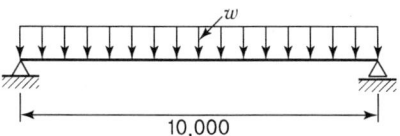

[풀이] 휨재의 설계(하중저항계수설계법)

1. 플랜지 폭두께비 검토

$$\lambda = \frac{100}{17} = 5.88 < \lambda_p = 0.38\sqrt{210,000/355} = 9.24$$

$$\therefore M_n = M_p = 2,980 \times 10^3 (355) \times 10^{-6} = 1,057.9 \text{kN} \cdot \text{m}$$

2. 웨브 폭두께비 검토

$$\lambda = \frac{600 - 2(17 + 22)}{11} = 47.45 < \lambda_p = 3.76\sqrt{210,000/355} = 91.4$$

3. 횡비틀림좌굴강도

(1) $L_b = 2,500$mm $>$
$L_p = 1.76 r_y \sqrt{E/F_y} = 1.76 \times 41.2 \times \sqrt{210,000/355} = 1,763$mm

(2) $L_r = 1.95 r_{ts} \dfrac{E}{0.7F_y} \sqrt{\dfrac{Jc}{S_x h_o}} \sqrt{1 + \sqrt{1 + 6.76\left(\dfrac{0.7F_y}{E} \dfrac{S_x h_o}{Jc}\right)^2}}$ 에서

$$r_{ts}^2 = \dfrac{\sqrt{I_y C_w}}{S_x} = 2{,}567.8 \quad \therefore \quad r_{ts} = 50.7$$

$$L_r = 1.95\,(50.7)\,\dfrac{210{,}000}{0.7 \times 355} \sqrt{\dfrac{9.06\,(10^5)\,1.0}{2{,}590{,}000 \times (600-17)}}$$

$$\sqrt{1 + \sqrt{1 + 6.76\left(\dfrac{0.7 \times 355}{210{,}000}\dfrac{2{,}590{,}000\,(600-17)}{9.06\,(10^5)\,1.0}\right)^2}}$$

$$= 5{,}105\,\text{mm}$$

(3) 횡비틀림좌굴강도

$$M_n = \left[M_p - (M_p - 0.7F_y S_x)\dfrac{L_b - L_P}{L_r - L_p}\right] C_b \le M_p \text{에서}$$

$$= \left[1{,}057.9 - (1{,}057.9 - 643.6)\dfrac{2{,}500 - 1{,}763}{5{,}105 - 1{,}763}\right] 1.06 = 1{,}024.5\,\text{kN} \cdot \text{m}$$

$0.7 S_x F_y = 0.7 \times 2{,}590 \times 10^3\,(355) \times 10^{-6} = 643.6\,\text{kN} \cdot \text{m}$

$M_p = 2{,}980 \times 10^3\,(355) \times 10^{-6} = 1{,}057.9\,\text{kN} \cdot \text{m}$

$C_b = 1.06$

4. 소요강도

(1) $w_u = 1.2\,(17) + 1.6\,(26) = 62\,\text{kN/m}$

(2) $M_u = \dfrac{62\,(10^2)}{8} = 775\,\text{kN} \cdot \text{m}$

5. 휨에 대한 안정성 검토

설계휨강도는 횡좌굴강도에 의해 결정되며, 휨에 대한 안정성 검토는 다음과 같다.

$\therefore \phi M_n = 0.9 \times 1{,}024.5 = 922.1\,\text{kN} \cdot \text{m} > M_u = 775\,\text{kN} \cdot \text{m}$ ········ O.K

문제09 압연형강 강재보 H-294×302×12×12(SM355)의 공칭휨강도를 산정하시오.

$L_b = 4,000\text{mm}$ $c_b = 1.0$ $A_s = 10,800\text{mm}^2$
$l_x = 169 \times 10^6 \text{mm}^4$ $l_y = 5.52 \times 10^7 \text{mm}^4$ $S_x = 1.15 \times 10^6 \text{mm}^3$
$Z_x = 1.28 \times 10^6 \text{mm}^3$ 필렛반경 $r = 18\text{mm}$ $r_y = 71.6\text{mm}$
$J = 5.03 \times 10^5 \text{mm}^4$ $C_w = 1.1 \times 10^{12} \text{mm}^6$

풀이 설계휨강도

1. 국부좌굴 검토

    (1) 플랜지

    $$\lambda_p = 0.38\sqrt{210,000/355} = 9.24 < \lambda = \frac{(302/2)}{12} = 12.58$$
    $$< \lambda_r = 1.0\sqrt{210,000/355} = 24.3$$

    따라서 플랜지는 비조밀 단면이다.

    (2) 웨브

    $$\frac{h}{t_w} = \frac{294 - 2 \times 12 - 2 \times 18}{12} = 19.5 < \lambda_p = 3.76\sqrt{210,000/355} = 91.4$$

    따라서 웨브는 조밀 단면이다.

    (3) 압축플랜지 국부좌굴강도

    $$M_p = 1.28 \times 10^6 \times 355 \times 10^{-6} = 454.4\text{kN} \cdot \text{m}$$
    $$0.7 S_x F_y = 0.7 \times 1.15 \times 10^6 \times 355 \times 10^{-6} = 285.8\text{kN} \cdot \text{m}$$
    $$M_n = \left[M_p - (M_p - 0.7 S_x F_y)\frac{\lambda - \lambda_p}{\lambda_r - \lambda_p} \right]$$
    $$= \left[454.4 - (454.4 - 285.8)\frac{12.58 - 9.24}{24.3 - 9.24} \right] = 417\text{kN} \cdot \text{m}$$

2. 횡비틀림좌굴강도

   (1) $L_b = 4,000\text{mm} >$

   $$L_p = 1.76\,r_y\sqrt{E/F_y} = 1.76 \times 71.6 \times \sqrt{210,000/355} = 3,065\text{mm}$$

   (2) $L_r = 1.95\,r_{ts}\dfrac{E}{0.7F_y}\sqrt{\dfrac{Jc}{S_x h_o}}\sqrt{1+\sqrt{1+6.76\left(\dfrac{0.7F_y}{E}\dfrac{S_x h_o}{Jc}\right)^2}}$ 에서

   $$r_{ts}^2 = \dfrac{\sqrt{I_y C_w}}{S_x} = 6,776 \qquad \therefore r_{ts} = 82.3\text{mm}$$

   $$L_r = 1.95(82.3)\dfrac{210,000}{0.7\times 355}\sqrt{\dfrac{5.03(10^5)1.0}{1.15\times 10^6 (282)}}$$

   $$\sqrt{1+\sqrt{1+6.76\left(\dfrac{0.7\times 355}{210,000}\dfrac{1.15\times 10^6(282)}{5.03(10^5)1.0}\right)^2}} = 9,586\text{mm}$$

   (3) 횡좌굴 강도 산정

   $$M_n = \left[M_p - (M_p - 0.7F_y S_x)\dfrac{L_b - L_p}{L_r - L_p}\right]C_b \leq M_p \text{에서}$$

   $$= \left[454.4 - (454.4 - 285.8)\dfrac{4,000 - 3,065}{9,586 - 3,065}\right]1.00 = 430.2\text{kN}\cdot\text{m}$$

3. 공칭휨 강도 산정

   공칭휨 강도는 압축플랜지 국부좌굴강도로 결정되며,

   $$M_n = 417\text{kN}\cdot\text{m}$$

문제10 그림과 같은 철골 단순보를 KBC 2016에 따른 하중저항계수설계법으로 고정하중 P_D = 40kN, 활하중 P_L = 30kN이 작용하고, 보의 비지지 길이 L_b = 7m, 보의 단면이 H−500×200×10×16(SM355)일 때, 다음 사항을 검토하시오.

단, 자중은 무시하고 $I_y = 2.14 \times 10^7 \text{mm}^4$, $S_x = 1,910 \times 10^3 \text{mm}^3$, $Z_x = 2,180 \times 10^3 \text{mm}^3$, $r = 20\text{mm}$ $r_y = 43\text{mm}$

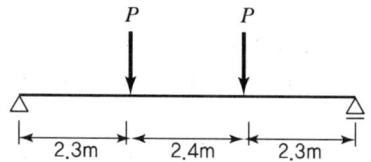

(1) 소요강도 (2) 공칭휨모멘트
(3) 공칭전단강도 (4) 안전성 검토

〈참고식〉

$L_p = 1.76 r_y \sqrt{E/F_y}$

$L_r = 1.95 r_{ts} \dfrac{E}{0.7 F_y} \sqrt{\dfrac{Jc}{S_x h_o}} \sqrt{1 + \sqrt{1 + 6.76 \left(\dfrac{0.7 F_y}{E} \dfrac{S_x h_o}{Jc} \right)^2}}$

$r_{ts}^2 = \dfrac{\sqrt{I_y C_w}}{S_x}$

$C_w = \dfrac{I_y h_0^2}{4}$ $J = 7.02 \times 10^5 \text{mm}^4$ $c = 1.0$

풀이 휨재의 설계

1. 소요강도

   (1) $P_u = 1.2 \times 40 + 1.6 \times 30 = 96\text{kN}$ (지배)

   $P_u = 1.4 \times 40 = 56\text{kN}$

   (2) $M_u = 96 \times 2.3 = 220.8\text{kN} \cdot \text{m}$

   (3) $V_u = 96\text{kN}$

2. 공칭강도 산정

   (1) 국부좌굴강도 검토

   ① 플랜지 폭두께비 검토

   $$\lambda = \frac{100}{16} = 6.25 < \lambda_p = 0.38\sqrt{210,000/355} = 9.24 (\text{조밀 단면})$$

   ② 웨브 폭두께비 검토

   $$\lambda = \frac{500 - 2(16+20)}{10} = 42.8 < \lambda_p = 3.76\sqrt{210,000/355} = 91.4$$

   플랜지와 웨브가 모두 조밀 단면이기 때문에 공칭모멘트 강도는 횡비틀림좌굴강도에 의해 결정된다.

   (2) 횡비틀림좌굴강도

   ① $L_b = 7,000\text{mm} > 1.76\, r_y \sqrt{E/F_y}$
   $= 1.76 \times 43 \times \sqrt{210,000/355} = 1,840\text{mm}$

   ② $L_r = 1.95\, r_{ts} \dfrac{E}{0.7F_y} \sqrt{\dfrac{Jc}{S_x h_o}} \sqrt{1 + \sqrt{1 + 6.76\left(\dfrac{0.7F_y}{E}\dfrac{S_x h_o}{Jc}\right)^2}}$ 에서

   $$C_w = \frac{2.14 \times 10^7 \times (500-16)^2}{4} = 1.25 \times 10^{12}$$

   $$r_{ts}^2 = \frac{\sqrt{I_y C_w}}{S_x} = 2,707.8 \quad \therefore r_{ts} = 52\text{mm}$$

   $$L_r = 1.95(52)\frac{210,000}{0.7 \times 355}\sqrt{\frac{7.02(10^5)1.0}{1,910,000 \times (500-16)}}$$

   $$\sqrt{1 + \sqrt{1 + 6.76\left(\frac{0.7 \times 355}{210,000}\frac{1,910,000(500-16)}{7.02(10^5)1.0}\right)^2}} = 5,370\text{mm}$$

   $L_b > L_r$ 이므로 횡비틀림좌굴에 의해 공칭휨강도가 결정된다.

③ $L_b > L_r$의 경우 $M_n = F_{cr}S_x \leq M_p$

$$F_{cr} = \frac{C_b\pi^2 E}{\left(\dfrac{L_b}{r_{ts}}\right)^2}\sqrt{1+0.078\frac{J_C}{S_x h_o}\left(\frac{L_b}{r_{ts}}\right)^2}$$

$$= \frac{1.13\times\pi^2\times 210{,}000}{\left(\dfrac{7{,}000}{52}\right)^2}\sqrt{1+0.078\frac{7.02\times 10^5\times 1}{1{,}910{,}000\times(500-16)}\left(\frac{7{,}000}{52}\right)^2}$$

$$= 186\text{MPa}$$

$$C_b = \frac{12.5 M_{\max}}{2.5 M_{\max} + 3M_A + 4M_B + 3M_C}$$

$$= \frac{12.5(2.3)}{2.5(2.3)+3(1.75)+4(2.3)+3(1.75)} = 1.13$$

∴ $M_n = 186\times 1{,}910{,}000\times 10^{-6} = 355.3\text{kN}\cdot\text{m}$

3. 공칭전단강도 산정

$\dfrac{h}{t_w} = \dfrac{500-2(16+20)}{10} = 42.8 < 2.24\sqrt{210{,}000/355} = 54.5$ 이므로

$V_n = 0.6\times 355\times(500\times 10)\times 10^{-3} = 1{,}065\text{kN}$

4. 안전성 검토

(1) 휨모멘트 검토

$\phi M_n = 0.9\times 355.3 = 320\text{kN}\cdot\text{m} > M_u = 220.8\text{kN}\cdot\text{m}$ ·············· O.K

(2) 전단력 검토

$\phi V_n = 1.0\times 1{,}065 = 1{,}065\text{kN} > V_u = 96\text{kN}$ ····························· O.K

문제11 그림과 같이 구조물에서 횡비틀림좌굴강도 산정 시 필요한 C_b 계수를 산정하시오.

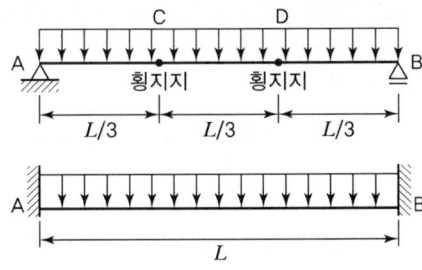

[풀이] C_b 계수 산정

1. 단순보

   (1) AC 및 DB 구간

   $$M_{\max} = \frac{wl^2}{9}, \ M_A = \frac{11wl^2}{288}, \ M_B = \frac{5wl^2}{72}, \ M_c = \frac{3wl^2}{32}$$

   $$\therefore \ C_b = \frac{(12.5/9)}{2.5/9 + 33/288 + 20/72 + 9/32} = 1.46$$

   (2) CD 구간

   $$M_{\max} = \frac{wl^2}{8}, \ M_A = \frac{35wl^2}{288}, \ M_8 = \frac{wl^2}{8}, \ M_c = \frac{35wl^2}{288}$$

   $$\therefore \ C_b = \frac{(12.5/8)}{2.5/8 + 3(35)/288 + 4/8 + 3(35)/288} = 1.01$$

2. 양단고정보

   $$M_{\max} = \frac{wl^2}{12}, \ M_A = \frac{wl^2}{96}, \ M_B = \frac{wl^2}{24}, \ M_c = \frac{wl^2}{96}$$

   $$M_A = -\frac{wl^2}{12} + \frac{wl}{2}\left(\frac{l}{4}\right) - \frac{w}{2}\left(\frac{l}{4}\right)^2 = \frac{wl^2}{96}$$

   $$\therefore \ C_b = \frac{12.5/12}{2.5/12 + 3/96 + 4/24 + 3/96} = 2.38$$

문제12 그림과 같이 체결을 위해 구멍을 뚫은 H-496×199×9×14(SM355) 단면의 공칭모멘트 강도를 산정하시오.

단, 체결볼트는 M22(F10T)이며, 해당 보의 횡지지길이 $L_b = 4,000$ mm이다.

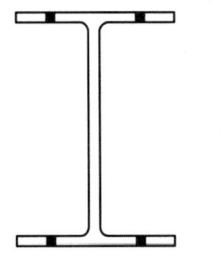

$c_b = 1.0$
$A_s = 10,130 \text{mm}^2$, $I_x = 4.19 \times 10^8 \text{mm}^4$, $I_y = 1.84 \times 10^7 \text{mm}^4$
$S_x = 1.69 \times 10^6 \text{mm}^3$
$Z_x = 1.91 \times 10^6 \text{mm}^3$, 필렛반경 $r = 20$mm
$r_y = 42.7$mm, $J = 4.78 \times 10^5 \text{mm}^4$, $C_w = 1.07 \times 10^{12} \text{mm}^6$

[풀이] 설계휨 강도(보의 구멍)

1. 국부좌굴 검토

   (1) 플랜지

   $$\lambda = \frac{(199/2)}{14} = 7.1 < \lambda_p = 0.38\sqrt{210,000/355} = 9.24$$

   (2) 웨브

   $$\frac{h}{t_w} = \frac{496 - 2 \times 14 - 2 \times 20}{9} = 47.6 < \lambda_p$$
   $$= 3.76\sqrt{210,000/355} = 91.4 \text{(콤팩트 단면)}$$

2. 횡비틀림좌굴강도

   (1) $L_b = 4,000$mm $< L_p = 1.76 r_y \sqrt{E/F_y}$
   $= 1.76 \times 42.7 \times \sqrt{210,000/355} = 1,828$mm

   (2) $L_r = 1.95(51.2)\dfrac{210,000}{0.7 \times 355}\sqrt{\dfrac{4.78(10^5)1.0}{1,690,000 \times 482}}$
   $\sqrt{1 + \sqrt{1 + 6.76\left(\dfrac{0.7 \times 355}{210,000}\dfrac{1,690,000,482}{4.78(10^5)1.0}\right)^2}} = 5,145$mm

$$r_{ts}^2 = \frac{\sqrt{I_y C_w}}{S_x} = 2,625.5 \qquad \therefore r_{ts} = 51.2$$

$$M_n = \left[M_p - (M_p - 0.7 F_y S_x) \frac{L_b - L_p}{L_r - L_p} \right] C_b \leq M_p \text{에서}$$

$$= \left[678 - (678 - 420) \frac{4,000 - 1,828}{5,145 - 1,828} \right] = 509 \text{kN} \cdot \text{m}$$

$$0.7 S_x F_y = 0.7 \times 1.69 \times 10^6 (355) \times 10^{-6} = 420 \text{kN} \cdot \text{m}$$

$$M_p = 1.91 \times 10^6 (355) \times 10^{-6} = 678 \text{kN} \cdot \text{m}$$

3. 플랜지 구멍 고려 여부 검토

$$F_u \times A_{fn} = 490 [199 \times 14 - 2 \times 24 \times 14] 10^{-3}$$

$$= 1035.9 \text{kN} > Y_t F_y \times A_{fg} = 1.0 \times 355 [199 \times 14] 10^{-3} = 989 \text{kN}$$

4. 공칭모멘트 강도는 횡비틀림좌굴에 의해 결정

$$M_n = 509 \text{kN} \cdot \text{m}$$

참고 휨부재의 단면 산정

압연형강, 조립(용접)부재, 플레이트 거더 그리고 덧판이 있는 보는 일반적으로 총 단면적의 휨강도에 의해 단면을 산정해야 한다. 이 조항에서의 공칭휨강도는 인장플랜지의 인장파괴 한계강도로 산정한다.

(1) $F_u A_{fn} \geq Y_t F_y A_{fg}$의 경우, 인장파괴에 따른 공칭휨강도를 산정하지 않는다.

(2) $F_u A_{fn} < Y_t F_y A_{fg}$의 경우, 공칭휨 강도는 다음의 값을 초과하지 않아야 한다.

$$M_n = \frac{F_u A_{fn}}{A_{fg}} S_x$$

여기서, A_{fg} : 인장플랜지의 총 단면적, mm²

A_{fn} : 인장플랜지의 순단면적, mm²

$Y_t = 1.0 (F_y/F_u \leq 0.8$의 경우$) = 1.1$(그 이외의 경우)

문제13 그림과 같은 업무시설이 일반사무실로 사용되고, 가동성 있는 경량칸막이벽의 설치가 예상될 때, 철골보(비합성보) SB₁을 제시된 단면으로 안전성을 검토하시오.

단, 처짐검토를 포함하고 압연H형강보의 단부와 스팬의 1/4 지점에서 작은보에 의해 횡지지되어 있다.

〈설계조건〉
- 업무시설 : 바닥마감 몰탈 30mm, 슬래브 두께 150mm,
  천장 0.2kN/m^2, 철골보 자중 2.0kN/m
- 검토단면 : $H - 600 \times 200 \times 11 \times 17 (SHN355)$
  $L_x = 7.76 \times 10^8 \text{mm}^4$, $L_y = 2.28 \times 10^7 \text{mm}^4$
  $S_x = 2.59 \times 10^6 \text{mm}^3$, $Z_x = 2.98 \times 10^6 \text{mm}^3$
  $r = 22\text{mm}$, $r_y = 41.2\text{mm}$

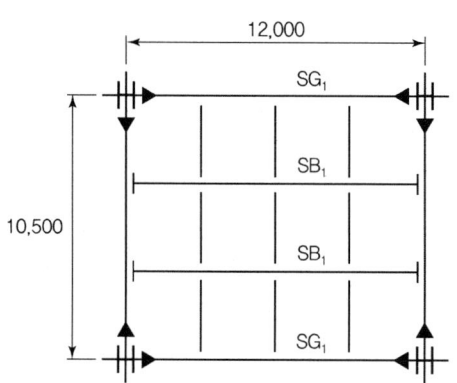

풀이 휨재의 설계

1. 소요강도 산정

   (1) 고정하중 $w_d = 4.4 \times 3.5 + 2 = 17.4 \text{kN/m}$

   바닥마감 : $0.03 \times 20 = 0.6 \text{kN/m}^2$
   슬래브 : $0.15 \times 24 = 3.6 \text{kN/m}^2$
   천장 : 0.2kN/m^2
   $\sum = 4.4 \text{kN/m}^2$

(2) 활하중 $w_L = (2.5 + 1.0) \times 3.5 = 12.25\,\text{kN/m}^2$

① 가변성 있는 칸막이 벽하중으로 최소 1kN/m^2에 사무실 활하중 2.5kN/m^2 고려

② 활하중이 4kN/m^2 이상 되는 경우에는 생략 가능

③ 조적벽체는 고정하중으로 산정

$$\therefore w_u = 1.2 \times 17.4 + 1.6 \times 12.25 = 40.48\text{kN/m}$$

(3) 소요강도 산정

$$M_u = 40.48(12^2)/8 = 728.64\text{kN} \cdot \text{m}$$
$$V_u = 40.48(12)/2 = 242.9\text{kN}$$

2. 설계모멘트강도 산정 및 검토

(1) 국부좌굴강도 검토

① 플랜지 폭두께비 검토

$$\lambda = \frac{100}{17} = 5.88 < \lambda_p = 0.38\sqrt{210{,}000/355} = 9.24 (\text{조밀 단면})$$

② 웨브 폭두께비 검토

$$\lambda = \frac{600 - 2(17 + 22)}{11} = 47.45 < \lambda_p = 3.76\sqrt{210{,}000/355} = 91.44$$

플랜지와 웨브가 모두 조밀 단면이기 때문에 공칭모멘트강도는 횡비틀림좌굴강도에 의해 결정되게 된다.

(2) 횡비틀림좌굴강도

$$L_b = 3{,}000\text{mm}$$
$$L_p = 1.76\,r_y\sqrt{E/F_y} = 1.76 \times 41.2 \times \sqrt{210{,}000/355} = 1{,}763\text{mm}$$
$$L_r = 1.95\,r_{ts}\frac{E}{0.7F_y}\sqrt{\frac{Jc}{S_x h_o}}\sqrt{1 + \sqrt{1 + 6.76\left(\frac{0.7F_y}{E}\frac{S_x h_o}{Jc}\right)^2}} \text{에서}$$
$$L_r = 5{,}105\text{mm}$$

$$M_n = \left[M_p - (M_p - 0.7F_y S_x)\frac{L_b - L_p}{L_r - L_p}\right]C_b \leq M_p \text{ 에서 } C_b \text{는 보수적으로 1로 취하면}$$

$$= \left[1{,}057.9 - (1{,}057.9 - 643.6)\frac{3{,}000 - 1{,}763}{5{,}105 - 1{,}763}\right] = 904.6 \text{kN} \cdot \text{m}$$

$$0.7 S_x F_y = 0.7 \times 2590 \times 10^3 (355) \times 10^{-6} = 643.6 \text{kN} \cdot \text{m}$$
$$M_p = 2{,}980 \times 10^3 (355) \times 10^{-6} = 1{,}057.9 \text{kN} \cdot \text{m}$$
$$C_b = 1.00$$

$$\therefore \phi M_n = 0.9 \times 904.6 = 814.1 \text{kN} \cdot \text{m} > M_u = 728.64 \text{kN} \cdot \text{m} \quad \cdots\cdots \text{ O.K}$$

3. 설계전단강도 산정 및 검토

$$\frac{h}{t_w} = \frac{600 - 2(17 + 22)}{11} = 47.45 < 2.24\sqrt{210{,}000/355} = 54.48 \text{이므로}$$

$$\phi V_n = 0.6 \times 355 \times (600 \times 11) \times 10^{-3}$$
$$= 1{,}405.8 \text{kN} > V_u = 242.9 \text{kN} \quad \cdots\cdots\cdots\cdots\cdots\cdots\cdots\cdots\cdots\cdots \text{ O.K}$$

4. 처짐 검토

$$\delta = \frac{5 \times (17.4 + 12.25)12{,}000^4}{384(210{,}000) \times 7.76(10^8)} = 49.1 \text{mm} > 12{,}000/300 = 40 \text{mm}$$

따라서 치올림(Camber)이 필요하며, 치올림은 고정하중에 의한 처짐량인 30mm로 결정한다.

문제14 다음과 같은 조건하에서 경간이 12mm인 강재 철골보의 설계휨강도 및 설계전단강도를 검토하시오.

단, 철골보 자중은 무시한다.

⟨검토조건⟩

- 작용하중 : P[고정하중(P_D)= 71kN, 활하중(P_L)= 88kN]
- 경계조건(강재보) : 양단고정, 3등분점 횡지지
- 강재 철골보 : H $-$ 600×200×11×17(SHN275)

(단면성능)

$$l_x = 776 \times 10^6 \text{mm}^4, \ S_x = 2.59 \times 10^6 \text{mm}^3, \ Z_x = 2.98 \times 10^6 \text{mm}^3$$

$$l_y = 22.8 \times 10^6 \text{mm}^4, \ r_y = 41.2 \text{mm}, \ r = 22 \text{mm}$$

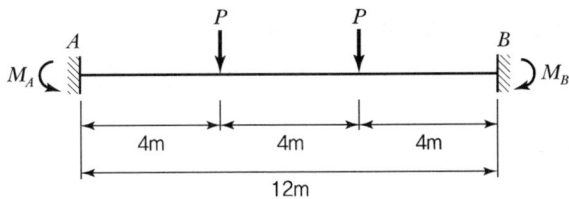

강재 철골보 단면 : H$-$600×200×11×17(SHN275)

풀이 휨재의 설계

1. 소요강도 산정

$$P_u = 1.2 \times 71 + 1.6 \times 88 = 226 \text{kN}$$

$$M_u = \frac{P_u ab^2}{l^2} + \frac{P_u a^2 b}{l^2} = 602.7 \text{kN} \cdot \text{m} (\text{단부 } C_b \text{는 복곡률이므로 2 이상})$$

$$M_u = 313.3 \text{kN} \cdot \text{m} (\text{중앙부 } C_b=1.0)$$

$$V_u = 226 \text{kN} \cdot \text{m} (\text{중앙부 } C_b=1.0)$$

2. 설계모멘트강도 산정 및 검토

(1) 압축플랜지 국부좌굴강도

① 플랜지 폭두께비 검토

$$\lambda = \frac{100}{17} = 5.88 < \lambda_p = 0.38\sqrt{210,000/275} = 10.5 (조밀\ 단면)$$

② 웨브 폭두께비 검토

$$\lambda = \frac{600 - 2(17+22)}{11} = 47.45 < \lambda_p = 3.76\sqrt{210,000/275} = 103.9$$

플랜지와 웨브가 모두 조밀 단면이기 때문에 공칭모멘트 강도는 횡비틀림좌굴 강도에 의해 결정되게 된다.

(2) 횡비틀림좌굴강도

① 단부 : $L_p < L_b < L_r$이지만 C_b가 2 이상이므로 $M_n = M_p$가 된다.

$$\phi M_p = 0.9 \times 2980 \times 10^3 (265) \times 10^{-6}$$
$$= 710.7 \text{kN} \cdot \text{m} > M_u = 602.7 \text{kN} \cdot \text{m} \quad \cdots\cdots\cdots\cdots \text{O.K}$$

② 중앙부

$$M_n = \left[M_p - (M_p - 0.7 F_y S_x) \frac{L_b - L_p}{L_r - L_p} \right] C_b \leq M_p \text{에서}$$
$$= \left[789.7 - (789.7 - 480.4) \frac{4,000 - 2,004}{6,103 - 2,004} \right] = 639 \text{kN} \cdot \text{m}$$

$$0.7 S_x F_y = 0.7 \times 2590 \times 10^3 (265) \times 10^{-6} = 480.4 \text{kN} \cdot \text{m}$$
$$M_p = 2980 \times 10^3 (265) \times 10^{-6} = 789.7 \text{kN} \cdot \text{m}$$
$$C_b = 1.00$$

$$\therefore \phi M_n = 0.9 \times 639 = 575.1 \text{kN} \cdot \text{m} > M_u = 313.3 \text{kN} \cdot \text{m} \quad \cdots\cdots \text{O.K}$$

3. 설계전단강도 산정 및 검토

$$\frac{h}{t_w} = \frac{600 - 2(17+22)}{11} = 47.45 < 2.24\sqrt{210,000/275} = 61.9 \text{이므로}$$

$$\phi V_n = 0.6 \times 275 \times (600 \times 11) \times 10^{-3} = 1,089 \text{kN} > V_u = 226 \text{kN} \quad \cdots \text{O.K}$$

제8장 조합력을 받는 부재

철골구조(KDS 14 31 10)

8.1 휨과 압축을 받는 1축 및 2축 대칭단면재

1. 상관식

2축 대칭단면부재와 I_{yc}/I_y의 값이 0.1 이상 0.9 이하로서 x축 또는 y축으로만 휨이 발생하도록 구속된 1축 대칭단면부재에 있어서 휨과 압축력의 상관관계는 다음과 같은 식으로 검토한다. 여기서 I_{yc}는 압축력을 받는 플랜지의 y축에 대한 단면2차모멘트를 나타낸다. 본 서적에서는 기호의 혼란을 방지하기 위해 KDS기준의 기호 대신 AISC 360의 기호를 사용하여 표현하였다.

1) $\dfrac{P_r}{P_c} \geq 0.2$인 경우

$$\frac{P_r}{P_c} + \frac{8}{9}\left(\frac{M_{rx}}{M_{cx}} + \frac{M_{ry}}{M_{cy}}\right) \leq 1.0$$

2) $\dfrac{P_r}{P_c} < 0.2$인 경우

$$\frac{P_r}{2P_c} + \left(\frac{M_{rx}}{M_{cx}} + \frac{M_{ry}}{M_{cy}}\right) \leq 1.0$$

여기서, P_r : 소요압축강도, N
P_c : 설계압축강도, N
M_r : 소요휨강도, N·mm
M_c : 설계휨강도, N·mm
x : 강축휨을 나타내는 아래첨자
y : 약축휨을 나타내는 아래첨자
ϕ_c : 압축저항계수(=0.90)
ϕ_b : 휨저항계수(=0.90)

> **참고** KDS 14 31 10 표현방식
>
> (1) $\dfrac{P_u}{P_r} \geq 0.2$인 경우
>
> $$\frac{P_u}{P_r} + \frac{8}{9}\left(\frac{M_{ux}}{M_{rx}} + \frac{M_{uy}}{M_{ry}}\right) \leq 1.0$$
>
> (2) $\dfrac{P_u}{P_r} < 0.2$인 경우
>
> $$\frac{P_u}{2P_r} + \left(\frac{M_{ux}}{M_{rx}} + \frac{M_{uy}}{M_{ry}}\right) \leq 1.0$$
>
> 여기서, P_u : 하중조합으로 구한 소요압축강도, N
> P_r : 4.2에 따라 정한 설계압축강도($=\phi_c P_n$), N
> M_u : 하중조합으로 구한 소요휨강도, N·mm
> M_r : 4.3에 따라 정한 설계휨강도($=\phi_b M_n$), N·mm
> x : 강축휨을 나타내는 아래첨자, y : 약축휨을 나타내는 아래첨자
> ϕ_c : 압축에 대한 저항계수($=0.90$), ϕ_b : 휨에 대한 저항계수($=0.90$)

2. 증폭1차 탄성해석에 의한 2차해석

횡하중저항구조 시스템 부재의 소요휨강도 및 소요축강도를 산정하는 2차해석 순서는 다음과 같다. 소요2차 휨강도 M_r과 축강도 P_r은 다음과 같이 산정된다.

$$M_r = B_1 M_{nt} + B_2 M_{lt}$$
$$P_r = P_{nt} + B_2 P_{lt}$$

여기서, $B_1 = \dfrac{C_m}{1 - P_r/P_{e1}} \geq 1$

P_{e1} : 휨평면상에서 횡방향으로 단부가 구속된 부재의 탄성좌굴강도
M_r : 소요2차휨강도, N·mm
M_{nt} : 골조의 횡변위가 발생하지 않을 때의 하중조합으로 구해진 1차모멘트
M_{lt} : 골조의 횡변위가 발생할 때의 하중조합으로 구해진 1차모멘트
P_r : 소요2차축강도, N
P_{nt} : 골조의 횡변위가 발생하지 않을 때의 하중으로 구해진 1차축강도
P_{lt} : 골조의 횡변위가 발생할 때의 하중으로 구해진 1차축강도
B_1 : 압축과 휨을 받는 부재와 각 부재의 휨방향에 대한 효과를 설명하기 위한 증폭계수
(단, 압축을 받지 않는 부재에 대한 B_1은 1이다)
B_2 : 구조물의 각 층의 층횡변위의 방향에 대한 효과를 설명하기 위한 증폭계수

압축력을 받는 부재의 B_1은 1차해석 $P_r = P_{nt} + P_{lt}$에 의하여 산정할 수 있다.

$$P_{e1} = \frac{\pi^2 EI^*}{(K_1 L)^2}$$

여기서, EI^* : 직접해석법이 사용되는 경우 $0.8\tau_b EI$ 적용 그 이외의 경우 EI 적용
E : 강재의 탄성계수=210,000MPa
I : 휨평면에 대한 단면2차모멘트, mm^4
K_1 : 횡방향으로 구속된 골조에 대해 산정한 휨평면에 대한 유효좌굴길이계수로 해석에 의해 더 작은 값의 사용이 확인되지 않은 경우 1.0 적용
L : 부재의 길이, mm

C_m은 골조의 횡변위가 발생하지 않을 때의 계수이며 다음과 같이 산정한다.

1) 평면상의 지지점 사이에 횡하중이 작용하지 않는 보-기둥

$$C_m = 0.6 - 0.4(M_1/M_2)$$

위 식에서 1차해석에서 계산된 M_1과 M_2는 각각 절대값이 작은 모멘트와 큰 모멘트이다. 부재가 복곡률로 변형할 때는 M_1/M_2 부호는 양(+)이며, 부재가 단곡률로 변형할 때는 음(-)으로 한다.

2) 지지점 사이에 횡하중이 작용하는 보-기둥(〈표 8-1〉 참조)

C_m은 해석에 의해 산정하거나 모든 경우에 있어 안전 측으로 1.0으로 할 수 있다.

각 층에 대한 증폭계수 B_2는 다음과 같이 계산한다.

$$B_2 = \frac{1}{1 - \dfrac{P_{story}}{P_{estory}}} \geq 1$$

여기서, P_{story} : 층에 의해 지지되는 전체 수직하중(단, 이 하중은 횡하중 저항시스템이 아닌 기둥에 작용하는 하중도 포함한 하중조합이다) (N)
P_{estory} : 고려하는 변위의 방향으로의 층에 대한 탄성좌굴강도(단, 횡변위 좌굴해석에 의해 계산하거나 다음과 같이 계산한다) (N)

$$P_{estory} = R_M \frac{HL}{\Delta_H}$$

여기서, $R_M = 1 - 0.15(P_{mf}/P_{stroy})$

L : 층고(mm)

P_{mf} : 고려되는 변위의 방향으로의 모멘트골조가 있는 층에서 기둥에 작용하는 전체 수직하중(단, 가새골조시스템에 대해서는 영(0)이다.) (N)

Δ_H : 횡하중에 의한 1차 층간변위, mm(단, 해석에서 사용하기 위해 요구되는 강성을 이용하여 계산한다(직접해석법을 사용할 때 규정한 감소된 강성을 사용). 구조물의 평면상에서 Δ_H가 변하는 경우에는 중력하중에 비례하는 평균 변위로 하거나 최대변위로 한다.)

H : Δ_H를 계산하기 위해 사용된 횡하중에 의하여 고려되는 변위의 방향으로 발생하는 층전단력 (N)

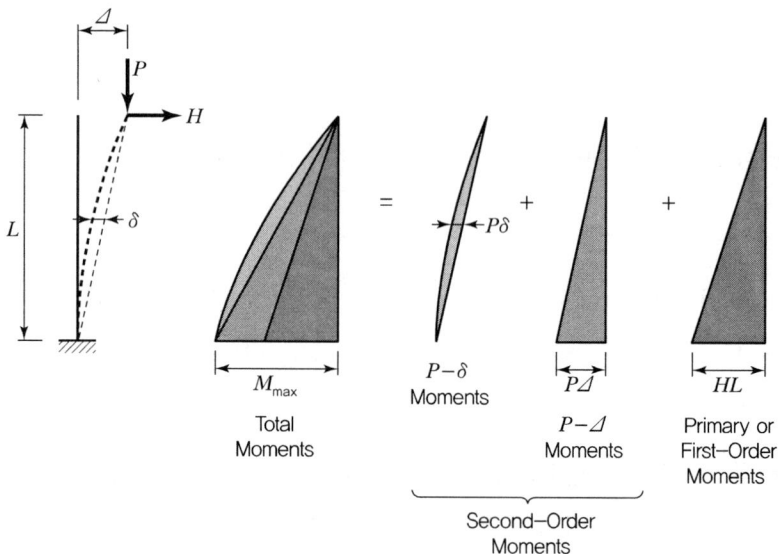

[그림 8.1] 2차 효과

⟨표 8-1⟩ 증폭계수 ψ와 C_m

Case	ψ	C_m
(단순지지, 등분포하중, P_u)	0	1.0
(고정단, 등분포하중)	−0.4	$1 - 0.4\dfrac{P_u}{P_{e1}}$

Case	ψ	C_m
(등분포하중, 양단고정)	-0.4	$1-0.4\dfrac{P_u}{P_{e1}}$
(중앙집중하중, 단순지지)	-0.2	$1-0.2\dfrac{P_u}{P_{e1}}$
(L/2 위치 집중하중, 캔틸레버)	-0.3	$1-0.3\dfrac{P_u}{P_{e1}}$
(집중하중, 양단고정)	-0.2	$1-0.2\dfrac{P_u}{P_{e1}}$

3. 휨과 인장을 받는 1축 및 2축 대칭단면재

2축 대칭단면부재와 x축 또는 y축으로만 휨이 발생하도록 구속된 1축 대칭단면부재에 있어서 휨과 인장력의 상관관계는 압축과 휨을 받는 부재와 동일한 방법으로 검토한다.

1) $\dfrac{P_r}{P_c} \geq 0.2$인 경우

$$\frac{P_r}{P_c}+\frac{8}{9}\left(\frac{M_{rx}}{M_{cx}}+\frac{M_{ry}}{M_{cy}}\right) \leq 1.0$$

2) $\dfrac{P_r}{P_c} < 0.2$인 경우

$$\frac{P_r}{2P_c}+\left(\frac{M_{rx}}{M_{cx}}+\frac{M_{ry}}{M_{cy}}\right) \leq 1.0$$

여기서, P_r : 소요인장강도, N
P_t : 설계인장강도, N
M_r : 소요휨강도, N·mm
M_c : 설계휨강도, N·mm
ϕ_t : 인장저항계수
　　(설계인장강도 산정 시와 동일하게 적용)
ϕ_b : 휨저항계수(=0.90)

2축 대칭단면을 가진 부재에서 인장력과 휨이 동시에 작용할 때, 횡좌굴강도 산정 시 C_b 값은 $\sqrt{1+\dfrac{P_u}{P_{ey}}}$ 만큼 증가시킬 수 있다. 다만, 여기서 $P_{ey}=\dfrac{\pi^2 EI_y}{L_b^2}$ 이다.

연습문제

제8장 | 조합력을 받는 부재

문제01 길이 2m인 부재의 단면에서 편심거리 15cm인 지점에 계수하중 500kN의 인장력이 작용할 경우 그림에 나타낸 각각의 경우에 대해 검토하시오.

단, 국부좌굴은 발생하지 않고, 부재의 단부는 횡지지되어 있는 것으로 가정한다.
$C_b = 1.0$ 단면 H형강(SS275) 부재 $H-244 \times 175 \times 7 \times 11$,
$A_g = 5,620\text{mm}^2$, $r_y = 41.8\text{mm}$, $Z_x = 5.58 \times 10^5 \text{mm}^3$,
$Z_y = 1.73 \times 10^5 \text{mm}^3$, $S_y = 1.13 \times 10^5 \text{mm}^3$

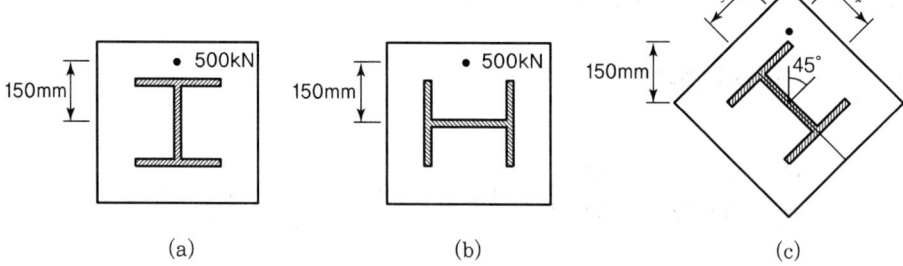

(a)　　　　(b)　　　　(c)

풀이 휨과 인장을 받는 부재

1. CASE (a)인 경우 검토

   (1) 소요강도 : $P_r = 500\text{kN}$, $M_{rx} = 500 \times 150 = 75,000\text{kN} \cdot \text{mm}$

   (2) 설계인장 강도 : $P_c = \phi P_n = 0.9 \times 275 \times 5,620 \times 10^{-3} = 1,391\text{kN}$

   (3) 설계휨강도 산정 : 국부좌굴은 발생되지 않는 경우(콤팩트 단면)이며, 횡좌굴에 대해서만 검토

   $$L_b = 2,000 < L_p = 1.76 \times 41.8 \sqrt{\frac{210,000}{275}} = 2,033 \text{이므로}$$

   $$M_c = \phi M_{nx} = \phi M_p = 0.9 \times 275 \times 5.58 \times 10^5 \times 10^{-6} = 138.1\text{kN} \cdot \text{m}$$

(4) 설계강도 검토

$$\frac{P_r}{P_c} = \frac{500}{1,391} = 0.36 > 0.2$$

$$\frac{P_r}{P_c} + \frac{8}{9}\left(\frac{M_{rx}}{M_{cx}} + \frac{M_{ry}}{M_{cy}}\right) = 0.36 + \frac{8}{9}\left(\frac{75,000}{138.1(1,000)}\right) = 0.84 < 1.0 \cdots \text{O.K}$$

2. CASE (b)인 경우 검토

(1) 소요강도 : $P_r = 500\text{kN}$, $M_{ry} = 500 \times 150 = 75,000\text{kN} \cdot \text{mm}$

(2) 설계인장 강도 : $P_c = \phi P_n = 0.9 \times 275 \times 5,620 \times 10^{-3} = 1,391\text{kN}$

(3) 설계휨 강도 산정 : 국부좌굴은 발생되지 않는 경우이며, 약축에 대한 검토이므로

$$M_{cy} = \phi M_{ny} = \phi M_p = 0.9 \times 275 \times 1.73 \times 10^5 \times 10^{-6}$$
$$= 42.8\text{kN} \cdot \text{m} < M_{uy} = 75\text{kN} \cdot \text{m} \cdots\cdots\cdots\cdots \text{N.G}$$

조합식으로 검토하여도 내력이 부족하여 구조적 안정성을 확보할 수 없다.

3. CASE (c)인 경우 검토

(1) 소요강도 : $P_r = 500\text{kN}$

$$M_{rx} = 500 \times 150(\sin 45) = 53,033\text{kN} \cdot \text{mm}$$
$$M_{ry} = 500 \times 150(\cos 45) = 53,033\text{kN} \cdot \text{mm}$$

(2) 설계인장강도 : $P_c = 0.9 \times 275 \times 5,620 \times 10^{-3} = 1,391\text{kN}$

(3) 설계휨강도 산정 : 국부좌굴은 발생되지 않는 경우이며, 약축에 대한 검토이므로

$$M_{cx} = \phi M_p = 0.9 \times 275 \times 5.58 \times 10^5 \times 10^{-6} = 138.1\text{kN} \cdot \text{m}$$

$$M_{rx} = 53.033\text{kN} \cdot \text{m}$$

$$M_{cy} = \phi M_p = 0.9 \times 275 \times 1.73 \times 10^5 \times 10^{-6}$$
$$= 42.8\text{kN} \cdot \text{m} < M_{ry} = 53.033\text{kN} \cdot \text{m} \cdots\cdots\cdots\cdots\cdots \text{N.G}$$

조합식으로 검토하여도 내력이 부족하여 구조적 안정성을 확보할 수 없다.

문제02 길이 2.0m인 부재의 단면 중심에서 편심거리 100mm인 지점에 계수하중 500kN이 인장력으로 작용할 경우, H－250×250×9×14(SS275) 부재의 적정성을 검토하시오.

단, Base Plate의 적정성 검토는 생략하시오.

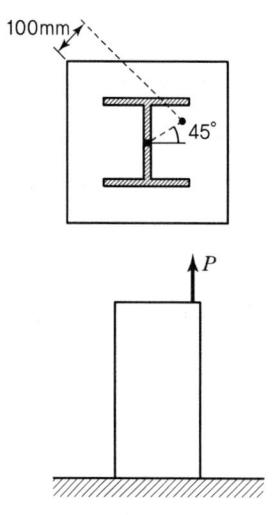

$A = 9.218 \times 10^3 \text{mm}^2$

$I_x = 1.08 \times 10^8 \text{mm}^4$

$I_y = 3.65 \times 10^7 \text{mm}^4$

$Z_{px} = 9.61 \times 10^5 \text{mm}^3$

$Z_{py} = 4.44 \times 10^5 \text{mm}^3$

풀이 휨과 인장을 받는 부재

1. 소요강도

   (1) $P_r = 500\text{kN}$

   (2) $M_{rx} = 500 \times 100 (\sin 45) = 35,355 \text{kN} \cdot \text{mm}$

   (3) $M_{ry} = 500 \times 100 (\cos 45) = 35,355 \text{kN} \cdot \text{mm}$

2. 설계인장강도

   $P_c = 0.9 \times 275 \times 9,218 \times 10^{-3} = 2,281.5 \text{kN}$

3. 설계휨강도 산정

   (1) 강축에 대한 설계휨강도 산정

   ① 국부좌굴에 의한 설계휨강도 산정

   ㉠ 플랜지 : $\lambda = \dfrac{125}{14} = 8.93 < \lambda_p = 0.38 \sqrt{\dfrac{E}{F_y}} = 10.5$

ⓛ 웨브 : $\lambda = \dfrac{(250-2\times 14)}{9} = 24.66 < \lambda_p = 3.76\sqrt{\dfrac{E}{F_y}} = 103.9$

플랜지와 웨브 모두 콤팩트 단면이므로, 국부좌굴에 의한 설계휨강도는

$M_{cx} = \phi M_{px}$

② 횡좌굴에 의한 설계휨강도 산정

$r_y = \sqrt{\dfrac{3.65\times 10^7}{9.218\times 10^3}} = 62.9\text{mm}$

$L_b = 2{,}000\text{mm} < L_p = 1.76\times 62.9\sqrt{\dfrac{210{,}000}{275}} = 3{,}059\text{mm}$ 이므로

$M_{cx} = \phi M_{px} = 0.9\times 275\times 9.61\times 10^5\times 10^{-6} = 237.8\text{kN}\cdot\text{m}$

(2) 약축에 대한 설계휨강도 산정

플랜지와 웨브는 모두 콤팩트 단면이며, 약축에 대한 검토이므로

$M_{cy} = \phi M_{py} = 0.9\times 275\times 4.44\times 10^5\times 10^{-6} = 109.9\text{kN}\cdot\text{m}$

4. 조합식에 의한 검토

$\dfrac{P_r}{P_c} = \dfrac{500}{2{,}281.5} = 0.22 > 0.2$

$\dfrac{P_r}{P_c} + \dfrac{8}{9}\left(\dfrac{M_{rx}}{M_{cx}} + \dfrac{M_{ry}}{M_{cy}}\right) = 0.22 + \dfrac{8}{9}\left(\dfrac{35{,}355}{237.8(1{,}000)} + \dfrac{35{,}355}{109.9(1{,}000)}\right)$

$\qquad\qquad\qquad = 0.64 < 1.0$ ·· O.K

문제03 그림과 같은 하중을 받고 있는 휨압축재를 검토하시오.

⟨설계조건⟩

- 하중저항계수설계법 적용 : $P_D = 400\text{kN}$, $P_L = 1,200\text{kN}$

$$M_D = 21\text{kN} \cdot \text{m}, \quad M_L = 62\text{kN} \cdot \text{m}$$

- 부재 : H$-350 \times 350 \times 12 \times 19$(SHN355)

$$A = 17,400\text{mm}^2, \quad r = 20\text{mm}, \quad r_x = 152\text{mm}, \quad r_y = 88.4\text{mm}$$

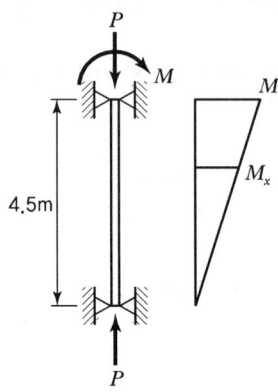

풀이 조합력을 받는 부재

1. 소요강도

   (1) $P_r = 1.2 \times 400 + 1.6 \times 1,200 = 2,400\text{kN}$

   (2) $M_r = 1.2 \times 21 + 1.6 \times 62 = 124.4\text{kN} \cdot \text{m}$

   (3) 소요휨강도 산정 : 휨모멘트는 강축에 대해서만 작용하기 때문에 휨에 대한 세장비는 강축에 대해서만 고려한다.

$$\lambda^2 = \left(\frac{4,500}{152}\right)^2 = 876.5$$

$$P_{e1} = \frac{\pi^2 E}{\lambda^2} A_g = \frac{\pi^2 \times 210,000}{876.5} \times 17,400 \times 10^{-3} = 41,145\text{kN}$$

$$B_1 = \frac{C_m}{1 - P_r/P_{e1}} = \frac{0.6}{1 - 2,400/41,145} = 0.64$$

따라서 $B_1 = 1.0$, $M_r = 124.4\text{kN} \cdot \text{m}$

2. 설계압축강도 산정

기성단면은 비콤팩트 단면을 모두 만족하므로 폭두께비는 생략한다.

(1) $F_e = \dfrac{3.14^2 \times 210{,}000}{\dfrac{4{,}500^2}{88.4^2}} = 800\,\text{MPa}$, $F_y/F_e < 2.25$이므로 비탄성 휨좌굴

(2) $F_{cr} = (0.658^{355/800}) \times 355 = 294.8\,\text{N/mm}^2$

$P_c = \phi P_n = 0.9 \times 294.8 \times 17{,}400 \times 10^{-3} = 4{,}616.6\,\text{kN}$

3. 설계휨강도 산정

(1) 국부좌굴강도 검토

① 플랜지 폭두께비 검토

$$\lambda = \frac{175}{19} = 9.21 < \lambda_p = 0.38\sqrt{210{,}000/355} = 9.24\,(콤팩트)$$

② 웨브 폭두께비 검토

$$\lambda = \frac{350 - 2(19+20)}{12} = 22.67 < \lambda_p = 3.76\sqrt{210{,}000/355} = 91.4$$

플랜지와 웨브 모두 콤팩트 단면이므로 공칭모멘트강도는 횡좌굴강도에 의해 결정된다.

(2) 횡좌굴강도 검토

① $L_b = 4{,}500$

② $L_b = 4{,}500\,\text{mm} > L_p = 1.76 \times 88.4\sqrt{210{,}000/355} = 3{,}784\,\text{mm}$

∴ $M_n = M_p$ ($C_b = 1.67$ 고려)

(3) 설계모멘트강도 산정

$$Z_p = 350 \times \frac{350^2}{4} - 338 \times \frac{312^2}{4} = 2.493 \times 10^6\,\text{mm}^3$$

∴ $M_{rx} = \phi M_n = 0.9 \times 2.493 \times 10^6 \times 355 \times 10^{-6} = 796.5\,\text{kN} \cdot \text{mm}$

4. 상관식 검토

$$\frac{P_r}{P_c} = \frac{2,400}{4,616.6} = 0.52 > 0.2 \text{이므로}$$

$$\frac{P_r}{P_c} + \frac{8}{9}\frac{M_{rx}}{M_{cx}} = 0.52 + \frac{8}{9} \times \frac{124.4}{796.5} = 0.66 < 1.0 \quad \cdots\cdots\cdots\cdots\cdots\cdots \text{O.K}$$

문제04 그림과 같이 양단 단순지지된 높이 4.3m의 H-400×400×13×21(SHN355) 기둥에 P_D=600kN, P_L=1,500kN의 압축력과 강축방향으로 M_D=40kN·m, M_L=130kN·m가 작용하는 경우 안정성을 검토하시오.

단, 골조는 횡방향으로 지지되어 있는 상태로 가정한다.

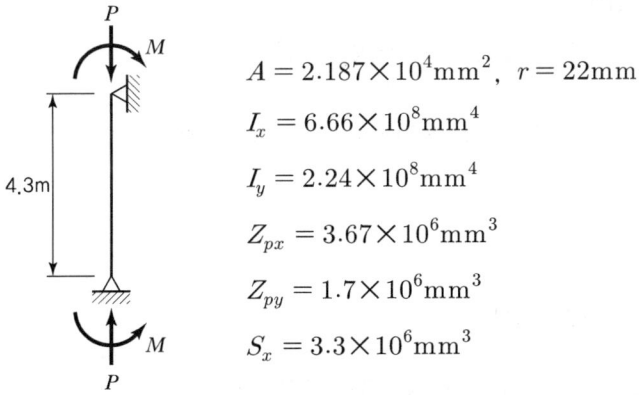

$A = 2.187 \times 10^4 \text{mm}^2, \ r = 22\text{mm}$
$I_x = 6.66 \times 10^8 \text{mm}^4$
$I_y = 2.24 \times 10^8 \text{mm}^4$
$Z_{px} = 3.67 \times 10^6 \text{mm}^3$
$Z_{py} = 1.7 \times 10^6 \text{mm}^3$
$S_x = 3.3 \times 10^6 \text{mm}^3$

풀이 조합력을 받는 부재

1. 소요강도

   (1) $P_r = 1.2 \times 600 + 1.6 \times 1,500 = 3,120\text{kN}$

   (2) $M_{rx} = 1.2 \times 40 + 1.6 \times 130 = 256\text{kN} \cdot \text{m}$

   (3) 소요휨강도 산정

   $$P_{cr} = \frac{\pi^2 EI}{kL^2} = \frac{\pi^2 \times 210,000 \times 6.66 \times 10^8}{4,300^2} \times 10^{-3} = 74,654.6\text{kN}$$

   $$B_1 = \frac{C_m}{1 - P_r/P_{e1}} = \frac{1.0}{1 - 3,120/74,654.6} = 1.044$$

   $\therefore M_{rx} = 256 \times 1.044 = 267.3\text{kN} \cdot \text{m}$

2. 설계압축강도 산정

   (1) 폭두께비 검토

   ① 플랜지 폭두께비 검토

   $$\lambda = \frac{200}{21} = 9.52 < \lambda_r = 0.56\sqrt{210,000/345} = 13.8$$

② 웨브 폭두께비 검토

$$\lambda = \frac{350 - 2(21+22)}{12} = 22 < \lambda_r = 1.49\sqrt{210,000/355} = 36.2$$

(2) $F_e = \dfrac{3.14^2 \times 210,000}{\dfrac{4,300^2}{101^2}} = 1,143\text{MPa}$, $F_y/F_e < 2.25$ 이므로

(3) $F_{cr} = (0.658^{355/1,143}) \times 355 = 313\text{N/mm}^2$

$P_c = \phi P_n = 0.9 \times 313 \times 21,870 \times 10^{-3} = 6,160.8\text{kN}$

3. 설계휨강도 산정

(1) 국부좌굴강도 검토

① 플랜지 폭두께비 검토

$$\lambda = \frac{200}{21} = 9.52 > \lambda_p = 0.38\sqrt{210,000/355} = 9.24$$

$$\lambda_r = 1.0\sqrt{210,000/355} = 24.3$$

② 웨브 폭두께비 검토

$$\lambda = \frac{400 - 2(21+22)}{13} = 24 < \lambda_p = 3.76\sqrt{210,000/355} = 91.4$$

웨브는 콤팩트이며, 플랜지는 비콤팩트이므로

$$M_n = M_p - [M_p - 0.7F_y S_x]\left(\frac{\lambda_p - \lambda}{\lambda_r - \lambda}\right)$$

$$= 1,302.85 - \left(1,302.85 - 820.05\,\frac{9.52 - 9.24}{24.3 - 9.24}\right) = 1,293.9\text{kN}\cdot\text{m}$$

$M_p = 3.67 \times 355 = 1,302.85\,\text{kN}\cdot\text{m}$

$0.7F_y S_x = 0.7 \times 355 \times 3.3 = 820.05\,\text{kN}\cdot\text{m}$

(2) 횡좌굴강도 검토

$$L_b = 4,300 < L_p = 1.76 \times 101\sqrt{210,000/355} = 4,323\text{mm}$$

$\therefore M_n = M_p$

(3) 설계모멘트 강도는 플랜지 국부좌굴에 의해 결정되며

$$\phi M_n = 0.9 \times 1{,}293.9 = 1{,}164.5 \, \text{kN} \cdot \text{m}$$

4. 상관식 검토

$$\frac{P_r}{P_c} = \frac{3{,}120}{6{,}160.8} = 0.51 > 0.2 \text{이므로}$$

$$\frac{P_r}{P_c} + \frac{8}{9}\frac{M_{rx}}{M_{cx}} = 0.51 + \frac{8}{9} \times \frac{267.3}{1{,}164.5} = 0.71 < 1.0 \quad \cdots\cdots\cdots\cdots\cdots\cdots \text{O.K}$$

문제05 다음 그림과 같이 원형강관(ϕ139.8×6.0)에 150kN의 편심인장력이 작용할 때 최대편심거리 e를 구하시오.

재질 SNT 275E($F_y = 275$Mpa, $A = 2,522$mm^2, $Z_p = 107,000$mm^3, $S_x = 80,900$mm^3)

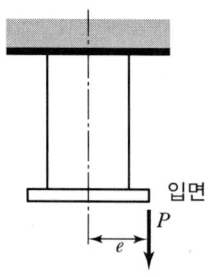
입면

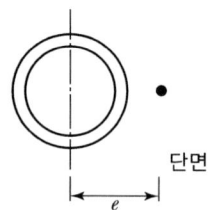
단면

풀이 조합력을 받는 부재

1. $P_c = \phi P_n = 624.2$kN

2. 설계휨강도 산정

   (1) 폭두께비 검토 : $\dfrac{D}{t} = 23.3 < \dfrac{0.07E}{F_y} = 53.5$ – 콤팩트 단면

   (2) 횡방향으로 적정히 지지되어 있다고 가정하면

   $M_{cx} = \phi M_n = 26.5$kN·m

3. 조합식 검토

   $\dfrac{P_r}{P_c} \geq 0.2$이므로 $\dfrac{P_r}{P_c} + \dfrac{8}{9}\dfrac{M_r}{M_c} \leq 1.0$에서

   $M_r = P_c \times e$를 대입한 후 e에 대해 정리하면 $e = \dfrac{9}{8}\dfrac{M_c}{P_r}\left(1.0 - \dfrac{P_r}{P_c}\right) = 151$mm

문제06 그림과 같이 H=400×400×13×21(SHN355)의 양단에 핀으로 고정되어 있는 기둥에 $P_D=600$kN 및 $P_L=1,800$kN의 압축력과 강축방향의 휨모멘트 양쪽 단부에 $M_{ntx,D}=50$kN·m 및 $M_{ntx,L}=150$kN·m가 작용하는 경우 안전성을 검토하시오.

단, 기둥은 골조 내에서 가새지지되어 횡방향 이동이 구속되어 있고 기둥의 비지지 길이는 4.0m이며, H형강의 단면성능은 $A=21,870$mm^2, $\gamma_x=175$mm, $\gamma_y=101$mm, $\gamma=22$mm, $Z_x=3,670,000$mm^3, $S_x=3.3\times10^6$mm^{3}이다.

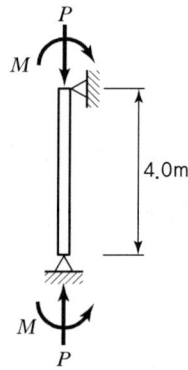

풀이 조합력을 받는 부재

1. 소요강도

   (1) $P_r=1.2\times600+1.6\times1,800=3,600$kN

   (2) $M_{rx}=1.2\times50+1.6\times150=300$kN·m

   (3) 소요휨강도 산정

   $$\lambda^2=\left(\frac{4,000}{175}\right)^2=522.45 : \text{강축방향으로 휨모멘트가 작용}$$

   $$P_{cr}=\frac{\pi^2 E}{\lambda^2}A_g=\frac{\pi^2\times210,000}{522.45}\times21,870\times10^{-3}=86,760\text{kN}$$

   $$B_1=\frac{C_m}{1-P_r/P_{e1}}=\frac{1}{1-3,600/86,760}=1.044$$

   따라서 $M_u=313.2$kN·m

2. 설계압축강도 산정

기성단면은 비콤팩트 단면을 모두 만족하므로 폭두께비는 생략한다.

(1) $F_e = \dfrac{3.14^2 \times 210{,}000}{\dfrac{4{,}000^2}{101^2}} = 1{,}321\text{MPa}$, $F_y/F_e < 2.25$ 이므로

(2) $F_{cr} = (0.658^{355/1{,}321}) \times 355 = 317.2\text{N}/\text{mm}^2$

$P_c = \phi P_n = 0.9 \times 317.2 \times 21{,}870 \times 10^{-3} = 6{,}243.5\text{kN}$

3. 설계휨강도 산정

(1) 국부좌굴강도 검토

① 플랜지 폭두께비 검토

$\lambda = \dfrac{200}{21} = 9.52 < \lambda_p = 0.38\sqrt{210{,}000/355} = 9.24$

$\lambda_r = 1.0\sqrt{210{,}000/355} = 24.3$

② 웨브 폭두께비 검토

$\lambda = \dfrac{350 - 2(21+22)}{12} = 22 > \lambda_p = 3.76\sqrt{210{,}000/355} = 91.4$

웨브는 콤팩트이며, 플랜지는 비콤팩트이므로

$M_n = M_p - [M_p - 0.7F_y S_x]\left(\dfrac{\lambda_p - \lambda}{\lambda_r - \lambda}\right)$

$= 1{,}302.85 - \left(1{,}302.85 - 820.05\,\dfrac{9.52 - 9.24}{24.3 - 9.24}\right) = 1{,}293.9\,\text{kN} \cdot \text{m}$

$M_p = 3.67 \times 355 = 1{,}302.85\,\text{kN} \cdot \text{m}$

$0.7 F_y S_x = 0.7 \times 355 \times 3.3 = 820.05\,\text{kN} \cdot \text{m}$

(2) 횡좌굴강도 검토

$L_b = 4{,}000 < L_p = 1.76 \times 102\sqrt{210{,}000/355} = 4{,}366\text{mm}$

$\therefore M_n = M_p$

(3) 설계모멘트 강도는 플랜지 국부좌굴에 의해 결정되며

$$\phi M_n = 0.9 \times 1,293.9 = 1,164.5 \,\text{kN} \cdot \text{m}$$

4. 상관식 검토

$$\frac{P_r}{P_c} = \frac{3,600}{6,243.5} = 0.58 > 0.2 \text{이므로}$$

$$\frac{P_r}{P_c} + \frac{8}{9} \frac{M_{rx}}{M_{cx}} = 0.58 + \frac{8}{9} \times \frac{313.2}{1,164.5} = 0.82 < 1.0 \quad \cdots\cdots\cdots\cdots\cdots\cdots \text{O.K}$$

문제07 그림과 같이 길이 8m의 H형강 부재가 트러스 인장재로 사용되고 있다. 계수인장력은 $P_r = 1,200$kN이고, 계수중력하중 $Q_r = 100$kN이 부재 중앙부에 작용하여 강축 휨모멘트가 작용하고 있다. 이 부재를 H형강 H-500×200×10×16(SM275A)으로 사용할 경우 적정성 여부를 검토하시오.

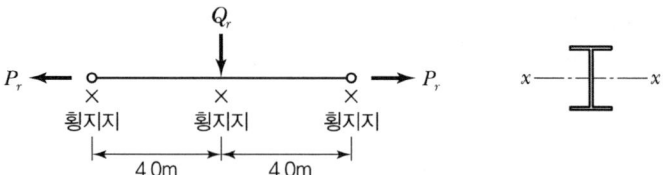

부재의 단면성능 : $A = 11,420$m², $Z_x = 1.91 \times 10^6$mm³, $Z_y = 2.14 \times 10^5$mm³
$I_x = 4.78 \times 10^8$mm⁴, $I_y = 21.4 \times 10^6$mm⁴
$r_x = 205$mm, $r_y = 43.3$mm, $r = 20$mm
$S_x = 1.91 \times 10^6$mm³, $r_{ts} = 52.1$mm

풀이 조합력을 받는 부재

1. 소요강도

   $P_r = 1,200$kN, $M_r = 200$kN·m, $V_u = 50$kN

2. 설계인장강도 산정

   $\phi P_n = 0.9 A_s F_y$
   $= 2,826.45$kN $> 1,200$kN ············· O.K(인장재 세장비 검토 : 300)

3. 설계모멘트강도 산정

   (1) 판폭두께비 검토

   ① 플랜지

   $\dfrac{b}{t_f} = \dfrac{100}{16} = 6.25 < \lambda_p = 0.38\sqrt{E/F_y} = 0.38\sqrt{210,000/275} = 10.5$

② 웨브

$$\frac{h}{t_w} = \frac{500 - 2 \times 16 - 2 \times 20}{10} = 42.8 < \lambda_r = 3.76\sqrt{E/F_y}$$

$$= 3.76\sqrt{210,000/275} = 103.9$$

∴ 콤팩트 단면을 만족, 횡좌굴 강도가 지배

(2) 횡좌굴 강도 산정

① $L_b = 4,000$mm

② $L_p = 1.76\, r_y \sqrt{E/F_y} = 1.76 \times 43.3 \times \sqrt{210,000/275} = 2,106$mm

③ $L_r = 1.95\, r_{ts} \dfrac{E}{0.7F_y} \sqrt{\dfrac{JC}{S_x h_o}} \sqrt{1 + \sqrt{1 + 6.76\left(\dfrac{0.7F_y}{E} \dfrac{S_x h_o}{JC}\right)^2}}$

$$= 1.95 \times 52.1 \times \frac{210,000}{0.7 \times 275} \sqrt{\frac{7.02 \times 10^5}{1.91 \times 10^6 \times 484}} \times$$

$$\sqrt{1 + \sqrt{1 + 6.76\left(\frac{0.7 \times 275}{210,000} \frac{1.91 \times 10^6 \times 484}{7.02 \times 10^5}\right)^2}} = 6,328.8\text{mm}$$

$$\left(J = 2 \times \frac{1}{3} \times 200 \times 16^3 + \frac{1}{3} \times 468 \times 10^3 = 7.02 \times 10^5 \text{mm}^4\right)$$

∴ $L_p < L_b < L_r$

④ $M_p = Z_x F_y = 525$kN · m

$0.7 S_x F_y = 367.7$kN · m

$1.67 \times \sqrt{1 + \dfrac{P_u}{P_{ey}}} = 1.67 \times \sqrt{1 + \dfrac{1,200}{2,772.1}} = 2$

$M_n = C_b \left[M_p - (M_p - 0.7 S_x F_y)\left(\dfrac{L_b - L_p}{L_r - L_p}\right) \right] = M_p = 525$kN · m

∴ $\phi M_n = 472.5$kN · m

4. 조합 검토

$P_r/P_c = 0.42 > 0.2$이므로

$\dfrac{P_r}{P_c} + \dfrac{8}{9}\dfrac{M_{rx}}{M_{cx}} = 0.80 < 1.0$ ··· O.K

5. 전단강도 검토

$$\frac{h}{t_w} = 42.8 < 2.24\sqrt{210,000/275} = 61.9 \text{이므로}$$

$$\phi V_n = 0.6 \times 275 \times (500 \times 10) \times 10^{-3} = 825\text{kN} > V_u = 50\text{kN} \quad \cdots\cdots \text{O.K}$$

제9장 합성부재의 설계

합성부재설계기준(KDS 14 31 80)

9.1 일반사항

압연형강, 용접형강 또는 강관이 구조용 콘크리트와 함께 거동하도록 구성된 합성부재와, 철근콘크리트슬래브와 이를 지지하는 강재보가 서로 연결되어 보와 슬래브가 함께 휨에 저항하도록 구성된 강재보에 적용한다. 스터드앵커(전단연결재)를 갖는 단순 및 연속 합성보 그리고 매입형 합성보, 충전형 합성보에도 동바리 사용 여부와 상관없이 적용한다.

또한, 합성부재를 포함하는 구조물의 부재 및 접합부에 작용하는 하중을 산정할 때는 작용하중 단계마다 적용되는 유효단면을 적절히 고려하여야 한다. 이외에도 합성부재의 강도는 제작 및 공사과정에서 발생된 잔류응력, 잔류변경, 시공오차 등의 불완전성 영향을 고려하여야 한다.

1. 콘크리트와 철근

합성구조에 사용된 콘크리트와 철근에 관련된 설계, 배근상세 및 재료성질은 KDS 14 20 00에 따른다. 추가적으로, 다음의 예외사항 및 제한사항을 준용한다.
1) 콘크리트구조 철근상세 설계기준(KDS 14 20 50) 중 아래 내용에 대해 제외한다.
    (1) 기둥 및 연결부(접합부) 철근의 특별 배치상세 중 강재 심부에 대한 사항
    (2) 합성 콘크리트 압축부재의 설계에 관한 사항
    (3) 내진설계 시 특별 고려사항
2) 콘크리트와 철근의 재료강도에 대한 제한사항
3) 횡방향 철근에 대한 구조 제한사항은 합성부재설계기준(KDS 14 31 80)과 콘크리트구조 철근상세 설계기준(KDS 14 20 50)을 따른다.
4) 매입형 합성부재에서 길이방향 철근의 최소철근비
5) 콘크리트구조 철근상세 설계기준(KDS 14 20 50)에 따라 설계된 콘크리트와 철근의 설계는 하중저항계수설계법의 하중조합에 따른다.

2. 합성단면의 공칭강도

합성단면의 공칭강도는 소성응력분포법과 변형률적합법에 따라 결정하며, 콘크리트의 인장강도는 무시한다. 또한 충전형 합성부재는 국부좌굴의 영향을 고려해야 하지만 매입형 합성부재는 국부좌굴을 고려할 필요가 없다.

1) 소성응력분포법

   (1) 소성응력분포법에서는 강재가 인장 또는 압축으로 항복응력에 도달할 때 콘크리트는 축력 또는 휨으로 인한 압축으로 $0.85 f_{ck}$의 응력에 도달한 것으로 가정하여 공칭강도를 계산한다.

   (2) 충전형 원형강관 합성기둥의 콘크리트가 축력과 휨, 축력 또는 휨으로 인한 압축응력을 받는 경우 구속효과를 고려한다. 원형강관의 구속효과를 고려한 콘크리트의 소성압축응력은 축압축력을 받는 원형 충전강관 기둥부재에서는 $0.85\left(1 + 1.56\dfrac{f_y t}{D_c f_{ck}}\right) f_{ck}$로 하고, 축압축력을 받지 않는 원형 충전강관 휨부재에서는 $0.95 f_{ck}$로 한다.

2) 변형률적합법

   (1) 변형률적합법에서는 단면에 걸쳐 변형률이 선형적으로 분포한다고 가정하며 콘크리트의 최대 압축변형률을 0.003으로 가정한다.

   (2) 강재 및 콘크리트의 응력-변형률 관계는 공인된 실험을 통해 구하거나 유사한 재료에 대한 공인된 결과를 사용한다.

3. 재료강도 제한

합성구조에 사용되는 구조용 강재, 철근, 콘크리트는 실험 또는 해석으로 검증되지 않을 경우 다음과 같은 제한조건들을 만족해야 한다.

1) 설계강도의 계산에 사용되는 콘크리트의 설계기준 압축강도는 21MPa 이상이어야 하며 70MPa을 초과할 수 없다. 경량콘크리트의 경우 설계기준압축강도는 21MPa 이상이어야 하며 42MPa을 초과할 수 없다.

2) 합성기둥의 강도를 계산하는 데 사용되는 구조용 강재 및 철근의 설계기준 항복강도는 650MPa을 초과할 수 없다.

4. 국부좌굴에 대한 충전형 합성단면의 분류

압축력을 받는 충전형 합성부재의 단면은 조밀, 비조밀, 세장요소로 분류한다. 충전형 합성단면의 압축강재요소 중 최대폭두께비가 λ_p를 초과하지 않는다면 조밀요소로 분류한다. 하나 또는 그 이상의 압축강재요소의 최대폭두께비가 λ_p를 초과하고 λ_r를 초과하지 않는다면 비조밀로 분류한다. 압축강재요소 중에서 최대폭두께비가 λ_r를 초과하는 요소가 있으면 세장으로 분류한다. 최대허용 폭두께비는 〈표 9-1〉을 따른다.

휨을 받는 충전형 합성부재의 단면은 조밀, 비조밀, 세장요소로 분류한다. 충전형 합성단면의 압축강재요소 중 최대폭두께비가 λ_p를 초과하지 않는다면 조밀요소로 분류한다. 하나 또는 그 이상의 압축강재요소의 최대폭두께비가 λ_p를 초과하고 λ_r를 초과하지 않는다면 비조밀로 분류한다. 압축강재요소 중에서 최대폭두께비가 λ_r를 초과하는 요소가 있으면 세장으로 분류한다. 최대허용 폭두께비는 〈표 9-2〉를 따른다.

〈표 9-1〉 압축력을 받는 충전형 합성부재 압축강재요소의 판폭두께비 제한

구분	판폭두께비	λ_p 조밀/비조밀	λ_r 비조밀/세장	최대 허용
각형 강관	b/t	$2.26\sqrt{\dfrac{E}{F_y}}$	$3.00\sqrt{\dfrac{E}{F_y}}$	$5.00\sqrt{\dfrac{E}{F_y}}$
원형 강관	D/t	$\dfrac{0.15E}{F_y}$	$\dfrac{0.19E}{F_y}$	$\dfrac{0.31E}{F_y}$

〈표 9-2〉 휨을 받는 충전형 합성부재 압축강재요소의 판폭두께비 제한

구분	판폭두께비	λ_p 조밀/비조밀	λ_r 비조밀/세장	최대 허용
각형 강관의 플랜지	b/t	$2.26\sqrt{\dfrac{E}{F_y}}$	$3.00\sqrt{\dfrac{E}{F_y}}$	$5.00\sqrt{\dfrac{E}{F_y}}$
각형 강관의 웨브	h/t	$3.00\sqrt{\dfrac{E}{F_y}}$	$5.70\sqrt{\dfrac{E}{F_y}}$	$5.70\sqrt{\dfrac{E}{F_y}}$
원형 강관	D/t	$\dfrac{0.09E}{F_y}$	$\dfrac{0.31E}{F_y}$	$\dfrac{0.31E}{F_y}$

9.2 축력을 받는 부재

1. 매입형 합성부재

1) 구조제한

매입형 합성기둥 부재는 다음과 같은 조건을 만족해야 한다.

(1) 강재 코아의 단면적은 합성부재 총단면적의 1% 이상으로 한다.

(2) 강재 코아를 매입한 콘크리트는 연속된 길이방향 철근과 띠철근 또는 나선철근으로 보강되어야 한다. 횡방향 철근의 중심간 간격은 직경 D10의 철근을 사용할 경우에는 300mm 이하, 직경 D13 이상의 철근을 사용할 경우에는 400mm 이하로 한다. 이형철근망이나 용접철근을 사용하는 경우에는 앞의 철근에 준하는 등가단면적을 가져야 한다. 또한 횡방향 철근의 최대간격은 강재 코아의 설계항복강도가 450MPa 이하일 경우에는 부재단면에서 최소크기의 0.5배를 초과할 수 없으며 강재 코아의 설계기준 항복강도가 450 MPa를 초과하는 경우는 부재단면에서 최소크기의 0.25배를 초과할 수 없다.

(3) 연속된 길이방향 철근의 최소철근비 ρ_{sr}는 0.004로 하며 다음과 같은 식으로 구한다.

$$\rho_{sr} = \frac{A_{sr}}{A_g}$$

여기서, A_{sr} : 연속 길이방향 철근의 단면적(mm²)
A_g : 합성부재의 총단면적(mm²)

2) 압축강도

(1) 축하중을 받는 2축대칭 매입형 합성부재의 설계압축강도 $\phi_c P_n$은 기둥세장비에 따른 휨좌굴 한계상태로부터 다음과 같이 구한다.

$\phi_c = 0.75$

① $\dfrac{P_{no}}{P_e} \leq 2.25$인 경우

$$P_n = P_{no}\left[0.658^{\left(\frac{P_{no}}{P_e}\right)}\right]$$

② $\dfrac{P_{no}}{P_e} > 2.25$인 경우

$$P_n = 0.877 P_e$$

여기서, $P_{no} = F_y A_s + F_{ysr} A_{sr} + 0.85 f_{ck} A_c$
P_e : 탄성임계좌굴하중 $= \pi^2 (EI_{eff})/(KL)^2$
A_s : 강재 단면적(mm²)
A_c : 콘크리트 단면적(mm²)
    단, 강재 코아의 설계기준 항복강도가 450MPa를 초과할 경우는 $A_c = A_{ce}$로 해야 한다.
A_{ce} : 피복두께와 띠철근 직경을 제외한 심부콘크리트 유효단면적(mm²)
A_{sr} : 연속된 길이방향철근의 단면적(mm²)
E_c : 콘크리트의 탄성계수(MPa)
E_s : 강재의 탄성계수(MPa)
E_{sr} : 철근의 탄성계수(MPa)
f_{ck} : 콘크리트의 설계기준 압축강도(MPa)
F_y : 강재의 설계기준 항복강도(MPa)
F_{ysr} : 철근의 설계기준 항복강도(MPa)
I_c : 콘크리트 단면의 단면2차모멘트(mm⁴)
I_s : 강재 단면의 단면2차모멘트(mm⁴)
I_{sr} : 철근단면의 단면2차모멘트(mm⁴)
K : 부재의 유효좌굴길이계수
L : 부재의 횡지지길이(mm)
P_{no} : 길이효과를 고려하지 않은 공칭압축강도
EI_{eff} : 합성단면의 유효강성(N·mm²)
    단, 설계기준강도가 450MPa를 초과하여도 콘크리트 전체단면적(A_c)을 사용한다.
$EI_{eff} = E_s I_s + 0.5 E_{sr} I_{sr} + C_1 E_c I_c$
$C_1 = 0.1 + 2\left(\dfrac{A_s}{A_c + A_s}\right) \leq 0.3$
    여기서, C_1는 매입형 합성압축부재의 유효강성을 구하기 위한 계수

(2) 합성부재의 설계압축강도는 순강재 부재의 설계압축강도 이상으로 한다.

3) 인장강도

(1) 매입형 합성기둥의 설계인장강도 $\phi_t P_n$는 항복한계상태로부터 다음과 같이 구하며 강도저항계수 $\phi_t = 0.90$을 적용한다.

$$P_n = F_y A_s + F_{ysr} A_{sr}$$

4) 상세요구사항

(1) 강재 코아와 길이방향 철근의 최소 순간격은 철근직경의 1.5배 이상 또는 40mm 중 큰 값으로 한다.
(2) 플랜지에 대한 콘크리트 순피복두께는 플랜지폭의 1/6 이상으로 한다.
(3) 합성단면이 2개 이상의 형강재를 조립한 단면인 경우 형강재들은 콘크리트가 경화하기 전에 가해진 하중에 의해 각각의 형강재가 독립적으로 좌굴하는 것을 막기 위해 띠판 등과 같은 부재들로 서로 연결해야 한다.

2. 충전형 합성부재

1) 구조제한

(1) 강관의 단면적은 합성기둥 총단면적의 1% 이상으로 한다.
(2) 충전형 합성부재는 국부좌굴효과를 고려하여 분류한다.

2) 압축강도

(1) 축하중을 받는 2축대칭 충전형 합성부재의 설계압축강도 $\phi_c P_n$은 휨좌굴 한계상태로부터 구하며 다음 식을 사용한다.

① 조밀 단면

$$P_{no} = P_p$$

여기서, $P_p = F_y A_s + C_2 f_{ck} \left(A_c + A_{sr} \dfrac{E_{sr}}{E_c} \right)$

C_2 : 사각형 단면에서는 0.85, 원형 단면에서는 $0.85\left(1 + 1.56\dfrac{F_y t}{D_c f_{ck}}\right)$,

$D_c = D - 2t$
t : 강관의 두께

② 비조밀 단면

$$P_{no} = P_p - (P_p - P_y)\frac{(\lambda - \lambda_p)^2}{(\lambda_r - \lambda_p)^2}$$

여기서, λ, λ_p와 λ_r은 표 4.3-2의 폭(직경)두께비 제한값

$$P_y = F_y A_s + 0.7 f_{ck}\left(A_c + A_{sr}\frac{E_{sr}}{E_c}\right)$$

③ 세장 단면

$$P_{no} = F_{cr} A_s + 0.7 f_{ck}\left(A_c + A_{sr}\frac{E_{sr}}{E_c}\right)$$

여기서,

가. 사각형 단면인 경우

$$F_{cr} = \frac{9E_s}{(b/t)^2}$$

나. 원형 단면인 경우

$$F_{cr} = \frac{0.72 F_y}{[(D/t)(F_y/E_s)]^{0.2}}$$

(2) 합성단면의 유효강성은 다음 식으로 구한다.

$$EI_{eff} = E_s I_s + E_{sr} I_{sr} + C_3 E_c I_c$$

여기서, C_3는 충전형 합성압축부재의 유효강성을 구하기 위한 계수

$$C_3 = 0.6 + 2\left[\frac{A_s}{A_c + A_s}\right] \leq 0.9$$

(3) 합성부재의 설계압축강도는 순강재 부재의 설계압축강도 이상으로 한다.

3) 인장강도

(1) 충전형 합성기둥의 설계인장강도 $\phi_t P_n$은 항복한계상태로부터 다음과 같이 구한다.

$$P_n = F_y A_s + F_{ysr} A_{sr} \quad \cdots\cdots\cdots\cdots\cdots\cdots\cdots\cdots\cdots\cdots\cdots\cdots\cdots\cdots\cdots\cdots \quad (1)$$

$\phi_t = 0.90$

3. 하중전달

1) 일반요구사항

    (1) 외력이 매입형 합성부재 또는 충전형 합성부재에 축방향으로 가해질 때, 부재로의 힘 도입과 부재 안에서의 길이방향 전단력의 전달은 이 조항에 있는 힘의 분배에 대한 요구사항에 따라 평가한다.

    (2) 힘 전달기구의 설계강도 ϕR_n은 길이방향 소요전단력 $V_r{'}$ 이상이어야 한다.

2) 힘의 분배

    강재와 콘크리트 간에 전달되어야 할 힘의 크기는 다음 요구사항에 따른 외력의 분배로 한다.

    (1) 외력이 강재 단면에 직접 가해지는 경우

    모든 외력이 강재 단면에 직접 가해지는 경우, 콘크리트에 전달되어야 할 힘 $V_r{'}$은 다음과 같이 구한다.

    $$V_r{'} = P_r(1 - F_y A_s / P_{no})$$

    여기서, P_{no} : 길이효과를 고려하지 않은 공칭압축강도
    P_r : 합성부재에 가해지는 소요외력

    (2) 외력이 콘크리트에 직접 가해지는 경우

    모든 외력이 피복 콘크리트 또는 충전 콘크리트에 직접 가해지는 경우, 강재에 전달되어야 할 힘 $V_r{'}$은 다음과 같이 구한다.

    $$V_r{'} = P_r(F_y A_s / P_{no}) \quad \cdots\cdots\cdots\cdots\cdots\cdots\cdots\cdots\cdots\cdots\cdots\cdots\cdots \text{(2)}$$

    (3) 외력이 강재 단면과 콘크리트에 동시에 가해지는 경우

    외력이 강재 단면과 매입 콘크리트 또는 충전 콘크리트에 동시에 가해지는 경우, 콘크리트에서 강재 또는 강재에서 콘크리트로 전달되어야 할 힘 $V_r{'}$은 강재에 직접 가해지는 외력의 일부 P_{rs}와 식 (2)에서 산정한 힘 $V_r{'}$과의 차이로 한다.

    $$V_r{'} = P_{rs} - P_r(F_y A_s / P_{no}) \quad \cdots\cdots\cdots\cdots\cdots\cdots\cdots\cdots\cdots \text{(3)}$$

    여기서, P_{rs} : 강재에 직접 가해지는 외력의 일부 힘(N)

3) 힘 전달기구

(1) 직접부착작용, 전단열결 및 직접지압에 의한 힘 전달기구의 공칭강도 R_n은 다음 규정에 따라 산정된다. 이 중에서 가장 큰 공칭강도의 힘 전달기구를 사용할 수 있으나, 이러한 힘 전달기구들은 중첩하여 사용할 수 없다.

(2) 길이방향 전단력 V_r'이 직접부착강도에 의한 설계전단강도를 초과할 경우에는 ① 또는 ②에 의한 힘의 전달기구를 사용하여야 한다.

① 직접지압강도

힘이 내부지압기구에 의한 직접지압에 의해 매입형 또는 충전형 합성부재에 전달되는 경우, 설계지압강도는 다음과 같이 콘크리트압괴의 한계상태로부터 구한다.

$$R_n = 1.7 f_{ck} A_1, \ \phi_b = 0.65$$

여기서, A_1 : 관통 거싯플레이트 또는 베어링 플레이트 등의 하부 지압면적(mm²)

② 전단접합

힘이 전단접합에 의해 매입형 또는 충전형 합성부재에 전달되는 경우, 스터드 전단연결재 또는 ㄷ형강 전단연결재의 설계전단강도는 다음과 같이 구한다.

$$R_c = \Sigma Q_{cv}$$

여기서, ΣQ_{cv} : 하중도입부 길이 안에 배치된 스터드 전단연결재 또는 ㄷ형강 전단 연결재의 설계전단강도 ϕQ_{nv}의 합

$$Q_{nv} = F_u A_{sa}, \qquad \phi_v = 0.65$$

여기서, Q_{nv} : 스터드 전단연결재의 공칭전단강도(N)
A_{sa} : 스터드 전단연결재의 단면적(mm²)
F_u : 스터드 전단연결재의 설계기준인장강도(MPa)

③ 직접부착강도

힘이 직접부착작용에 의해 충전형 합성부재 및 매입형 합성부재에 전달되는 경우, 강재와 콘크리트 사이의 설계부착강도는 다음과 같이 구한다.

$$R_n = U_{in} L_{in} F_{in}, \quad \phi = 0.45$$

여기서, R_n : H형강 또는 강관의 전둘레 길이와 하중도입부의 길이에 해당하는 공칭부착강도(N)
U_{in} : H형강 또는 강관의 둘레길이(mm)
L_{in} : 하중도입부의 길이(mm)
F_{in} : 표 9.3에서 규정된 공칭부착응력(MPa)

〈표 9-3〉의 공칭부착응력은 콘크리트와 접하는 강재단면 표면에 도장, 기름, 윤활유 및 녹 등이 없는 경우에 가정된 값이다.

〈표 9-3〉 공칭부착응력, F_{in}

단면 종류		F_{in}, MPa
콘크리트에 완전히 매입된 강재 단면		0.66
콘크리트충전 각형강관 단면	조밀 단면	0.40
	비조밀, 세장 단면	0.40
콘크리트충전 원형강관 단면	조밀 단면	1.22
	비조밀, 세장 단면	0.40

※ 일반적이지 않은 형상은 별도의 실험으로 증명한 공칭부착응력을 사용할 수 있다.

〈표 9-3〉에 주어진 콘크리트에 완전 매입된 H형강 단면의 공칭부착응력 F_{in}은 플랜지에 대한 콘크리트의 최소 유효 피복두께가 40mm이고 매입형 합성부재의 구조제한을 만족하는 경우 사용할 수 있다. 플랜지에 대한 유효 피복두께가 더 두껍고, 플랜지의 피복 콘크리트를 충분히 구속시킬 수 있는 횡방향 철근과 길이방향 철근이 있는 경우에는 좀 더 높은 부착응력 값을 사용할 수 있다. 피복두께를 고려한 공칭부착응력은 실험으로 증명되지 않는 한 $\beta_c F_{in}$ 값을 사용하여야 하며, β_c는 다음과 같이 산정한다.

$$\beta_c = 1 + 0.02\, c_e \left(1 - \frac{40}{c_e}\right) \leq 2.5$$

여기서, c_e : 플랜지면에 대한 콘크리트의 유효 피복두께(mm)
유효 피복두께는 플랜지 면에 대한 콘크리트의 순피복 두께에서 띠철근의 외부면에 대한 순피복 두께를 제외한 두께로 한다.

4) 상세요구사항

(1) 매입형 합성부재

길이방향 전단력을 전달하기 위한 강재 전단연결재는 하중도입부의 길이 안에 배치한다. 하중도입부의 길이는 하중작용방향으로 합성부재 단면의 최소폭의 2배와 부재길이의 1/3 중 작은 값 이하로 한다. 길이방향 전단력을 전달하기 위한 강재 전단연결재는 강재 단면의 축에 대해 대칭인 형태로 최소한 2면 이상에 배치한다.

(2) 충전형 합성부재

길이방향 전단력을 전달하기 위한 강재 전단연결재는 하중도입부의 길이 안에 배치한다. 하중도입부의 길이는 하중작용방향으로 합성부재 단면의 최소폭의 2배와 부재길이의 1/3 중 작은 값 이하로 한다.

5) 하중도입부 이외 구간의 길이방향 전단력

(1) 부재의 직각방향 하중 또는 단부모멘트 또는 직각방향 하중과 단부모멘트에 의해 발생되는 하중도입부 이외 구간에서의 콘크리트와 강재 사이 접촉면의 길이방향 소요 전단응력 분포를 확인해야 한다. 길이방향 소요전단응력이 〈표 9-3〉의 값에 강도저항계수 $\phi = 0.45$를 곱한 설계전단응력 ϕF_{in}을 초과하는 경우에는 전단연결재로 보강해야 한다.

(2) 보다 정밀한 방법에 의하지 않는 한, 접촉면에서의 길이방향 소요전단응력은 콘크리트의 장기효과와 균열을 고려한 탄성해석에 의해 구한 값을 사용할 수 있다.

9.3 휨을 받는 부재

이 규정은 압연형강, 용접형강 또는 강관이 구조용 콘크리트와 함께 거동하도록 구성된 철근콘크리트 슬래브와 이를 지지하는 강재보가 서로 연결되어 보와 슬래브가 함께 휨에 저항하도록 구성된 교량용 거더를 제외한 합성보에 적용한다. 또한, 강재 전단연결재를 갖는 단순 및 연속합성보 그리고 매입형 합성보에도 동바리 사용여부와 상관없이 적용한다.

1. 일반규정

1) 이 규정은 휨을 받는 다음 세 종류의 합성부재에 적용한다. 즉 스터드 전단연결재 또는 ㄷ형강 전단연결재로 구성된 강재 전단연결재가 있는 합성보, 매입형 합성부재 및 충전형 합성부재이다.

2) 유효폭

콘크리트 슬래브의 유효폭은 보중심을 기준으로 좌우 각 방향에 대한 유효폭의 합으로 구하며 각 방향에 대한 유효폭은 다음 중에서 최솟값으로 구한다.
① 보경간(지지점의 중심간)의 1/8
② 보중심선에서 인접보 중심선까지 거리의 1/2
③ 보중심선에서 슬래브 가장자리까지의 거리

3) 시공 중의 강도

동바리를 사용하지 않는 경우, 콘크리트의 강도가 설계기준강도의 75%에 도달하기 전에 작용하는 모든 시공하중은 강재단면 만에 의해 지지해야 한다.

2. 강재 전단연결재를 갖는 합성보

1) 강재 전단연결재는 스터드 전단연결재 또는 ㄷ형강 전단연결재를 사용한다.

2) 정모멘트에 대한 휨강도

정모멘트에 대한 설계휨강도 $\phi_b M_n$은 항복한계상태로부터 다음과 같이 구한다.

$$\phi_b = 0.90$$

(1) $h/t_w \leq 3.76\sqrt{E/F_y}$ 인 경우

M_n은 합성단면의 항복한계상태에 대해 소성응력분포로부터 산정한다(소성모멘트).

(2) $h/t_w > 3.76\sqrt{E/F_y}$ 인 경우

M_n은 동바리의 영향을 고려하여 항복한계상태에 대해 탄성응력을 중첩하여 구한다(항복모멘트).

여기서, h : 웨브의 높이(mm)
t_w : 웨브의 두께(mm)

3) 부모멘트에 대한 휨강도

부모멘트에 대한 설계휨강도 $\phi_b M_n$은 강재단면만을 사용하여 구해야 한다. 또는 부모멘트에 대한 설계휨강도는 아래와 같은 계수를 사용하여 항복한계상태(소성모멘트)에 대해 합성단면의 소성응력분포로부터 구할 수 있다.

$$\phi_b = 0.90$$

다만, 이 때에는 다음과 같은 조건들을 만족해야 한다.
(1) 강재보는 조밀단면이며 적절히 횡지지해야 한다.
(2) 부모멘트구간에서는 콘크리트 슬래브와 강재보 사이에 강재 전단연결재를 설치해야 한다.
(3) 유효폭 내의 강재보에 평행한 슬래브철근은 적절히 정착해야 한다.

4) 골데크플레이트를 사용한 합성보

(1) 일반사항

강재보와 데크플레이트 슬래브로 이루어진 합성부재는 다음과 같은 조건들을 만족해야 한다.

① 데크플레이트의 공칭골깊이는 75mm 이하이어야 한다. 더 큰 골높이의 사용은 실험과 해석을 통하여 정당성을 증명해야 한다. 골의 폭 또는 헌치의 평균폭 w_r은 50mm 이상이어야 하며 계산에 사용될 경우 데크플레이트 상단의 최소 순폭 이하로 한다.

② 콘크리트 슬래브와 강재보를 연결하는 스터드는 직경이 19mm 이하이어야 하며 데크플레이트를 통하거나 아니면 강재보에 직접 용접해야 한다. 스터드는 부착 후 데크플레이트 상단 위로 38mm 이상 돌출해야 하며 스터드 전단연결재의 상단 위로 13mm 이상의 콘크리트피복이 있어야 한다.

③ 데크플레이트 상단 위의 콘크리트두께는 50mm 이상이어야 한다.

④ 데크플레이트는 지지부재에 450mm 이하의 간격으로 고정해야 한다. 데크플레이트의 고정은 스터드나 스터드와 점용접의 조합 또는 설계자에 의해 명시된 방법에 의해 이루어져야 한다.

(2) 데크플레이트의 골방향이 강재보와 직각인 경우

골 내부의 콘크리트는 합성단면의 성능산정이나 A_c의 계산에 포함할 수 없다.

(3) 데크플레이트의 골방향이 강재보와 평행인 경우

골 내부의 콘크리트는 합성단면의 성능산정에 포함될 수 있으며 A_c의 계산에 포함한다. 지지보 위의 데크플레이트 골은 길이방향으로 절단한 후 간격을 벌림으로써 콘크리트 헌치를 형성하도록 할 수 있다. 데크플레이트의 공칭깊이가 40mm 이상일 때 골 또는 헌치의 평균 폭 w_r은 스터드가 일렬배치인 경우에는 50mm 이상이어야 하며 추가되는 스터드마다 스터드 직경의 4배를 더해 주어야 한다.

5) 강재와 슬래브 사이의 하중전달

  (1) 정모멘트구간에서의 하중전달

매입형 합성단면을 제외하고는, 강재보와 슬래브면 사이의 전체 수평전단력은 강재 전단연결재에 의해서만 전달된다고 가정한다. 휨모멘트를 받는 강재보와 콘크리트가 합성작용을 하기 위해서는, 정모멘트가 최대가 되는 위치와 모멘트가 0이 되는 위치 사이의 총 수평전단력 V'는 콘크리트의 압괴, 강재 단면의 인장항복 그리고 강재 전단연결재의 강도 등의 3가지 한계상태로부터 구한 값 중에서 가장 작은 값으로 한다.

① 콘크리트 압괴

$$V' = 0.85 f_{ck} A_c$$

② 강재단면의 인장항복

$$V' = F_y A_s$$

③ 강재 전단연결재의 강도

$$V' = \Sigma Q_n$$

여기서, A_c : 유효폭 내의 콘크리트 단면적(mm²)
A_s : 강재 단면적(mm²)
ΣQ_n : 정모멘트가 최대가 되는 위치와 모멘트가 0인 위치 사이 강재 전단연결재 공칭강도의 합(N)

  (2) 부모멘트 구간에서의 하중전달

연속합성보에서 부모멘트구간의 슬래브 내에 있는 길이방향 철근이 강재보와 합성으로 작용하는 경우, 부모멘트가 최대가 되는 위치와 모멘트가 0이 되는 위치 사이의 총

수평전단력 V'는 슬래브철근의 항복과 강재 전단연결재의 강도 등의 2가지 한계상태로부터 구한 값 중에서 작은 값으로 한다.

① 슬래브철근의 인장항복

$$V' = F_{yr} A_r$$

여기서, A_r : 콘크리트 슬래브의 유효폭 내에 있는 적절하게 정착된 길이방향 철근의 단면적(mm²)
F_{yr} : 철근의 설계기준 항복강도(MPa)

② 강재 전단연결재의 강도

$$V' = \Sigma Q_n$$

3. 매입형 합성부재의 휨강도

1) 매입형 합성부재의 설계휨강도는 $\phi_b = 0.90$와 공칭휨강도 M_n을 곱하여 산정한다.
2) 공칭휨강도 M_n은 다음 방법 중의 하나를 사용하여 구한다.
    (1) 항복한계상태(항복모멘트) : 동바리의 효과를 고려하여 합성단면에 작용하는 탄성응력을 중첩하여 산정한다.
    (2) 강재 단면의 항복한계상태(소성모멘트) : 강재 단면만의 소성응력분포를 사용하여 구한다.
    (3) 합성단면에 작용하는 소성응력분포를 사용하여 구하거나 변형률적합법을 사용하여 구한다.
3) 매입형 합성부재에는 강재 전단연결재를 사용해야 한다.

4. 충전형 합성부재의 휨강도

1) 충전형 합성단면은 국부좌굴에 의해 분류한다.
2) 충전형 합성단면의 설계휨강도는 $\phi_b = 0.90$와 공칭휨강도 M_n을 곱하여 산정한다.
3) 공칭휨강도 M_n은 다음과 같이 구한다.

(1) 조밀 단면

$$M_n = M_p$$

여기서, M_n : 합성단면의 소성응력분포로부터 구한 모멘트(N·mm)

(2) 비조밀 단면

$$M_n = M_p - (M_p - M_y)\left(\frac{\lambda - \lambda_p}{\lambda_r - \lambda_p}\right)$$

여기서, λ_p와 λ_r은 판폭(직경)두께비 제한값
M_n : 인장플랜지의 항복과 압축플랜지의 첫 항복에 대응하는 항복모멘트(N·mm)
첫 항복에서의 저항능력은 $0.7f_{ck}$의 최대 콘크리트 압축응력과 f_y의 최대 강재
응력의 선형탄성 응력분포로 가정하여 계산한다.

(3) 세장 단면

공칭휨강도는 첫 항복모멘트로부터 구한다.

9.4 전단을 받는 부재

1. 충전형 및 매입형 합성부재

충전형 및 매입형 합성부재의 설계전단강도 $\phi_v V_n$은 다음 중에서 한 가지 방법으로 구한다.
1) 강재 단면만의 설계전단강도
2) 철근콘크리트(콘크리트와 철근의 합)만의 전단강도. 강도저감계수는 다음 값을 사용한다.

$$\phi_v = 0.75$$

3) 강재 단면의 공칭전단강도와 철근의 공칭전단강도의 합 강도저감계수는 다음 값을 사용한다.

$$\phi_v = 0.75$$

2. 데크플레이트를 사용한 합성보

강재 전단연결재를 갖는 노출형 합성보의 설계전단강도는 강재 단면만의 특성으로부터 구한다.

9.5 강재 앵커

1. 일반규정

1) 스터드 앵커(전단연결재)의 직경은 강재단면의 웨브판과 직접 연결된 플랜지부분에 용접하는 경우 이외에 플랜지두께의 2.5배를 초과할 수 없다.
2) 강재 앵커(전단연결재)가 콘크리트 슬래브 또는 골데크의 콘크리트에 매입된 합성휨부재에 적용한다.
3) 용접 후 밑면에서 머리 최상단까지의 스터드 전단연결재 길이는 몸체직경의 4배 이상으로 한다.

2. 스터드 앵커(전단연결재)의 강도

1) 콘크리트 슬래브 또는 합성슬래브에 매입된 스터드 전단연결재 1개의 공칭강도 Q_n은 다음과 같이 산정한다.

$$Q_n = 0.5 A_{sc} \sqrt{f_{ck} E_c} \leq R_g R_p A_{sc} F_u$$

여기서, A_{sc} : 스터드 전단연결재의 단면적(mm²)
E_c : 콘크리트의 탄성계수(MPa)
F_u : 스터드 전단연결재의 인장강도(MPa)
$R_g = 1$: (a) 데크플레이트의 골방향이 강재보에 직각이며 골 내에 용접되는 스터드 전단연결재의 개수가 1개인 경우
(b) 스터드 전단연결재가 일렬로 강재에 직접 용접된 경우
(c) 데크플레이트의 골방향이 강재보와 평행하며 스터드 전단연결재가 데크를 통해 일렬로 용접되며 골의 평균폭과 골의 높이의 비가 1.5 이상인 경우
$R_g = 0.85$: (a) 데크플레이트의 골방향이 강재보에 직각이며 골당 스터드 전단연결재의 개수가 2개인 경우
(b) 데크플레이트의 골방향이 강재보와 평행하며, 스터드 전단연결재가 데크를 통해 용접되며 골의 평균폭과 골의 높이의 비가 1.5보다 작으며 스터드 전단연결재의 개수가 1개인 경우
$R_g = 0.7$: 데크플레이트의 골방향이 강재보에 직각이며 골 내에 용접되는 스터드 전단연결재의 개수가 3개 이상인 경우
$R_p = 0.75$: (a) 형강에 직접 용접된 스터드 전단연결재
(b) 데크플레이트의 골방향이 강재보에 직각이며 $e_{mid-ht} \geq 50$ mm인 합성슬래브에 용접되는 스터드 전단연결재의 경우
(c) 데크플레이트의 골방향이 강재보와 평행하며 합성슬래브에 매입되는 스터드 전단연결재가 데크플레이트를 통해 용접되는 경우

(d) 거더의 채움재로 (큰보의 강재보와 데크플레이트 사이의 길쭉한 틈에) 사용되는 강재 데크 또는 평판을 통하여 용접된 스터드 전단연결재, 데크플레이트의 골방향이 강재보와 평행한 합성슬래브에 매입되는 스터드 전단연결재의 경우

$R_p = 0.6$: 데크플레이트의 골방향이 강재보에 직각이며 $e_{mid-ht} <$ 50mm인 합성슬래브에 용접되는 스터드의 경우

e_{mid-ht} : 스터드 몸체의 바깥면으로부터 데크플레이트 웨브(데크골의 중간높이)까지의 거리이며 스터드의 하중저항방향, 즉 단순보에서 최대모멘트의 방향으로의 거리

w_c : 콘크리트의 단위체적당 무게($1{,}500 \leq w_c \leq 2{,}500 \mathrm{kg/m^3}$)

2) 〈표 9-4〉는 여러 가지 경우에 대한 R_g와 R_p의 값을 나타낸 것이다.

〈표 9-4〉 R_g와 R_p의 값

조건				R_g	R_p
골데크플레이트를 사용하지 않은 경우				1.0	0.75
데크플레이트의 골방향이 강재보와 평행한 경우	$\dfrac{w_r}{h_r} \geq 1.5$			1.0	0.75
	$\dfrac{w_r}{h_r} < 1.5$			0.85**	0.75
데크플레이트의 골방향이 강재보에 직각인 경우에 데크플레이트의 골당 스터드 전단연결재의 개수	약한 위치의 스터드 전단연결재	1개		1.0	0.6
		2개		0.85	0.6
		3개 이상		0.7	0.6
	강한 위치의 스터드 전단연결재	1개		1.0	0.75
		2개		0.85	0.75
		3개 이상		0.7	0.75

주) h_r : 리브의 공칭높이(mm)
  w_r : 콘크리트 리브 또는 헌치의 평균폭(mm)
  * : 스터드 전단연결재가 1개인 경우
    약한 위치의 스터드 전단연결재 : $e_{mid-ht} <$ 50mm인 경우
    강한 위치의 스터드 전단연결재 : $e_{mid-ht} \geq$ 50mm인 경우

3. 강재 앵커(전단연결재) 소요개수

1) 정 또는 부모멘트가 최대가 되는 위치와 모멘트가 0이 되는 위치 사이에 배열되는 강재 전단연결재의 소요개수는 총수평전단력을 강재 전단연결재의 공칭강도로 나눈 값으로 구한다.

2) 집중하중이 작용하는 위치와 이와 가장 가까운 모멘트가 0이 되는 위치 사이에 강재 전단연결재의 소요개수는 집중하중이 작용하는 위치의 최대모멘트를 받을 수 있도록 충분한 수를 사용한다.

4. 상세요구사항

1) 별도의 시방이 없는 한, 정 또는 부모멘트가 최대가 되는 위치와 모멘트가 0이 되는 위치 사이에 일정한 간격으로 배치한다.
2) 데크플레이트의 골에 설치되는 강재 전단연결재를 제외하고, 전단연결재의 측면 피복은 25mm 이상이 되어야 한다.
3) 강재 전단연결재의 중심에서 전단력 방향에 있는 가장자리까지의 거리는 보통콘크리트에서는 200mm 이상, 경량콘크리트에서는 250mm 이상으로 한다. 강재보의 웨브 위에 위치하지 않는 경우, 전단연결재의 직경은 용접되는 플랜지 두께의 2.5배를 초과해서는 안 된다.
4) 스터드 전단연결재의 중심 간 간격은 합성보의 길이방향으로는 스터드 전단연결재 직경의 6배 이상이 되어야 하며 직각방향으로는 직경의 4배 이상이 되어야 한다. 다만 골방향이 강재보에 직각인 데크플레이트의 골 내에 설치되는 경우, 중심간 간격은 모든 방향으로 스터드 전단연결재 직경의 4배 이상이 되어야 한다.
5) 강재 앵커의 중심 간 간격은 슬래브 총 두께의 8배 또는 900mm를 초과할 수 없다.

5. 합성부재 내부에 사용하는 강재 앵커

1) 적용범위 및 상세
    (1) 이 규정은 매입형 합성부재 안에 사용하는 스터드 전단연결재 또는 ㄷ형강 전단연결재의 설계에 적용한다.
    (2) 보통 콘크리트를 사용하는 경우, 전단력만 받는 스터드 전단연결재의 길이는 몸체직경의 5배 이상으로 한다. 인장 또는 전단과 인장의 조합력을 받는 스터드 전단연결재의 길이는 몸체직경 8배 이상으로 한다.
    (3) 경량 콘크리트를 사용하는 경우, 전단력만 받는 스터드 전단연결재의 길이는 몸체직경의 7배 이상으로 한다. 인장력을 받는 스터드 전단연결재의 길이는 몸체직경의 10배 이상으로 한다.
    (4) 인장 또는 전단과 인장의 조합력을 받는 스터드 전단연결재의 머리직경은 몸체직경의 1.6배 이상으로 한다.

(5) 〈표 9-5〉는 각 하중조건에 대한 스터드 전단연결재의 최소 길이/직경비(h/d)를 나타낸 것이다.

〈표 9-5〉 스터드 전단연결재의 최소 길이/직경비(h/d)

하중조건	보통콘크리트	경량콘크리트
전단	$h/d \geq 5$	$h/d \geq 7$
인장	$h/d \geq 8$	$h/d \geq 10$
전단과 인장의 조합력	$h/d \geq 8$	*

주) h/d=몸체직경에 대한 스터드 전단연결재의 길이의 비
 * 경량 콘크리트에 묻힌 전단연결재에 대한 조합력의 작용효과는 KDS 14 20 00에 따른다.

2) 스터드 전단연결재의 전단강도

한계상태가 콘크리트 전단파괴강도가 아닌 경우, 스터드 전단연결재의 1개에 대한 설계전단강도는 다음과 같이 구한다.

$$Q_{nv} = F_u A_{sa}$$

$$\phi_v = 0.65$$

여기서, Q_{nv} : 스터드 전단연결재의 공칭전단강도(mm²)
A_{sa} : 스터드 전단연결재의 단면적(mm²)
F_u : 스터드 전단연결재의 설계기준인장강도(MPa)

3) 스터드 전단연결재의 인장강도

전단연결재의 중심에서 스터드 전단연결재의 높이에 직교한 콘크리트 단부까지의 거리가 스터드 전단연결재 상단까지 높이의 1.5배 이상이고, 스터드 전단연결재의 중심간 간격이 스터드 전단연결재 상단까지 높이의 3배 이상인 경우, 스터드 전단연결재의 1개에 대한 설계인장강도는 다음과 같이 구한다.

$$Q_{nt} = F_u A_{sa}$$

$$\phi_t = 0.75$$

여기서, Q_{nt} : 강재 스터드 전단연결재의 공칭인장강도(mm²)
A_{sa} : 강재 스터드 전단연결재의 단면적(mm²)
F_u : 강재 스터드 전단연결재의 설계기준 인장강도(MPa)

연습문제

제9장 | 합성부재의 설계

문제01 그림과 같은 구조평면도의 작은보(Beam) B1을 완전합성보로 설계할 때 설계모멘트강도를 산정하시오. 다만, 데크플레이트의 깊이는 75mm, 토핑 콘크리트 두께는 100mm이며, 스터드커넥터는 완전합성보가 되도록 설계된 것으로 간주하여 별도 계산은 생략한다.

강재보 H-390×300×10×16(SM355), $A_s = 13{,}600 \text{mm}^2$, $I_x = 387 \times 10^6 \text{mm}^4$, $f_{ck} = 24 \text{N/mm}^2$

1) 콘크리트 슬래브의 유효폭 b_e
2) 합성보 단면의 소성중립축 y_p
3) 합성보 설계휨 강도 ϕM_n

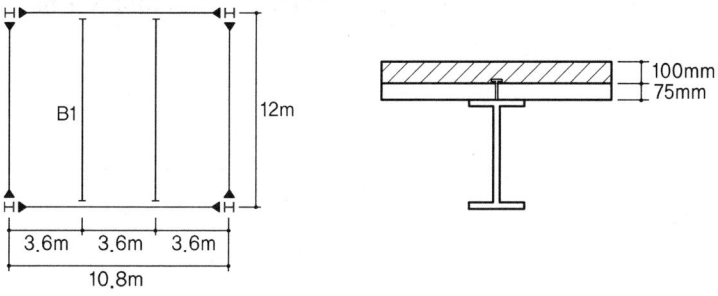

[풀이] 합성보의 설계강도

1. 합성보의 양쪽에 슬래브가 있는 경우의 유효폭 산정

$b_{e1} = 3.6 \text{m}, \; b_{e2} = 12/4 = 3 \text{m}$

따라서 유효폭 $b_e = 3 \text{m}$로 한다.

2. 합성보 단면의 소성중립축 산정

   소성중립축이 슬래브 내에 존재한다고 가정하면

   $0.85 \times 24 \times 3{,}000 \times y_p = 13{,}600 \times 355$ 에서

   $\therefore y_p = 79\text{mm}$ (슬래브 상부로부터 떨어진 거리)

3. 합성보 소성모멘트 산정

   $\dfrac{h}{t_w} < 3.76\sqrt{E/F_y}$ 이므로 소성응력분포로 모멘트 강도를 산정한다. 그리고 소성응력 분포로 모멘트 강도를 산정하는 경우 $\phi_b = 0.9$를 적용한다.

   콘크리트 슬래브 내에 소성중립축이 존재하므로

   $\phi M_n = 0.9\left[C_e(d_1 + d_2) + P_y(d_3 - d_2)\right]$ 에서

   $a = \dfrac{C_e}{0.85 f_{ck} \cdot b_e} = \dfrac{4{,}828 \times 10^3}{0.85 \times 24 \times 3{,}000} = 79$

   $d_1 = h_r + t_c - \dfrac{a}{2} = 135.5$

   $d_2 = 0$

   $\quad = 0.9(4{,}828 \times 135.5 + 4{,}828 \times 195)10^{-3} = 1{,}436\text{kN} \cdot \text{m}$

문제02 그림과 같이 스팬 9.0m이며, 간격이 3.0m인 합성보 SB1을 H-496× 199×9×14의 강재보에 데크플레이트 리브춤 75mm의 합성보로 설계하고자 한다. 조건은 아래와 같다.

강재 SM355, 콘크리트 $f_{ck} = 23.5\text{N/mm}^2$, $E_s = 210,000\text{N/mm}^2$
$E_c = 27,487\text{N/mm}^2$, $A_s = 1.013 \times 10^4 \text{mm}^2$, $I_x = 4.19 \times 10^8 \text{mm}^4$
$S_x = 1.69 \times 10^6 \text{mm}^4$, 스터드볼트 $\phi 19@150$ 1열 배치, 리브평균폭 : 150mm

1) 콘크리트 슬래브의 유효폭 b_e
2) 정모멘트에 대한 합성보단면의 도심과 소성중립축 y_p
3) 설계휨강도 산정
4) 환산단면2차모멘트
5) 유효단면2차모멘트

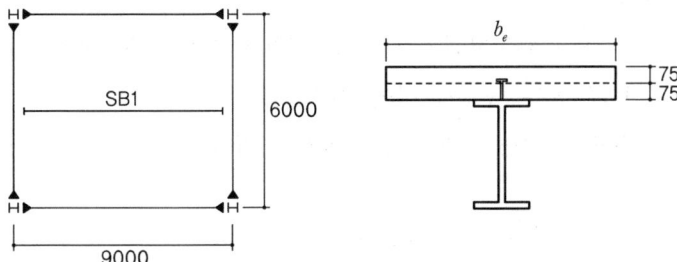

풀이 합성보의 설계강도

1. 합성보의 양쪽에 슬래브가 있는 경우의 유효폭 산정

   $b_{e1} = 3.0\text{m}$, $b_{e2} = 9/4 = 2.25\text{m}$

   따라서 유효폭 $b_e = 2.25\text{m}$로 한다.

2. 합성보 단면의 도심 및 소성중립축 산정

   (1) 도심 산정

   ① 탄성계수비

   $$n = \frac{E_s}{E_c} = 7.64$$

② 도심 산정

$$\bar{y} = \frac{10,130(496/2) + (2,250 \times 75/7.64)608.5}{10,130 + 2,250 \times 75/7.64} = 495\text{mm}$$

(2) 소성중립축 산정

① 콘크리트 전압축력 C_e 산정

$$0.85\, f_{ck}\, b_e\, t_c = 3,370.8\text{kN}$$

$$A_s\, F_y = 3,596\,\text{kN}$$

$$\Sigma Q_{sn} = \frac{4,500}{150} \times 85 = 2,550\text{kN}\,(\text{지배, 불완전합성보})$$

$$Q_n = 0.5 A_{sa}\sqrt{f_{ck} E_c} = 112.54\text{kN} > R_g R_p A_{sa} F_u = 85\text{kN},\ \ F_u = 400\text{MPa}$$

$$\therefore\ Q_n = 85\text{kN}$$

② 소성중립축 산정

$P_w = 1,495.3\text{kN} < C_e = 2,550\text{kN} < P_s = 3,596\text{kN}$ 이므로 소성중립축은 강재보의 상부 플랜지 내에 존재한다.

압축을 받는 플랜지의 두께를 t_e라 하면

$$t_e = \frac{A_s F_y - C_e}{2 b_f F_y} = 7.4\text{mm}$$

따라서 강재보의 하단으로부터 소성중립축까지의 거리

$$y_p = 496 - 7.4\text{mm} = 488.6\text{mm}$$

3. 설계휨강도 산정

(1) $\dfrac{h}{t_w} < 3.76\sqrt{E/F_y}$ 이므로 소성응력분포로 모멘트 강도를 산정한다.

(2) 설계휨강도 검토

$$\phi M_n = 0.9\,[C_e(d_1 + d_2) + P_y(d_3 - d_2)]\ \text{에서}$$

$$a = \frac{C_e}{0.85 f_{cl}\, b_e} = \frac{2,550(10^3)}{0.85(23.5)2,250} = 56.7\text{mm}$$

$$d_1 = 75 + 75 - \frac{a}{2} = 121.7\text{mm}, \quad d_2 = \frac{t_p}{2} = 3.7\text{mm}, \quad d_3 = 248\text{mm}$$

$$\therefore \phi M_n = 0.9\,[2{,}550(121.7+3.7) + 3{,}596(248-3.7)]10^{-3} = 1{,}077\text{kN}\cdot\text{m}$$

4. 환산 단면2차모멘트 산정

$$I_{tr} = 4.19 \times 10^8 + 10{,}130(495-248)^2 + \frac{2{,}250 \times 75^3}{12(7.64)}$$
$$\quad + (2{,}250 \times 75 / 7.64)(608.5 - 495)^2$$
$$= 1.33 \times 10^9 \text{mm}^4$$

※ AISC설계기준해설(13.1절)에서는 적정 처짐을 산정하기 위해 I_e 값의 75% 사용을 권장하고 있다.

5. 불완전합성보의 유효단면2차모멘트

$$I_e = I_s + \sqrt{\frac{\sum V_{sn}}{V_s}}\,(I_{tr}-I_s) = 4.19\times 10^8 + \sqrt{0.75}\,(1.33\times 10^9 - 4.19\times 10^8)$$
$$= 1.208 \times 10^9 \text{mm}^4$$

■ 추가풀이

1. 완전합성보인 경우 소성중립축 산정

   소성중립축이 슬래브 내에 존재한다고 가정하면

   $0.85 \times 23.5 \times 2{,}250 \times y_p = 10{,}130 \times 355$ 에서

   $\therefore y_p = 80\text{mm}$ (슬래브 상부로부터 떨어진 거리)

2. 설계휨강도

   $\therefore \phi M_n = 0.9\,[3{,}596(110) + 3{,}596(248)]10^{-3} = 1{,}158.6\text{kN}\cdot\text{m}$

문제03 그림과 같은 바닥 구조에서 B1 부재를 합성보로 설계하고 안정성을 검토하시오.

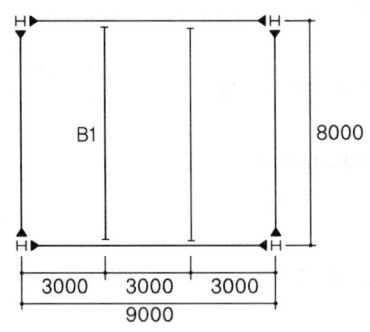

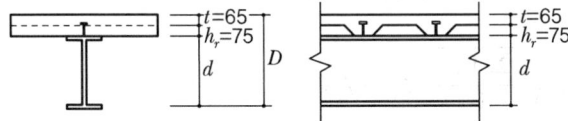

〈설계조건〉

1. H−300×150×6.5×9(SM355)

   $A_s = 4.68 \times 10^3 \text{mm}^2$, $I_x = 7.2 \times 10^7 \text{mm}^4$, $Z_x = 5.42 \times 10^5 \text{mm}^3$

2. $f_{ck} = 23.5 \text{MPa}$, $E_c = 27{,}631 \text{MPa}$

3. 설계하중

   (1) 콘크리트 양생 전
   - 데크+콘크리트 : $2{,}600 \text{N/m}^2$
   - 강재보 : 400N/m^2
   - 시공하중 : $1{,}500 \text{N/m}^2$

   (2) 콘크리트 양생 후
   - 경량칸막이 : $1{,}000 \text{N/m}^2$
   - 천장 및 덕트 : 300N/m^2
   - OA 바닥 : 500N/m^2
   - 활하중 : $2{,}500 \text{N/m}^2$

4. 데크플레이트
   (1) 리브의 간격 : 300mm
   (2) 리브의 평균폭 : 150mm
   (3) $\phi 19$ 스터드커넥터($H_s = 110$mm)
   (4) 스터드커넥터는 리브당 1개 사용

풀이 노출형 합성보의 설계

1. 소요강도
   (1) 콘크리트 경화 전
   ① $w_u = 3(1.2 \times 3{,}000 + 1.6 \times 1{,}500) = 18{,}000\text{N/m}$
   ② $M_u = \dfrac{18(8^2)}{8} = 144\text{kN} \cdot \text{m}$
   ③ $V_u = \dfrac{18(8)}{2} = 72\text{kN}$

   (2) 콘크리트 경화 후
   ① $w_u = 3(1.2 \times 3{,}800 + 1.6 \times 3{,}500) = 30{,}480\text{N/m}$
   ② $M_u = \dfrac{30.48(8^2)}{8} = 244\text{kN} \cdot \text{m}$
   ③ $V_u = \dfrac{30.48(8)}{2} = 122\text{kN}$

2. 콘크리트 경화 전 안정성 검토

   적절히 횡지지되어 있다고 가정하면, 콤팩트 단면이므로

   $\phi M_n = \phi M_p = 0.9 \times (5.42 \times 10^5) \times 355 \times 10^{-6}$
   $\qquad = 173\text{kN} \cdot \text{m} > M_u = 144\text{kN} \cdot \text{m}$ ················· O.K

   따라서 동바리를 사용하지 않아도 구조적 안정성을 확보할 수 있다.

   $\phi V_n = 1.0 \times (300 \times 6.5) \times (0.6 \times 355) \times 10^{-3}$
   $\qquad = 415\text{kN} > V_u = 72\text{kN}$ ················· O.K

3. 콘크리트 경화 후 안정성 검토

리브 간격이 300mm이고 리브당 1개의 스터드커넥터를 사용하므로 완전합성보가 되지 않을 수 있다. 따라서 스터드커넥터를 먼저 검토한다.

(1) 콘크리트 유효폭

　① 양쪽 슬래브 중심거리 : 3,000mm

　② L/4 : 2,000mm

　　∴ $b_e = 2,000$mm

(2) 수평전단력 및 합성률 산정

　① $V_h = A_s F_y = 4,680 \times 355 \times 10^{-3} = 1,661$kN

　② $V_h = 0.85 f_{ck} b_e t_c = 0.85 \times 23.5 \times 2,000 \times 65 \times 10^{-3} = 2,596.75$kN

　③ $\sum Q_n$ 산정 : $\phi 19@300$

$$Q_n = 0.5 A_{sa} \sqrt{f_{ck} E_c} \leq R_g R_p A_{sa} F_u \text{에서}$$

$$Q_n = 0.5(283)\sqrt{23.5(26,800)} \times 10^{-3} = 112.3\text{kN} > R_g R_p A_{sc} F_u = 85\text{kN}$$

여기서, $R_g = 1.0$(강재보와 직각이며 골당 1개인 경우 1.0, 2개인 경우 0.85)

$$R_p = 0.75 \left(e_{m-ht} = \frac{150-19}{2} = 65.5\text{mm} > 50\text{mm} \right)$$

$$A_{sa} = 283\text{mm}^2$$

∴ $Q_n = 85$kN

4m에 300mm 간격으로 배치되는 경우

$$\text{스터드커넥터의 수 } n = \frac{4,000}{300} = 13.3\text{EA}$$

$$\sum V_{sn} = 85 \times 13.3 = 1,130\text{kN}$$

　④ 합성률 산정 : $\frac{1,130}{1,661} = 0.68$

따라서 68% 불완전합성보로 설계한다.

(3) 설계휨강도 및 설계전단강도 산정

　① $\frac{h}{t_w} < 3.76 \sqrt{E/F_y}$ 이므로 소성응력분포로 모멘트 강도를 산정한다.

② 소성중립축 산정

$$C_e = \Sigma Q_n = 1,130\text{kN}$$

$$P_{yw} = (300-2\times 9)\times 6.5 \times 355 \times 10^{-3} = 650.7\text{kN}$$

여기서, $P_{yw} < C_e < P_y$ 이므로 강재보 상부 플랜지에 소성중립축이 존재한다.

$$t_p = \frac{A_s F_y - C_e}{2b_f F_y} = \frac{(1,661-1,130)10^3}{2(150)355} = 5\text{mm}$$

③ 설계휨강도 검토

$$\phi M_n = 0.9\,[\,C_e(d_1+d_2) + P_y(d_3-d_2)\,] \text{ 에서}$$

$$a = \frac{C_e}{0.85 f_{ck} b_e} = \frac{1,130(10^3)}{0.85(23.5)2,000} = 28.3\text{mm}$$

여기서, $d_1 = 65 + 75 - \dfrac{a}{2} = 126\text{mm}$

$$d_2 = \frac{t_p}{2} = 2.5\text{mm}$$

$$d_3 = 150\text{mm}$$

$$\therefore \phi M_n = 0.9\,[1,130(126+2.5) + 1,661(150-2.5)]10^{-3}$$

$$= 351\text{kM} \cdot \text{m} > M_u = 234\text{kN} \cdot \text{m} \quad \cdots\cdots\cdots\cdots\cdots\cdots\cdots\cdots\text{O.K}$$

④ 설계전단강도 검토

$$\phi V_n = 415\text{kN} > V_u = 117.12\text{kN} \quad \cdots\cdots\cdots\cdots\cdots\cdots\cdots\cdots\text{O.K}$$

4. 처짐 검토

   (1) 완전합성보의 단면2차모멘트 산정

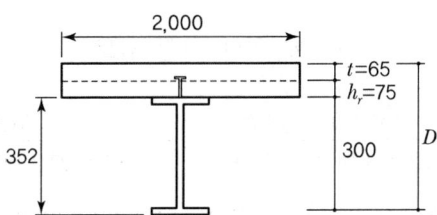

① 탄성계수비

$$n = \frac{E_s}{E_c} = 7.6$$

② 도심 산정

$$\bar{y} = \frac{4,680(150) + 2,000 \times 65(407.5)/7.6}{4,680 + 2,000 \times 65/7.6} = 352\text{mm}$$

③ 환산 단면2차모멘트 산정

$$I_{tr} = 7.21 \times 10^7 + 4,680(352-150)^2 + \frac{2,000 \times 65^3}{12(7.6)}$$

$$+ (2,000 \times 65/7.6)(407-352)^2$$

$$= 3.22 \times 10^8 \text{mm}^4$$

(2) 68% 불완전합성보의 유효단면2차모멘트

$$I_e = I_s + \sqrt{\frac{\sum V_{sn}}{V_s}}(I_{tr} - I_s) = 7.21 \times 10^7 + \sqrt{68}(3.22 \times 10^8 - 7.21 \times 10^7)$$

$$= 2.78 \times 10^8 \text{mm}^4$$

※ AISC설계기준해설(13.1절)에서는 적정 처짐을 산정하기 위해 I_e 값의 75% 사용을 권장하고 있다.

(3) 적재하중에 의한 처짐 검토

$$\delta_L = \frac{5(3 \times 3.5)8,000^4}{384 \times 210,000 \times (0.75 \times 2.78 \times 10^8)}$$

$$= 12.79\text{mm} < L/360 = 22.2\text{mm} \quad \cdots\cdots\cdots\cdots\cdots\cdots\cdots\cdots\cdots\cdots \text{O.K}$$

(4) 고정하중과 적재하중에 의한 처짐 검토

$$\delta = \frac{5(3 \times 3.0)8,000^4}{384 \times 210,000 \times 7.21 \times 10^7} + \frac{5(3 \times 4.3)8,000^4}{384 \times 210,000 \times (0.75 \times 2.78 \times 10^8)}$$

$$= 47.4\text{mm} < L/250 = 32\text{mm} \quad \cdots\cdots\cdots\cdots\cdots\cdots\cdots\cdots\cdots\cdots \text{N.G}$$

따라서 치올림이 필요하다.

문제04 매입형 합성기둥이 순수압축력만을 받는 경우 설계압축강도를 구하시오.

단, 부재 유효좌굴길이 KL=4.5m이며, 내부형강은 SHN355 강재로서 H-400×400 ×13×21(A_g=21,900mm², I_x=6.66×10⁸mm⁴, I_y=2.24×10⁸mm⁴, γ_x=175mm, γ_y=101mm)이며, 내부 주근은 12-D25(SD40), f_{ck}=24MPa, 띠철근은 D10@150, 보조띠철근은 D10@600 E_c=27,000MPa)

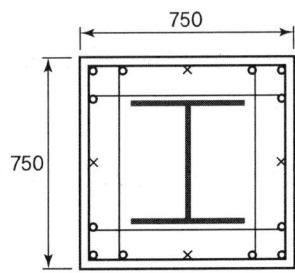

풀이 매립형 합성기둥의 설계압축강도

1. 구조제한 검토

    (1) 강재비 $\rho_s = \dfrac{21,900}{750 \times 750} = 0.039 > 0.01$ ················ O.K

    (2) 주철근비 $\rho_s = \dfrac{12 \times 507}{750 \times 750} = 0.0108 > 0.004$ ················ O.K

    (3) 띠철근 간격검토

    ① 띠철근 최대간격은 부재단면에서 최소크기의 0.5배를 초과할 수 없다.
    ($F_y \leq 450\text{MPa}$)
    $s_{\max} = 750\text{mm} \times 0.5 = 375\text{mm}$

    ② 띠철근의 중심 간 간격은 직경 HD10 철근을 사용할 경우에는 300mm 이하로 한다.

    ∴ 띠철근 HD10@150 ················ O.K

2. 단면성능

  (1) 철근

    ① A_{sr}(철근의 단면적) $= 12 \times 507 = 6,084 \text{mm}^2$

    ② I_{sr}(철근의 단면2차모멘트)

$$I_{sr} = \left[\frac{\pi \times 25^4}{64} \times 12 + (507 \times 312.5^2) \times 8 + (507 \times 247.5^2) \times 4 \right]$$

$$= 5.2 \times 10^8 \text{mm}^4$$

  (2) 콘크리트

    ① A_c(콘크리트 단면적) $= 750^2 - 21,900 - 12 \times 507 = 534,516 \text{mm}^2$

    ② I_c(단면2차모멘트)

$$I_c = \frac{750^4}{12} - 2.24 \times 10^8 - 5.2 \times 10^8 = 2.56 \times 10^{10} \text{mm}^4$$

3. P_{no} 산정

$$P_{no} = (21,900 \times 355 + 6,084 \times 400 + 0.85 \times 24 \times 534,516) \times 10^{-3} = 21,112 \text{kN}$$

4. P_e 산정

  (1) $C_1 = 0.1 + 2\left(\dfrac{A_s}{A_c + A_s}\right) = 0.1 + 2\left(\dfrac{21,900}{534,516 + 21,900}\right) = 0.1787 < 0.3$

  (2) $EI_{eff} = E_s I_s + 0.5 E_s I_{sr} + C_1 E_c I_c$

$$= 210,000 \times 2.24 \times 10^8 + 0.5 \times 200,000 \times 5.2 \times 10^8 + 0.1787 \times 27,000 \times 2.56 \times 10^{10}$$

$$= 2.22 \times 10^{14} \text{N} \cdot \text{mm}^2$$

  (3) $P_e = \dfrac{\pi^2 \times 2.22 \times 10^{14}}{4,500^2} \times 10^{-3} = 108,090 \text{kN}$

5. ϕP_n 산정

$$\frac{P_{no}}{P_e} = \frac{21,112}{108,090} = 0.195 < 2.25 \text{이므로}$$

$$\phi P_n = 0.75 \times (0.658^{0.195}) \times 21,112 = 14,593 \text{kN}$$

문제05 그림과 같은 매입형 합성기둥이 고정하중 1,500kN, 활하중 4,000kN의 압축력을 받는 경우 안정성을 검토하시오. 부재의 길이는 4.2m이고, 양단핀으로 지지되어 있으며, 하중은 매입콘크리트에 직접 작용한다.

콘크리트 : $f_{ck} = 34\text{N/mm}^2 (E_c = 29,500\text{N/mm}^2)$

강재는 SM355임, 보강철근과 띠철근은 SD400

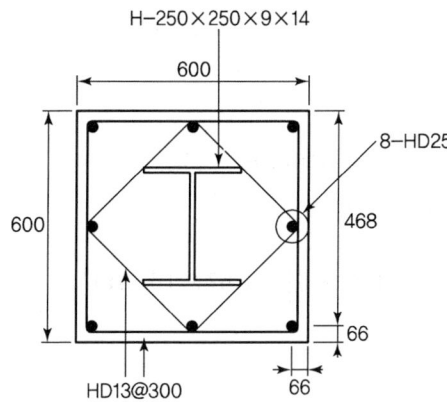

$A_s = 9,220\text{mm}^2$
$I_x = 10,800 \times 10^4 \text{mm}^4$
$I_y = 3,650 \times 10^4 \text{mm}^4$

풀이 1. 소요강도

$$P_u = 1.2 \times 1,500 + 1.6 \times 4,000 = 8,200\text{kN}$$

2. 구조제한 검토

   (1) 콘크리트 강도

   $21\text{MPa} \leq f_{ck} = 34\text{MPa} \leq 70\text{MPa}$ ················· O.K

   (2) 강재 및 철근의 항복강도

   $F_y = 355\text{MPa} < 650\text{MPa}$, $F_{yr} = 400\text{MPa} < 650\text{MPa}$ ············ O.K

   (3) 강재비 $\rho_s = \dfrac{9,220}{600 \times 600} = 0.0256 > 0.01$ ················· O.K

   (4) 주철근비 $\rho_s = \dfrac{8 \times 507}{600 \times 600} = 0.0113 > 0.004$ ················· O.K

(5) 띠철근 간격검토

① 띠철근 최대간격은 부재단면에서 최소크기의 0.5배를 초과할 수 없다. ($F_y \leq 450\text{MPa}$)

$s_{\max} = 600\text{mm} \times 0.5 = 300\text{mm}$

② 띠철근의 중심 간 간격은 직경 HD13 이상의 철근을 사용할 경우에는 400mm 이하로 한다.

∴ 띠철근 HD13@300 적용

3. 합성단면의 단면성능 산정

(1) 철근

① A_{sr}(철근의 단면적) $= 8 \times 507 = 4,056\text{mm}^2$

② I_{sr}(철근의 단면2차모멘트)

$$I_{sr} = \left[\frac{\pi \times 25^4}{64} \times 8 + (507 \times 234^2) \times 6\right] = 1.67 \times 10^8 \text{mm}^4$$

(2) 콘크리트

① A_c(콘크리트 단면적) $= 600^2 - 9,220 - 4,056 = 346,724\text{mm}^2$

② I_c(콘크리트 단면 단면2차모멘트)

$$I_c = \frac{600^4}{12} - 3,650 \times 10^4 - 1.67 \times 10^8 = 1.06 \times 10^{10} \text{mm}^4 \text{(약축에 대한 단면성능)}$$

4. 설계압축강도 산정

(1) $P_{no} = (9,220 \times 355 + 4,056 \times 400 + 0.85 \times 34 \times 346,724) \times 10^{-3}$
$= 14,916\text{kN}$

(2) 합성단면의 유효강성 EI_{eff}

① $C_1 = 0.1 + 2\left(\dfrac{A_s}{A_c + A_s}\right) = 0.1 + 2\left(\dfrac{9,220}{346,724 + 9,220}\right) = 0.152 < 0.3$

② $EI_{eff} = E_s I_s + 0.5 E_s I_{sr} + C_1 E_c I_c$
$= 210,000 \times 3,650 \times 10^4 + 0.5 \times 200,000 \times 1.67 \times 10^8$
$\quad + 0.152 \times 29,500 \times 1.06 \times 10^{10}$
$= 7.19 \times 10^{13} \text{N} \cdot \text{mm}^2$

(3) $P_e = \dfrac{\pi^2 \times 7.19 \times 10^{13}}{4{,}200^2} \times 10^{-3} = 40{,}228\text{kN}$

(4) 공칭압축강도 산정

$$\dfrac{P_{no}}{P_e} = \dfrac{14{,}916}{40{,}228} = 0.37 < 2.25\text{이므로}$$

$$P_n = P_{no} \times \left[0.658^{\left(\frac{P_{no}}{P_e}\right)} \right] = 14{,}916 \times \left(0.658^{0.37}\right) = 12{,}776\text{kN}$$

5. 안정성 검토

$$\phi P_n = 0.75 \times 12{,}776 = 9{,}582\text{kN} > P_u = 8{,}200\text{kN} \quad \cdots\cdots\cdots\cdots\cdots\cdots \text{O.K}$$

문제06 그림과 같은 충전형 원형 강관 합성기둥의 설계압축강도를 산정하시오.

원형 강관 : $D \times t = 500 \times 10$ (SNT 355A)

콘크리트 : $f_{ck} = 27\text{MPa}$, $E_c = 27,800\text{MPa}$

유효좌굴길이 : $KL = 4.0\text{m}$

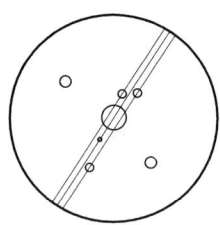

[풀이]

1. 구조제한 검토

    (1) 콘크리트 강도 : $21\text{MPa} \leq f_{ck} = 27\text{MPa} \leq 70\text{MPa}$ ················ O.K

    (2) 강재의 항복강도 : $F_y = 355\text{MPa} < 650\text{MPa}$ ···························· O.K

    (3) 강재비 $\rho_s = \dfrac{15,386}{196,250} = 0.0784 > 0.01$ ······································· O.K

    (4) 판폭두께비 : $\dfrac{D}{t} = \dfrac{500}{10} = 50 < \lambda_p = 0.15 E/F_y = 88.7$ 이므로 조밀단면

2. 합성단면의 단면성능 산정

    (1) 콘크리트

    ① $A_c = \dfrac{\pi \times 480^2}{4} = 180,864 \text{mm}^2$

    ② $I_c = \dfrac{\pi \times 480^4}{64} = 2.6 \times 10^9 \text{mm}^4$

    (2) 강관

    ① $A_s = \dfrac{\pi \times (500^2 - 480^2)}{4} = 15,386 \text{mm}^2$

    ② $I_s = \dfrac{\pi (500^4 - 480^4)}{64} = 4.62 \times 10^8 \text{mm}^4$

3. 설계압축강도 산정

  (1) $P_{no} = P_p$ (조밀단면) 산정

  $= F_y A_s + C_2 f_{ck} A_c = (355 \times 15,386 + 1.21 \times 27 \times 180,864) \times 10^{-3}$

  $= 11,371 \text{kN}$

  $C_2 = 0.85\left(1 + 1.56 \dfrac{f_y t}{D_c f_{ck}}\right) = 0.85\left(1 + 1.56 \dfrac{355 \times 10}{480 \times 27}\right) = 1.21$

  (2) 합성단면의 유효강성

  $EI_{eff} = E_s I_s + C_3 E_c I_c$ 에서

  $C_3 = 0.6 + 2\left(\dfrac{A_s}{A_c + A_s}\right) = 0.6 + 2\left(\dfrac{15,386}{180,864 + 15,386}\right) = 0.757 < 0.9$

  $\therefore EI_{eff} = 210,000 \times 4.62 \times 10^8 + 0.757 \times 27,800 \times 2.6 \times 10^9$

  $= 1.52 \times 10^{14} \text{N} \cdot \text{mm}^2$

  (3) $P_e = \dfrac{\pi^2 \cdot EI_{eff}}{(KL)^2} = \dfrac{\pi^2 \times 1.52 \times 10^{14}}{4,000^2} \times 10^{-3} = 93,761 \text{kN}$

  (4) 공칭압축강도 산정

  $\dfrac{P_{no}}{P_e} = \dfrac{11,371}{93,761} = 0.121 < 2.25$ 이므로

  $P_n = 11,371 \times (0.658^{0.121}) = 10,809.5 \text{kN}$

4. 설계압축강도 산정

  $\phi P_n = 0.75 \times 10,809.5 = 8,107 \text{kN}$

문제07 그림과 같은 충전형 각형 강관 합성기둥의 설계압축강도를 산정하시오.

단, 각형 강관 $A \times B \times t = 300 \times 300 \times 6$(SNRT 355A, $F_y = 355$MPa)
$A_s = 6,993$mm², $I_s = 9.96 \times 10^7$mm⁴, $f_{ck} = 50$MPa, $E_c = 30,000$MPa
$E_s = 210,000$MPa, 유효좌굴길이 $KL = 3$m

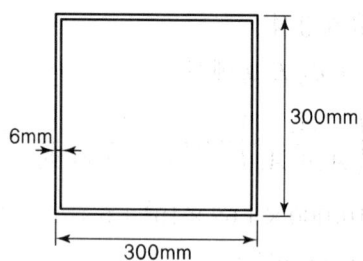

[풀이] 합성기둥의 설계강도

1. 구조제한

    (1) 강재비 $= \dfrac{6,993}{300^2} = 0.078 > 0.01$

    (2) 폭두께비 $\dfrac{b}{t} = \dfrac{288}{6} = 48 < \lambda_p = 2.26\sqrt{\dfrac{210,000}{355}} = 54.97$ 이므로 조밀단면

2. 설계압축강도 산정 $\phi = 0.75$

    (1) $P_{no} = A_s F_y + A_{sr} \cdot F_{yr} + 0.85 f_{ck} \cdot A_c$
    $= (6,993 \times 355 + 0.85 \times 50 \times 288^2) \times 10^{-3} = 6,007$kN

    (2) P_e 산정

    ① $C_3 = 0.6 + 2\left(\dfrac{6,993}{288^2 + 6,993}\right) = 0.756 < 0.9$

    ② $EI_{eff} = E_s \cdot I_s + C_3 \cdot E_c \cdot I_c$
    $= 210,000 \times 9.96 \times 10^7 + 0.756 \times 30,000 \times 5.733 \times 10^8$
    $= 3.39 \times 10^{13}$N · mm²

    ③ $P_e = \dfrac{\pi^2 (EI_{eff})}{(KL)^2} = \dfrac{\pi^2 \times 3.39 \times 10^{13}}{3,000^2} \times 10^{-3} = 37,175$kN

(3) 설계압축강도 산정

$$\frac{P_{no}}{P_e} = \frac{6,007}{37,175} = 0.162 < 2.25 \text{이므로}$$

$$P_n = 6,007 \times (0.658^{0.162}) = 5,613 \text{kN}$$

$$\therefore \phi P_n = 0.75 \times 5,613 = 4,210 \text{kN}$$

문제08 완전합성보와 비교하여 불완전합성보를 적용하는 목적들을 나열하시오.

풀이 불완전합성보의 사용 목적

1. 완전합성보와 불완전합성보의 정의
   (1) 완전합성보
   강재보와 콘크리트 슬래브가 완전한 합성작용을 할 수 있도록 시어커넥터가 충분히 사용된 합성보를 말하며, 합성단면이 전내력을 발휘할 때까지 시어커넥터가 파괴되지 않도록 구성된 보를 말한다. 이때, 최대 정모멘트점과 영(0)모멘트점 사이의 총 수평전단력 V_s는 다음 중 작은 값으로 한다.

   $V_s = F_y A_s$

   $V_s = 0.85 f_{ck} b_e t_c$

   다만, 작은 보를 불완전합성보로 설계할 경우, 상기 수평전단력 값을 50%까지 저감할 수 있다.

   (2) 불완전합성보
   강재보와 콘크리트 슬래브가 완전한 합성작용을 하여 합성단면이 전내력을 발휘하기 이전에 시어커넥터가 파괴되는 경우를 말한다.

2. 불완전합성보를 사용하는 경우
   (1) 콘크리트 경화 전 하중을 고려하여 선정된 강재보 단면이 콘크리트 경화 후 불완전합성보로 설계하여도 충분한 내력을 확보할 수 있는 경우 시어커넥터의 물량을 줄일 수 있다.
   (2) 데크플레이트의 리브가 강재보와 직각으로 배치되어 시어커넥터 간격을 리브 간격과 통일해야 하는 경우
   (3) 시어커넥터를 2열로 배치하는 경우 내력 감소계수가 너무 작아져 비효율적인 설계가 된다. 이러한 경우 1열로만 시어커넥터를 배치하는 경우

문제09 데크플레이트의 리브(rib) 방향이 강재보와 직각인 합성보에서 스터드커넥트의 공칭강도를 결정하는 모든 요소들을 나열하시오.

풀이 스터드앵커의 공칭전단강도

콘크리트 슬래브 또는 합성 슬래브에 매입된 스터드앵커 1개의 공칭전단강도 Q_n는 다음과 같이 산정된다.

$$Q_n = 0.5 A_{sa} \sqrt{f_{ck} E_c} \leq R_g R_p A_{sa} F_u$$

여기서, A_{sa} : 스터드앵커의 단면적, mm^2
E_c : 콘크리트의 탄성계수, MPa
F_u : 스터드앵커의 설계기준 인장강도, MPa
$R_g = 1$: (a) 데크플레이트의 골방향이 강재보에 직각이며 골 내에 용접되는 스터드앵커의 개수가 1개인 경우
  (b) 스터드가 일렬로 강재에 직접 용접된 경우
  (c) 데크플레이트의 골방향이 강재보와 평행하며 스터드앵커가 데크를 통해 일렬로 용접되며 골의 평균폭과 골의 높이의 비가 1.5 이상인 경우
$R_g = 0.85$: (a) 데크플레이트의 골방향이 강재보에 직각이며 골당 스터드앵커의 개수가 2개인 경우
  (b) 데크플레이트의 골방향이 강재보와 평행하며, 스터드앵커가 데크를 통해 용접되며 골의 평균폭과 골의 높이의 비가 1.5보다 작으며 스터드의 개수가 1개인 경우
$R_g = 0.7$: 데크플레이트의 골방향이 강재보에 직각이며 골 내에 용접되는 스터드앵커의 개수가 3개 이상인 경우
$R_p = 0.75$: (a) 형강에 직접 용접된 스터드앵커
  (b) 데크플레이트의 골방향이 강재보에 직각인 합성슬래브에 용접되고, $e_{mid-ht} \geq 50mm$인 스터드앵커의 경우
  (c) 데크플레이트의 골방향이 강재보와 평행하며 합성슬래브에 매입되는 스터드앵커가 데크플레이트를 통해 용접되는 경우
  (d) 거더의 채움재로(큰보의 강재보와 데크플레이트 사이의 길쭉한 틈에) 사용되는 강재 데크 또는 평판을 통하여 용접된 스터드앵커, 데크플레이트의 골방향이 강재보와 평행한 합성슬래브에 매입되는 스터드앵커의 경우
$R_p = 0.6$: 데크플레이트의 골방향이 강재보에 직각인 합성슬래브에 용접되고, $e_{mid-ht} < 50mm$인 스터드앵커의 경우

e_{mid-ht} : 데크골의 중간높이에서, 스터드 몸체 외면으로부터 스터드앵커의 하중저항 방향(즉, 단순보에서 최대모멘트가 있는 방향)에 있는 데크플레이트 웨브까지의 순거리, mm

다음 표는 몇 가지 슬래브 조건에 대한 R_g와 R_p의 값을 나타낸 것이다.

〈표 9-5〉 R_g와 R_p의 값

조건			R_g	R_p
골데크플레이트를 사용하지 않은 경우			1.0	0.75
데크플레이트의 골방향이 강재보와 평행한 경우	$\dfrac{w_r}{h_r} \geq 1.5$		1.0	0.75
	$\dfrac{w_r}{h_r} < 1.5$		0.85**	0.75
데크플레이트의 골방향이 강재보에 직각인 경우에 데크플레이트의 골당 스터드앵커의 개수	약한 위치의 스터드앵커	1개	1.0	0.6
		2개	0.85	0.6
		3개 이상	0.7	0.6
	강한 위치의 스터드앵커	1개	1.0	0.75
		2개	0.85	0.75
		3개 이상	0.7	0.75

h_r : 리브의 공칭높이, mm
w_r : 콘크리트 리브 또는 헌치의 평균폭, mm
** : 스터드가 1개인 경우
약한 위치의 스터드앵커 : $e_{mid-ht} < 50\text{mm}$ 인 경우
강한 위치의 스터드앵커 : $e_{mid-ht} \geq 50\text{mm}$ 인 경우

문제10 아래 그림과 같이 축하중이 작용할 때 합성기둥의 적정성을 KBC 2014에 따라 하중저항계수설계법으로 검토하고, Shear Stud(ϕ19)의 소요개수와 간격을 계산하시오.

〈조건〉
- 콘크리트 설계기준강도 : $f_{ck}=35\text{MPa}$, $E_c=29,800\text{MPa}$
- 강재 : H$-300\times300\times10\times15$(SM355, $E_s=210,000\text{MPa}$, $A_s=11,980\text{mm}^2$, $I_x=20,400\times10^4\text{mm}^4$, $I_y=6,750\times10^4\text{mm}^4$, $r=18\text{mm}$)
- 내부주근 : 8$-$HD25(SD400)
- 띠철근 : HD10@300, $E_s=200,000\text{MPa}$
- Shear Stud(ϕ19)의 설계기준인장강도 : $F_u=350\text{MPa}$
- 기둥 순 높이는 4.5m
- $P_{DL}=1,800\text{kN}$, $P_{LL}=4,800\text{kN}$이며 양단부 경계조건은 Pin으로 가정한다.

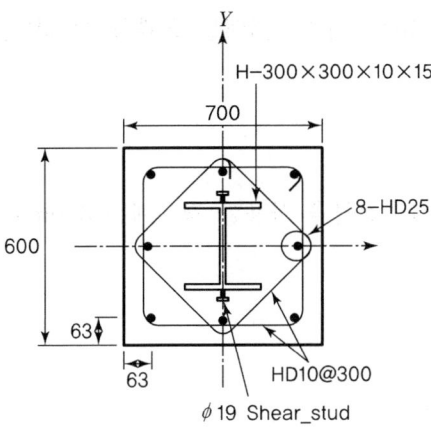

〈참고식〉
- 합성단면의 유효강성

$$EI_{eff} = E_s I_s + 0.5 E_s I_{sr} + C_1 E_c I_c$$

$$C_1 = 0.1 + 2\left(\frac{A_s}{A_c+A_s}\right) \leq 0.3$$

[풀이] 합성기둥의 설계

1. 소요강도

$$P_u = 1.2\times1,800+1.6\times4,800 = 9,840\text{kN}$$

제9장 합성부재의 설계

2. 구조제한 검토

(1) 콘크리트 강도

$$21\text{MPa} \leq f_{ck} = 35\text{MPa} \leq 70\text{MPa} \quad \cdots\cdots\cdots\cdots\cdots\cdots\cdots\cdots \text{O.K}$$

(2) 강재 및 철근의 항복강도

$$F_y = 355\text{MPa} < 650\text{MPa}, \quad F_{yr} = 400\text{MPa} < 650\text{MPa} \quad \cdots\cdots\cdots \text{O.K}$$

(3) 강재비

$$\rho_s = \frac{11,980}{600 \times 700} = 0.0285 > 0.01 \quad \cdots\cdots\cdots\cdots\cdots\cdots\cdots\cdots \text{O.K}$$

(4) 주철근비

$$\rho_s = \frac{8 \times 507}{600 \times 700} = 0.00965 > 0.004 \quad \cdots\cdots\cdots\cdots\cdots\cdots\cdots \text{O.K}$$

(5) 띠철근 간격검토

① 띠철근 최대간격은 부재단면에서 최소크기의 0.5배를 초과할 수 없다. ($F_y \leq 450\text{MPa}$)

$$s_{\max} = 600\text{mm} \times 0.5 = 300\text{mm}$$

② 띠철근의 중심 간 간격은 직경 HD10 철근을 사용할 경우에는 300mm 이하로 한다.

∴ 띠철근 HD10@300 적용

3. 합성단면의 단면성능 산정

(1) 철근

① A_{sr}(철근의 단면적) $= 8 \times 507 = 4,056\text{mm}^2$

② I_{sr}(철근의 단면2차모멘트)

$$I_{sr} = \left[\frac{\pi \times 25^4}{64} \times 8 + (507 \times 287^2) \times 6 \right]$$

$$= 2.507 \times 10^8 \text{mm}^4 \text{(강재 약축에 대한 단면성능)}$$

$$I_{sr} = \left[\frac{\pi \times 25^4}{64} \times 8 + (507 \times 237^2) \times 6\right]$$

$$= 1.71 \times 10^8 \text{mm}^4 (\text{강재 강축에 대한 단면성능})$$

(2) 콘크리트

① A_c(콘크리트 단면적) $= 600 \times 700 - 11,980 - 4,056 = 403,964\text{mm}^2$

② I_c(단면2차모멘트)

$$I_c = \frac{600 \times 700^3}{12} - 6,750 \times 10^4 - 2.507 \times 10^8$$

$$= 1.68 \times 10^{10} \text{mm}^4 (\text{강재 약축에 대한 단면성능})$$

$$I_c = \frac{700 \times 600^3}{12} - 20,400 \times 10^4 - 1.71 \times 10^8$$

$$= 1.22 \times 10^{10} \text{mm}^4 (\text{강재 강축에 대한 단면성능})$$

4. 설계압축강도 산정

 (1) $P_{no} = [11,980 \times 355 + 4,056 \times 400 + 0.85 \times 35 \times 403,964] \times 10^{-3} = 17,893\text{kN}$

 (2) 합성단면의 유효강성 EI_{eff}

　① $C_1 = 0.1 + 2\left(\dfrac{A_s}{A_c + A_s}\right) = 0.1 + 2\left(\dfrac{11,980}{403,964 + 11,980}\right) = 0.158 < 0.3$

　② $EI_{eff} = E_s I_s + 0.5 E_s I_{sr} + C_1 E_c I_c$(강재 약축에 대한 성능)

$$= 210,000 \times 6,750 \times 10^4 + 0.5 \times 200,000 \times 2.507 \times 10^8$$
$$\quad + 0.158 \times 29,800 \times 1.68 \times 10^{10}$$
$$= 1.18 \times 10^{14} \text{N} \cdot \text{mm}^2$$

$$EI_{eff} = E_s I_s + 0.5 E_s I_{sr} + C_1 E_c I_c (\text{강재 강축에 대한 성능})$$

$$= 210,000 \times 20,400 \times 10^4 + 0.5 \times 200,000 \times 1.71 \times 10^8$$
$$\quad + 0.158 \times 29,800 \times 1.22 \times 10^{10}$$
$$= 1.17 \times 10^{14} \text{N} \cdot \text{mm}^2 (\text{지배})$$

 (3) $P_e = \dfrac{\pi^2 \times 1.17 \times 10^{14}}{4,500^2} \times 10^{-3} = 57,024\text{kN}$

(4) 공칭압축강도 산정

$$\frac{P_{no}}{P_e} = \frac{17,893}{57,024} = 0.314 < 2.25 \text{이므로}$$

$$P_n = 17,893 \times (0.658^{0.314}) = 15,689 \text{kN}$$

5. 안정성 검토

$$\Phi P_n = 0.75 \times 15,689 = 11,767 \text{kN} > P_u = 9,840 \text{kN} \quad \cdots\cdots\cdots\cdots\cdots \text{O.K}$$

6. 스터드앵커 검토

(1) 축하중 전달을 위한 소요전단력(외력이 직접 매입콘크리트에 가해지는 경우로 가정)

$$P_r = 9,840 \text{kN}$$

$$V_r' = P_r(F_y A_s / P_{no}) = 9,840(355 \times 11,980 \times 10^{-3}/17,893) = 2,339 \text{kN}$$

참고

외력이 강재단면에 직접 가해지는 경우 $V_r' = P_r(1 - F_y A_s / P_{no})$

(2) Shear Stud(ϕ19) 1개의 공칭강도

$$\phi Q_{nv} = 0.65 \times F_u \times A_{sa}$$
$$= 0.65 \times 350 \times 283 \times 10^{-3}$$
$$= 64.4 \text{kN}$$

(3) Shear Stud(ϕ19) 소요개수 및 간격

$$n = \frac{2,339}{64.4} = 36.3$$

∴ 하중도입구간에 38개 배치

제10장 접합부의 설계

철골구조(KDS 14 31 25)

10.1 접합부재의 설계강도

1. 설계인장강도

접합부재의 설계인장강도 ϕR_n은 인장항복과 인장파단의 한계상태에 따라 다음 중 작은 값으로 산정한다.

1) 접합부재의 인장항복에 대하여

$$\phi = 0.90 \qquad R_n = F_y A_g$$

2) 접합부재의 인장파단에 대하여

$$\phi = 0.75 \qquad R_n = F_u A_e$$

여기서, A_e : 유효단면적, mm^2

볼트접합부의 경우에는 $A_e = A_n \leq 0.85 A_g$

2. 설계전단강도

접합부재의 설계전단강도 ϕR_n은 전단항복과 전단파단의 한계상태에 따라 다음 중 작은 값으로 산정한다.

1) 접합부재의 전단항복에 대하여

$$\phi = 1.00 \qquad R_n = 0.60 F_y A_g$$

2) 접합부재의 전단파단에 대하여

$$\phi = 0.75 \qquad R_n = 0.6 F_u A_{nv}$$

여기서, A_{nv} : 유효전단단면적, mm^2

3. 블록전단강도

블록전단파단의 한계상태에 대한 설계강도는 전단저항과 인장저항의 합으로 산정한다. 보단부 이음부의 상단 플랜지가 없는 이음부 및 거싯플레이트 등은 블록전단강도를 검토해야 한다. 설계블록전단강도 R_n은 다음과 같이 산정한다.

$$\phi = 0.75$$
$$R_n = 0.6\,F_u\,A_{nv} + U_{bs}F_u\,A_{nt} \leq 0.6\,F_y\,A_{gv} + U_{bs}F_u\,A_{nt}$$

여기서, A_{gv} : 전단저항 총 단면적, mm^2
A_{nv} : 전단저항 순단면적, mm^2
A_{nt} : 인장저항 순단면적, mm^2

인장응력이 일정한 경우 $U_{bs} = 1.0$이고, 인정응력이 일정하지 않은 경우에는 $U_{bs} = 0.5$이다.

4. 설계압축강도

접합부재의 압축강도는 다음과 같이 산정한다.

1) $KL/r \leq 25$인 경우

$$\phi = 0.90 \qquad P_n = F_y\,A_g$$

2) $KL/r > 25$인 경우, 압축재 설계사항을 적용한다.

10.2 보이음

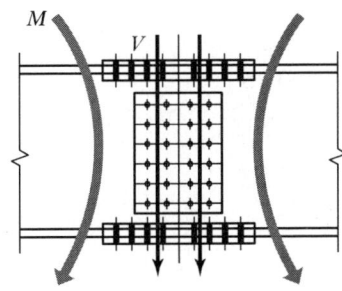

1. 보이음 설계항목

1) 플랜지 이음

    (1) 플랜지 이음판 설계 – 두께, 폭

    (2) 플랜지 이음 볼트 수 산정, 게이지, 피치, 연단거리

2) 웨브 이음

    (1) 웨브 이음판 설계 – 두께, 폭

    (2) 웨브 이음 볼트 수 산정, 게이지, 피치, 연단거리

2. 보이음 설계과정

1) 이음부의 설계강도 결정(M_d, V_d)

$$M_d = \left[\frac{\phi_b M_n}{2},\ M_u\right]_{MAX}$$

$$V_d = \left[\frac{\phi_v V_n}{2},\ V_u\right]_{MAX}$$

2) 플랜지 이음부 설계

(1) $T_u \geq \dfrac{M_d}{d - t_f}$

(2) 플랜지 이음판 볼트 수

$$n_b \geq \frac{T_u}{\phi R_n} \qquad \phi R_n = \phi\, \mu\, h_f\, T_o\, N_s$$

(3) 플랜지 이음판 소요 총 단면적과 순단면적

① $A_{gt} \geq \dfrac{T_u}{\phi F_y}$, $\phi = 0.9$

② $A_{nt} \geq \dfrac{T_u}{\phi F_u}$, $\phi = 0.75$

3) 웨브 이음부 설계

(1) 웨브 이음판 볼트 수

$$n_b \geq \dfrac{V_d}{\phi R_n}$$

(2) 웨브 이음판 소요 총 단면적과 순단면적

① $A_{gv} \geq \dfrac{V_d}{\phi(0.6F_y)}$, $\phi = 1.0$

② $A_{nv} \geq \dfrac{V_d}{\phi(0.6F_u)}$, $\phi = 0.75$

(3) 편심 모멘트에 대한 검토

예제 10.1

H형강보 H−500×200×10×16(SS275)의 이음부를 하중저항계수설계법으로 설계하시오. 단, 이음부의 소요 휨모멘트 M_u =350kN · m, 소요 전단력 V_u =300kN이고, 고력볼트는 M22(F10T, 설계볼트장력=200kN)를 사용한다.

$H-500 \times 200 \times 10 \times 16$의 소성단면계수 $Z = 2{,}180 \times 10^3 \text{mm}^3$, $F_y = 275\text{MPa}$, $F_u = 410\text{MPa}$

[풀이] 보이음부 설계

1. 이음부 설계강도

(1) $\phi M_n = 0.9\, Z_p\, F_y = 0.9 \times (2{,}180 \times 10^3) \times 275 \times 10^{-6} = 539.6\text{kN} \cdot \text{m}$

(2) $\phi V_n = 1.0\,(0.6F_y)\,A_w = 1.0 \times (0.6 \times 275) \times (500 \times 10) \times 10^{-3} = 825\text{kN}$

$\dfrac{h}{t_w} = \dfrac{500 - 2(16+20)}{10} = 42.6 < 2.24\sqrt{210{,}000/275} = 61.9$

$$\therefore M_u = 350 \text{kN} \cdot \text{m} > \frac{\phi M_n}{2} = 269.8 \text{kN} \cdot \text{m}$$

$$\therefore V_u = \frac{\phi V_n}{2} = 412.5 \text{kN} > 300 \text{kN}$$

2. 플랜지 이음판 설계

플랜지 외부 이음판의 폭은 플랜지의 폭과 같이 200mm로 하고, 내부 이음판은 70mm로 가정한다.

(1) 플랜지 이음판의 소요인장강도

$$P_u = \frac{350 \times 10^3}{500 - 16} = 723.1 \text{kN}$$

(2) 플랜지 이음판 고력볼트 산정

M22(F10T) 고력볼트의 설계미끄럼강도 산정(2면전단)

$$\phi R_n = \phi \mu h_f T_o N_s = 1.0 \times 0.5 \times 1.0 \times 200 \times 2 = 200 \text{kN/ea}$$

소요볼트 개수 산정 : $n = \frac{723.1}{200} = 3.61 \text{EA}$

따라서 2개씩 2열 배치(4EA)

(3) 플랜지 이음판의 소요단면적 및 두께

① 전단면에 대한 항복검토

소요단면적 $A_{gt} = \frac{P_u}{\phi F_y} = \frac{723.1(10^3)}{0.9(275)} = 2,921.6 \text{mm}^2$

플랜지 이음판 두께 산정(외부 이음판과 내부 이음판의 두께가 동일하다고 가정)

$$t = \frac{2,921.6}{(200 + 2 \times 70)} = 8.6 \text{mm}$$

② 유효단면에 대한 파괴 검토

소요단면적 $A_{nt} = \frac{P_u}{\phi F_u} = \frac{723.1(10^3)}{0.75(410)} = 2,351.5 \text{mm}^2$

$$t = \frac{2,351.5}{(200 + 2 \times 70 - 4 \times 24)} = 9.63 \text{mm}$$

따라서 10mm로 이음판 두께 결정

3. 웨브 이음판 설계

웨브 이음판은 전단력을 모두 부담하는 것으로 설계한다. $V_u = 412.5 \text{kN}$

(1) 웨브 이음판 고력볼트 산정

$$n = \frac{412.5}{200} = 2.1 \text{EA}$$

따라서 3개씩 1열 배치

(2) 웨브 이음판의 소요단면적 및 두께

웨브 접합볼트의 피치를 120mm, 연단거리를 45mm로 하면 웨브 이음판의 높이는 330mm가 된다.

① 전단면에 대한 항복 검토

$$\text{소요단면적 } A_{gv} = \frac{V_u}{\phi(0.6F_y)} = \frac{412.5(10^3)}{1.0(0.6 \times 275)} = 2{,}500\text{mm}^2$$

$$t = \frac{2{,}500}{2(330)} = 3.8\text{mm}$$

② 유효단면에 대한 파괴 검토

$$\text{소요단면적 } A_{nv} = \frac{V_u}{\phi(0.6F_u)} = \frac{412.5(10^3)}{0.75(0.6 \times 410)} = 2{,}236\text{mm}^2$$

$$t = \frac{2{,}236}{2(330 - 3 \times 24)} = 4.3\text{mm}$$

따라서 5mm로 이음판 두께 결정

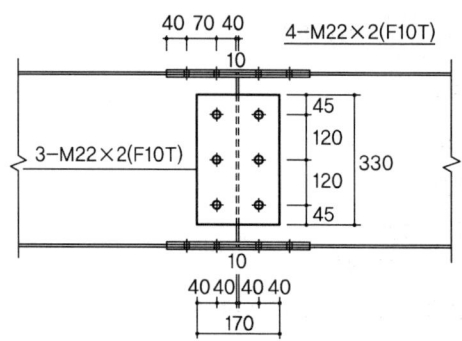
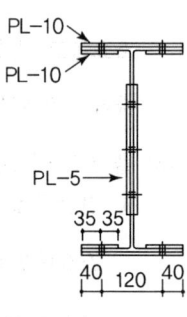

예제 10.2

H형강보 H-500×200×10×16(SS275)의 이음부를 하중저항계수설계법으로 설계하시오.(단, 이음부의 소요휨모멘트 $M_u = 350$kN·m, 소요 전단력 $V_u = 300$kN이고, 고력볼트는 M22(F10T)를 사용하며, 미끄러짐이 허용된다.)

$H-500 \times 200 \times 10 \times 16$의 소성단면계수 $Z = 2{,}180 \times 10^3 \text{mm}^3$, $F_y = 275\text{MPa}$, $F_u = 410\text{MPa}$

풀이 ▶ 보이음부 설계

1. 이음부 설계강도

   (1) $\phi M_n = 0.9 Z_p F_y = 0.9 \times (2{,}180 \times 10^3) \times 275 \times 10^{-6} = 539.6\text{kN·m}$

(2) $\phi V_n = 1.0\,(0.6F_y)\,A_w = 1.0 \times (0.6 \times 275) \times (500 \times 10) \times 10^{-3} = 825\text{kN}$

$\dfrac{h}{t_w} = \dfrac{500 - 2(16+20)}{10} = 42.6 < 2.24\sqrt{210{,}000/275} = 61.9$

$\therefore M_u = 350\text{kN}\cdot\text{m} > \dfrac{\phi M_n}{2} = 269.8\text{kN}\cdot\text{m}$

$\therefore V_u = \dfrac{\phi V_n}{2} = 412.5\text{kN} > 300\text{kN}$

2. 플랜지 이음판 설계

플랜지의 외부 이음판의 폭은 플랜지의 폭과 같이 200mm로 하고, 내부 이음판은 70mm로 가정한다.

(1) 플랜지 이음판의 소요인장강도

$P_u = \dfrac{350 \times 10^3}{500 - 16} = 723.1\text{kN}$

(2) 플랜지 이음판 고력볼트 산정

$\phi R_n = \left[0.75 \times \dfrac{\pi(22)^2}{4} \times 400 \times 10^{-3}\right]2 = 228\text{kN}$ (구멍지압은 충분히 안전한 것으로 가정)

소요볼트 개수 산정 : $n = \dfrac{723.1}{228} = 3.17\text{EA}$

따라서 2개씩 2열 배치(4EA)

(3) 플랜지 이음판의 소요단면적 및 두께

　① 전단면에 대한 항복 검토

소요단면적 $A_{gt} = \dfrac{P_u}{\phi F_y} = \dfrac{723.1(10^3)}{0.9(275)} = 2{,}921.6\text{mm}^2$

플랜지 이음판 두께 산정(외부 이음판과 내부 이음판의 두께가 동일하다고 가정)

$t = \dfrac{2{,}921.6}{(200 + 2\times70)} = 8.6\text{mm}$

　② 유효단면에 대한 파괴 검토

소요단면적 $A_{nt} = \dfrac{P_u}{\phi F_u} = \dfrac{723.1(10^3)}{0.75(410)} = 2{,}351.5\text{mm}^2$

$t = \dfrac{2{,}351.5}{(200 + 2\times70 - 4\times24)} = 9.63\text{mm}$

따라서 10mm로 이음판 두께 결정

(4) 구멍지압 검토

플랜지가 지배, 연단거리 40mm, 피치 70mm로 가정

　① 연단부 : $L_c = 40 - 24/2 = 28\text{mm}$, 상한치 : $2.4dtF_u = 346.4\text{kN}$

$1.2L_c tF_u = 220.4\text{kN}$

② 중앙부 : $L_c = 70 - 24 = 46\text{mm}$

$$1.2 L_c t F_u = 362.1\text{kN} > 2.4 dt F_u = 346.4\text{kN}$$

$$\phi R_n = 0.75[2 \times 220.4 + 2 \times 346.4] = 850.2\text{kN} > P_u = 723.1\text{kN} \cdots\cdots\cdots\cdots \text{O.K}$$

3. 웨브 이음판 설계

웨브 이음판은 전단력을 모두 부담하는 것으로 설계한다. $V_u = 352.5\text{kN}$

(1) 웨브 이음판 고력볼트 산정

$$\phi R_n = \left[0.75 \times \frac{\pi(22)^2}{4} \times 400 \times 10^{-3} \right] 2 = 228\text{kN} \text{(구멍지압은 충분히 안전한 것으로 가정)}$$

소요볼트 개수 산정 : $n = \dfrac{352.5}{228} = 1.54\text{EA}$

3개씩 1열 배치(3EA)

(2) 웨브 이음판의 소요단면적 및 두께

웨브 접합볼트의 피치를 120mm, 연단거리를 45mm로 하면 웨브 이음판의 높이는 330mm가 된다.

① 전단면에 대한 항복 검토

$$\text{소요단면적 } A_{gv} = \frac{V_u}{\phi(0.6 F_y)} = \frac{412.5(10^3)}{1.0(0.6 \times 275)} = 2{,}500\text{mm}^2$$

$$t = \frac{2{,}500}{2(330)} = 3.8\text{mm}$$

② 유효단면에 대한 파괴 검토

$$\text{소요단면적 } A_{nv} = \frac{V_u}{\phi(0.6 F_u)} = \frac{412.5(10^3)}{0.75(0.6 \times 410)} = 2{,}236\text{mm}^2$$

$$t = \frac{2{,}236}{2(330 - 3 \times 24)} = 4.3\text{mm}$$

따라서 5mm로 이음판 두께 결정

(3) 구멍지압 검토

지압접합부의 경우 구멍지압 검토(이음판 지배), 연단거리 45mm, 피치 120mm로 가정

① 연단부 : $L_c = 45 - 24/2 = 33\text{mm}$, 상한치 : $2.4 dt F_u = 216.5\text{kN}$

$$1.2 L_c t F_u = 162.4\text{kN}$$

② 중앙부 : 피치가 충분하므로 상한치가 지배

$$\phi R_n = 0.75[162.4 + 2 \times 216.5] = 446.6\text{kN} > V_u = 352.5\text{kN} \cdots\cdots\cdots\cdots \text{O.K}$$

접합부 상세는 [예제 10.1]과 동일

10.3 기둥이음

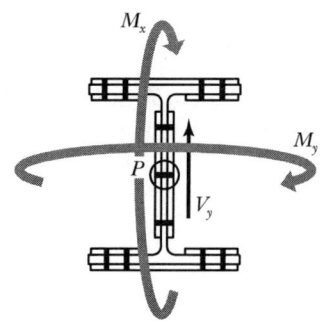

1. 기둥이음 설계항목

1) 플랜지 이음

(1) 플랜지 이음판 설계 – 두께, 폭

(2) 플랜지 이음 볼트 수 산정, 게이지, 피치, 연단거리

2) 웨브 이음

(1) 웨브 이음판 설계 – 두께, 폭

(2) 웨브 이음 볼트 수 산정, 게이지, 피치, 연단거리

2. 기둥이음 설계과정

1) 이음부의 설계강도 결정(P_d, M_d, V_d)

$$P_d = \left[\frac{\phi_c P_n}{2},\ P_u\right]_{MAX}$$

$$M_d = \left[\frac{\phi_b M_n}{2},\ M_u\right]_{MAX}$$

$$V_d = \left[\frac{\phi_v V_n}{2},\ V_u\right]_{MAX}$$

※ 만약 Metal Touch 고려 시 이음면에 수직으로 작용하는 하중의 50%를 이음면을 통해 전달되는 것으로 설계할 수 있다. 즉, 작용하중을 50% 감소시켜 50%의 하중으로 설계 가능하다.

2) 플랜지 이음부 설계

　(1) 축력분배

$$P_{df1} = \phi_c P_{nf1} = 0.9\, F_y\, A_{gf1}$$

　　Metal Touch 고려 시 : $0.5\,(\phi_c P_{nf1}) = 0.5 \times (0.9\, F_y\, A_{gf1})$

　(2) 플랜지 이음판 볼트 수

$$n_b \geq \frac{P_{df1}}{\phi R_n}$$

　(3) 플랜지 이음판 소요 총 단면적

$$A_{gt} \geq \frac{P_{df1}}{\phi F_y},\ \phi = 0.9$$

3) 웨브 이음부 설계

　(1) 축력분배

$$P_{dw} = \phi_c P_{nw} = 0.9\, F_y\, A_{gw}$$

　　Metal Touch 고려 시 : $0.5\,(\phi_c P_{nw}) = 0.5 \times (0.9\, F_y\, A_{gw})$

　(2) 플랜지 이음판 볼트 수

$$n_b \geq \frac{P_{dw}}{\phi R_n}$$

　(3) 플랜지이음판 소요 총 단면적

$$A_{gt} \geq \frac{P_{dw}}{\phi F_y},\ \phi = 0.9$$

예제 10.3

H-350×350×12×19(A=174cm², Z_p=2,550cm³)를 사용한 기둥의 이음부를 하중저항계수설계법으로 설계하시오.(단, 고력볼트 접합부로 설계할 것, M_u=170kN·m, V_u=200kN, P_u=3,000kN, 강재는 SHN355, 볼트는 M22(F10T), 설계볼트장력=200kN이며, 표준구멍을 사용한다.)

풀이 기둥-이음부 설계

1. 부재의 설계강도 검토

   (1) $\phi M_n = 0.9 Z_p F_y = 0.9 \times (2,550 \times 10^3) \times 355 \times 10^{-6} = 814.7$ kN·m

   (2) $\phi V_n = \phi(0.6 F_y) A_w = 1.0 \times (0.6 \times 355) \times (350 \times 12) \times 10^{-3} = 894.6$ kN

   (3) $\phi P_n = 0.9(F_y) A_g = 0.9 \times 355 \times (174 \times 10^2) \times 10^{-3} = 5,559.3$ kN

   소요압축강도는 설계압축강도의 54%이고 소요휨강도는 설계휨강도의 21%, 소요전단강도는 설계전단강도의 22%이다. 따라서 전강도설계에 의해 설계한다.

2. 플랜지 이음판 설계

   플랜지 외부 이음판의 폭은 기둥 플랜지의 폭과 같이 350mm로 하고, 내부 이음판은 140mm로 가정한다.

   (1) 플랜지 이음판의 소요압축강도

   $P_u = 0.9 \times 355 \times (350 \times 19) \times 10^{-3} = 2,124.7$ kN

   (2) 플랜지 이음판 고력볼트 산정

   M22(F10T) 고력볼트의 설계미끄럼 강도 산정(2면전단)

   $\phi R_n = 200$ kN/ea

   소요볼트 개수 산정

   $n = \dfrac{2,124.7}{200} = 10.6$ EA, 따라서 3개씩 4열 배치

   (3) 플랜지 이음판의 소요단면적 및 두께

   소요단면적 $A_{gc} = \dfrac{P_u}{\phi F_y} = \dfrac{2,124.7(10^3)}{0.9(355)} = 6,650$ mm²

   플랜지 이음판 두께 산정(외부 이음판과 내부 이음판의 두께가 동일하다고 가정)

   $t = \dfrac{6,650}{(350 + 2 \times 140)} = 10.5$ mm, 따라서 12mm로 이음판 두께 결정

3. 웨브 이음판 설계

(1) 웨브 이음판의 소요압축강도

$$P_u = 0.9 \times 355 \times (350 \times 12) \times 10^{-3} = 1,342 \text{kN}$$

(2) 웨브 이음판 고력볼트 산정

$$n = \frac{1,342}{200} = 6.71 \text{EA}$$

따라서 2개씩 4열 배치(웨브 이음판의 폭을 290mm로 가정)

(3) 웨브 이음판의 소요단면적 및 두께

소요단면적 $A_{gc} = \dfrac{P_u}{\phi F_y} = \dfrac{1,342(10^3)}{0.9(355)} = 4,200 \text{mm}^2$

웨브 이음판 두께 산정

$t = \dfrac{4,200}{(2 \times 290)} = 7.24 \text{mm}$, 따라서 8mm로 이음판 두께 결정

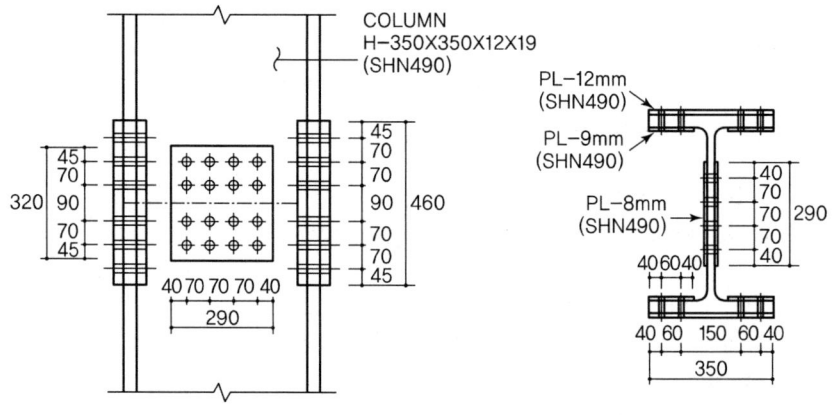

10.4 기둥-보 접합

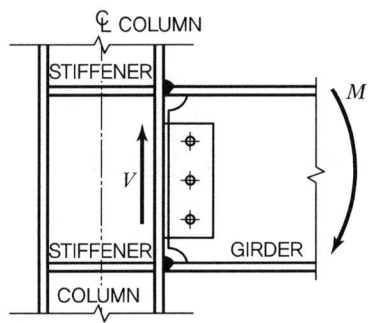

1. 기둥-보 접합부 설계 시 설계 및 검토항목

1) 플랜지 접합(맞댄용접)

2) 웨브 이음

   (1) 보 웨브면과 기둥 플랜지를 직접 용접 시 - 모살치수

   (2) 이음판 사용 시 - 이음판 모살치수, 이음판 두께, 볼트 개수

3) 스티프너 설계

   국부휨, 국부항복, 국부좌굴, 압축좌굴 검토

4) 패널존 검토

2. 보-기둥 접합부의 설계 과정

1) 보 플랜지 용접 검토

$$P_{uf} = \frac{M_d}{H - t_f} \leq \phi_b P_{yf} = 0.9 \, F_y A_f$$

만약 $P_{uf} > \phi_b P_{yf}$ 경우 웨브의 모멘트 분담

2) 보 웨브 접합 - 보웨브 직접 모살용접

$$V_d \leq \phi F_w A_w = 0.75 \times (0.6 F_{uw}) \times a \times l_e$$

여기서, $a = 0.7S$(돌림용접 $-2 \times a$)
$l_e = H - 2 \times t_f - 2 \times scallop$ (3cm or 3.5cm)

3) 보 웨브 접합 – 이음판, 볼트용접

(1) 볼트 수 산정 및 배치

$$n_b \geq \frac{V_d}{\phi R_n}$$

(2) 웨브 이음판 소요 총 단면적과 순단면적

$$A_{gv} \geq \frac{V_d}{\phi(0.6F_y)}, \ \phi = 1.0$$

$$A_{nv} \geq \frac{V_d}{\phi(0.6F_u)}, \ \phi = 0.75$$

(3) 웨브 이음판 용접부 설계

① 용접부 단면성능 산정
- 모살치수 s 가정
- $a = 0.7s$
- $l_e = h - 2s$
- $S_x = 2 \times \dfrac{a \cdot l_e^2}{6}$

② 전단응력 : $f_{uv} = \dfrac{V_d}{2 \cdot a \cdot l_e}$

4. 기둥 플랜지의 국부 휨강도 검토

용접된 인장재 폭이 플랜지 전체폭의 0.15배 이하이면 검토하지 않아도 좋다.

$$\phi_l = 0.90, \ R_n = 6.25 t_f^2 F_{yf}$$

$$\phi_l R_n = 0.9 \times 6.25 \cdot t_f^2 \cdot F_{yf}$$

여기서 ϕ_l : 강도저감계수
F_{yf} : 플랜지 항복강도(t/cm^2)

5. 집중력 작용점에서 웨브필렛 선단부의 국부항복강도 검토

1) 집중력의 작용점이 재단에서 부재높이 d 이상 떨어져 있을 때

$$\phi_l = 1.0 \qquad R_n = (5k+N)t_w F_{yw}$$

2) 집중력의 작용점이 재단에서 d보다 작은 거리에 있을 때

$$\phi_l = 1.0 \qquad R_n = (2.5k+N)t_w F_{yw}$$

여기서 k : 플랜 지표면에서 웨브필렛 선단까지의 거리
N : 집중력이 작용하는 폭
d : H형 단면재의 전체 높이

6. 집중하중을 받는 무보강 웨브의 설계크립플링 강도 검토

1) 집중력이 재단에서 $d/2$ 이상 떨어진 위치에서 작용할 때

$$\phi_l = 0.75 \qquad R_n = 0.8\, t_w^2 \left[1 + 3\frac{N}{d}\left(\frac{t_w}{t_f}\right)^{1.5}\right]\sqrt{\frac{EF_{yw}\,t_f}{t_w}}$$

2) 집중력이 재단에서 $d/2$ 미만 떨어진 위치에서 작용할 때

$$\phi_l = 0.75$$

$$N/d \leq 0.2 : R_n = 0.4\, t_w^2\left[1 + 3\frac{N}{d}\left(\frac{t_w}{t_f}\right)^{1.5}\right]\sqrt{\frac{EF_{yw}\,t_f}{t_w}}$$

$$N/d > 0.2 : R_n = 0.4\, t_w^2\left[1 + \left(\frac{4N}{d} - 0.2\right)\left(\frac{t_w}{t_f}\right)^{1.5}\right]\sqrt{\frac{EF_{yw}\,t_f}{t_w}}$$

7. 양쪽 플랜지에 집중압축력이 작용할 때 무보강 웨브의 설계압축좌굴강도 검토

$$\phi_l = 0.9 \qquad R_n = \frac{24\ t_w^3 \sqrt{EF_{yw}}}{h}$$

아래 그림과 같이 계수하중에 의한 부재력 V_u =250kN을 받는 보 기둥 단순접합부를 한계상태법으로 설계하시오.(단, 고력볼트는 F10T M22을 사용한다. 표준구멍을 사용하며, 설계볼트장력 =200kN, 용접봉 인장강도 F_{uw} =490MPa)

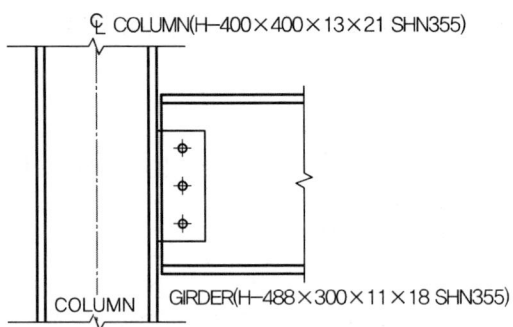

풀이 기둥-보 단순접합부 설계

1. 고력볼트 산정

(1) 고력볼트 1개의 설계미끄럼 강도
$\phi R_n = 100\text{kN/ea}$

(2) 고력볼트 개수 산정
$n = \dfrac{250}{100} = 2.5$

3-M22(F10T)를 사용한다.

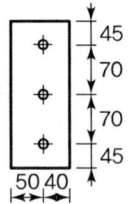

2. 웨브 접합플레이트 검토

웨브 접합플레이트는 기둥 재질과 같은 SN355을 사용하고 고력볼트의 배치를 고려하여 폭은 90mm로 하며, 높이는 230mm로 한다.

(1) 전단면에 대한 전단항복
$A_{gv} = \dfrac{250(10^3)}{1.0 \times (0.6 \times 355)} = 1{,}173.7\text{mm}^2 \quad \therefore\ t = \dfrac{1{,}173.7}{230} = 5.1\text{mm}$

(2) 유효단면에 대한 전단파괴
$A_{nv} = \dfrac{250(10^3)}{0.75 \times (0.6 \times 490)} = 1{,}133.8\text{mm}^2$

$\therefore\ t = \dfrac{1{,}133.8}{(230 - 3 \times 24)} = 7.2\text{mm}$

용접부와 접합부 강성 등을 고려하여 플레이트의 두께는 10mm로 한다.

(3) 플레이트의 조합응력 검토

전단응력 : $f_v = \dfrac{250(10^3)}{230 \times 10} = 108.7\text{N/mm}^2$

휨응력 : $f_b = \dfrac{250 \times 50 \times 10^3}{(10 \times 230^2)/6} = 141.8\text{N/mm}^2$

조합응력 검토 :
$\sqrt{108.7^2 + 3 \times 141.8^2} = 268.6\text{N/mm}^2 < 0.9 \times 355 = 319.5\text{N/mm}^2$ .... O.K

3. 용접부 검토

모살용접 사이즈를 8mm로 가정하고 양면 모살용접을 하면

(1) 목두께 $a = 5.6\text{mm}$

(2) 유효용접길이 $l_e = 230 - 2(8) = 214\text{mm}$

(3) 용접부 단면적 $A_w = 2(5.6)214 = 2{,}396.8\text{mm}^2$

(4) 단면계수 $S_w = 2 \times \dfrac{5.6(214^2)}{6} = 85{,}485.9\text{mm}^3$

(5) 전단응력 산정 $f_v = \dfrac{250(10^3)}{2{,}396.8} = 104.3\text{kN/mm}^2$

(6) 휨응력 산정 $f_b = \dfrac{250 \times 50 \times 10^3}{85{,}485.9} = 146.2\text{kN/mm}^2$

(7) 조합응력 산정 $\sqrt{104.3^2 + 146.2^2} = 179.6\text{N/mm}^2 < 0.75 \times (0.6 \times 490)$
$\phantom{(7) 조합응력 산정 \sqrt{104.3^2 + 146.2^2} = } = 220.5\text{N/mm}^2$ .... O.K

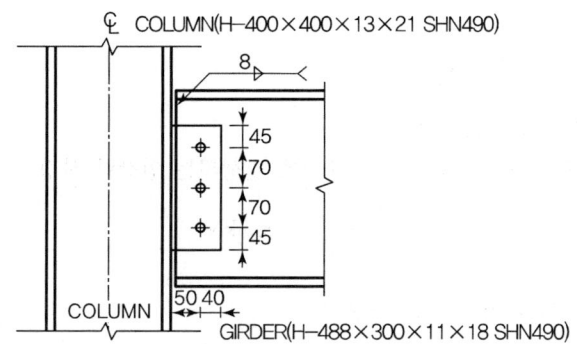

예제 10.5

계수하중에 의한 부재력 $M_u = 450$kN·m, $V_u = 225$kN을 받는 강접합부를 다음 설계조건에 적합하게 설계하시오.

⟨설계조건⟩
- 기둥부재는 H-400×400×13×21(SHN355)
- 보부재는 H-582×300×12×17(SHN275)
- 고장력 볼트 : F10T M20 사용, 웨브 플레이트 : 두께 9mm(SHN275)
- 설계볼트장력=165kN, 표준볼트구멍, 용접봉 인장강도 $F_{uw} = 490$MPa

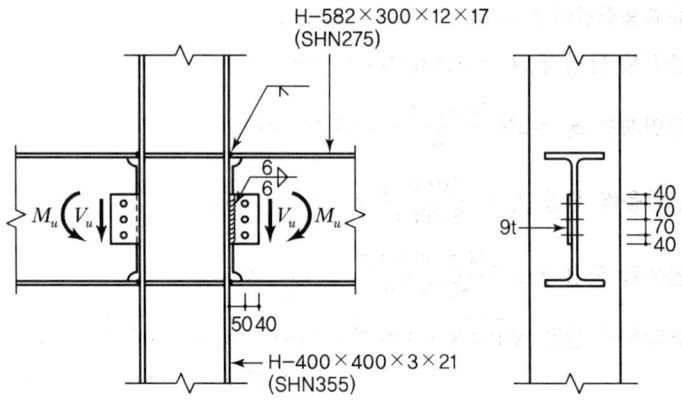

[풀이] 기둥-보 모멘트 접합부 설계

1. 보 플랜지 용접부 검토

    (1) 휨모멘트에 의해 보 플랜지에 발생되는 인장력 산정
    $$P_{uf} = \frac{M_u}{d - t_f} = \frac{450(10^3)}{(582 - 17)} = 796.5 \text{kN}$$

    (2) 보 플랜지의 항복 인장력
    $$\phi P_{yf} = \phi A_f F_{by} = 0.9 \times 300 \times 17 \times 275 \times 10^{-3}$$
    $$= 1,262.3 \text{kN} > P_{uf} = 796.5 \text{kN}$$

    따라서 휨모멘트는 보 플랜지만으로 지지할 수 있으며, 완전용입 맞댐용접을 하면 구조적 안정성을 확보할 수 있다.

2. 웨브 접합볼트 설계

$\phi R_n = 82.5 \text{kN}$

$n = \dfrac{225}{82.5} = 2.72 \text{EA}$

3 – M20(F10T)을 사용한다.

3. 웨브 접합플레이트 설계(PL – 9×90×220으로 가정한다.)

  (1) 전단항복 검토

$$\begin{aligned}\phi V_n &= \phi(0.6 F_y)\, A_g \\ &= 1.0(0.6 \times 275)(220 \times 9)10^{-3} \\ &= 326.7 \text{kN} > 225 \text{kN}\end{aligned}$$

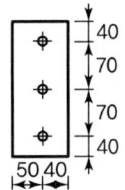

  (2) 전단파단 검토

$$\begin{aligned}\phi V_n &= 0.75(0.6 F_u)\, A_n \\ &= 0.75(0.6 \times 410)(220 - 3 \times 22) \times 9 \times 10^{-3} \\ &= 225.7 \text{kN} > V_u = 225 \text{kN}\end{aligned}$$

  (3) 웨브 접합플레이트 용접부 검토

    사이즈는 6을 적용한다.

    ① 목두께 $a = 0.7 \times 6 = 4.2 \text{mm}$

    ② 유효용접길이 $l_e = 220 - 2 \times 6 = 208 \text{mm}$

    ③ 용접부 단면적 $A_w = 2(4.2 \times 208) = 1{,}747.2 \text{mm}^2$

    ④ 용접부 설계전단강도

$$\begin{aligned}\phi F_w A_w &= 0.75(0.6 F_{uw})\, A_w \\ &= 0.75(0.6 \times 490) \times 1{,}747.2 \times 10^{-3} \\ &= 385.2 \text{kN} > V_u = 225 \text{kN}\end{aligned}$$

4. 집중하중을 받는 기둥 웨브 및 플랜지 강도 검토

기둥의 폭과 일치하고 두께는 보의 플랜지 두께와 같은 스티프너를 사용하면 충분히 안정성을 확보할 수 있다. 즉, 2PL – 17×185×358을 사용한다.

아래 그림과 같이 계수하중에 의한 부재력 $M_u = 600\text{kN} \cdot \text{m}$, $V_u = 380\text{kN}$을 받는 보-기둥 접합부를 한계상태법으로 설계하시오.(단, 용접봉 인장강도 $F_w = 490\text{MPa}$)

기둥 웨브의 크리플링 강도 $\phi R_n = 0.75 \times 0.8 t_w^2 \left[1 + 3\dfrac{N}{d}\left(\dfrac{t_w}{t_f}\right)^{1.5}\right]\sqrt{\dfrac{EF_{yw}t_f}{t_w}}$

기둥 웨브의 압축좌굴강도 $\phi R_n = 0.9 \times \dfrac{24 t_w^3 \sqrt{EF_{yw}}}{h}$

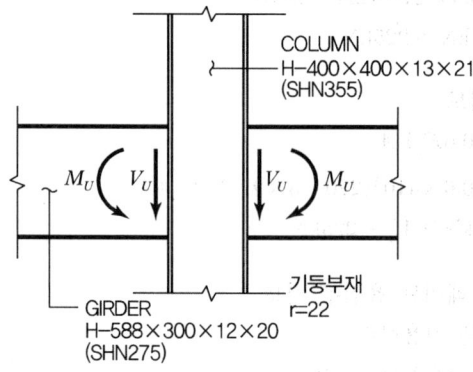

풀이 기둥 – 보 접합부 설계

1. 보 플랜지의 용접 설계(휨모멘트 보 플랜지가 지지하는 것으로 가정)

    (1) 휨모멘트에 의한 보 플랜지의 인장력
    $$P_{uf} = \dfrac{M_u}{d - t_f} = \dfrac{600 \times 10^3}{588 - 20} = 1{,}056.3\text{kN}$$

    (2) 보 플랜지의 항복인장력
    $$\phi P_{yf} = \phi A_f F_{bf} = 0.9 \times 300 \times 20 \times 275 \times 10^{-3} = 1{,}485\text{kN} \geq P_{uf}$$
    ∴ 보 플랜지는 기둥 플랜지에 완전용입 맞댐용접함

2. 보 웨브 모살용접 설계

    (1) $V_u = 380\text{kN}$

    (2) 용접부 전단강도 산정

    ① $s = 8\text{mm}$로 가정

    ② 용접길이 산정
    $$l_e = 588 - 2 \times 20 - 2 \times 35 - 2 \times 8 = 462\text{mm}$$

③ 유효면적
$$A_w = l_e \times 2a = 462 \times (2 \times 0.7 \times 8) = 5{,}174.4 \text{mm}^2$$

④ 전단강도
$$\phi F_w A_w = 0.75 \times 0.6 \times 490 \times 5174.4 \times 10^{-3}$$
$$= 1{,}141 \text{kN} \geq V_u = 380 \text{kN} \quad \cdots \cdots \text{O.K}$$

3. 집중하중을 받는 웨브 및 플랜지 강도

(1) 기둥 플랜지의 국부휨 강도
$$\phi R_n = 0.9 \times 6.25 \times t_f^2 \times F_{yf} = 0.9 \times 6.25 \times 21^2 \times 355 \times 10^{-3}$$
$$= 880.6 \text{kN} < 1{,}056.3 \text{kN} \quad \cdots \cdots \text{N.G}$$

(2) 기둥웨브의 국부 항복강도
$$\phi R_n = 1.0 \times (5k + N) t_w F_{yw}$$
$$= 1.0 \times [5.0 \times (21 + 22) + 20] \times 13 \times 355 \times 10^{-3}$$
$$= 1{,}084.5 \text{kN} > 1{,}056.3 \text{kN} \quad \cdots \cdots \text{O.K}$$

(3) 기둥 웨브의 크립플링 강도
$$\phi R_n = 0.75 \times 0.8\, t_w^2 \left[1 + 3\frac{N}{d}\left(\frac{t_w}{t_f}\right)^{1.5}\right] \sqrt{\frac{E F_{yw} t_f}{t_w}}$$
$$= 0.75 \times 0.8 \times 13^2 \times \left[1 + 3 \times \frac{20}{400} \times \left(\frac{13}{21}\right)^{1.5}\right] \sqrt{\frac{210{,}000 \times 355 \times 21}{13}} \times 10^{-3}$$
$$= 1{,}194 \text{kN} > 1{,}056.3 \text{kN} \quad \cdots \cdots \text{O.K}$$

(4) 기둥 웨브의 압축좌굴강도
$$\phi R_n = 0.9 \times \frac{24 t_w^3 \sqrt{E F_{yw}}}{h} = 0.9 \times \frac{24 \times 13^3 \times \sqrt{210{,}000 \times 355}}{(400 - 2 \times 21 - 2 \times 22)} \times 10^{-3}$$
$$= 1{,}305 \text{kN} > 1{,}056.3 \text{kN} \quad \cdots \cdots \text{O.K}$$

(5) 스티프너 설계(SN355 사용)

기둥 플랜지의 국부휨강도, 기둥 웨브의 국부항복강도가 보 플랜지의 인장력보다 적으므로 스티프너가 요구됨

① 스티프너 필요면적
$$A_{req} = \frac{P_{uf} - \phi R_n}{\phi F_{yst}} = \frac{(1{,}056.3 - 880.6) \times 10^3}{0.9 \times 355} = 550 \text{mm}^2$$

② 스티프너 설계(폭 : 보폭과 동일, 두께 10mm 가정)
$$A_{st} = (300 - 13 - 2 \times 35) \times 10 = 2{,}170 \text{mm}^2 \geq A_{req}$$
웨브 양측에 $2PL - 10 \times 145 \times 358$ 사용, $(300 - 13)/2 = 143.5$, 145 적용
$$t = 10 \geq \max(20/2,\ 145/15)$$

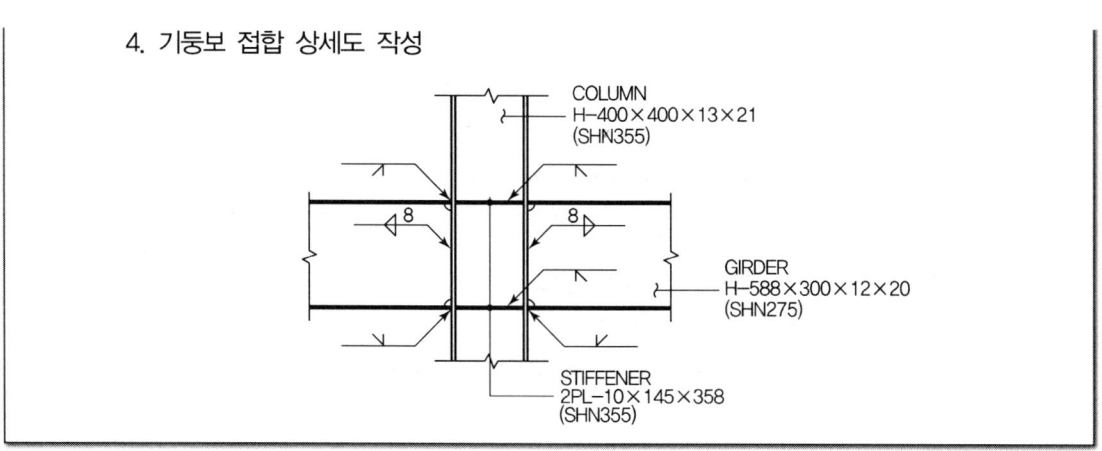

10.5 패널존

1. 개요

패널존이란 강접합의 기둥-보 접합부에 기둥과 보로 둘러싸인 부분을 의미한다. 큰 수평하중 또는 기둥 좌·우 보의 불균형모멘트가 클 경우, 상·하 기둥의 단부와 좌우 보의 단부로부터 커다란 전단력과 휨모멘트가 패널존에 작용하게 된다. 만약 패널존에 적절한 내력이 확보되지 않을 경우, 패널존은 전단항복에 의한 과대한 전단변형을 발생시키며 골조 전체의 구조적 안정성 및 사용성에 악영향을 미칠 수 있다. 따라서 패널존의 판두께에 대한 안정성 검토를 통하여 전단강도와 강성을 높일 필요가 있다.

일반적으로 골조 해석시 패널존에 대한 검토가 생략되므로 패널존에 대한 추가적인 검토가 요구된다. 변형의 효과가 포함되지 않은 경우, 전단력과 압축력을 받는 패널존의 설계전단강도는 $\phi_l R_v$이고 공칭전단강도 R_n은 다음 식과 같다.

2. 패널존 검토

1) $P_r \leq 0.40 P_c$인 경우

$$\phi_l = 0.9$$
$$R_n = 0.60 F_{yw} d_c t_w$$

2) $P_r > 0.40\,P_c$ 인 경우

$$\phi_l = 0.90$$

$$R_n = 0.60\,F_{yw}\,d_c\,t_w\left(1.4 - \frac{P_u}{P_c}\right)$$

여기서 R_v : 기둥 웨브의 공칭전단강도(N)
  P_r : 소요압축력
  P_c : 압축재의 항복내력($=AF_y$)(N)
  F_{yw} : 기둥웨브의 항복강도(N/mm²)
  t_w : 기둥웨브의 두께(mm)
  d_c : 기둥부재의 전체춤
  d_b : 보의 전체춤

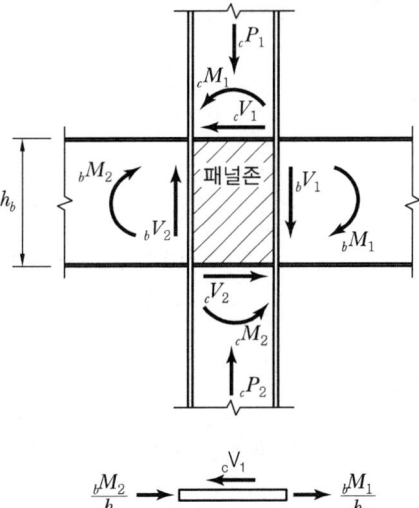

예제 10.7

H-428×407×20×35(SHN355) 기둥과 H-488×300×10×18(SHN355) 보의 접합부에 아래 그림과 같이 지진하중에 의한 응력이 발생한다. 이 경우의 기둥-보 접합부 패널존의 안전을 하중저항계수설계법으로 검증하고, 보강이 필요할 경우 SN355 강판재를 이용한 보강방법을 제시하라.

  단, (1) H-428×407×20×35의 단면적(A) = $3.6070 \times 10^4 \text{mm}^2$
  (2) SN355($t \leq 40$)의 $F_u = 490\text{N/mm}^2$, $F_y = 355\text{N/mm}^2$

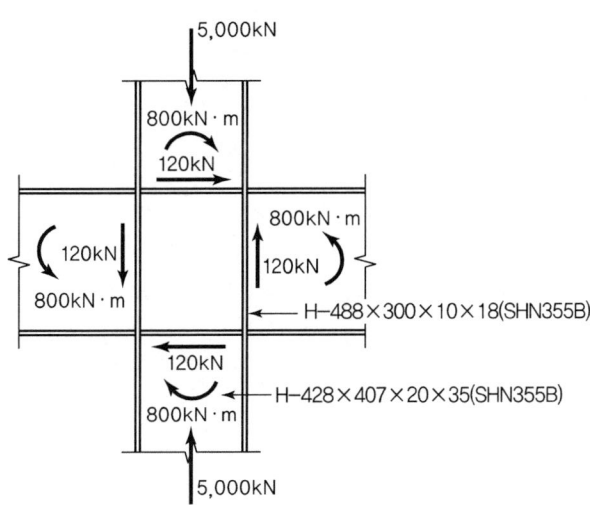

[풀이] 패널존의 안정성 검토

1. 웨브 패널존의 설계전단강도

    (1) $P_r = 5,000\text{kN}$

    (2) $P_y = AF_y = 3.607 \times 10^4 \times 355 \times 10^{-3} = 12,805\text{kN}$

    (3) $\phi_l R_n$ 산정

    ① $0.4 P_c = 0.4 \times 12,805 = 5,122\text{kN} > P_u = 5,000\text{kN}$

    ② $\phi_l R_v = \phi_l\, 0.60\, F_{yw}\, d_c\, t_w$
    $= 0.9 \times 0.6 \times 355 \times 428 \times 20 \times 10^{-3}$
    $= 1,641\text{kN}$

2. 패널존에 작용하는 전단력

$$V_u = 2 \times \frac{M_u}{d_b - t_{fb}} - V_c = 2 \times \frac{800 \times 10^3}{488 - 18} - 120$$

$= 3,284.3\text{kN} > \phi_l R_v = 1,641\text{kN}$ ················· N.G(패널존 보강 필요)

3. 패널존 보강판 설계(SN355 사용)

$$T_{w(req)} \geq \frac{V_u}{\phi_l\, 0.6\, F_{yw}\, d_c} = \frac{3,284.3 \times 10^3}{0.9 \times 0.6 \times 355 \times 428} = 41\text{mm}$$

$41 - 20 = 21\text{mm}$ 두께 이상 보강 필요

∴ 보강판 2PL-12 적용(용접)

10.6 베이스 플레이트 설계

1. 콘크리트 지압강도

1) 콘크리트의 총 단면이 지압을 받는 경우

$$\phi P_p = 0.65 \times 0.85 f_{ck} A_1$$

2) 콘크리트 단면의 일부분이 지압을 받는 경우

$$\phi P_p = 0.65 \times 0.85 f_{ck} A_1 \sqrt{\frac{A_2}{A_1}}$$

여기서, A_1 : 베이스 플레이트 면적, mm²
A_2 : 베이스 플레이트와 닮은꼴의 콘크리트 지지부분의 최대면적, mm²

단, $\sqrt{\dfrac{A_2}{A_1}} \leq 2.0$

2. 베이스 플레이트 설계

1) 콘크리트 지압강도를 확보하기 위한 베이스 플레이트의 크기

$$A_1 = \frac{P_u}{\phi_b \, 0.85 f_{ck} \sqrt{\dfrac{A_2}{A_1}}} \text{에서}$$

$\sqrt{\dfrac{A_2}{A_1}} = 2$ (최대지압면적으로 가정)

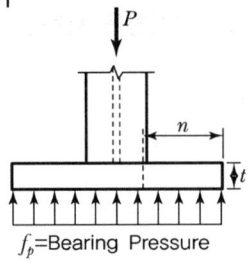

2) 최적 베이스 플레이트 크기 산정

$$N = \sqrt{A_1} + \Delta$$

여기서, $A_1 = BN$, mm²
$\Delta = 0.5(0.95d - 0.8b_f)$, mm

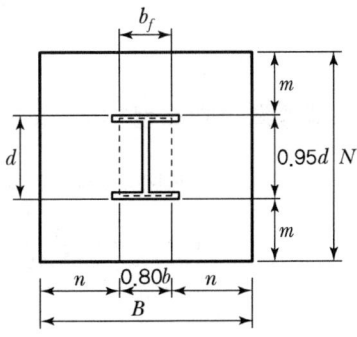

3) 베이스 플레이트 소요두께 산정

$$t_{bp} = l \sqrt{\frac{2P_u}{0.9F_y BN}}$$

여기서, $m = (N - 0.95d)/2$, $n = (B - 0.8b_f)/2$

$\lambda'_n = \lambda \times \sqrt{db_f}/4$, $\lambda = \dfrac{2\sqrt{X}}{1+\sqrt{1-X}} \leq 1.0$

$X = \dfrac{4db_f}{(d+b_f)^2} \dfrac{P_u}{\phi_B P_p} \leq 1.0$

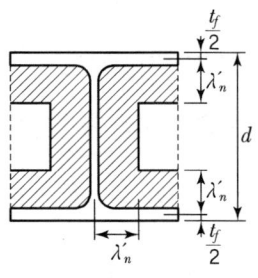

3. 앵커볼트

앵커볼트는 베이스 주각부의 전단력을 주로 부담하며, 주각부가 고정인 경우 모멘트에 의한 인장력을 지지할 수 있도록 검토해야 한다.

예제 10.8

그림과 같은 주각이 중심축하중 $P_u = 6{,}500$kN을 받을 때, 베이스 플레이트(SM355)를 설계하시오.(단, H-428×407×20×35(SM355), 기초 크기 : 4,000×4,000mm, $f_{ck} = 24$MPa, 하중저항계수설계법을 사용할 것)

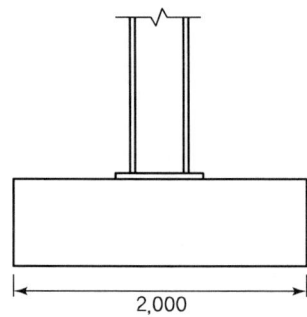

풀이 베이스 플레이트 설계

1. 베이스 플레이트 최적 크기 산정

(1) $A_1 = \dfrac{6{,}500(10^3)}{0.65 \times 0.85 \times 24 \times 2} = 245{,}098 \text{mm}^2 > b_f d = 174{,}196$

(2) 최적 베이스 플레이트 크기

$\Delta = 0.5(0.95 \times 428 - 0.8 \times 407) = 40.5 \text{mm}$

$N = \sqrt{245,098} + 40.5 = 535.5 \text{mm}$

∴ $N = 600\text{mm}$ 로 결정한다.

$B = 265,522/600 = 442.5 \text{mm}$

∴ $B = 500\text{mm}$ 로 결정한다.

$BN = 300,000 \text{mm}^2 > A_1 = 245,098 \text{mm}^2$ 이므로

콘크리트 지압에 대해 충분히 안전하다.

2. 베이스 플레이트 두께 산정

(1) $m = \dfrac{600 - 0.95(428)}{2} = 96.7 \text{mm}$

(2) $n = \dfrac{500 - 0.8(407)}{2} = 87.2 \text{mm}$

(3) $X = \dfrac{4 \times 428 \times 407}{(428 + 407)^2} \dfrac{6,500 \times 10^3}{0.65 \times 0.85 \times 24 \times 2 \times (500 \times 600)} = 0.82 < 1.0$

(4) $\lambda = \dfrac{2 \times \sqrt{0.82}}{1 + \sqrt{1 - 0.82}} = 1.27 > 1.0 \qquad ∴ \lambda = 1.0$

(5) $\lambda_n' = \dfrac{1 \times \sqrt{428 \times 407}}{4} = 104.3 \text{mm}$

$t_{bP} = 104.3 \times \sqrt{\dfrac{2 \times 6,500,000}{0.9 \times 355 \times 500 \times 600}} = 38.4 \text{mm} > 16 \text{mm}$

베이스 플레이트의 두께를 재산정하면

∴ $t_{bP} = 104.3 \times \sqrt{\dfrac{2 \times 6,500,000}{0.9 \times 345 \times 500 \times 600}} = 38.9 \text{mm}$

따라서 베이스 플레이트는 $PL - 40 \times 500 \times 600 (SM355)$을 사용한다.

연습문제

제10장 | 접합부의 설계

문제01 강구조 보-기둥 접합에서 강접, 반강접 및 단순접합 상세를 도시하고, 그 구조적 특성을 설명하시오.

풀이 보-기둥 접합부

1. 보-기둥 접합부의 형식

   보-기둥 접합부는 크게 강접합과 단순접합으로 분류할 수 있으며, 완전강접합과 단순접합은 실질적으로 불가능하다. 따라서 보-기둥 접합부의 형식은 고정단 모멘트를 기준으로 다음과 같이 분류할 수 있다.

   (1) 모멘트 접합

   단부에서의 모멘트가 고정단 모멘트의 90% 이상 되는 경우

   (2) 반강접 접합

   단부에서의 모멘트가 고정단 모멘트의 20~90% 정도 되는 경우

   (3) 단순 접합

   단부에서의 모멘트가 고정단 모멘트의 20% 미만인 경우

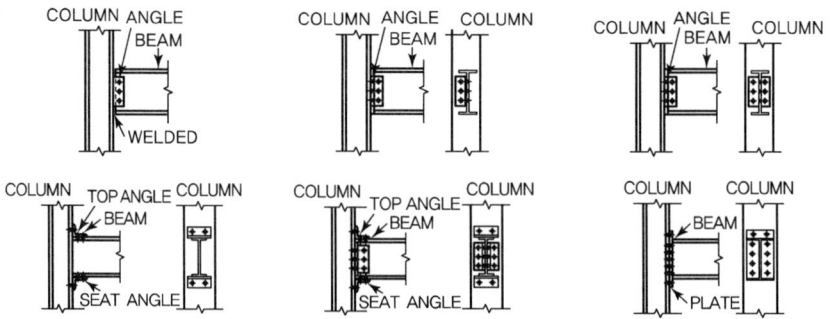

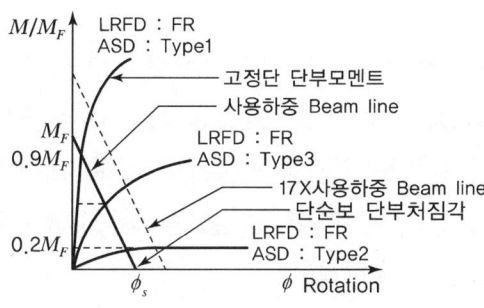

[그림 10.1] 보-기둥 접합형식 및 분류

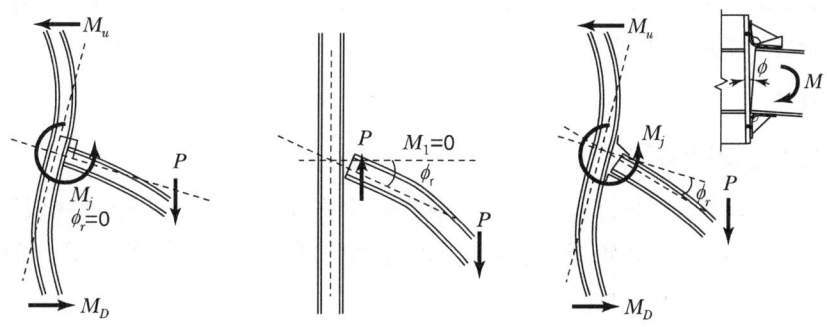

[그림 10.2] 접합형식에 따른 거동

문제02 건축구조기준의 강구조 내진설계 특수모멘트골조의 지진하중 저항시스템에 속하는 기둥과 보의 모멘트접합부는 ① 층간변위각 발휘 조건을 만족해야 하고, ② 휨강도 조건을 만족해야 하며, ③ 접합부의 소요전단강도조건을 만족해야 하고, ④ 부가적인 설계를 수용해야 한다. ①, ②, ③의 조건과 ④의 설계내용을 기술하시오.

풀이 특수모멘트골조와 중간모멘트골조 및 보통모멘트골조

강구조의 경우 특수모멘트골조, 중간모멘트골조, 특수중심가새골조, 편심가새골조, 좌굴방지가새골조 및 특수 강판벽에서는 내진성이 뛰어난 SN, SHN, 또는 TMC강을 사용해야 한다.

1. 보통모멘트골조

   (1) 보통모멘트골조는 거의 탄성거동 수준의 능력만을 발휘할 수 있는 지진저항시스템이다. 따라서 탄성범위에서의 취성파괴를 방지하기 위한 최소한의 요구사항만 만족시키면 된다.
   (2) 보통모멘트골조는 0.01라디안의 총 층간변형각을 확보할 수 있는 경우 탄성범위에서의 취성파괴가 방지되어 최소한의 비탄성능력을 발휘할 수 있는 것으로 간주된다.

2. 중간모멘트골조

   중간모멘트골조의 보-기둥접합부는 다음의 조건을 제외하고는 특수모멘트골조의 요구조건을 만족해야 한다.
   (1) 접합부는 최소 0.02rad의 층간변위각을 발휘할 수 있어야 한다.
   (2) 접합부의 소요전단강도는 특수모멘트골조에 동일하게 산정해야 한다. 그러나 해석에 의하여 입증된 경우에는 V_u 또는 V_a보다 작은 값을 적용할 수 있다. 소요전단강도는 증폭지진하중을 사용한 적절한 하중조합을 이용하여 산정된 전단력을 초과할 필요는 없다.
   (3) 기둥외주면의 접합부 휨강도는 0.02rad의 층간변위각에서 적어도 보의 공칭소성모멘트의 80% 이상이 되어야 한다.
   (4) 보의 상하 플랜지는 모두 횡지지되어야 하며 횡지지간격은 $L_b = 0.17 r_y E/F_y$를 넘지 않아야 한다.
   (5) 보와 기둥부재는 콤팩트 단면 또는 내진콤팩트 단면 규정을 만족해야 한다.

3. 특수모멘트골조

특수모멘트골조는 강한 지진이 발생했을 때, 큰 비탄성변형을 확보할 수 있어야 하며, 특수모멘트골조의 접합부는 적어도 규정된 반복재하 지진하중에 대해 0.04라디안의 층간변위각을 수용할 수 있음이 입증되어야 한다.

특수모멘트골조의 보-기둥접합부는 다음의 5가지 조건을 만족해야 한다.

(1) 접합부는 최소 0.04rad의 층간변위각을 발휘할 수 있어야 한다.
(2) 기둥 외주면에서 접합부의 계측휨강도는 0.04rad의 층간변위에서 적어도 보 M_p의 80% 이상이 유지되어야 한다.
(3) 접합부의 소요전단강도는 다음의 지진하중효과 E에 의해 산정한다.

$$E = 2[1.1R_y M_p]/L_h$$

    여기서, R_y : 공칭항복강도(F_y)에 대한 예상항복응력의 비
            M_p : 공칭소성모멘트
            L_h : 보 소성힌지 사이의 거리

위의 규정에서 (2)와 (3)은 설령 접합부 자체의 거동이 우수하다고 하더라도, 골조 전체의 내진거동을 악화시킬 수 있는 과도한 패널존의 변형, 기둥의 소성화 및 국부좌굴을 제한하거나 방지할 목적으로 마련된 것이다. 위에 언급된 요구조건을 만족시키는 것 외에도, 접합부 자체의 변형에 의해 발생할 수 있는 추가 횡변위까지도 구조물이 수용할 수 있음을 설계과정에서 입증해야 한다. 이 경우 2차 효과를 포함한 골조 전체의 안정성 해석이 이루어져야 한다.

(4) 보의 상하 플랜지는 모두 횡지지되어야 하며 횡지지 간격은 $L_b = 0.086 r_y E/F_y$를 넘지 않아야 한다.
(5) 보와 기둥부재는 내진콤팩트 단면 규정을 만족해야 한다.

문제03 각형 강관 기둥의 기둥-보 접합부의 다이어프램 형식을 그림으로 그리고 특성을 설명하시오.

풀이 각형 강관 기둥의 다이어프램 형식

1. 강관구조의 개요

    강관구조를 기둥으로 사용하는 경우 기존 H형강에 비해 단면성능이 우수하고 구조계획에 유리하다. 그러나 강관 기둥-보의 접합부를 강접합으로 하기 위해서는 다이어프램을 설치하여야 한다.

2. 다이어프램의 형식과 특징

    (1) 관통형 다이어프램

    보 플랜지의 상하부 위치에 기둥을 절단하여 다이어프램을 관통시킨 후 용접하는 방식이다. 일반적으로 보 플랜지는 다이어프램에 용접하고 웨브는 강관에 용접한다. 관통형 다이어프램의 특징은 다음과 같다.
    ① 상·하 기둥의 중심을 일치시키기가 쉽지 않다.
    ② 용접량이 많다.
    ③ 상·하 기둥의 판 두께를 변화시킬 수 있으며, 층수에 관계없이 적용 가능하다.

    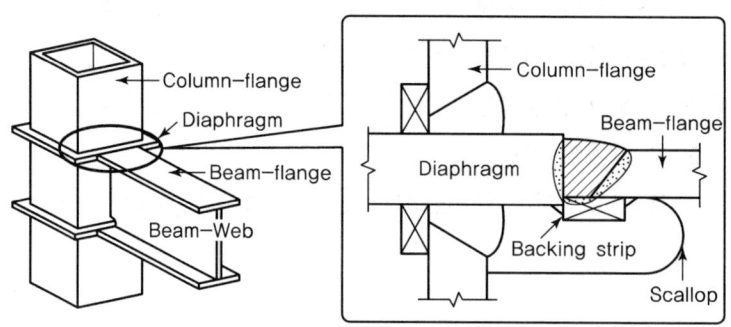

    [그림 10.3] 관통형 다이어프램

    (2) 내다이어프램

    보 중앙부의 기둥을 절단한 후 내측 다이어프램을 용접한 후 다시 기둥을 일체화하여 보를 접합하는 방식이며, 특징은 다음과 같다.
    ① 상·하 기둥의 치수가 다른 경우 적용할 수 없다.

② 상·하 기둥 중심을 쉽게 맞출 수 있으며, 용접길이는 관통형 다이어프램에 비해 짧다.
③ 중저층에 적합한 형식이다.
④ 접합 후에는 용접부의 검사가 힘들다.

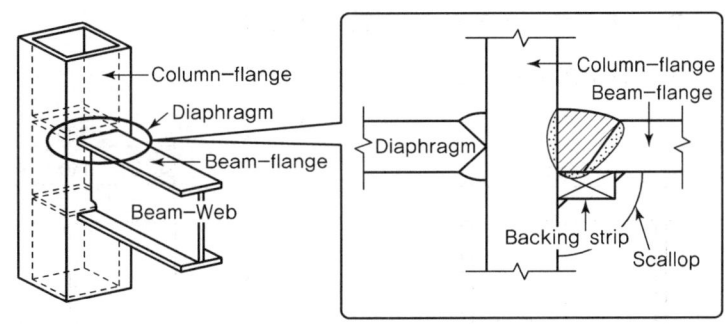

[그림 10.4] 내측 다이어프램

(3) 외측 다이어프램

외측 다이어프램은 기둥을 절단하지 않기 때문에 기둥의 가공 공정수가 적으며 기둥 내의 응력전달이 명확하다. 다이어프램은 1매의 강판에서 잘라내어 제작하는 방법과 4매의 강판을 완전 홈용접하여 제작하는 방식이 있다.
① 저층에 적합하다.
② 상·하 기둥의 치수가 다른 경우 적용할 수 없다.
③ 용접길이가 짧다.

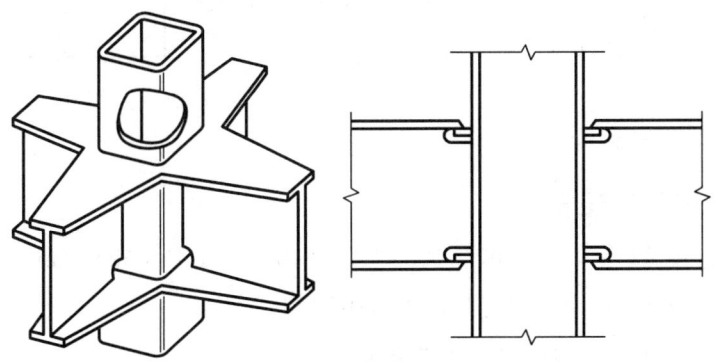

[그림 10.5] 외측 다이어프램

문제04 H-400×400×13×21(SM355) 기둥의 이음부를 검토하시오.

단, 표준볼트 구멍 소요강도는 $M_u = 170$kN·m, $V_u = 200$kN, $P_u = 4,000$kN 이고, 고력볼트는 M22(F10T, $T_o = 200$kN)
$A = 21,870$mm^2, $Z_p = 3.67 \times 10^6$mm^3

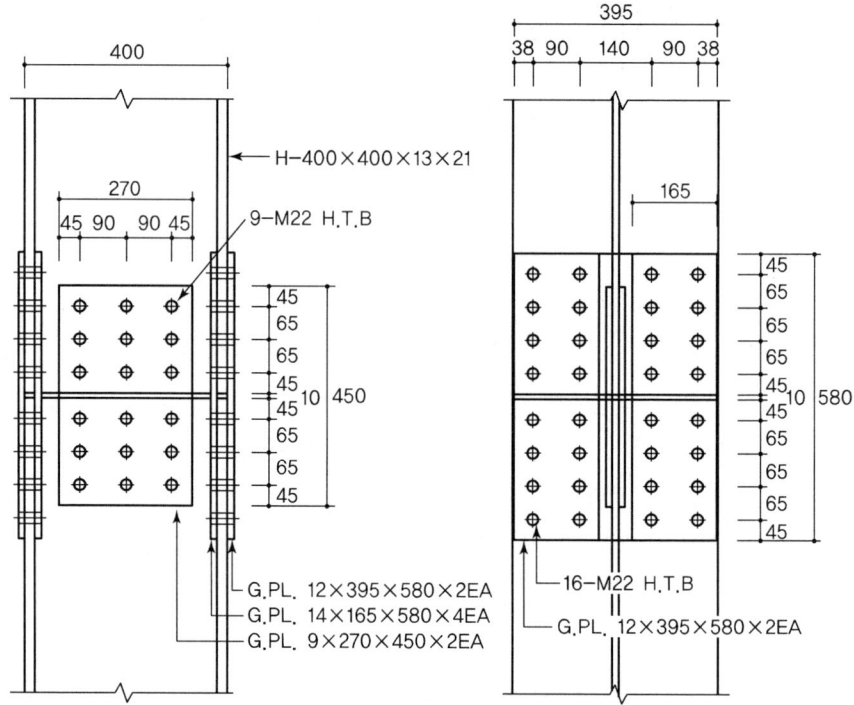

풀이 기둥의 이음부 검토

1. 이음부 소요강도

   (1) $\phi_b M_n = 0.9 \times 3.67 \times 10^6 \times 345 \times 10^{-6} = 1,139.5$kN·m

   (2) $\phi_v V_n = 1.0(0.6F_y)A_w = 1,107.6$kN

   (3) $\phi_c P_n = 0.9 F_y A_g = 6,790.6$kN

   소요휨강도는 설계휨강도의 15%이며, 소요압축강도는 설계압축강도의 59%이다. 따라서 압축에 대한 전강도로 검토한다.

2. 플랜지 이음 검토

   (1) 고력볼트 검토

   ① $P_{uf} = \phi_c F_y A_f = 0.9 \times 345 \times 400 \times 21 \times 10^{-3} = 2,608.2 \text{kN}$

   ② $\phi R_n = 200 \text{kN/ea}$

   $$n_b = 16\text{ea} > n_{req} = \frac{2,608.2}{200} = 13\text{ea} \quad \cdots\cdots\cdots\cdots\cdots\cdots\cdots\cdots \text{O.K}$$

   (2) 플랜지 이음판 검토

   $$\phi P_{nf} = 0.9 \times (395 \times 12 + 2 \times 165 \times 14) \times 355 \times 10^{-3}$$
   $$= 2,990.5 \text{kN} > P_{uf} = 2,608 \text{kN} \quad \cdots\cdots\cdots\cdots\cdots\cdots \text{O.K}$$

3. 웨브 이음 검토

   (1) 고력볼트 검토

   ① $P_{uw} = \phi_c F_y A_w = 0.9 \times 355 \times 400 \times 13 \times 10^{-3} = 1,661.4 \text{kN}$

   ② $n_b = 9\text{ea} > n_{req} = \dfrac{1,661.4}{200} = 8.3\text{ea} \quad \cdots\cdots\cdots\cdots\cdots\cdots \text{O.K}$

   (2) 웨브 이음판 검토

   $$\phi P_{nw} = 0.9 \times (2 \times 270 \times 9) \times 355 \times 10^{-3}$$
   $$= 1,552.8 \text{kN} < P_{uw} = 1,661.4 \text{kN} \quad \cdots\cdots\cdots\cdots\cdots\cdots \text{O.K}$$

문제 05 H-350×350×12×19(SHN355)를 사용한 기둥의 이음부가 소요강도에 따른 미끄러짐이 일어나지 않도록 다음 그림을 참조하여 마찰접합으로 검토하시오.

단, 하중저항계수설계법 기준, 소요강도 M_u=160kN·m, V_u=190kN, P_u=2,800kN 이며, 고력볼트 : M20 F10T, 접합부 단부의 면은 절삭마감하여 밀착되는 경우로 하며, 소요강도의 1/2은 접촉면에 의해 직접 응력전달되는 것으로 함

〈검토항목〉
1) 부재의 설계강도
2) 플랜지 이음부 검토
3) 웨브의 이음부 검토

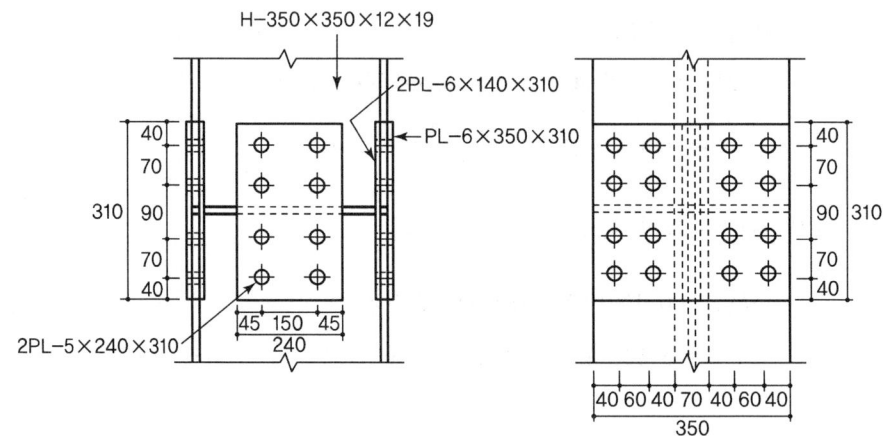

풀이 기둥의 이음부 검토

1. 이음부 소요강도

(1) $\phi_b M_n = 0.9 \times \left(\dfrac{350 \times 350^2}{4} - \dfrac{338 \times 312^2}{4} \right) \times 355 \times 10^{-6} = 796.6 \text{kN} \cdot \text{m}$

(2) $\phi_v V_n = 1.0(0.6 F_y) A_w = 894.6 \text{kN}$

(3) $\phi_c P_n = 0.9 \times (2 \times 19 \times 350 + 312 \times 12) \times 355 \times 10^{-3} = 5,468.5 \text{kN}$

소요휨강도는 설계휨강도의 20%이며, 소요압축강도는 설계압축강도의 51%이다. 따라서 압축에 대한 전강도로 검토하며, 소요강도의 1/2은 밀착면을 통해 직접 전달되는 것으로 한다. 또한 표준구멍을 사용하는 것으로 가정한다.

2. 플랜지 이음 검토

   (1) 고력볼트 검토

   ① $P_{uf} = \phi_c F_y A_f = 0.5 \times 0.9 \times 355 \times 350 \times 19 \times 10^{-3} = 1,062.3\text{kN}$

   ② $\phi R_n = 165\text{kN/ea}(2\text{면 전단})$

   $$n_b = 8\text{ea} > n_{req} = \frac{1,062.3}{165} = 6.4\text{ea} \quad \cdots\cdots \text{O.K}$$

   (2) 플랜지 이음판 검토

   $$\phi P_{nf} = 0.9 \times (350 \times 6 + 2 \times 140 \times 6) \times 355 \times 10^{-3}$$
   $$= 1,207.7\text{kN} > P_{uf} = 1,062.3\text{kN} \quad \cdots\cdots \text{O.K}$$

3. 웨브 이음 검토

   (1) 고력볼트 검토

   ① $P_{uw} = \phi_c F_y A_w = 0.5 \times 0.9 \times 355 \times 350 \times 12 \times 10^{-3} = 671\text{kN}$

   ② $n_b = 4ea < n_{req} = \dfrac{671}{165} = 4.1\text{ea} \quad \cdots\cdots \text{N.G}$

   (2) 웨브 이음판 검토

   $$\phi P_{nw} = 0.9 \times (2 \times 240 \times 5) \times 355 \times 10^{-3}$$
   $$= 766.8\text{kN} > P_{uw} = 671\text{kN} \quad \cdots\cdots \text{O.K}$$

따라서, 웨브 이음 볼트 수를 6개로 하는 경우 구조적 안정성을 확보할 수 있다. 또는 웨브 이음 볼트 수를 4개로 하고 존재응력으로 검토하는 경우 안정성을 확보할 수 있다.

문제06 H−600×200×10×17(SHN275, γ=22mm, A=1.344×10⁴mm², Z_p=2.98×10⁶mm⁴)의 보 이음부를 하중저항계수설계법에 의해 설계하시오.

단, $M_u = 400$kN·m, $V_u = 200$kN, 볼트는 M22(F10T, $T_o = 200$kN)를 사용한다.

[풀이] 보 이음부 설계

1. 이음부 설계강도

   (1) $\phi M_n = 0.9 Z_p F_y = 0.9 \times (2.98 \times 10^6) \times 275 \times 10^{-6} = 737.6$kN·mm

   (2) $\phi V_n = 1.0(0.6 F_y) A_w = 1.0 \times (0.6 \times 275) \times (600 \times 10) \times 10^{-3} = 990$kN

   $\therefore M_u = 400$kN·m $> \dfrac{\phi M_n}{2}$

   $\therefore V_u = \dfrac{\phi V_n}{2} = 495$kN > 200kN

2. 플랜지 이음판 설계

   플랜지 외부 이음판의 폭은 플랜지의 폭과 같이 200mm로 하고, 내부 이음판은 70mm로 가정한다.

   (1) 플랜지 이음판의 소요인장강도

   $$P_u = \frac{400 \times 10^3}{600 - 17} = 686.1\text{kN}$$

   (2) 플랜지 이음판 고력볼트 산정

   M22(F10T) 고력볼트의 설계미끄럼 강도 산정(2면전단)

   $\phi R_n = 200$kN

   소요볼트 개수 산정 : $n = \dfrac{686.1}{200} = 3.4$EA, 따라서 2개씩 2열 배치(4EA)

   (3) 플랜지 이음판의 소요단면적 및 두께

   ① 전단면에 대한 항복검토

   $$\text{소요단면적 } A_{gt} = \frac{P_u}{\phi F_y} = \frac{686.1(10^3)}{0.9(275)} = 2{,}754\text{mm}^2$$

플랜지 이음판 두께 산정(외부 이음판과 내부 이음판의 두께가 동일하다고 가정)

$$t = \frac{2,754}{(200+2\times 70)} = 8.1\text{mm}$$

② 유효단면에 대한 파괴검토

소요단면적 $A_{nt} = \dfrac{P_u}{\phi F_u} = \dfrac{686.1(10^3)}{0.75(410)} = 2,231\text{mm}^2$

$$t = \frac{2,231}{(200+2\times 70 - 4\times 24)} = 9.1\text{mm}$$

따라서 10mm로 이음판두께 결정

3. 웨브 이음판 설계

웨브 이음판은 전단력을 모두 부담하는 것으로 설계한다. $V_u = 423\text{kN}$

(1) 웨브 이음판 고력볼트 산정

$$n = \frac{495}{200} = 2.5\text{EA}, \ 3개씩 \ 1열 \ 배치$$

(2) 웨브 이음판의 소요단면적 및 두께

웨브 접합볼트의 피치를 120mm, 연단거리를 50mm로 하면 웨브 이음판의 높이는 340mm가 된다.

① 총 단면적에 대한 항복 검토

소요단면적 $A_{gv} = \dfrac{V_u}{\phi(0.6 F_y)} = \dfrac{495(10^3)}{1.0(0.6\times 275)} = 3,000\text{mm}^2$

$$t = \frac{3,000}{2(340)} = 4.41\text{mm}$$

② 유효단면에 대한 파괴 검토

소요단면적 $A_{nv} = \dfrac{V_u}{\phi(0.6 F_u)} = \dfrac{495(10^3)}{0.75(0.6\times 410)} = 2,683\text{mm}^2$

$$t = \frac{2,683}{2(340 - 3\times 24)} = 5\text{mm}$$

따라서 6mm로 이음판 두께 결정

문제07 그림과 같은 H형강보 H−400×200×8×13(SM355)(Z=1,330×10³mm³) 의 이음부를 검토하시오.

단, 이음부의 소요휨모멘트 M_u=180kN·m, 소요전단력 V_u=100kN, 고력볼트는 M22(F10T, T_o=200kN)를 사용한다.

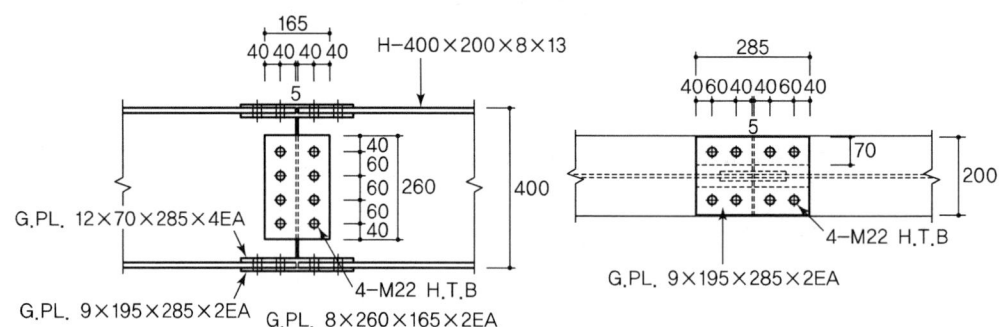

풀이 보이음부 검토

1. 이음부 설계강도

    (1) 이음부 설계휨 강도

    $$\phi_b M_n = 0.9 \times 1,330 \times 10^3 \times 355 \times 10^{-6} = 425 \text{kN} \cdot \text{m}$$
    $$M_u = 180 \text{kN} \cdot \text{m} < \phi_b M_n / 2 = 212.5 \text{kN} \cdot \text{m} \qquad \therefore M_d = 212.5 \text{kN} \cdot \text{m}$$

2. 설계전단강도

    $$\phi_v V_n = 1.0 \times (0.6 \times F_y) A_w = 681.6 \text{kN}$$
    $$V_u = 100 \text{kN} < \phi_v V_n / 2 = 340.8 \text{kN} \qquad \therefore V_d = 340.8 \text{kN}$$

3. 플랜지 이음 검토

    (1) 플랜지 이음판의 소요인장강도

    $$P_{uf} = \frac{212.5 \times 10^3}{(400-13)} = 549.1 \text{kN}$$

(2) 플랜지 이음판의 고력볼트 검토

$$n = 4 \geq \frac{T_u}{\phi R_n} = \frac{549.1}{200} = 2.7$$ ································· O.K

(3) 플랜지 이음판 검토

① 전단면적에 대한 항복 검토

$$\phi A_{gf} F_y = 0.9(195 \times 9 + 140 \times 12)355 \times 10^{-3}$$
$$= 1,097.5\text{kN} > P_{uf} = 549.1\text{kN}$$ ················· O.K

② 순단면적에 대한 파괴 검토

$$\phi A_{nf} F_u = 0.75(147 \times 9 + 92 \times 12) \times 490 \times 10^{-3}$$
$$= 892\text{kN} > P_{uf} = 487.1\text{kN}$$ ················· O.K

4. 웨브 이음 검토

(1) 웨브 이음판 소요 볼트 개수 검토

$$\therefore n = 4 > \frac{340.8}{200} = 1.7$$ ································· O.K

(2) 웨브 이음판 검토

① 전단항복 검토

$$\phi A_{gv} 0.6 F_y = 1.0(260 \times 8 \times 2)0.6 \times 355 \times 10^{-3}$$
$$= 886.1\text{kN} > V_d = 302.5\text{kN}$$ ················· O.K

② 전단파괴 검토

$$\phi A_{nf} F_u = 0.75(260 - 4 \times 24) \times 8 \times 2 \times 0.6 \times 490 \times 10^{-3}$$
$$= 578.6\text{kN} > V_d = 302.5\text{kN}$$ ················· O.K

상기의 보 이음부는 구조적 안정성을 확보하는 것으로 평가된다.

문제08 다음 그림과 같이 계수하중에 의한 부재력을 받는 보-기둥의 접합부를 검토하시오.

〈설계조건〉

$M_u = 650\text{kN} \cdot \text{m}$, $V_u = 400\text{kN}$, 철골부재 SHN355($F_y = 355\text{N}/\text{mm}^2$)

웨브 용접($s = 8\text{mm}$, 스캘럽 반경 35mm), 용접봉 인장강도 $F_{uw} = 490\text{MPa}$

보 H-488×300×11×18, 기둥 H-400×400×13×21($r = 22$)

(1) 보단부(플랜지, 웨브)의 용접부 설계
(2) 집중하중을 받는 웨브 및 플랜지 강도 검토
  ① 기둥플랜지의 국부휨강도 검토
  ② 기둥웨브의 국부항복강도 검토
  ③ 기둥 웨브크리플링강도 검토
  ④ 기둥웨브의 압축좌굴강도 검토
(3) (2)번항 검토 후 스티프너 필요 여부에 따라 스티프너를 설계하시오.(스티프너 설계 시 강판은 SM355 사용)

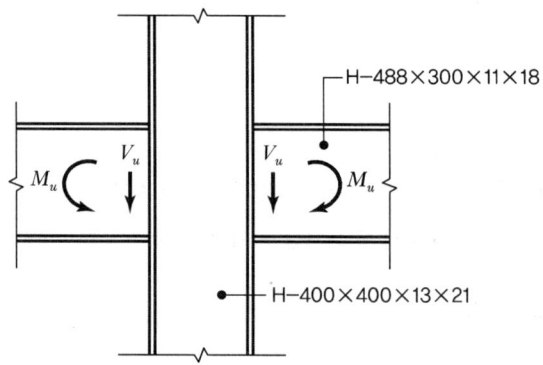

풀이 기둥-보 접합부 설계

1. 보 플랜지의 용접설계(휨모멘트 보 플랜지가 지지하는 것으로 가정)

   (1) 휨모멘트에 의한 보 플랜지의 인장력

   $$P_{uf} = \frac{M_u}{d - t_f} = \frac{650 \times 10^3}{488 - 18} = 1{,}383\text{kN}$$

(2) 보 플랜지의 항복인장력

$$\phi P_{yf} = \phi A_f F_{bf} = 0.9 \times 300 \times 18 \times 355 \times 10^{-3} = 1,725.3 \text{kN} \geq P_{uf}$$

∴ 보 플랜지는 기둥 플랜지에 완전용입

2. 보 웨브 모살용접설계

(1) $V_u = 400 \text{kN}$

(2) 용접부 전단강도 산정

① $s = 8\text{mm}$

② 용접길이 산정 : $l_e = 488 - 2 \times 18 - 2 \times 35 - 2 \times 8 = 366 \text{mm}$

③ 유효면적 : $A_w = l_e \times 2a = 366 \times (2 \times 0.7 \times 8) = 4,099 \text{mm}^2$

④ 전단강도

$$\phi F_w A_w = 0.75 \times 0.6 \times 490 \times 4,099 \times 10^{-3}$$
$$= 903.8 \text{kN} \geq V_u = 400 \text{kN} \quad \cdots\cdots \text{O.K}$$

3. 집중하중을 받는 웨브 및 플랜지 강도

(1) 기둥 플랜지의 국부휨강도

$$\phi R_n = 0.9 \times 6.25 \times t_f^2 \times F_{yf}$$
$$= 0.9 \times 6.25 \times 21^2 \times 355 \times 10^{-3} = 880.6 \text{kN} < 1,383 \text{kN} \quad \cdots\cdots \text{N.G}$$

(2) 기둥 웨브의 국부항복강도

$$\phi R_n = 1.0 \times (5k + N) t_w F_{yw}$$
$$= 1.0 \times [5.0 \times (21 + 22) + 18] \times 13 \times 355 \times 10^{-3}$$
$$= 1,075.3 \text{kN} < 1,383 \text{kN} \quad \cdots\cdots \text{N.G}$$

(3) 기둥 웨브의 크리플링강도

$$\phi R_n = 0.75 \times 0.8 \, t_w^2 \left[1 + 3 \frac{N}{d} \left(\frac{t_w}{t_f} \right)^{1.5} \right] \sqrt{\frac{E F_{yw} t_f}{t_w}}$$
$$= 0.75 \times 0.8 \times 13^2 \times \left[1 + 3 \times \frac{18}{400} \times \left(\frac{13}{21} \right)^{1.5} \right] \sqrt{\frac{210,000 \times 355 \times 21}{13}} \times 10^{-3}$$
$$= 1,186 \text{kN} < 1,383 \text{kN} \quad \cdots\cdots \text{N.G}$$

(4) 기둥 웨브의 압축좌굴강도

$$\phi R_n = 0.9 \times \frac{24\, t_w^3 \sqrt{E F_{yw}}}{h} = 0.9 \times \frac{24 \times 13^3 \times \sqrt{210{,}000 \times 355}}{(400 - 2 \times 21 - 2 \times 22)} \times 10^{-3}$$

$$= 1{,}305\text{kN} < 1{,}383\text{kN} \quad \cdots\cdots\cdots\cdots\cdots\cdots\cdots\cdots\cdots\cdots\cdots\cdots\cdots\cdots\cdots\cdots\cdots\cdots \text{N.G}$$

(5) 스티프너 설계(SM355 사용)

기둥 플랜지의 국부휨 강도, 기둥 웨브의 국부항복 강도가 보 플랜지의 인장력보다 적으므로 스티프너가 요구된다.

① 스티프너 필요면적

$$A_{req} = \frac{P_{uf} - \phi R_n}{\phi F_{yst}} = \frac{(1{,}383 - 880.6) \times 10^3}{0.9 \times 355} = 1{,}572.5\text{mm}^2$$

② 스티프너 설계(폭 : 보폭과 동일, 두께 9mm 가정)

$$A_{st} = (300 - 13 - 2 \times 35) \times 9 = 1{,}953\text{mm}^2 \geq A_{req}$$

웨브 양측에 2PL-9×145×358 사용, $(300-13)/2 = 142.5$, 145 적용

$t = 9 \geq \max(18/2,\ 145/15)$

4. 기둥보 접합 상세도 작성

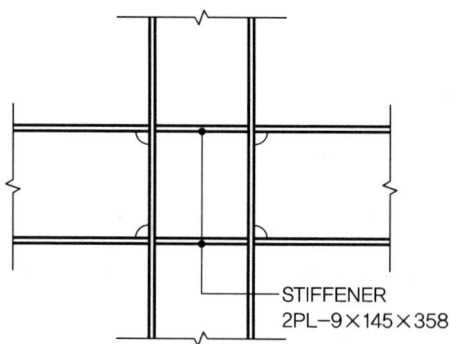

문제09 아래의 그림과 같이 계수하중에 의한 부재력을 받는 패널존의 전단강도를 검토하고, 패널존 보강이 필요하면 보강설계하시오.

기둥부재는 H−400×400×13×21($A_g = 21,900\text{mm}^2$, SHN355)이고,
보부재는 H−488×300×11×18($A_g = 16,400\text{mm}^2$, SHN275)이다.
(단, 하중저항계수설계법을 이용하시오.)

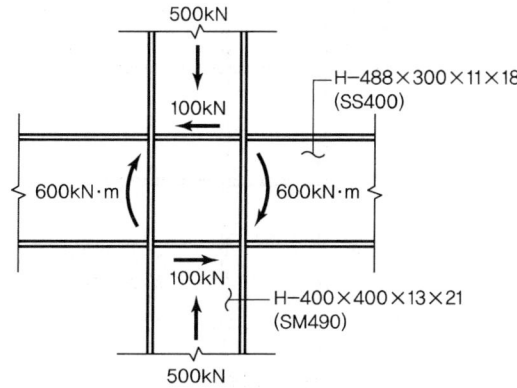

풀이 패널존 검토

1. 웨브 패널존의 설계전단강도

   (1) $P_u = 500\text{kN}$

   (2) $P_y = A F_y = 21,900 \times 355 \times 10^{-3} = 7,774.5\text{kN}$

   (3) $\phi_l R_n$ 산정

   ① $0.4 P_y = 0.4 \times 7,774.5 = 3,110\text{kN} \geq P_u = 500\text{kN}$

   ② $\phi_l R_v = \phi_l \, 0.60 F_{yw} \, d_c \, t_w$
   $= 0.9 \times 0.6 \times 355 \times 400 \times 13 \times 10^{-3}$
   $= 996.8\text{kN}$

2. 패널존에 작용하는 전단력

$$V_u = 2 \times \frac{M_u}{d_b - t_{fb}} - V_c = 2 \times \frac{600 \times 10^3}{488 - 18} - 100$$

$= 2,453.2\text{kN} > \phi_l R_v = 996.8\text{kN}$ ·················· N.G(패널존 보강 필요)

3. 패널존 보강판 설계(SM490 사용)

$$T_{w(req)} \geq \frac{V_u}{\phi_l 0.6 F_{yw} d_c} = \frac{2,453.2 \times 10^3}{0.9 \times 0.6 \times 355 \times 400} = 32\mathrm{mm}$$

32 − 13 = 19mm 두께 이상 보강 필요

∴ 보강판 2PL − 10×314×408 적용(용접)

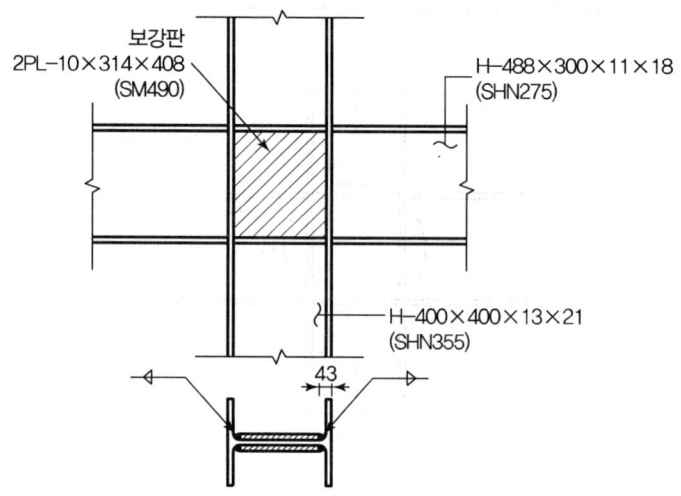

문제10 H-428×407×20×35(SHN355) 기둥과 H-488×300×10×18(SHN355) 보의 접합부에 아래 그림과 같이 지진하중에 의한 응력이 발생한다. 이 경우의 기둥-보 접합부 패널존의 안전을 하중저항계수설계법으로 검증하고, 보강이 필요할 경우 SN355 강판재를 이용한 보강방법을 제시하라.

단, ① H-428×407×20×35의 단면적(A)= $3.607 \times 10^4 \text{mm}^4$

② $F_u = 490\text{N/mm}^2$, $F_y = 355\text{N/mm}^2$

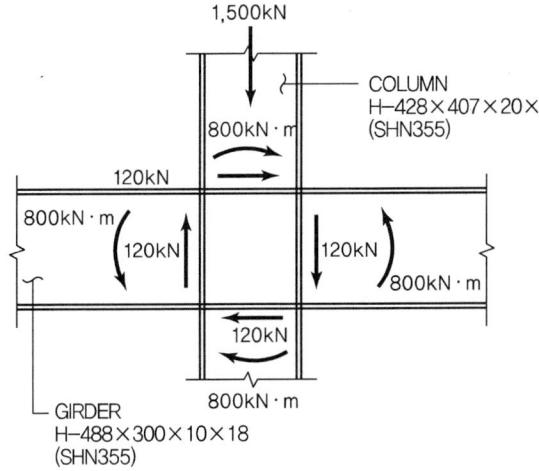

풀이 패널존의 안정성 검토

1. 웨브 패널존의 설계전단강도

   (1) $P_u = 1,500\text{kN}$

   (2) $P_y = A\,F_y = 3.607 \times 10^4 \times 355 \times 10^{-3} = 12,805\text{kN}$

   (3) $\phi_l R_n$ 산정

   ① $0.4 P_y = 0.4 \times 12,805 = 5,122\text{kN} \geq P_u = 500\text{kN}$

   ② $\phi_l R_v = \phi_l\,0.60\,F_{yw}\,d_c\,t_w$

   $= 0.9 \times 0.6 \times 355 \times 428 \times 20 \times 10^{-3}$

   $= 1,641\text{kN}$

2. 패널존에 작용하는 전단력

$$V_u = 2 \times \frac{M_u}{d_b - t_{fb}} - V_c = 2 \times \frac{800 \times 10^3}{488 - 18} - 120$$

$$= 3,284.3 \text{kN} > \phi_l R_v = 1,641 \text{kN} \cdots\cdots\cdots\cdots \text{ N.G(패널존 보강 필요)}$$

3. 패널존 보강판 설계(SN355B 사용)

$$t_{w(req)} \geq \frac{V_u}{\phi_l\, 0.6\, F_{yw}\, d_c} = \frac{3,284.3 \times 10^3}{0.9 \times 0.6 \times 355 \times 428} = 40\text{mm}$$

40 − 20 = 20mm 두께 이상 보강 필요

∴ 보강판 2PL−10 적용(용접)

문제11 강구조 건축물의 기둥-보 접합부 설계에서 계수하중에 의한 부재력이 다음과 같은 모멘트 접합부 패널존의 전단강도를 검토하고, 접합부위의 용접 표기를 올바르게 나타내시오.

단, 기둥 H-582×300×12×17의 $A = 1.745 \times 10^4 \text{mm}^2$,
보 H-416×405×18×28의 $A = 2.954 \times 10^4 \text{mm}^2$,
SHN355의 $F_y = 355\text{N/mm}^2$, $F_u = 490\text{N/mm}^2$

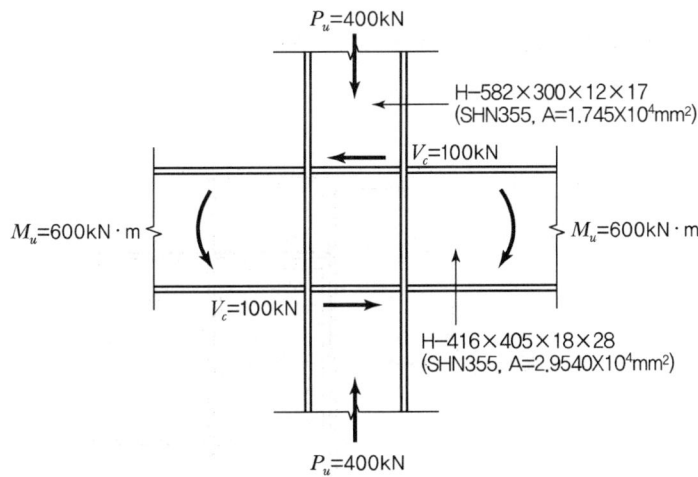

[풀이] 패널존의 설계

문제에서 주어진 부재력으로 패널존을 검토하면 패널존의 보강은 필요하지 않다. 따라서 기둥 좌측의 휨모멘트의 방향이 반대방향으로 작용하는 것으로 가정하고 문제를 풀이한다. 또한, 기둥과 보의 단면이 서로 바뀌어야 할 것으로 판단되지만 이는 문제에서 주어진 단면을 적용하여 풀이한다.

1. 패널존의 설계전단강도

   (1) $P_u = 400\text{kN}$

   (2) $P_y = A F_y = 17,450 \times 355 \times 10^{-3} = 6,195\text{kN}$

   (3) $\phi_l R_n$ 산정

   ① $0.4 P_y = 0.4 \times 6,195 = 2,478\text{kN} \geq P_u = 400\text{kN}$

   ② $\phi_l R_v = \phi_l 0.60 F_{yw} d_c t_w = 0.9 \times 0.6 \times 355 \times 582 \times 12 \times 10^{-3} = 1,339\text{kN}$

2. 패널존에 작용하는 전단력

$$V_u = 2 \times \frac{M_u}{d_b - t_{fb}} - V_c = 2 \times \frac{600 \times 10^3}{416 - 28} - 100$$

$$= 2{,}992.7 \text{kN} > \phi_l R_v = 1{,}339 \text{kN} \quad \cdots\cdots\cdots\cdots \text{ N.G(패널존 보강 필요)}$$

3. 패널존 보강판 설계(SN355 사용)

$$t_{w(req)} \geq \frac{V_u}{\phi_l \, 0.6 \, F_{yw} \, d_c} = \frac{2{,}992.7 \times 10^3}{0.9 \times 0.6 \times 355 \times 582} = 27 \text{mm}$$

27 − 12 = 15mm 두께 이상 보강 필요

∴ 보강판 2PL−8 적용(용접)

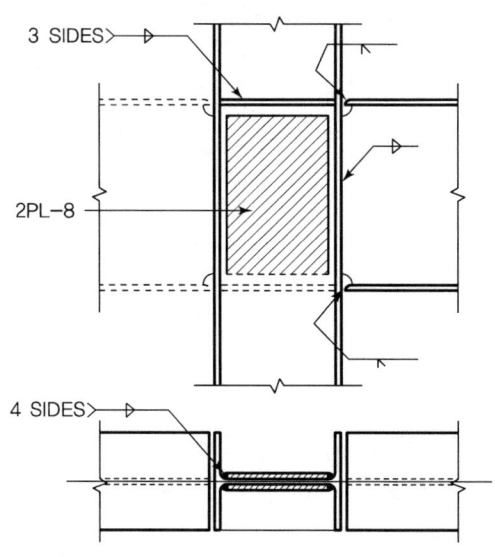

문제12 그림과 같은 주각이 중심축 하중 $P_u = 5,000$kN을 받을 때, 베이스 플레이트 (SM355)를 설계하시오.

단, H−428×407×20×35(SM355), 기초 크기 : 2,000×2,000mm, $f_{ck}=21$MPa, 하중저항계수설계법을 사용할 것

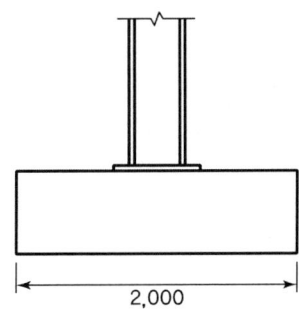

2,000

[풀이] 베이스 플레이트 설계

1. 베이스 플레이트 최적 크기 산정

   (1) $A_1 = \dfrac{5,000(10^3)}{0.65 \times 0.85 \times 21 \times 2} = 215,470 \text{mm}^2 > b_f d = 174,196$

   (2) 최적 베이스 플레이트 크기

   $\Delta = 0.5(0.95 \times 428 - 0.8 \times 407) = 40.5$mm

   $N = \sqrt{215,470} + 40.5 = 505$mm, 따라서 $N = 600$mm로 결정한다.

   $B = 215,470/600 = 359$mm, 따라서 $B = 500$mm로 결정한다.

   $BN = 300,000 \text{mm}^2 > A_1 = 233,426 \text{mm}^2$이므로

   콘크리트지압에 대해 충분히 안전하다.

2. 베이스 플레이트 두께 산정

   (1) $m = \dfrac{600 - 0.95(428)}{2} = 96.7$mm

   (2) $n = \dfrac{500 - 0.8(407)}{2} = 87.2$mm

   (3) $X = \dfrac{4 \times 428 \times 407}{(428 + 407)^2} \dfrac{5,000 \times 10^3}{0.65 \times 0.85 \times 21 \times 2 \times (500 \times 600)} = 0.718$

(4) $\lambda = \dfrac{2 \times \sqrt{0.718}}{1 + \sqrt{1-0.718}} = 1.1 > 1.0 \quad \therefore \lambda = 1.0$

(5) $\lambda'_n = \dfrac{1 \times \sqrt{428 \times 407}}{4} = 104.3\text{mm}$

$\therefore t_{bP} = 104.3 \times \sqrt{\dfrac{2 \times 5{,}000{,}000}{0.9 \times 345 \times 500 \times 600}} = 34.2\text{mm}$

따라서 베이스 플레이트는 $PL-36 \times 500 \times 600(SM355)$을 사용한다.

문제13 그림과 같은 주각이 중심축하중 $P_u = 7,500$kN을 받을 때, 베이스 플레이트를(SM355) 하중저항계수설계법으로 설계하시오.

단, H$-428 \times 407 \times 20 \times 35$(SM355), 기초크기 : $4,000 \times 4,000$mm, $f_{ck} = 24$MPa

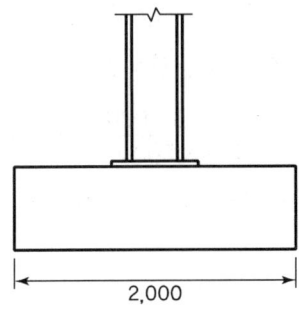

풀이 베이스 플레이트 설계

1. 베이스 플레이트 최적 크기 산정

   (1) $A_1 = \dfrac{7,500(10^3)}{0.65 \times 0.85 \times 24 \times 2} = 282,805\text{mm}^2 > b_f d = 174,196$

   (2) 최적 베이스 플레이트 크기

   $\Delta = 0.5(0.95 \times 428 - 0.8 \times 407) = 40.5$mm

   $N = \sqrt{282,805} + 40.5 = 572.3$mm, 따라서 $N = 600$mm로 결정한다.

   $B = 282,805/600 = 471$mm, 따라서 $B = 500$mm로 결정한다.

   $BN = 300,000\text{mm}^2 > A_1 = 282,805\text{mm}^2$이므로 콘크리트 지압에 대해 충분히 안전함

2. 베이스 플레이트 두께 산정

   (1) $m = \dfrac{600 - 0.95(428)}{2} = 96.7$mm

   (2) $n = \dfrac{500 - 0.8(407)}{2} = 87.2$mm

   (3) $X = \dfrac{4 \times 428 \times 407}{(428 + 407)^2} \dfrac{7,500 \times 10^3}{0.65 \times 0.85 \times 24 \times 2 \times (500 \times 600)} = 0.942$

(4) $\lambda = \dfrac{2 \times \sqrt{0.942}}{1 + \sqrt{1 - 0.942}} = 1.56 > 1.0$

∴ $\lambda = 1.0$

(5) $\lambda_n' = \dfrac{1 \times \sqrt{428 \times 407}}{4} = 104.3\text{mm}$

∴ $t_{bP} = 104.3 \times \sqrt{\dfrac{2 \times 7,500,000}{0.9 \times 345 \times 500 \times 600}} = 42\text{mm} > 40\text{mm}$

베이스 플레이트의 두께를 재산정하면

∴ $t_{bP} = 104.3 \times \sqrt{\dfrac{2 \times 7,500,000}{0.9 \times 335 \times 500 \times 600}} = 42.5\text{mm}$

따라서, 베이스 플레이트는 PL−45×500×600(SM490)을 사용한다.

부록

1. 형강 단면 성능
2. 용어 정의
3. 주요 기호

1 형강 단면 성능

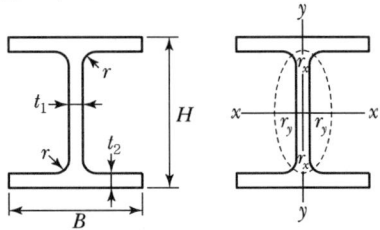

〈부표 1〉 H형강의 표준치수와 단면 성능

치수(mm)					단면적 (mm²)	단위중량 (N/mm)	단면2차모멘트 (mm⁴)		단면2차반경 (mm)		단면계수 (mm³)	
공칭치수	$H \times B$	t_1	t_2	r			I_x	I_y	r_x	r_y	S_x	S_y
100×50	100×50	5	7	8	1.19×10^3	91.2×10^{-3}	1.87×10^6	148×10^3	39.8	11.2	37.5×10^3	5.92×10^3
125×60	125×60	6	8	9	1.68×10^3	0.129	4.13×10^6	292×10^3	49.5	13.2	66.1×10^3	9.74×10^3
150×75	150×75	5	7	8	1.79×10^3	0.137	6.66×10^6	495×10^3	61.1	16.7	88.8×10^3	13.2×10^3
175×90	175×90	5	8	9	2.31×10^3	0.178	12.1×10^6	975×10^3	72.6	20.6	139×10^3	21.7×10^3
200×100	198×99	4.5	7	11	2.32×10^3	0.178	15.8×10^6	1.14×10^6	82.6	22.1	160×10^3	23.0×10^3
	200×100	5.5	8	11	2.72×10^3	0.209	18.4×10^6	1.34×10^6	82.4	22.2	184×10^3	26.8×10^3
250×125	248×124	5	8	12	3.27×10^3	0.252	35.4×10^6	2.55×10^6	104	27.9	285×10^3	41.1×10^3
	250×125	6	9	12	3.77×10^3	0.290	40.5×10^6	2.94×10^6	104	27.9	324×10^3	47.0×10^3
300×150	298×149	5.5	8	13	4.08×10^3	0.314	63.2×10^6	4.42×10^6	124	32.9	424×10^3	59.3×10^3
	300×150	6.5	9	13	4.68×10^3	0.360	72.1	5.08×10^6	124	32.9	481×10^3	67.7×10^3
350×175	346×174	6	9	14	5.27×10^3	0.406	111×10^6	7.92×10^6	145	38.8	641×10^3	91.0×10^3
	350×175	7	11	14	6.31×10^3	0.486	136×10^6	9.84×10^6	147	39.5	775×10^3	113×10^3
	354×176	8	13	14	7.37×10^3	0.567	161×10^6	11.8×10^6	148	40.1	909×10^3	135×10^3
400×200	396×199	7	11	16	7.22×10^3	0.555	200×10^6	14.5×10^6	167	44.8	1.01×10^6	145×10^3
	400×200	8	13	16	8.41×10^3	0.647	237×10^6	17.4×10^6	168	45.4	1.19×10^6	174×10^3
	404×201	9	15	16	9.62×10^3	0.740	275×10^6	20.3×10^6	169	46.0	1.36×10^6	202×10^3
450×200	446×199	8	12	18	8.43×10^3	0.649	287×10^6	15.8×10^6	185	43.3	1.29×10^6	159×10^3
	450×200	9	14	18	9.68×10^3	0.745	335×10^6	18.7×10^6	186	44.0	1.49×10^6	187×10^3
500×200	496×199	9	14	20	10.1×10^3	0.780	419×10^6	18.5×10^6	203	42.7	1.69×10^6	185×10^3
	500×200	10	16	20	11.4×10^3	0.880	478×10^6	21.4×10^6	205	43.3	1.91×10^6	214×10^3
	506×201	11	19	20	13.1×10^3	1.01	565×10^6	25.8×10^6	207	44.3	2.23×10^6	257×10^3
550×200	546×199	9	14	22	10.7×10^3	0.820	525×10^6	18.5×10^6	222	41.6	1.92×10^6	186×10^3
	550×200	10	16	22	12.0×10^3	0.924	599×10^6	21.4×10^6	223	42.3	2.18×10^6	214×10^3
	554×201	11	18	22	13.4×10^3	1.03	674×10^6	24.5×10^6	225	42.8	2.43×10^6	244×10^3
	560×202	12	21	22	15.1×10^3	1.17	782×10^6	29.0×10^6	228	43.8	2.79×10^6	287×10^3
	564×203	13	23	22	16.5×10^3	1.27	861×10^6	32.2×10^6	229	44.2	3.05×10^6	318×10^3
600×200	596×199	10	15	22	12.1×10^3	0.928	687×10^6	19.8×10^6	239	40.5	2.31×10^6	199×10^3
	600×200	11	17	22	13.4×10^3	1.04	776×10^6	22.8×10^6	240	41.2	2.59×10^6	228×10^3
	606×201	12	20	22	15.3×10^3	1.18	904×10^6	27.2×10^6	243	42.2	2.98×10^6	271×10^3
	612×202	13	23	22	17.1×10^3	1.31	1.03×10^6	31.8×10^6	246	43.1	3.38×10^6	315×10^3

〈부표 1〉 H형강의 표준치수와 단면 성능(계속)

공칭치수	치수(mm)					소성단면계수 (mm³)		뒤틀림 상수 C_w(mm⁶)	비틀림 상수 J(mm⁴)
	$H \times B$	t_1	t_2	r		Z_x	Z_y		
100×50	100×50	5	7	8		44.1×10^3	9.52×10^3	320×10^6	20.3×10^3
125×60	125×60	6	8	9		77.6×10^3	15.7×10^3	1.00×10^9	37.5×10^3
150×75	150×75	5	7	8		102×10^3	20.8×10^3	2.53×10^9	28.1×10^3
175×90	175×90	5	8	9		157×10^3	33.7×10^3	6.80×10^9	45.0×10^3
200×100	198×99	4.5	7	11		180×10^3	35.7×10^3	10.4×10^9	38.6×10^3
	200×100	5.5	8	11		209×10^3	41.9×10^3	12.3×10^9	57.7×10^3
250×125	248×124	5	8	12		319×10^3	63.6×10^3	36.7×10^9	67.4×10^3
	250×125	6	9	12		366×10^3	73.1×10^3	42.7×10^9	96.8×10^3
300×150	298×149	5.5	8	13		475×10^3	91.8×10^3	92.9×10^9	86.5×10^3
	300×150	6.5	9	13		542×10^3	105×10^3	107×10^9	124×10^3
354×176	346×174	6	9	14		716×10^3	140×10^3	225×10^9	136×10^3
	350×175	7	11	14		868×10^3	174×10^3	283×10^9	230×10^3
	354×176	8	13	14		1.02×10^6	208×10^3	344×10^9	361×10^3
400×200	396×199	7	11	16		1.13×10^6	224×10^3	536×10^9	271×10^3
	400×200	8	13	16		1.33×10^6	268×10^3	650×10^9	422×10^3
	404×201	9	15	16		1.53×10^6	312×10^3	770×10^9	623×10^3
450×200	446×199	8	12	18		1.45×10^6	247×10^3	744×10^9	383×10^3
	450×200	9	14	18		1.68×10^6	291×10^3	890×10^9	569×10^3
500×200	496×199	9	14	20		1.91×10^6	290×10^3	1.07×10^{12}	608×10^3
	500×200	10	16	20		2.18×10^6	335×10^3	1.25×10^{12}	859×10^3
	506×201	11	19	20		2.54×10^6	401×10^3	1.53×10^{12}	1.32×10^3
550×200	546×199	9	14	22		2.19×10^6	292×10^3	1.31×10^{12}	655×10^3
	550×200	10	16	22		2.49×10^6	337×10^3	1.53×10^{12}	917×10^3
	554×201	11	18	22		2.78×10^6	384×10^3	1.76×10^{12}	1.24×10^3
	560×202	12	21	22		3.20×10^6	452×10^3	2.11×10^{12}	1.82×10^3
	564×203	13	23	22		3.50×10^6	501×10^3	2.36×10^{12}	2.34×10^3
600×200	596×199	10	15	22		2.65×10^6	315×10^3	1.67×10^{12}	824×10^3
	600×200	11	17	22		2.93×10^6	361×10^3	1.94×10^{12}	1.13×10^3
	606×201	12	20	22		3.43×10^6	429×10^3	2.34×10^{12}	1.67×10^3
	612×202	13	23	22		3.89×10^6	498×10^3	2.76×10^{12}	2.37×10^3

〈부표 1〉 H형강의 표준치수와 단면 성능(계속)

공칭치수	치수(mm) $H \times B$	t_1	t_2	r	단면적 (mm²)	단위중량 (N/mm)	단면2차모멘트 (mm⁴) I_x	I_y	단면2차반경 (mm) r_x	r_y	단면계수 (mm³) S_x	S_y
150×100	148×100	6	9	11	2.68×10³	0.207	10.2×10⁶	1.51×10⁶	61.7	23.7	138×10³	30.1×10³
200×150	194×150	6	9	13	3.90×10³	0.300	26.9×10⁶	5.07×10⁶	83.0	36.1	277×10³	67.6×10³
250×175	244×175	7	11	16	5.62×10³	0.432	61.2×10⁶	9.85×10⁶	104	41.8	502×10³	113×10³
300×200	294×200	8	12	18	7.24×10³	0.557	113×10⁶	16.0×10⁶	125	47.1	771×10³	160×10³
	298×201	9	14	18	8.34×10³	0.641	133×10⁶	19.0×10⁶	126	47.7	893×10³	189×10³
350×250	336×249	8	12	20	8.82×10³	0.679	185×10⁶	30.9×10⁶	145	59.2	1.10×10⁶	248×10³
	340×250	9	14	20	10.2×10³	0.782	217×10⁶	36.5×10⁶	146	60.0	1.28×10⁶	292×10³
400×300	386×299	9	14	22	12.0×10³	0.925	337×10⁶	62.4×10⁶	167	72.1	1.74×10⁶	418×10³
	390×300	10	16	22	13.6×10³	1.05	387×10⁶	72.1×10⁶	169	72.8	1.98×10⁶	418×10³
450×300	434×299	10	15	24	13.5×10³	1.04	468×10⁶	66.9×10⁶	186	70.4	2.16×10⁶	448×10³
	440×300	11	18	24	15.7×10³	1.22	561×10⁶	81.1×10⁶	189	71.8	2.55×10⁶	541×10³
500×300	482×300	11	15	26	14.6×10³	1.12	604×10⁶	67.7×10⁶	204	68.2	2.50×10⁶	451×10³
	488×300	11	18	26	16.4×10³	1.26	710×10⁶	81.2×10⁶	208	70.4	2.91×10⁶	541×10³
600×300	582×300	12	17	28	17.5×10³	1.34	1.03×10⁹	76.7×10⁶	243	66.3	3.53×10⁶	511×10³
	588×300	12	20	28	19.3×10³	1.48	1.18×10⁹	90.2×10⁶	248	68.5	4.02×10⁶	601×10³
	594×302	14	23	28	22.2×10³	1.72	1.37×10⁹	106×10⁶	249	69.0	4.62×10⁶	701×10³
700×300	692×300	13	20	28	21.2×10³	1.63	1.72×10⁹	90.3×10⁶	286	65.3	4.98×10⁶	602×10³
	700×300	13	24	28	23.6×10³	1.81	2.01×10⁹	108×10⁶	293	67.8	5.76×10⁶	722×10³
	708×302	15	28	28	27.4×10³	2.11	2.37×10⁹	129×10⁶	294	68.6	6.70×10⁶	854×10³
800×300	792×300	14	22	28	24.3×10³	1.87	2.54×10⁹	99.3×10⁶	323	63.9	6.41×10⁶	662×10³
	800×300	14	26	28	26.7×10³	2.06	2.92×10⁹	117×10⁶	330	66.2	7.29×10⁶	782×10³
	808×302	16	30	28	30.8×10³	2.36	3.39×10⁹	138×10⁶	332	67.0	8.40×10⁶	915×10³
900×300	890×299	15	23	28	27.1×10³	2.09	3.45×10⁹	103×10⁶	357	61.6	7.76×10⁶	688×10³
	900×300	16	28	28	31.0×10³	2.38	4.11×10⁹	126×10⁶	364	63.9	9.14×10⁶	843×10³
	912×302	18	34	28	36.4×10³	2.80	4.98×10⁹	157×10⁶	370	65.8	10.9×10⁶	1.04×10³
	918×303	19	37	28	39.1×10³	3.01	5.42×10⁹	172×10⁶	372	66.3	11.8×10⁶	1.14×10³

<부표 1> H형강의 표준치수와 단면 성능(계속)

공칭치수	치수(mm) $H \times B$	t_1	t_2	r	소성단면계수 (mm³) Z_x	Z_y	뒤틀림 상수 C_w (mm⁶)	비틀림 상수 J (mm⁴)
150×100	148×100	6	9	11	157×10^3	46.7×10^3	7.28×10^9	73.7×10^3
200×150	194×150	6	9	13	309×10^3	104×10^3	43.4×10^9	109×10^3
250×175	244×175	7	11	16	558×10^3	173×10^3	134×10^9	232×10^3
300×200	294×200	8	12	18	859×10^3	247×10^3	319×10^9	358×10^3
	298×201	9	14	18	1.00×10^6	291×10^3	383×10^9	534×10^3
350×250	336×249	8	12	20	1.21×10^6	380×10^3	812×10^9	446×10^3
	340×250	9	14	20	1.41×10^6	447×10^3	970×10^9	663×10^3
400×300	386×299	9	14	22	1.92×10^6	637×10^3	2.16×10^{12}	799×10^6
	390×300	10	16	22	2.19×10^6	733×10^3	2.52×10^{12}	1.14×10^6
450×300	434×299	10	15	24	2.38×10^6	686×10^3	2.94×10^{12}	1.04×10^6
	440×300	11	18	24	2.82×10^6	828×10^3	3.61×10^{12}	1.63×10^6
500×300	482×300	11	15	26	2.79×10^6	695×10^3	3.69×10^{12}	1.18×10^6
	488×300	11	18	26	3.23×10^6	830×10^3	4.48×10^{12}	1.72×10^6
600×300	582×300	12	17	28	3.96×10^6	793×10^3	6.12×10^{12}	1.73×10^6
	588×300	12	20	28	4.49×10^6	928×10^3	7.28×10^{12}	2.41×10^6
	594×302	14	23	28	5.20×10^6	1.08×10^6	8.63×10^{12}	3.56×10^6
700×300	692×300	13	20	28	5.63×10^6	936×10^3	10.2×10^{12}	2.60×10^6
	700×300	13	24	28	6.46×10^6	1.12×10^6	12.4×10^{12}	3.83×10^6
	708×302	15	28	28	7.56×10^6	1.32×10^6	14.9×10^{12}	5.88×10^6
800×300	792×300	14	22	28	7.29×10^6	1.04×10^6	14.7×10^{12}	3.41×10^6
	800×300	14	26	28	8.24×10^6	1.22×10^6	17.6×10^{12}	4.86×10^6
	808×302	16	30	28	9.53×10^6	1.43×10^6	20.9×10^{12}	7.26×10^6
900×300	890×299	15	23	28	8.91×10^6	1.08×10^6	19.3×10^{12}	4.03×10^6
	900×300	16	28	28	10.5×10^6	1.32×10^6	24.0×10^{12}	6.33×10^6
	912×302	18	34	28	12.5×10^6	1.63×10^6	30.2×10^{12}	10.5×10^6
	918×303	19	37	28	13.5×10^6	1.79×10^6	33.4×10^{12}	13.2×10^6

〈부표 1〉 H형강의 표준치수와 단면 성능(계속)

공칭치수	치수(mm)				단면적 (mm²)	단위중량 (N/mm)	단면2차모멘트 (mm⁴)		단면2차반경 (mm)		단면계수 (mm³)	
	$H \times B$	t_1	t_2	r			I_x	I_y	r_x	r_y	S_x	S_y
100×100	100×100	6	8	10	2.19×10^3	0.169	3.83×10^6	1.34×10^6	41.8	24.7	76.5×10^3	26.8×10^3
125×125	125×125	6.5	9	10	3.03×10^3	0.233	8.47×10^6	2.94×10^6	52.9	31.1	136×10^3	47.0×10^3
150×150	150×150	7	10	11	4.01×10^3	0.309	16.4×10^6	5.63×10^6	63.9	37.5	219×10^3	75.1×10^3
200×200	200×200	8	12	13	6.35×10^3	0.489	47.2×10^6	16.0×10^6	86.2	50.2	472×10^3	160×10^3
	200×204	12	12	13	7.15×10^3	0.551	49.8×10^6	17.0×10^6	83.5	48.8	498×10^3	167×10^3
	208×202	10	16	13	8.37×10^3	0.644	65.3×10^6	22.0×10^6	88.3	51.3	628×10^3	218×10^3
250×250	244×252	11	11	16	8.21×10^3	0.632	87.9×10^6	29.4×10^6	103	59.8	720×10^3	233×10^3
	248×249	8	13	16	8.47×10^3	0.652	99.3×10^6	33.5×10^6	108	62.9	801×10^3	269×10^3
	250×250	9	14	16	9.22×10^3	0.710	108×10^6	36.5×10^6	108	62.9	867×10^3	292×10^3
	250×255	14	14	16	10.5×10^3	0.806	115×10^6	38.8×10^6	105	60.9	919×10^3	304×10^3
300×300	294×302	12	12	18	10.8×10^3	0.829	169×10^6	55.2×10^6	125	71.6	1.15×10^6	365×10^3
	298×299	9	14	18	11.1×10^3	0.853	188×10^6	62.4×10^6	130	75.1	1.27×10^6	417×10^3
	300×300	10	15	18	12.0×10^3	0.922	204×10^6	67.6×10^6	131	75.1	1.36×10^6	450×10^3
	300×305	15	15	18	13.5×10^3	1.04	215×10^6	71.1×10^6	126	72.6	1.44×10^6	466×10^3
	304×301	11	17	18	13.5×10^3	1.04	234×10^6	77.3×10^6	132	75.7	1.54×10^6	514×10^3
	310×305	15	20	18	16.5×10^3	1.27	286×10^6	94.7×10^6	132	75.7	1.85×10^6	621×10^3
	310×310	20	20	18	18.1×10^3	1.39	299×10^6	100×10^6	129	74.2	1.93×10^6	642×10^3
350×350	338×351	13	13	20	13.5×10^3	1.04	282×10^6	93.8×10^6	144	83.3	1.67×10^6	534×10^3
	344×348	10	16	20	14.6×10^3	1.13	333×10^6	112×10^6	151	87.8	1.94×10^6	646×10^3
	344×354	16	16	20	16.7×10^3	1.28	353×10^6	118×10^6	146	84.3	2.05×10^6	669×10^3
	350×350	12	19	20	17.4×10^3	1.33	403×10^6	136×10^6	152	88.4	2.30×10^6	776×10^3
	350×357	19	19	20	19.8×10^3	1.53	428×10^6	144×10^6	147	85.3	2.45×10^6	809×10^3
400×400	388×402	15	15	22	17.9×10^3	1.37	490×10^6	163×10^6	166	95.5	2.52×10^6	809×10^3
	394×398	11	18	22	18.7×10^3	1.44	561×10^6	189×10^6	173	101	2.85×10^6	951×10^3
	394×405	18	18	22	21.4×10^3	1.65	597×10^6	200×10^6	167	96.5	3.03×10^6	985×10^3
	400×400	13	21	22	21.9×10^3	1.69	666×10^6	224×10^6	175	101	3.33×10^6	1.12×10^6
	400×408	21	21	22	25.1×10^3	1.93	709×10^6	238×10^6	168	97.5	3.54×10^6	1.17×10^6
	406×403	16	24	22	25.5×10^3	1.96	780×10^6	262×10^6	175	101	3.84×10^6	1.30×10^6
	414×405	18	28	22	29.5×10^3	2.28	928×10^6	310×10^6	177	102	4.48×10^6	1.53×10^6
450×400	428×407	20	35	22	36.1×10^3	2.78	1.19×10^9	394×10^6	182	104	5.57×10^6	1.93×10^6
	458×417	30	50	22	52.9×10^3	4.07	1.87×10^9	605×10^6	188	107	8.17×10^6	2.90×10^6
500×450	498×432	45	70	22	77.0×10^3	5.92	2.98×10^9	944×10^6	197	111	12.0×10^6	4.37×10^6

〈부표 1〉 H형강의 표준치수와 단면 성능(계속)

공칭치수	치수(mm) $H \times B$	t_1	t_2	r	소성단면계수 (mm³) Z_x	Z_y	뒤틀림 상수 C_w(mm⁶)	비틀림 상수 J(mm⁴)
100×100	100×100	6	8	10	87.6×10^3	41.2×10^3	2.83×10^9	51.7×10^3
125×125	125×125	6.5	9	10	154×10^3	71.9×10^3	9.87×10^9	84.3×10^3
150×150	150×150	7	10	11	246×10^3	115×10^3	27.6×10^9	135×10^3
200×200	200×200	8	12	13	525×10^3	244×10^3	142×10^9	298×10^3
	200×204	12	12	13	565×10^3	257×10^3	150×10^9	396×10^3
	208×202	10	16	13	710×10^3	332×10^3	203×10^9	667×10^3
250×250	244×252	11	11	16	805×10^3	358×10^3	399×10^9	395×10^3
	248×249	8	13	16	883×10^3	408×10^3	462×10^9	467×10^3
	250×250	9	14	16	960×10^3	444×10^3	508×10^9	587×10^3
	250×255	14	14	16	1.04×10^6	468×10^3	540×10^9	790×10^3
300×300	294×302	12	12	18	1.28×10^6	560×10^3	1.10×10^{12}	614×10^3
	298×299	9	14	18	1.39×10^6	634×10^3	1.26×10^{12}	713×10^3
	300×300	10	15	18	1.50×10^6	684×10^3	1.37×10^{12}	881×10^3
	300×305	15	15	18	1.61×10^6	716×10^3	1.44×10^{12}	1.16×10^6
	304×301	11	17	18	1.71×10^6	781×10^3	1.59×10^{12}	1.25×10^6
	310×305	15	20	18	2.08×10^6	949×10^3	1.99×10^{12}	2.15×10^6
	310×310	20	20	18	2.20×10^6	992×10^3	2.09×10^{12}	2.71×10^6
350×350	338×351	13	13	20	1.85×10^6	818×10^3	2.48×10^{12}	903×10^3
	344×348	10	16	20	2.12×10^6	980×10^3	3.02×10^{12}	1.21×10^6
	344×354	16	16	20	2.30×10^6	1.03×10^6	3.19×10^{12}	1.64×10^6
	350×350	12	19	20	2.55×10^6	1.18×10^6	3.72×10^{12}	1.99×10^6
	350×357	19	19	20	2.76×10^6	1.24×10^6	3.95×10^{12}	2.70×10^6
400×400	388×402	15	15	22	2.80×10^6	1.24×10^6	5.66×10^{12}	1.56×10^6
	394×398	11	18	22	3.12×10^6	1.44×10^6	6.69×10^{12}	1.94×10^6
	394×405	18	18	22	3.39×10^6	1.51×10^6	7.05×10^{12}	2.64×10^6
	400×400	13	21	22	3.67×10^6	1.70×10^6	8.05×10^{12}	3.30×10^6
	400×408	21	21	22	3.99×10^6	1.79×10^6	8.55×10^{12}	4.15×10^6
	406×403	16	24	22	4.28×10^6	1.98×10^6	9.56×10^{12}	4.62×10^6
	414×405	18	28	22	5.03×10^6	2.33×10^6	11.6×10^{12}	7.14×10^6
450×400	428×407	20	35	22	6.31×10^6	2.94×10^6	15.2×10^{12}	13.2×10^6
	458×417	30	50	22	9.54×10^6	4.44×10^6	25.2×10^{12}	38.9×10^6
500×450	498×432	45	70	22	14.5×10^6	6.72×10^6	43.2×10^{12}	111×10^6

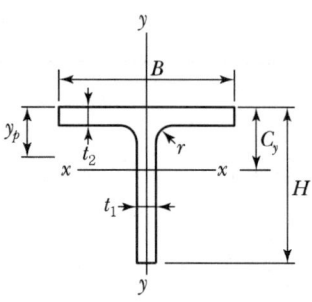

〈부표 2〉 T형강 표준치수와 단면 성능

치수(mm)				단면적 (mm²)	단위중량 (N/mm)	단면2차모멘트 (mm⁴)		단면2차반경 (mm)		단면계수 (mm³)		중심 (mm)
H	B	t_1	t_2			I_x	I_y	r_x	r_y	S_x	S_y	C_y
50	50	5	7	593	45.6×10^{-3}	118×10^3	73.9×10^3	14.1	11.2	3.18×10^3	2.96×10^3	12.8
50	100	6	8	1.10×10^3	84.3×10^{-3}	161×10^3	669×10^3	12.1	24.7	4.03×10^3	13.4×10^3	10.0
62.5	60	6	8	842	64.8×10^{-3}	275×10^3	146×10^3	18.1	13.2	5.96×10^3	4.87×10^3	16.4
62.5	125	6.5	9	1.52×10^3	0.117	350×10^3	1.47×10^3	15.2	31.3	6.91×10^3	23.5×10^3	11.9
74	100	6	9	1.34×10^3	0.103	517×10^3	753×10^3	19.6	23.7	8.84×10^3	15.1×10^3	15.5
75	75	5	7	893	68.7×10^{-3}	426×10^3	247×10^3	21.8	16.6	7.46×10^3	6.60×10^3	17.9
75	150	7	10	2.01×10^3	0.154	664×10^3	2.82×10^6	18.2	37.5	10.8×10^3	37.6×10^3	13.7
87.5	90	5	8	1.15×10^3	88.7×10^{-3}	707×10^3	488×10^3	24.8	20.6	10.4×10^3	10.8×10^3	19.3
97	150	6	9	1.95×10^3	0.150	1.25×10^3	2.54×10^6	25.3	36.1	15.8×10^3	33.8×10^3	17.9
99	99	4.5	7	1.16×10^3	89.2×10^{-3}	938×10^3	568×10^3	28.4	22.1	12.1×10^3	11.5×10^3	21.4
100	100	5.5	8	1.36×10^3	0.105	1.14×10^6	670×10^3	29.0	22.2	14.8×10^3	13.4×10^3	22.9
100	200	8	12	3.18×10^3	0.245	1.84×10^6	8.01×10^6	24.1	50.2	22.3×10^3	80.1×10^3	17.3
100	204	12	12	3.58×10^3	0.275	2.56×10^6	8.51×10^6	26.7	48.8	32.4×10^3	83.4×10^3	20.9
104	202	10	16	4.19×10^3	0.322	2.51×10^6	11.0×10^6	24.5	51.3	29.5×10^3	109×10^3	19.1
122	175	7	11	2.81×10^3	0.216	2.89×10^6	4.92×10^6	32.0	41.8	29.1×10^3	56.3×10^3	22.7
122	252	11	11	4.10×10^3	0.316	4.45×10^6	14.7×10^6	32.9	59.8	45.3×10^3	117×10^3	23.9
124	124	5	8	1.63×10^3	0.126	2.08×10^6	1.27×10^6	35.7	27.9	21.3×10^3	20.6×10^3	26.3
124	249	8	13	4.24×10^3	0.326	3.64×10^6	16.7×10^6	29.3	62.9	34.9×10^3	134×10^3	19.8
125	125	6	9	1.88×10^3	0.145	2.48×10^6	1.47×10^6	36.3	27.9	25.6×10^3	23.5×10^3	27.8
125	250	9	14	4.61×10^3	0.355	4.12×10^6	18.2×10^6	29.9	62.9	39.5×10^3	146×10^3	20.8
125	255	14	14	5.23×10^3	0.403	5.89×10^6	19.4×10^6	33.6	60.9	59.4×10^3	152×10^3	25.8
147	200	8	12	3.62×10^3	0.279	5.72×10^6	8.02×10^6	39.7	47.1	48.2×10^3	80.2×10^3	28.3
147	302	12	12	5.38×10^3	0.414	8.58×10^6	27.6×10^6	39.9	71.6	72.3×10^3	183×10^3	28.4
149	149	5.5	8	2.04×10^3	0.157	3.93×10^6	2.21×10^6	43.9	32.9	33.8×10^3	29.7×10^3	32.6
149	201	9	14	4.17×10^3	0.321	6.62×10^6	9.49×10^6	39.9	47.7	55.2×10^3	94.5×10^3	29.1
149	299	9	14	5.54×10^3	0.426	7.15×10^6	31.2×10^6	35.9	75.1	57.0×10^3	209×10^3	23.6
150	150	6.5	9	2.34×10^3	0.180	4.64×10^6	2.54×10^6	44.5	32.9	40.0×10^3	33.8×10^3	34.1
150	300	10	15	5.99×10^3	0.461	7.98×10^6	33.8×10^6	36.5	75.1	63.7×10^3	225×10^3	24.7
150	305	15	15	6.74×10^3	0.519	11.1×10^6	35.5×10^6	40.5	72.6	92.5×10^3	233×10^3	30.3
152	301	11	17	6.74×10^3	0.519	9.03×10^6	38.7×10^6	36.6	75.7	71.4×10^3	257×10^3	25.5
155	305	15	20	8.26×10^3	0.636	12.4×10^6	47.3×10^6	38.8	75.7	98.7×10^3	310×10^3	29.2
160	310	20	20	9.04×10^3	0.696	15.6×10^6	49.8×10^6	41.6	74.2	128×10^3	321×10^3	33.4
168	249	8	12	4.41×10^3	0.339	8.81×10^6	15.5×10^6	44.7	59.2	64.0×10^3	124×10^3	30.2
170	250	9	14	5.08×10^3	0.391	10.2×10^6	18.3×10^6	44.8	60.0	73.1×10^3	146×10^3	30.9
172	348	10	16	7.30×10^3	0.562	12.3×10^6	56.2×10^6	41.1	87.8	84.7×10^3	323×10^3	26.7

〈부표 2〉 T형강의 표준치수와 단면 성능(계속)

치수(mm)				y_p (mm)	소성단면계수 (mm³)		뒤틀림 상수 C_w(mm⁶)	비틀림 상수 J(mm⁴)
H	B	t_1	t_2		Z_x	Z_y		
50	50	5	7	5.92	5.84×10^3	4.76×10^3	647×10^3	10.1×10^3
50	100	6	8	5.47	7.95×10^3	20.6×10^3	4.14×10^6	25.7×10^3
62.5	60	6	8	7.01	10.8×10^3	7.86×10^3	1.97×10^6	18.6×10^3
62.5	125	6.5	9	6.06	13.4×10^3	36.0×10^3	11.4×10^6	42.0×10^3
74	100	6	9	6.71	16.3×10^3	23.4×10^3	7.08×10^6	36.7×10^3
75	75	5	7	5.95	13.4×10^3	10.4×10^3	2.27×10^6	14.0×10^3
75	150	7	10	6.69	20.8×10^3	57.4×10^3	26.7×10^6	67.1×10^3
87.5	90	5	8	6.40	18.5×10^3	16.9×10^3	4.61×10^6	22.4×10^3
97	150	6	9	6.50	28.6×10^3	51.8×10^3	21.8×10^6	54.4×10^3
99	99	4.5	7	5.85	21.5×10^3	17.9×10^3	4.52×10^6	19.2×10^3
100	100	5.5	8	6.79	26.5×10^3	21.0×10^3	7.64×10^6	28.7×10^3
100	200	8	12	7.94	42.3×10^3	122×10^3	108×10^6	149×10^3
100	204	12	12	8.77	59.2×10^3	129×10^3	142×10^6	196×10^3
104	202	10	16	10.4	58.4×10^3	166×10^3	259×10^6	333×10^3
122	175	7	11	8.03	52.6×10^3	86.4×10^3	64.6×10^6	116×10^3
122	252	11	11	8.14	81.3×10^3	179×10^3	206×10^6	196×10^3
124	124	5	8	6.59	37.5×10^3	31.8×10^3	12.8×10^6	33.6×10^3
124	249	8	13	8.50	65.7×10^3	204×10^3	259×10^6	233×10^3
125	125	6	9	7.53	45.3×10^3	36.6×10^3	20.4×10^6	48.3×10^3
125	250	9	14	9.22	74.6×10^3	222×10^3	331×10^6	293×10^3
125	255	14	14	10.3	108×10^3	234×10^3	441×10^6	391×10^3
147	200	8	12	9.05	86.1×10^3	123×10^3	136×10^6	179×10^3
147	302	12	12	8.91	129×10^3	280×10^3	465×10^6	305×10^3
149	149	5.5	8	6.85	59.5×10^3	45.9×10^3	25.9×10^6	43.2×10^3
149	201	9	14	10.4	100×10^3	145×10^3	213×10^6	266×10^3
149	299	9	14	9.26	105×10^3	317×10^3	567×10^6	356×10^3
150	150	6.5	9	7.80	70.7×10^3	52.6×10^3	40.6×10^6	61.6×10^3
150	300	10	15	10.0	118×10^3	342×10^3	713×10^6	440×10^3
150	305	15	15	11.0	167×10^3	358×10^3	936×10^6	577×10^3
152	301	11	17	11.2	134×10^3	390×10^3	1.04×10^9	621×10^3
155	305	15	20	13.5	186×10^3	474×10^3	1.86×10^9	1.07×10^6
160	310	20	20	14.6	236×10^3	496×10^3	2.33×10^9	1.34×10^6
168	249	8	12	8.85	114×10^3	190×10^3	2.46×10^6	223×10^3
170	250	9	14	10.2	131×10^3	223×10^3	385×10^6	331×10^6
172	348	10	16	10.5	156×10^3	490×10^3	1.32×10^9	604×10^6

〈부표 2〉 T형강의 표준치수와 단면 성능(계속)

치수(mm)				단면적 (mm²)	단위중량 (N/mm)	단면2차모멘트 (mm⁴)		단면2차반경 (mm)		단면계수 (mm³)		중심 (mm)
H	B	t_1	t_2			I_x	I_y	r_x	r_y	S_x	S_y	C_y
172	354	16	16	8.33×10^3	0.641	18.0×10^6	59.2×10^6	46.5	84.3	131×10^3	335×10^3	34.0
173	174	6	9	2.63×10^3	0.203	6.79×10^6	3.96×10^6	50.8	38.8	50.0×10^3	45.5×10^3	37.1
175	175	7	11	3.16×10^3	0.243	8.15×10^6	4.92×10^6	50.8	39.5	59.3×10^3	56.2×10^3	37.5
175	350	12	19	8.69×10^3	0.669	15.2×10^6	67.9×10^6	41.8	88.4	104×10^3	388×10^3	28.6
177	176	8	13	3.68×10^3	0.284	9.55×10^6	5.92×10^6	50.9	40.1	68.8×10^3	67.2×10^3	38.2
193	299	9	14	6.01×10^3	0.462	15.3×10^6	31.2×10^6	50.4	72.1	95.5×10^3	209×10^3	33.3
195	300	10	16	6.80×10^3	0.523	17.3×10^6	36.0×10^6	50.5	72.8	108×10^3	240×10^3	34.1
198	199	7	11	3.61×10^3	0.278	11.9×10^6	7.24×10^6	57.6	44.8	76.4×10^3	72.7×10^3	41.7
200	200	8	13	4.21×10^3	0.324	14.0×10^6	8.68×10^6	57.6	45.4	88.6×10^3	86.8×10^3	42.3
200	400	13	21	10.9×10^3	0.842	24.8×10^6	112×10^6	47.6	101	147×10^3	560×10^3	32.1
202	201	9	15	4.81×10^3	0.370	16.0×10^6	10.2×10^6	57.8	46.0	101×10^3	101×10^3	43.1
217	299	10	15	6.75×10^3	0.520	23.5×10^6	33.5×10^6	58.9	70.4	133×10^3	224×10^3	40.4
220	300	11	18	7.87×10^3	0.606	26.8×10^6	40.6×10^6	58.4	71.8	149×10^3	270×10^3	40.5
223	199	8	12	4.22×10^3	0.324	18.8×10^6	7.90×10^6	66.7	43.3	109×10^3	79.4×10^3	51.0
225	200	9	14	4.84×10^3	0.372	21.6×10^6	9.36×10^6	66.8	44.0	124×10^3	93.6×10^3	51.5
241	300	11	15	7.28×10^3	0.560	34.2×10^6	33.8×10^6	68.5	68.2	178×10^3	225×10^3	49.2
244	300	11	18	8.18×10^3	0.629	36.2×10^6	40.6×10^6	66.6	70.4	184×10^3	270×10^3	46.6
248	199	9	14	5.06×10^3	0.390	28.4×10^6	9.22×10^6	74.9	42.7	150×10^3	92.7×10^3	59.0
250	200	10	16	5.71×10^3	0.440	32.1×10^6	10.7×10^6	75.0	43.3	169×10^3	107×10^3	59.6
253	201	11	19	6.57×10^3	0.505	36.7×10^6	12.9×10^6	74.8	44.3	190×10^3	128×10^3	59.5
273	199	9	14	5.33×10^3	0.410	37.2×10^6	9.23×10^6	83.6	41.6	181×10^3	92.8×10^3	67.2
275	200	10	16	6.00×10^3	0.462	42.1×10^6	10.7×10^6	83.8	42.3	203×10^3	107×10^3	67.8
277	201	11	18	6.68×10^3	0.514	47.0×10^6	12.2×10^6	84.0	42.8	226×10^3	122×10^3	68.5
280	202	12	21	7.56×10^3	0.582	53.1×10^6	14.5×10^6	83.8	43.8	251×10^3	143×10^3	68.5
282	203	13	23	8.24×10^3	0.635	58.3×10^6	16.1×10^6	84.1	44.2	274×10^3	159×10^3	69.5
291	300	12	17	8.72×10^3	0.672	63.6×10^6	38.3×10^6	85.4	66.3	280×10^3	256×10^3	63.9
294	300	12	20	9.62×10^3	0.741	67.1×10^6	45.1×10^6	83.5	68.5	288×10^3	301×10^3	60.8
297	302	14	23	11.1×10^3	0.856	79.2×10^6	52.9×10^6	84.4	69.0	339×10^3	350×10^3	63.3
298	199	10	15	6.02×10^3	0.464	51.9×10^6	9.90×10^6	92.9	40.5	236×10^3	99.5×10^3	77.9
300	200	11	17	6.72×10^3	0.517	58.1×10^6	11.4×10^6	93.0	41.2	262×10^3	114×10^3	78.4
303	201	12	20	7.62×10^3	0.587	65.7×10^6	13.6×10^6	92.8	42.2	292×10^3	135×10^3	77.9
306	202	13	23	8.53×10^3	0.657	73.4×10^6	15.9×10^6	92.7	43.1	322×10^3	157×10^3	77.9
346	300	13	20	10.6×10^3	0.814	113×10^6	45.1×10^6	103	65.3	425×10^3	301×10^3	79.9
350	300	13	24	11.8×10^3	0.906	120×10^6	54.1×10^6	101	67.8	438×10^3	361×10^3	75.5
354	302	15	28	13.7×10^3	1.05	142×10^6	64.4×10^6	102	68.6	513×10^3	427×10^3	77.8
396	300	14	22	12.2×10^3	0.937	177×10^6	49.7×10^6	121	63.9	593×10^3	331×10^3	96.6
400	300	14	26	13.4×10^3	1.03	188×10^6	58.7×10^6	119	66.2	610×10^3	391×10^3	91.8
404	302	16	30	15.4×10^3	1.18	219×10^6	69.1×10^6	119	67.0	705×10^3	457×10^3	94.1
445	299	15	23	13.5×10^3	1.04	260×10^6	51.4×10^6	139	61.6	790×10^3	344×10^3	116
445	300	16	30	16.0×10^3	1.23	287×10^6	67.7×10^6	134	65.1	851×10^3	451×10^3	108
450	300	16	28	15.5×10^3	1.19	292×10^6	63.2×10^6	137	63.9	866×10^3	421×10^3	113
456	302	18	34	18.2×10^3	1.40	342×10^6	78.3×10^6	137	65.6	997×10^3	519×10^3	113
459	303	19	37	19.6×10^3	1.51	368×10^6	86.1×10^6	137	66.3	1.06×10^3	568×10^3	113

〈부표 2〉 T형강의 표준치수와 단면 성능(계속)

치수(mm)				y_p (mm)	소성단면계수 (mm³)		뒤틀림 상수 C_w(mm⁶)	비틀림 상수 J(mm⁴)
H	B	t_1	t_2		Z_x	Z_y		
172	354	16	16	11.8	234×10^3	513×10^3	1.76×10^9	811×10^3
173	174	6	9	7.57	87.6×10^3	70.1×10^3	55.4×10^6	68.1×10^3
175	175	7	11	9.02	104×10^3	86.8×10^3	95.9×10^6	115×10^3
175	350	12	19	12.4	195×10^3	589×10^3	2.26×10^9	993×10^3
177	176	8	13	10.5	122×10^3	104×10^3	154×10^6	180×10^3
193	299	9	14	10.0	170×10^3	318×10^3	640×10^6	399×10^3
195	300	10	16	11.3	193×10^3	367×10^3	950×10^6	567×10^3
198	199	7	11	9.07	134×10^3	112×10^3	141×10^6	135×10^3
200	200	8	13	10.5	156×10^3	134×10^3	225×10^6	210×10^3
200	400	13	21	13.7	276×10^3	850×10^3	4.53×10^9	1.51×10^6
202	201	9	15	12.0	179×10^3	156×10^3	339×10^6	311×10^3
217	299	10	15	11.3	235×10^3	343×10^3	882×10^6	519×10^3
220	300	11	18	13.1	267×10^3	414×10^3	1.44×10^9	816×10^3
223	199	8	12	10.6	193×10^3	123×10^3	240×10^6	191×10^3
225	200	9	14	12.1	220×10^3	145×10^3	362×10^6	284×10^3
241	300	11	15	12.1	314×10^3	348×10^3	1.1×10^9	588×10^3
244	300	11	18	13.6	325×10^3	415×10^3	1.57×10^9	858×10^3
248	199	9	14	12.7	266×10^3	145×10^3	434×10^6	303×10^3
250	200	10	16	14.3	300×10^3	167×10^3	621×10^6	428×10^3
253	201	11	19	16.3	337×10^3	201×10^3	921×10^6	657×10^3
273	199	9	14	13.4	322×10^3	146×10^3	531×10^6	327×10^3
275	200	10	16	15.0	362×10^3	169×10^3	756×10^6	457×10^3
277	201	11	18	16.6	402×10^3	192×10^3	1.04×10^9	621×10^3
280	202	12	21	18.7	447×10^3	226×10^3	1.47×10^9	909×10^3
282	203	13	23	20.3	489×10^3	250×10^3	1.91×10^9	1.17×10^6
291	300	12	17	14.5	494×10^3	396×10^3	2.00×10^9	862×10^3
294	300	12	20	16.0	503×10^3	464×10^3	2.60×10^9	1.20×10^6
297	302	14	23	18.4	601×10^3	542×10^3	4.10×10^9	1.78×10^6
298	199	10	15	15.6	424×10^3	158×10^3	866×10^9	411×10^3
300	200	11	17	16.8	470×10^3	181×10^3	1.19×10^9	563×10^3
303	201	12	20	19.0	522×10^3	214×10^3	1.66×10^9	832×10^3
306	202	13	23	21.1	574×10^3	249×10^3	2.26×10^9	1.18×10^6
346	300	13	20	17.6	751×10^3	468×10^3	3.81×10^9	1.30×10^6
350	300	13	24	19.6	774×10^3	558×10^3	4.95×10^9	1.91×10^6
354	302	15	28	22.7	909×10^3	661×10^3	7.88×10^9	2.94×10^6
396	300	14	22	20.3	1.05×10^3	518×10^3	6.35×10^9	1.70×10^6
400	300	14	26	22.3	1.08×10^3	608×10^3	7.71×10^9	2.43×10^6
404	302	16	30	25.5	1.25×10^3	713×10^3	11.9×10^9	3.62×10^6
445	299	15	23	22.6	1.42×10^3	542×10^3	9.90×10^9	2.01×10^6
445	300	16	30	26.6	1.51×10^3	706×10^3	14.1×10^9	3.66×10^6
450	300	16	28	25.8	1.54×10^3	662×10^3	13.6×10^9	3.16×10^6
456	302	18	34	30.1	1.78×10^3	815×10^3	21.2×10^9	5.24×10^6
459	303	19	37	32.3	1.90×10^3	893×10^3	26.1×10^9	6.57×10^6

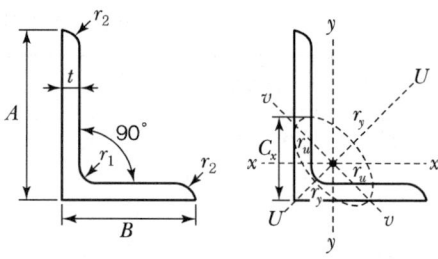

〈부표 3〉 등변 ㄱ형강의 표준치수와 단면 성능

치수(mm) $A \times B$	t	r_1	r_2	단면적 (mm²)	단위중량 (N/mm)	단면2차모멘트 (mm⁴) $I_x = I_y$	I_u	I_v	단면2차반경 (mm) $r_x = r_y$	r_u	r_v	단면계수 (mm³) $S_x = S_y$	중심 (mm) $C_{x=y}$
40×40	3	4.5	2	2.3360×10²	1.79×10⁻²	3.53×10⁴	5.60×10⁴	1.45×10⁴	1.23×10¹	1.55×10¹	7.90×10⁰	1.21×10³	10.9
40×40	5	4.5	3	3.7550×10²	2.89×10⁻²	5.42×10⁴	8.59×10⁴	2.25×10⁴	1.20×10¹	1.51×10¹	7.70×10⁰	1.91×10³	11.7
45×45	4	6.5	3	3.4920×10²	2.69×10⁻²	6.50×10⁴	1.03×10⁵	2.69×10⁴	1.36×10¹	1.72×10¹	8.80×10⁰	2.00×10³	12.4
50×50	4	6.5	3	3.8920×10²	3.00×10⁻²	9.60×10⁴	1.44×10⁵	3.74×10⁴	1.53×10¹	1.92×10¹	9.80×10⁰	2.49×10³	13.7
50×50	6	6.5	4.5	5.6440×10²	4.34×10⁻²	1.26×10⁵	2.00×10⁵	5.24×10⁴	1.50×10¹	1.88×10¹	9.60×10⁰	3.55×10³	14.4
60×60	4	6.5	3	4.6920×10²	3.61×10⁻²	1.60×10⁵	2.54×10⁵	6.62×10⁴	1.85×10¹	2.33×10¹	1.19×10¹	3.66×10³	16.1
60×60	5	6.5	3	5.8020×10²	4.46×10⁻²	1.96×10⁵	3.12×10⁵	8.06×10⁴	1.84×10¹	2.32×10¹	1.18×10¹	4.52×10³	16.6
65×65	6	8.5	4	7.5270×10²	5.79×10⁻²	2.94×10⁵	4.66×10⁵	1.21×10⁵	1.98×10¹	2.49×10¹	1.27×10¹	6.27×10³	18.1
65×65	8	8.5	6	97610×10²	7.51×10⁻²	3.63×10⁵	5.83×10⁵	1.53×10⁵	1.94×10¹	2.44×10¹	1.25×10¹	7.97×10³	18.6
70×70	6	8.5	4	8.1270×10²	6.25×10⁻²	3.71×10⁵	5.89×10⁵	1.53×10⁵	2.14×10¹	2.69×10¹	1.37×10¹	7.33×10³	19.4
75×75	6	8.5	4	8.7270×10²	6.71×10⁻²	4.61×10⁵	7.32×10⁵	1.90×10⁵	2.30×10¹	2.90×10¹	1.47×10¹	8.47×10³	20.6
75×75	9	8.5	6	1.2690×10³	9.76×10⁻²	6.44×10⁵	1.02×10⁶	2.67×10⁵	2.25×10¹	2.84×10¹	1.45×10¹	1.21×10⁴	21.7
75×75	12	8.5	6	1.6560×10³	1.27×10⁻¹	8.19×10⁵	1.29×10⁶	3.45×10⁵	2.22×10¹	2.79×10¹	1.44×10¹	1.57×10⁴	22.9
80×80	6	8.5	4	9.3270×10³	7.17×10⁻²	5.64×10⁵	8.96×10⁵	2.32×10⁵	2.46×10¹	3.10×10¹	1.58×10¹	9.70×10³	21.9
90×90	6	10	5	1.0550×10³	8.11×10⁻²	8.07×10⁵	1.29×10⁶	3.23×10⁵	2.77×10¹	3.50×10¹	1.75×10¹	1.23×10⁴	24.2
90×90	7	10	5	1.2220×10³	9.40×10⁻²	9.30×10⁵	1.48×10⁶	3.83×10⁵	2.76×10¹	3.48×10¹	1.77×10¹	1.42×10⁴	24.6
90×90	10	10	7	1.7000×10³	1.30×10⁻¹	1.25×10⁶	1.99×10⁶	5.16×10⁵	2.71×10¹	3.42×10¹	1.74×10¹	1.95×10⁴	25.8
90×90	13	10	7	2.1710×10³	1.67×10⁻¹	1.56×10⁶	2.48×10⁶	6.53×10⁵	2.68×10¹	3.38×10¹	1.73×10¹	2.48×10⁴	26.9
100×100	7	10	5	1.3620×10³	1.05×10⁻¹	1.29×10⁶	2.05×10⁶	5.31×10⁵	3.08×10¹	3.88×10¹	1.97×10¹	1.77×10⁴	27.1
100×100	10	10	7	1.9000×10³	1.46×10⁻¹	1.75×10⁶	2.78×10⁶	7.19×10⁵	3.03×10¹	3.83×10¹	1.95×10¹	2.44×10⁴	28.3
100×100	13	10	7	2.4310×10³	1.87×10⁻¹	2.20×10⁶	3.48×10⁶	9.10×10⁵	3.00×10¹	3.78×10¹	1.93×10¹	3.11×10⁴	29.4
120×120	8	12	5	1.8760×10³	1.44×10⁻¹	2.58×10⁶	4.10×10⁶	1.06×10⁶	3.71×10¹	4.68×10¹	2.38×10¹	2.95×10⁴	32.4
130×130	9	12	6	2.2740×10³	1.75×10⁻¹	3.66×10⁶	5.83×10⁶	1.50×10⁶	4.01×10¹	5.06×10¹	2.57×10¹	3.87×10⁴	35.3
130×130	12	12	8.5	2.9760×10³	2.29×10⁻¹	4.67×10⁶	7.43×10⁶	1.92×10⁶	3.96×10¹	5.00×10¹	2.54×10¹	4.99×10⁴	36.4
130×130	15	12	8.5	3.6750×10³	2.82×10⁻¹	5.69×10⁶	9.02×10⁵	2.34×10⁶	3.93×10¹	4.95×10¹	2.53×10¹	6.15×10⁴	37.6
150×150	12	14	7	3.4770×10³	2.68×10⁻¹	7.40×10⁶	1.18×10⁷	3.04×10⁶	4.61×10¹	5.82×10¹	2.96×10¹	6.82×10⁴	41.4
150×150	15	14	10	4.2740×10³	3.29×10⁻¹	8.88×10⁶	1.41×10⁷	3.65×10⁶	4.56×10¹	8.75×10¹	2.92×10¹	8.26×10⁴	42.4
150×150	19	14	10	5.3380×10³	4.11×10⁻¹	1.09×10⁷	1.73×10⁷	4.51×10⁶	4.52×10¹	5.69×10¹	2.91×10¹	1.03×10⁵	44.0
175×175	12	15	11	4.0520×10³	3.12×10⁻¹	1.17×10⁷	1.86×10⁷	4.79×10⁶	5.37×10¹	6.78×10¹	3.44×10¹	9.16×10⁴	47.3
175×175	15	15	11	5.0210×10³	3.68×10⁻¹	1.44×10⁷	2.29×10⁷	5.88×10⁶	5.35×10¹	6.75×10¹	3.42×10¹	1.14×10⁵	48.5
200×200	15	17	12	5.7750×10³	4.44×10⁻¹	2.18×10⁷	3.47×10⁷	8.91×10⁶	6.14×10¹	7.75×10¹	3.93×10¹	1.50×10⁵	54.7
200×200	20	17	12	7.6000×10³	5.85×10⁻¹	2.82×10⁷	4.49×10⁷	1.16×10⁷	6.09×10¹	7.68×10¹	3.90×10¹	1.97×10⁵	56.7
200×200	25	17	12	9.3750×10³	7.21×10⁻¹	3.42×10⁷	5.42×10⁷	1.41×10⁷	6.04×10¹	7.61×10¹	3.88×10¹	2.42×10⁵	58.7
250×250	25	24	12	1.1940×10⁴	9.18×10⁻¹	6.95×10⁷	1.10×10⁸	2.86×10⁷	7.63×10¹	9.62×10¹	4.89×10¹	3.88×10⁵	71.0
250×250	35	24	18	1.6260×10⁴	1.25×10⁰	9.11×10⁷	1.44×10⁸	3.79×10⁷	7.48×10¹	9.42×10¹	4.83×10¹	5.19×10⁵	74.5

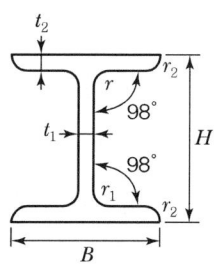
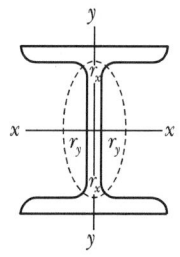

〈부표 4〉 I형강의 표준치수와 단면 성능

치수(mm)					단면적 (mm²)	단위중량 (N/mm)	단면2차모멘트 (mm⁴)		단면2차반경 (mm)		단면계수 (mm³)	
$H \times B$	t_1	t_2	r_1	r_2			I_x	I_y	r_x	r_y	S_x	S_y
100×75	5	8	7	3.5	1.6430×10^3	1.26×10^{-1}	2.83×10^6	4.83×10^5	4.15×10^1	1.72×10^1	5.65×10^4	1.29×10^4
125×75	5.5	9.5	9	4.5	2.0450×10^3	1.58×10^{-1}	5.40×10^6	5.90×10^5	5.14×10^1	1.70×10^1	8.64×10^4	1.57×10^4
150×75	5.5	9.5	9	4.5	2.1830×10^3	1.68×10^{-1}	8.20×10^6	5.91×10^5	6.13×10^1	1.65×10^1	1.09×10^5	1.58×10^4
150×125	8.5	14	13	6.5	4.6150×10^3	3.55×10^{-1}	1.78×10^7	3.95×10^6	6.21×10^1	2.92×10^1	2.37×10^5	6.31×10^4
180×100	6	10	10	5	3.0060×10^3	2.31×10^{-1}	1.67×10^7	1.41×10^6	7.46×10^1	2.17×10^1	1.86×10^5	2.82×10^4
200×100	7	10	10	5	3.3060×10^3	2.55×10^{-1}	2.18×10^7	1.42×10^6	8.11×10^1	2.07×10^1	2.18×10^5	2.84×10^4
200×150	9	16	15	7.5	6.4160×10^3	4.94×10^{-1}	4.49×10^7	7.71×10^6	8.37×10^1	3.47×10^1	4.49×10^5	1.03×10^5
250×125	7.5	12.5	12	6	4.8790×10^3	3.75×10^{-1}	5.19×10^7	3.45×10^6	1.03×10^2	2.66×10^1	4.15×10^5	5.52×10^4
250×125	10	19	21	10.5	7.0730×10^3	5.44×10^{-1}	7.34×10^7	5.60×10^6	1.02×10^2	3.81×10^1	5.87×10^5	8.96×10^4
300×150	8	13	12	6	6.1580×10^3	4.73×10^{-1}	9.50×10^7	6.00×10^6	1.24×10^2	3.12×10^1	6.33×10^5	8.00×10^4
300×150	10	18.5	19	9.5	8.3470×10^3	6.42×10^{-1}	1.27×10^8	8.86×10^6	1.24×10^2	3.26×10^1	8.49×10^5	1.18×10^5
300×150	11.5	22	23	11.5	9.7880×10^3	7.53×10^{-1}	1.47×10^8	1.12×10^7	1.23×10^2	3.38×10^1	9.81×10^5	1.49×10^5
350×150	9	15	13	6.5	7.4580×10^3	5.73×10^{-1}	1.52×10^8	7.15×10^6	1.43×10^2	3.10×10^1	8.71×10^5	9.54×10^4
350×150	12	24	25	12.5	1.1110×10^4	8.55×10^{-1}	2.25×10^8	1.23×10^7	1.42×10^2	3.33×10^1	1.28×10^6	1.64×10^5
400×150	10	18	17	8.5	9.1730×10^3	7.06×10^{-1}	2.40×10^8	8.87×10^6	1.62×10^2	3.11×10^1	1.20×10^6	1.18×10^5
400×150	12.5	25	27	13.5	1.2210×10^4	9.39×10^{-1}	3.17×10^8	1.29×10^7	1.61×10^2	3.25×10^1	1.58×10^6	1.72×10^5
450×175	11	20	19	9.5	1.1680×10^4	8.99×10^{-1}	3.92×10^8	1.55×10^7	1.83×10^2	3.64×10^1	1.74×10^6	1.77×10^5
450×175	13	26	27	13.5	1.4610×10^4	1.13×10^0	4.88×10^8	2.10×10^7	1.83×10^2	3.79×10^1	2.17×10^6	2.40×10^5
600×190	13	25	25	12.5	1.6940×10^4	1.30×10^0	9.32×10^8	2.54×10^7	2.41×10^2	3.87×10^1	3.27×10^6	2.67×10^5
600×190	16	35	38	19	2.2450×10^4	1.72×10^0	1.30×10^9	3.70×10^7	2.40×10^2	4.05×10^1	4.33×10^6	3.90×10^5

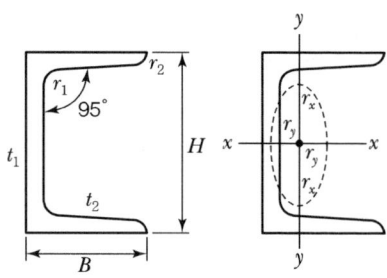

〈부표 5〉 ㄷ형강의 표준치수와 단면 성능

치수(mm)					단면적 (mm²)	단위 중량 (N/mm)	단면2차모멘트 (mm⁴)		단면2차반경 (mm)		단면계수 (mm³)		중심 (mm)
$H \times B$	t_1	t_2	r_1	r_2			I_x	I_y	r_x	r_y	S_x	S_y	C_y
75×40	5	7	8	4	8.8180×10^2	6.78×10^{-2}	7.59×10^5	1.24×10^5	2.93×10^1	1.19×10^1	2.02×10^4	4.54×10^3	12.7
100×50	5	7.5	8	4	1.1920×10^3	9.17×10^{-2}	1.89×10^6	2.69×10^5	3.98×10^1	1.50×10^1	3.78×10^4	7.82×10^3	15.5
125×65	6	8	8	4	1.7110×10^3	1.31×10^{-1}	4.25×10^6	6.55×10^5	4.99×10^1	1.96×10^1	6.80×10^4	1.44×10^4	19.4
150×75	6.5	10	10	5	2.3710×10^3	1.82×10^{-1}	8.64×10^6	1.22×10^6	6.04×10^1	2.27×10^1	1.15×10^5	2.36×10^4	23.1
150×75	9	12.5	15	7.5	3.0590×10^3	2.35×10^{-1}	1.05×10^7	1.47×10^6	5.86×10^1	2.19×10^1	1.40×10^5	2.83×10^4	23.1
180×75	7	10.5	11	5.5	2.7200×10^3	2.10×10^{-1}	1.38×10^7	1.37×10^6	7.73×10^1	2.24×10^1	1.54×10^5	2.55×10^4	21.5
200×70	7	10	11	5.5	2.6920×10^3	2.07×10^{-1}	6.12×10^7	1.13×10^6	7.77×10^1	2.04×10^1	1.62×10^5	2.18×10^4	18.5
200×80	7.5	11	12	6	3.1330×10^3	2.41×10^{-1}	1.95×10^7	1.77×10^6	7.89×10^1	2.38×10^1	1.95×10^5	3.08×10^4	22.4
200×90	8	13.5	14	7	3.8650×10^3	2.97×10^{-1}	2.49×10^7	2.86×10^6	8.03×10^1	2.72×10^1	2.49×10^5	4.59×10^4	27.7
250×90	9	13	14	7	4.4070×10^3	3.39×10^{-1}	4.18×10^7	3.06×10^6	9.74×10^1	2.64×10^1	3.35×10^5	4.65×10^4	24.2
250×90	11	14.5	17	8.5	5.1170×10^3	3.94×10^{-1}	4.69×10^7	3.42×10^6	9.57×10^1	2.58×10^1	3.75×10^5	5.17×10^4	23.9
300×90	9	13	14	7	4.8570×10^3	3.73×10^{-1}	6.44×10^7	3.25×10^8	1.15×10^2	2.59×10^1	4.29×10^5	4.80×10^4	22.3
300×90	10	15.5	19	9.5	5.5740×10^3	4.29×10^{-1}	7.40×10^7	3.73×10^6	1.15×10^2	2.59×10^1	4.94×10^5	5.60×10^4	23.3
300×90	12	16	19	9.5	6.1900×10^3	4.76×10^{-1}	7.87×10^7	3.91×10^6	1.13×10^2	2.51×10^1	5.25×10^5	5.79×10^4	22.5
330×100	10.5	16	18	9	6.9390×10^3	5.34×10^{-1}	1.45×10^8	5.57×10^6	1.45×10^2	2.83×10^1	7.62×10^5	7.33×10^4	24.1
380×100	13	16.5	18	9	7.8960×10^3	6.08×10^{-1}	1.56×10^8	5.84×10^6	1.41×10^2	2.72×10^1	8.22×10^5	7.58×10^4	22.9
380×100	13	20	24	10	8.5710×10^3	6.60×10^{-1}	1.76×10^8	6.71×10^6	1.43×10^2	2.80×10^1	9.24×10^5	8.95×10^4	25.0

〈부표 6〉 일반구조용 탄소강 강관의 표준치수와 단면 성능

바깥지름 (mm)	두께 (mm)	중량 (N/mm)	단면적 (mm²)	단면2차모멘트 (mm⁴)	단면계수 (mm³)	단면2차반경 (mm)
21.7	2.0	9.53×10^{-3}	1.2380×10^{2}	6.07×10^{3}	5.60×10^{2}	7.00×10^{0}
27.2	2.0	1.22×10^{-2}	1.5830×10^{2}	1.26×10^{4}	9.30×10^{2}	8.90×10^{0}
	2.3	1.38×10^{-2}	1.7990×10^{2}	1.41×10^{4}	1.03×10^{3}	8.80×10^{0}
34.0	2.3	1.76×10^{-2}	2.2910×10^{2}	2.89×10^{4}	1.70×10^{3}	1.12×10^{1}
42.7	2.3	2.24×10^{-2}	2.9190×10^{2}	5.97×10^{4}	2.80×10^{3}	1.43×10^{1}
	2.8	2.70×10^{-2}	3.5100×10^{2}	7.02×10^{4}	3.29×10^{3}	1.41×10^{1}
48.6	2.3	2.58×10^{-2}	3.3450×10^{2}	8.99×10^{4}	3.70×10^{3}	1.64×10^{1}
	2.8	3.10×10^{-2}	4.0290×10^{2}	1.06×10^{5}	4.36×10^{3}	1.62×10^{1}
	3.2	3.51×10^{-2}	4.5640×10^{2}	1.18×10^{5}	4.86×10^{3}	1.61×10^{1}
60.5	2.3	3.23×10^{-2}	4.2050×10^{2}	1.78×10^{5}	5.90×10^{3}	2.06×10^{1}
	3.2	4.43×10^{-2}	5.7600×10^{2}	2.37×10^{5}	7.84×10^{3}	2.03×10^{1}
	4.0	5.46×10^{-2}	7.1000×10^{2}	2.85×10^{5}	9.41×10^{3}	2.00×10^{1}
76.3	2.8	4.98×10^{-2}	6.4650×10^{2}	4.37×10^{5}	1.15×10^{4}	2.60×10^{1}
	3.2	5.65×10^{-2}	7.3490×10^{2}	4.92×10^{5}	1.29×10^{4}	2.59×10^{1}
	4.0	6.99×10^{-2}	9.0850×10^{2}	5.95×10^{5}	1.56×10^{4}	2.56×10^{1}
89.1	2.8	5.84×10^{-2}	7.5910×10^{2}	7.07×10^{5}	1.59×10^{4}	3.05×10^{1}
	3.2	6.64×10^{-2}	8.6360×10^{2}	7.98×10^{5}	1.79×10^{4}	3.04×10^{1}
	4.0	8.22×10^{-2}	1.0690×10^{3}	9.70×10^{5}	2.18×10^{4}	3.01×10^{1}
101.6	3.2	7.60×10^{-2}	9.8920×10^{2}	1.20×10^{6}	2.36×10^{4}	3.48×10^{1}
	4.0	9.44×10^{-2}	1.2260×10^{3}	1.46×10^{6}	2.38×10^{4}	3.45×10^{1}
	5.0	1.17×10^{-1}	1.5170×10^{3}	1.77×10^{6}	3.49×10^{4}	3.42×10^{1}
114.3	3.2	8.59×10^{-2}	1.1170×10^{3}	1.72×10^{6}	3.02×10^{4}	3.93×10^{1}
	3.6	9.63×10^{-2}	1.2520×10^{3}	1.92×10^{6}	3.36×10^{4}	3.92×10^{1}
	4.5	1.20×10^{-1}	1.5520×10^{3}	2.34×10^{6}	4.10×10^{4}	3.89×10^{1}
	5.6	1.47×10^{-1}	1.9120×10^{3}	2.83×10^{6}	4.96×10^{4}	3.85×10^{1}
139.8	3.6	1.19×10^{-1}	1.5400×10^{3}	3.57×10^{6}	5.11×10^{4}	4.82×10^{1}
	4.0	1.31×10^{-1}	1.7070×10^{3}	3.94×10^{6}	5.63×10^{4}	4.80×10^{1}
	4.5	1.47×10^{-1}	1.9130×10^{3}	4.38×10^{6}	6.27×10^{4}	4.79×10^{1}
	6.0	1.94×10^{-1}	2.5220×10^{3}	5.66×10^{6}	8.09×10^{4}	4.74×10^{1}
165.2	4.5	1.74×10^{-1}	2.2720×10^{3}	7.34×10^{6}	8.89×10^{4}	5.68×10^{1}
	5.0	1.94×10^{-1}	2.5160×10^{3}	8.08×10^{6}	9.78×10^{4}	5.67×10^{1}
	6.0	2.31×10^{-1}	3.0010×10^{3}	9.52×10^{6}	1.15×10^{5}	5.63×10^{1}
	7.0	2.68×10^{-1}	3.4790×10^{3}	1.09×10^{7}	1.32×10^{5}	5.60×10^{1}
190.7	4.5	2.03×10^{-1}	2.6320×10^{3}	1.14×10^{7}	1.20×10^{5}	6.59×10^{1}
	5.0	2.24×10^{-1}	2.9170×10^{3}	1.26×10^{7}	1.32×10^{5}	6.57×10^{1}
	6.0	2.68×10^{-1}	3.4820×10^{3}	1.49×10^{7}	1.56×10^{5}	6.53×10^{1}
	7.0	3.11×10^{-1}	4.0400×10^{3}	1.71×10^{7}	1.79×10^{5}	6.50×10^{1}

〈부표 6〉 일반구조용 탄소강 강관의 표준치수와 단면 성능(계속)

바깥지름 (mm)	두께 (mm)	중량 (N/mm)	단면적 (mm²)	단면2차모멘트 (mm⁴)	단면계수 (mm³)	단면2차반경 (mm)
216.3	4.5	2.30×10^{-1}	2.9940×10^3	1.68×10^7	1.55×10^5	7.49×10^1
	6.0	3.05×10^{-1}	3.9610×10^3	2.19×10^7	2.03×10^5	7.44×10^1
	7.0	3.54×10^{-1}	4.6030×10^3	2.52×10^7	2.33×10^5	7.40×10^1
	8.0	4.03×10^{-1}	5.2350×10^3	2.84×10^7	2.63×10^5	7.37×10^1
267.4	6.0	3.79×10^{-1}	4.9270×10^3	4.21×10^7	3.15×10^5	9.24×10^1
	7.0	4.41×10^{-1}	5.7270×10^3	4.86×10^7	3.63×10^5	9.21×10^1
	8.0	5.02×10^{-1}	6.5190×10^3	5.49×10^7	4.11×10^5	9.18×10^1
	9.0	5.63×10^{-1}	7.3060×10^3	6.11×10^7	4.57×10^5	9.14×10^1
318.5	6.0	4.53×10^{-1}	5.8910×10^3	7.19×10^7	4.52×10^5	1.11×10^2
	7.0	5.27×10^{-1}	6.8500×10^3	8.31×10^7	5.52×10^5	1.10×10^2
	8.0	6.01×10^{-1}	7.8040×10^3	9.41×10^7	5.91×10^5	1.10×10^2
	9.0	6.73×10^{-1}	8.7510×10^3	1.05×10^8	6.59×10^5	1.09×10^2
355.6	6.3	5.32×10^{-1}	6.9130×10^3	1.05×10^8	5.93×10^5	1.24×10^2
	8.0	6.72×10^{-1}	8.7360×10^3	1.32×10^8	7.42×10^5	1.23×10^2
	9.0	7.54×10^{-1}	9.8000×10^3	1.47×10^8	8.28×10^5	1.23×10^2
	12.0	1.00×10^0	1.1240×10^4	1.91×10^8	1.08×10^6	1.22×10^2
405.4	9.0	8.64×10^{-1}	1.1240×10^4	2.22×10^8	1.09×10^6	1.41×10^2
	12.0	1.15×10^0	1.4870×10^4	2.89×10^8	1.42×10^6	1.40×10^2
	16.0	1.51×10^0	1.9620×10^4	3.74×10^8	1.84×10^6	1.38×10^2
	19.0	1.78×10^0	2.3120×10^4	4.35×10^8	2.14×10^6	1.37×10^2
457.2	9.0	9.75×10^{-1}	1.2670×10^4	3.18×10^8	1.40×10^6	1.58×10^2
	12.0	1.29×10^0	1.6780×10^4	4.16×10^8	1.82×10^6	1.57×10^2
	16.0	1.71×10^0	2.2180×10^4	5.40×10^8	2.36×10^6	1.56×10^2
	19.0	2.01×10^0	2.6160×10^4	6.29×10^8	2.75×10^6	1.55×10^2
500	9.0	1.07×10^0	1.3880×10^4	4.18×10^8	1.67×10^6	1.74×10^2
	12.0	1.41×10^0	1.8400×10^4	5.48×10^8	2.19×10^6	1.73×10^2
	14.0	1.65×10^0	2.1380×10^4	6.32×10^8	2.53×10^6	1.72×10^2
508.0	9.0	1.09×10^0	1.4110×10^4	4.39×10^8	1.73×10^6	1.76×10^2
	12.0	1.44×10^0	1.8700×10^4	5.75×10^8	2.26×10^6	1.75×10^2
	14.0	1.68×10^0	2.1730×10^4	6.63×10^8	2.61×10^6	1.75×10^2
	16.0	1.90×10^0	2.4730×10^4	7.49×10^8	2.95×10^6	1.74×10^2
	19.0	2.24×10^0	2.9190×10^4	8.74×10^8	3.44×10^6	1.73×10^2
	22.0	2.59×10^0	3.3590×10^4	9.94×10^8	3.91×10^6	1.72×10^2
558.8	9.0	1.20×10^0	1.5550×10^4	5.88×10^8	2.10×10^6	1.94×10^2
	12.0	1.59×10^0	2.0610×10^4	7.71×10^8	2.76×10^6	1.93×10^2
	16.0	2.10×10^0	2.7280×10^4	1.01×10^9	3.60×10^6	1.92×10^2
	19.0	2.48×10^0	3.2220×10^4	1.18×10^9	4.21×10^6	1.91×10^2
	22.0	2.85×10^0	3.7100×10^4	1.34×10^9	4.79×10^6	1.90×10^2

<부표 6> 일반구조용 탄소강 강관의 표준치수와 단면 성능(계속)

바깥지름 (mm)	두께 (mm)	중량 (N/mm)	단면적 (mm^2)	단면2차모멘트 (mm^4)	단면계수 (mm^3)	단면2차반경 (mm)
600	9.0	1.28×10^0	1.6710×10^4	7.30×10^8	2.43×10^6	2.09×10^2
	12.0	1.71×10^0	2.2170×10^4	9.58×10^8	3.20×10^6	2.08×10^2
	14.0	1.98×10^0	2.5770×10^4	1.11×10^9	3.69×10^6	2.07×10^2
	16.0	2.25×10^0	2.9360×10^4	1.25×10^9	4.18×10^6	2.07×10^2
609.6	9.0	1.30×10^0	1.6980×10^4	7.66×10^8	2.51×10^6	2.12×10^2
	12.0	1.73×10^0	2.2530×10^4	1.01×10^9	3.30×10^6	2.11×10^2
	14.0	2.02×10^0	2.6200×10^4	1.16×10^9	3.81×10^6	2.11×10^2
	16.0	2.29×10^0	2.9840×10^4	1.32×10^9	4.32×10^6	2.10×10^2
	19.0	2.71×10^0	3.2550×10^4	1.54×10^9	5.05×10^6	2.09×10^2
	22.0	3.13×10^0	4.0610×10^4	1.76×10^9	5.76×10^6	2.08×10^2
700	9.0	1.50×10^0	1.9540×10^4	1.17×10^9	3.33×10^6	2.44×10^2
	12.0	2.00×10^0	2.5940×10^4	1.54×10^9	4.39×10^6	2.43×10^2
	14.0	2.32×10^0	3.0170×10^4	1.78×10^9	5.07×10^6	2.43×10^2
	16.0	2.65×10^0	3.4380×10^4	2.01×10^9	5.75×10^6	2.42×10^2
711.2	9.0	1.53×10^0	1.9850×10^4	1.22×10^9	3.44×10^6	2.48×10^2
	12.0	2.03×10^0	2.6360×10^4	1.61×10^9	4.53×10^6	2.47×10^2
	14.0	2.36×10^0	3.0660×10^4	1.86×10^9	5.24×10^6	2.47×10^2
	16.0	2.69×10^0	3.4940×10^4	2.12×10^9	5.94×10^6	2.46×10^2
	19.0	3.18×10^0	4.1320×10^4	2.48×10^9	6.96×10^6	2.45×10^2
	22.0	3.67×10^0	4.7630×10^4	2.83×10^9	7.96×10^6	2.44×10^2
812.8	9.0	1.74×10^0	2.2730×10^4	1.84×10^9	4.52×10^6	2.84×10^2
	12.0	2.32×10^0	3.0190×10^4	2.42×10^9	5.96×10^6	2.83×10^2
	14.0	2.70×10^0	3.5130×10^4	2.80×10^9	6.90×10^6	2.82×10^2
	16.0	3.08×10^0	4.0050×10^4	3.18×10^9	7.82×10^6	2.82×10^2
	19.0	3.65×10^0	4.7380×10^4	3.73×10^9	9.19×10^6	2.81×10^2
	22.0	4.20×10^0	5.4660×10^4	4.28×10^9	1.05×10^7	2.80×10^2
914.4	12.0	2.62×10^0	3.4020×10^4	3.46×10^9	7.58×10^6	3.19×10^2
	14.0	3.05×10^0	3.9600×10^4	4.01×10^9	8.78×10^6	3.18×10^2
	16.0	3.47×10^0	4.5160×10^4	4.56×10^9	9.97×10^6	3.18×10^2
	19.0	4.12×10^0	5.3450×10^4	5.36×10^9	1.17×10^7	3.17×10^2
	22.0	4.74×10^0	6.1650×10^4	6.14×10^9	1.34×10^7	3.15×10^2
1016.0	12.0	2.91×10^0	3.7850×10^4	4.77×10^9	9.39×10^6	3.55×10^2
	14.0	3.39×10^0	4.4070×10^4	5.53×10^9	1.09×10^7	3.54×10^2
	16.0	3.87×10^0	5.0270×10^4	6.28×10^9	1.24×10^7	3.54×10^2
	19.0	4.58×10^0	5.9510×10^4	7.40×10^9	1.46×10^7	3.52×10^2
	22.0	5.28×10^0	6.8700×10^4	8.49×10^9	1.67×10^7	3.52×10^2

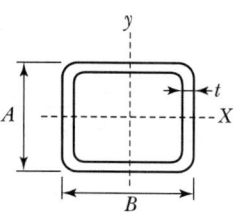

〈부표 7〉 각형 강관의 표준치수와 단면 성능

치수(mm) 변의 길이 $A \times B$	두께 t	단면적 (mm²)	단위중량 (N/mm)	단면2차 모멘트(mm⁴)	단면계수 (mm³)	단면2차반경 (mm)
300×300	6.0	6.9930×10^3	5.36×10^{-1}	9.96×10^7	6.64×10^5	1.20×10^2
300×300	4.5	5.2670×10^3	4.05×10^{-1}	7.63×10^7	5.08×10^5	1.20×10^2
250×250	8.0	7.5790×10^3	5.83×10^{-1}	7.32×10^7	5.85×10^5	9.82×10^1
250×250	6.0	5.7630×10^3	4.43×10^{-1}	5.67×10^7	4.54×10^5	9.92×10^1
250×250	5.0	4.8360×10^3	3.72×10^{-1}	4.81×10^7	3.84×10^5	9.97×10^1
200×200	8.0	5.9790×10^3	4.60×10^{-1}	3.62×10^7	3.62×10^5	7.78×10^1
200×200	6.0	4.5630×10^3	3.51×10^{-1}	2.83×10^7	2.83×10^5	7.88×10^1
175×175	6.0	3.9630×10^3	3.05×10^{-1}	1.86×10^7	2.13×10^5	6.86×10^1
175×175	5.0	3.3360×10^3	2.57×10^{-1}	1.59×10^7	1.82×10^5	6.91×10^1
150×150	6.0	3.3630×10^3	2.59×10^{-1}	1.15×10^7	1.53×10^5	5.84×10^1
150×150	5.0	2.8360×10^3	2.19×10^{-1}	9.82×10^6	1.31×10^5	5.89×10^1
150×150	4.5	2.5670×10^3	1.97×10^{-1}	8.96×10^6	1.20×10^5	5.91×10^1
125×125	6.0	2.7630×10^3	2.13×10^{-1}	6.41×10^6	1.03×10^5	4.82×10^1
125×125	5.0	2.3360×10^3	1.79×10^{-1}	5.53×10^6	8.84×10^4	4.86×10^1
125×125	4.5	2.1170×10^3	1.63×10^{-1}	5.06×10^6	8.09×10^4	4.89×10^1
125×125	3.2	1.5330×10^3	1.18×10^{-1}	3.76×10^6	6.01×10^4	4.95×10^1
100×100	4.5	1.6670×10^3	1.28×10^{-1}	2.49×10^6	4.99×10^4	3.87×10^1
100×100	4.0	1.4950×10^3	1.15×10^{-1}	2.26×10^6	4.53×10^4	3.89×10^1
100×100	3.2	1.2130×10^3	9.33×10^{-2}	1.87×10^6	3.75×10^4	3.93×10^1
100×100	2.3	8.8520×10^3	6.81×10^{-2}	1.40×10^6	2.79×10^4	3.97×10^1
90×90	3.2	1.0650×10^3	8.34×10^{-2}	1.35×10^6	2.99×10^4	3.52×10^1
90×90	2.3	7.9320×10^2	6.11×10^{-2}	1.01×10^6	2.24×10^4	3.56×10^1
80×80	3.2	9.5670×10^2	7.36×10^{-2}	9.27×10^5	2.32×10^4	3.11×10^1
75×75	3.2	8.9270×10^2	6.87×10^{-2}	7.55×10^5	2.01×10^4	2.91×10^1
75×75	2.3	6.5520×10^2	5.04×10^{-2}	5.71×10^5	1.52×10^4	2.95×10^1
60×60	3.2	7.0070×10^2	5.39×10^{-2}	3.69×10^5	1.23×10^4	2.30×10^1
60×60	2.3	5.1720×10^2	3.98×10^{-2}	2.83×10^5	9.44×10^3	2.34×10^1
60×60	1.6	3.6720×10^2	2.82×10^{-2}	2.07×10^5	6.89×10^3	2.37×10^1
50×50	3.2	5.7270×10^2	4.41×10^{-2}	2.04×10^5	8.16×10^3	1.89×10^1
50×50	2.3	4.2520×10^2	3.27×10^{-2}	1.59×10^5	6.34×10^3	1.93×10^1
50×50	1.6	3.0320×10^2	2.33×10^{-2}	1.17×10^5	4.68×10^3	1.96×10^1

〈부표 7〉 각형 강관의 표준치수와 단면 성능(계속)

치수(mm)		단면적 (mm²)	단위중량 (N/mm)	단면2차모멘트(mm⁴)		단면계수(mm³)		단면2차반경(mm)	
변의 길이 $A \times B$	두께 t			I_x	I_y	S_x	S_y	i_x	i_y
200×100	6.0	3.3630×10^3	2.59×10^{-1}	1.70×10^7	5.77×10^6	1.70×10^5	1.15×10^5	7.12×10^1	4.14×10^1
200×100	4.5	2.5670×10^3	1.97×10^{-1}	1.33×10^7	4.55×10^6	1.33×10^5	9.09×10^4	7.20×10^1	4.21×10^1
150×100	6.0	2.7630×10^3	2.13×10^{-1}	8.35×10^6	4.44×10^6	1.11×10^5	8.88×10^4	5.50×10^1	4.01×10^1
150×100	4.5	2.1170×10^3	1.63×10^{-1}	6.85×10^6	3.52×10^6	8.77×10^4	7.04×10^4	5.58×10^1	4.08×10^1
150×80	6.0	2.5230×10^3	1.94×10^{-1}	7.10×10^6	2.64×10^6	9.47×10^4	6.61×10^4	5.31×10^1	3.24×10^1
150×80	5.0	2.1360×10^3	1.65×10^{-1}	6.14×10^6	2.30×10^6	8.19×10^4	5.75×10^4	5.36×10^1	3.28×10^1
150×80	4.5	1.9370×10^3	1.49×10^{-1}	5.63×10^6	2.11×10^6	7.50×10^4	5.29×10^4	5.39×10^1	3.30×10^1
125×75	4.0	1.4950×10^3	1.15×10^{-1}	3.11×10^6	1.44×10^6	4.97×10^4	3.75×10^4	4.56×10^1	3.07×10^1
125×5	3.2	1.2130×10^3	9.33×10^{-2}	2.57×10^6	1.17×10^6	4.11×10^4	3.11×10^4	4.60×10^1	3.10×10^1
125×75	2.3	8.8520×10^2	6.81×10^{-2}	1.92×10^6	8.75×10^5	3.06×10^4	2.33×10^4	4.65×10^1	3.14×10^1
125×40	2.3	7.2420×10^2	5.58×10^{-2}	1.31×10^6	2.16×10^5	2.09×10^4	1.08×10^4	4.25×10^1	1.73×10^1
125×40	1.6	5.1120×10^2	3.93×10^{-2}	9.44×10^5	1.58×10^5	1.51×10^4	7.91×10^3	4.30×10^1	1.76×10^1
100×50	3.2	8.9270×10^2	6.87×10^{-2}	1.12×10^6	3.80×10^5	2.25×10^4	1.52×10^4	3.55×10^1	2.06×10^1
100×50	2.3	6.5520×10^2	5.04×10^{-2}	8.48×10^5	2.90×10^5	1.70×10^4	1.16×10^4	3.60×10^1	2.10×10^1
100×40	2.3	6.0920×10^2	4.68×10^{-2}	7.39×10^5	1.75×10^5	1.48×10^4	8.77×10^3	3.48×10^1	1.70×10^1
100×40	1.6	4.3120×10^2	3.31×10^{-2}	5.35×10^5	1.29×10^5	1.07×10^4	6.44×10^3	3.52×10^1	1.73×10^1
100×20	2.3	5.1720×10^2	3.98×10^{-2}	5.19×10^5	3.64×10^4	1.04×10^4	3.64×10^3	3.17×10^1	8.39×10^0
100×20	1.6	3.6720×10^2	2.82×10^{-2}	3.81×10^5	2.78×10^4	7.61×10^3	2.78×10^3	3.22×10^1	8.70×10^0
90×45	3.2	7.9670×10^2	6.13×10^{-2}	8.02×10^5	2.70×10^5	1.78×10^4	1.20×10^4	3.17×10^1	1.84×10^1
90×45	2.6	6.5760×10^2	5.06×10^{-2}	6.77×10^5	2.29×10^5	1.50×10^4	1.02×10^4	3.21×10^1	1.87×10^1
90×45	2.3	5.8620×10^2	4.51×10^{-2}	6.10×10^5	2.08×10^5	1.36×10^4	9.22×10^3	3.23×10^1	1.88×10^1
75×45	3.2	7.0070×10^2	5.39×10^{-2}	5.08×10^5	2.28×10^5	1.35×10^4	1.01×10^4	2.69×10^1	1.80×10^1
75×45	2.3	5.1720×10^2	3.98×10^{-2}	3.89×10^5	1.76×10^5	1.04×10^4	7.82×10^3	2.74×10^1	1.84×10^1
75×45	2.0	4.5370×10^2	3.49×10^{-2}	3.45×10^5	1.57×10^5	9.20×10^3	6.96×10^3	2.76×10^1	1.86×10^1
75×45	1.6	3.6720×10^2	2.82×10^{-2}	2.84×10^5	1.29×10^5	7.56×10^3	3.75×10^3	2.78×10^1	1.88×10^1
75×20	2.3	4.0220×10^2	3.10×10^{-2}	2.37×10^5	2.73×10^4	6.31×10^3	2.73×10^3	2.43×10^1	8.24×10^0
75×20	1.6	2.8720×10^2	2.21×10^{-2}	1.76×10^5	2.10×10^4	4.69×10^3	2.10×10^3	2.47×10^1	8.55×10^0
60×30	3.2	5.0870×10^2	3.91×10^{-2}	2.14×10^5	7.08×10^4	7.15×10^3	4.72×10^3	2.05×10^1	1.18×10^1
60×30	2.3	3.7920×10^2	2.92×10^{-2}	1.68×10^5	5.65×10^4	5.61×10^3	3.76×10^3	2.11×10^1	1.22×10^1
60×30	1.6	2.7120×10^2	2.09×10^{-2}	1.25×10^5	4.25×10^4	4.16×10^3	2.83×10^3	2.15×10^1	1.25×10^1
50×20	2.3	2.8720×10^2	2.21×10^{-2}	8.00×10^4	1.83×10^4	3.20×10^3	1.83×10^3	1.67×10^1	7.98×10^0
50×20	1.6	2.0720×10^2	1.60×10^{-2}	6.08×10^4	1.42×10^4	2.43×10^3	1.42×10^3	1.71×10^1	8.29×10^0

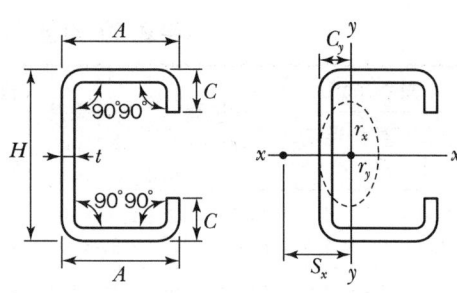

〈부표 8〉 립ㄷ형강의 표준치수와 단면 성능

치수(mm)		단면적 (mm²)	단위중량 (N/mm)	중심위치 (mm)		단면2차모멘트 (mm⁴)		단면2차반경 (mm)		단면계수 (mm³)		전단중심 (mm)	
$H \times A \times C$	t			C_x	C_y	I_x	I_y	r_x	r_y	S_x	S_y	$\overline{S_x}$	$\overline{S_y}$
250×75×25	4.5	1.8920×10^3	1.46×10^{-1}	0	20.7	1.69×10^7	1.29×10^6	9.44×10^1	2.62×10^1	1.35×10^5	2.38×10^4	51.0	0
200×75×25	4.5	1.6670×10^3	1.28×10^{-1}	0	23.2	9.90×10^6	1.21×10^6	7.61×10^1	2.69×10^1	9.90×10^4	2.33×10^4	56.0	0
	4.0	1.4950×10^3	1.15×10^{-1}	0	23.2	8.95×10^6	1.10×10^6	7.74×10^1	2.72×10^1	8.95×10^4	2.13×10^4	57.0	0
	3.2	1.2130×10^3	9.33×10^{-2}	0	23.3	7.36×10^6	9.23×10^5	7.70×10^1	2.76×10^1	7.36×10^4	1.78×10^4	57.0	0
200×75×20	4.5	1.6220×10^3	1.24×10^{-1}	0	21.9	9.63×10^6	1.09×10^6	7.71×10^1	2.60×10^1	9.63×10^4	2.05×10^4	53.0	0
	4.0	1.4555×10^3	1.12×10^{-1}	0	21.9	8.71×10^6	1.00×10^6	7.74×10^1	2.62×10^1	8.71×10^4	1.89×10^4	53.0	0
	3.2	1.1810×10^3	9.08×10^{-2}	0	21.9	7.16×10^6	8.41×10^5	7.79×10^1	2.67×10^1	7.16×10^4	1.58×10^4	54.0	0
150×75×25	4.5	1.4420×10^3	1.11×10^{-1}	0	26.5	5.01×10^6	1.09×10^6	5.90×10^1	2.75×10^1	6.69×10^4	2.25×10^4	63.0	0
	4.0	1.2950×10^3	1.00×10^{-1}	0	26.5	4.55×10^6	9.98×10^5	5.93×10^1	2.78×10^1	6.06×10^4	2.06×10^4	63.0	0
	3.2	1.0530×10^3	8.10×10^{-2}	0	26.6	3.75×10^6	8.36×10^5	5.97×10^1	2.82×10^1	5.00×10^4	1.73×10^4	64.0	0
150×75×20	4.5	1.3970×10^3	1.08×10^{-1}	0	25.0	4.89×10^6	9.92×10^5	5.92×10^1	2.66×10^1	6.52×10^4	1.98×10^4	60.0	0
	4.0	1.2550×10^3	9.65×10^{-2}	0	25.1	4.45×10^6	9.10×10^5	5.95×10^1	2.69×10^1	5.93×10^4	1.82×10^4	58.0	0
	3.2	1.0210×10^3	7.85×10^{-2}	0	25.1	3.66×10^6	7.64×10^5	5.99×10^1	2.74×10^1	4.89×10^4	1.53×10^4	51.0	0
150×65×20	4.0	1.1750×10^3	9.04×10^{-2}	0	21.1	4.01×10^6	6.37×10^5	5.84×10^1	2.33×10^1	5.35×10^4	1.45×10^4	50.0	0
	3.2	9.5670×10^2	7.36×10^{-2}	0	21.1	3.32×10^6	5.38×10^5	5.89×10^1	2.37×10^1	4.43×10^4	1.22×10^4	51.0	0
	2.3	7.0120×10^2	5.39×10^{-2}	0	21.2	2.48×10^6	4.11×10^5	5.94×10^1	2.42×10^1	3.30×10^4	9.37×10^4	52.0	0
150×50×20	4.5	1.1720×10^3	9.02×10^{-2}	0	15.4	3.68×10^6	3.57×10^5	5.60×10^1	1.75×10^1	4.90×10^4	1.05×10^4	37.0	0
	3.2	8.6070×10^2	6.62×10^{-2}	0	15.4	2.80×10^6	2.83×10^5	5.71×10^1	1.81×10^1	3.74×10^4	8.19×10^3	38.0	0
	2.3	6.3220×10^2	4.86×10^{-2}	0	15.5	2.10×10^6	2.19×10^5	5.77×10^1	1.86×10^1	2.80×10^4	6.33×10^3	38.0	0
125×50×120	4.5	1.0590×10^3	8.15×10^{-2}	0	16.8	2.38×10^6	3.35×10^5	4.74×10^1	1.78×10^1	3.80×10^4	1.00×10^4	40.0	0
	4.0	9.5480×10^2	7.35×10^{-2}	0	16.8	2.17×10^6	3.31×10^5	4.77×10^1	1.81×10^1	3.47×10^4	9.38×10^3	40.0	0
	3.2	7.8070×10^2	6.01×10^{-2}	0	16.8	1.81×10^6	2.66×10^5	4.82×10^1	1.85×10^1	2.90×10^4	8.02×10^3	40.0	0
	2.3	5.7470×10^2	4.42×10^{-2}	0	16.9	1.37×10^6	2.06×10^5	4.88×10^1	1.89×10^1	2.19×10^4	6.22×10^3	41.0	0

〈부표 8〉 립ㄷ형강의 표준치수와 단면 성능 (계속)

치수(mm)		단면적 (mm²)	단위중량 (N/mm)	중심 위치 (mm)		단면2차모멘트 (mm⁴)		단면2차반경 (mm)		단면계수 (mm³)		전단 중심 (mm)	
$H \times A \times C$	t			C_x	C_y	I_x	I_y	r_x	r_y	S_x	S_y	$\overline{S_x}$	$\overline{S_y}$
$120 \times 60 \times 25$	4.5	1.1720×10^3	9.02×10^{-2}	0	22.5	2.52×10^6	5.80×10^5	4.63×10^1	2.22×10^1	4.19×10^4	1.55×10^4	53.0	0
$120 \times 60 \times 20$	3.2	8.2870×10^2	6.38×10^{-2}	0	21.2	1.86×10^6	4.09×10^5	4.74×10^1	2.22×10^1	3.10×10^4	1.05×10^4	49.0	0
	2.3	6.0920×10^2	4.68×10^{-2}	0	21.3	1.40×10^6	3.13×10^5	4.79×10^1	2.27×10^1	2.33×10^4	8.10×10^3	51.0	0
$120 \times 40 \times 20$	3.2	7.0070×10^2	5.39×10^{-2}	0	13.2	1.44×10^6	1.53×10^5	4.53×10^1	1.48×10^1	2.40×10^4	5.71×10^3	34.0	0
$100 \times 50 \times 20$	4.5	9.4690×10^2	7.28×10^{-2}	0	18.6	1.39×10^6	3.09×10^5	3.82×10^1	1.81×10^1	2.77×10^4	9.82×10^3	43.0	0
	4.0	8.5480×10^2	6.58×10^{-2}	0	18.6	1.27×10^6	2.87×10^5	3.85×10^1	1.83×10^1	2.54×10^4	9.13×10^3	43.0	0
	3.2	7.0070×10^2	5.39×10^{-2}	0	18.6	1.07×10^6	2.45×10^5	3.90×10^1	1.87×10^1	2.13×10^4	7.81×10^3	44.0	0
	2.8	6.2050×10^2	4.77×10^{-2}	0	18.6	9.98×10^5	2.32×10^5	3.96×10^1	1.91×10^1	2.00×10^4	7.44×10^3	43.0	0
	2.3	5.1720×10^2	3.98×10^{-2}	0	18.6	8.07×10^5	1.90×10^5	3.95×10^1	1.92×10^1	1.61×10^4	6.06×10^3	44.0	0
	2.0	4.5370×10^2	3.49×10^{-2}	0	18.6	7.14×10^5	1.69×10^5	3.97×10^1	1.93×10^1	1.43×10^4	5.40×10^3	44.0	0
	1.6	3.6720×10^2	2.82×10^{-2}	0	18.7	5.84×10^5	1.40×10^5	3.99×10^1	1.95×10^1	1.17×10^4	4.47×10^3	45.0	0
$90 \times 45 \times 20$	3.2	6.3670×10^2	4.90×10^{-2}	0	17.2	7.69×10^5	1.83×10^5	3.48	1.69	1.71×10^4	6.57×10^3	41.0	0
	2.3	4.7120×10^2	3.63×10^{-2}	0	17.3	5.86×10^5	1.42×10^5	3.53×10^1	1.74×10^1	1.30×10^4	5.14×10^3	41.0	0
	1.6	3.3520×10^2	2.58×10^{-2}	0	17.3	4.26×10^5	1.05×10^5	3.56×10^1	1.77×10^1	9.46×10^3	5.80×10^3	42.0	0
$75 \times 45 \times 15$	2.3	4.1370×10^2	3.19×10^{-2}	0	17.2	3.71×10^5	1.18×10^5	3.00×10^1	1.69×10^1	9.90×10^3	4.24×10^3	40.0	0
	2.0	3.6370×10^2	2.80×10^{-2}	0	17.2	3.30×10^5	1.05×10^5	3.01×10^1	1.70×10^1	8.79×10^3	3.76×10^3	40.0	0
	1.6	2.9520×10^2	2.27×10^{-2}	0	17.2	2.71×10^5	8.71×10^4	3.03×10^1	1.72×10^1	7.24×10^3	3.13×10^3	41.0	0
$75 \times 35 \times 15$	2.3	3.6770×10^2	2.83×10^{-2}	0	12.9	3.10×10^5	6.58×10^4	2.91×10^1	1.34×10^1	8.28×10^3	2.98×10^3	31.0	0
$70 \times 40 \times 25$	1.6	3.0320×10^2	2.33×10^{-2}	0	18.0	2.20×10^5	8.00×10^4	2.69×10^1	1.62×10^1	6.29×10^3	3.64×10^3	44.0	0
$60 \times 30 \times 10$	2.3	2.8720×10^2	2.21×10^{-2}	0	10.6	1.56×10^5	3.32×10^4	2.33×10^1	1.07×10^1	5.20×10^3	1.71×10^3	25.0	0
	2.0	2.5370×10^2	1.95×10^{-2}	0	10.6	1.40×10^5	3.01×10^4	2.35×10^1	1.09×10^1	4.65×10^3	1.55×10^3	25.0	0
	1.6	2.0720×10^2	1.60×10^{-2}	0	10.6	1.16×10^5	2.56×10^4	2.37×10^1	1.11×10^1	3.88×10^3	1.32×10^3	25.0	0

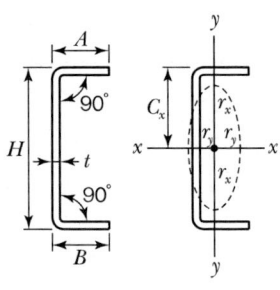

〈부표 9〉경ㄷ형강의 표준치수와 단면 성능

치수(mm) $H \times A \times C$	t	단면적 (mm²)	단위중량 (N/mm)	중심위치 (mm) C_x	C_y	단면2차모멘트 (mm⁴) I_x	I_y	단면2차반경 (mm) r_x	r_y	단면계수 (mm³) S_x	S_y	전단 중심 (mm) $\overline{S_x}$	$\overline{S_y}$
450×75×75	6.0	$3.4820×10^3$	$2.68×10^{-1}$	0	$1.19×10^1$	$8.40×10^7$	$1.22×10^6$	$1.55×10^2$	$1.87×10^1$	$3.74×10^5$	$1.94×10^4$	$2.70×10^1$	0
	4.5	$2.6330×10^3$	$2.03×10^{-1}$	0	$1.13×10^1$	$6.43×10^7$	$9.43×10^5$	$1.56×10^2$	$1.89×10^1$	$2.86×10^5$	$1.48×10^4$	$2.70×10^1$	0
400×75×75	6.0	$3.1820×10^3$	$2.45×10^{-1}$	0	$1.28×10^1$	$6.23×10^7$	$1.20×10^6$	$1.40×10^2$	$1.94×10^1$	$3.12×10^5$	$1.92×10^4$	$2.90×10^1$	0
	4.5	$2.4080×10^3$	$1.85×10^{-1}$	0	$1.21×10^1$	$4.78×10^7$	$9.22×10^5$	$1.41×10^2$	$1.96×10^1$	$2.39×10^5$	$1.47×10^4$	$2.90×10^1$	0
350×50×50	4.5	$1.9580×10^3$	$1.51×10^{-1}$	0	$7.50×10^0$	$2.75×10^7$	$2.75×10^5$	$1.19×10^2$	$1.19×10^1$	$1.57×10^5$	$6.48×10^3$	$1.60×10^1$	0
	4.0	$1.7470×10^3$	$1.34×10^{-1}$	0	$7.30×10^0$	$2.47×10^7$	$2.48×10^5$	$1.19×10^2$	$1.19×10^1$	$1.41×10^5$	$5.81×10^3$	$1.60×10^1$	0
300×50×50	4.5	$1.7330×10^3$	$1.33×10^{-1}$	0	$8.20×10^0$	$1.85×10^7$	$2.68×10^5$	$1.03×10^2$	$1.24×10^1$	$1.23×10^5$	$6.41×10^3$	$1.80×10^1$	0
	4.0	$1.5470×10^3$	$1.19×10^{-1}$	0	$8.00×10^0$	$1.66×10^7$	$2.41×10^5$	$1.04×10^2$	$1.25×10^1$	$1.11×10^5$	$5.74×10^3$	$1.80×10^1$	0
250×75×75	6.0	$2.2820×10^3$	$1.75×10^{-1}$	0	$1.66×10^1$	$1.94×10^7$	$1.07×10^6$	$9.23×10^1$	$2.71×10^1$	$1.55×10^5$	$1.84×10^4$	$3.70×10^1$	0
250×50×50	4.5	$1.5080×10^3$	$1.16×10^{-1}$	0	$9.10×10^0$	$1.16×10^7$	$2.59×10^5$	$8.78×10^1$	$1.31×10^1$	$9.30×10^4$	$6.31×10^3$	$2.00×10^1$	0
	4.0	$1.3470×10^3$	$1.04×10^{-1}$	0	$8.80×10^0$	$1.05×10^7$	$2.33×10^5$	$8.81×10^1$	$1.32×10^1$	$8.37×10^4$	$5.66×10^3$	$2.00×10^1$	0
200×75×75	6.0	$1.9820×10^3$	$1.53×10^{-1}$	0	$1.87×10^1$	$1.13×10^7$	$1.01×10^6$	$7.56×10^1$	$2.25×10^1$	$1.13×10^4$	$1.79×10^5$	$4.10×10^1$	0
200×50×50	4.5	$1.2830×10^3$	$9.90×10^{-2}$	0	$1.03×10^1$	$6.66×10^6$	$2.46×10^5$	$7.20×10^1$	$1.38×10^1$	$6.66×10^4$	$6.19×10^3$	$2.20×10^1$	0
	4.0	$1.1470×10^3$	$8.82×10^{-2}$	0	$1.00×10^1$	$6.00×10^6$	$2.22×10^5$	$7.23×10^1$	$1.39×10^1$	$6.00×10^4$	$5.55×10^3$	$2.20×10^1$	0
	3.2	$9.6230×10^2$	$7.12×10^{-2}$	0	$9.70×10^0$	$4.90×10^6$	$1.82×10^5$	$7.28×10^1$	$1.40×10^1$	$4.90×10^4$	$4.51×10^3$	$2.30×10^1$	0
150×75×75	6.0	$1.6820×10^3$	$1.29×10^{-1}$	0	$2.15×10^1$	$5.73×10^6$	$9.19×10^5$	$5.84×10^1$	$2.34×10^1$	$7.64×10^4$	$1.72×10^4$	$4.60×10^1$	0
	4.5	$1.2830×10^3$	$9.90×10^{-2}$	0	$2.08×10^1$	$4.48×10^6$	$7.14×10^5$	$5.91×10^1$	$2.36×10^1$	$5.98×10^4$	$1.32×10^4$	$4.60×10^1$	0
	4.0	$1.1470×10^3$	$8.82×10^{-2}$	0	$2.06×10^1$	$4.40×10^6$	$6.42×10^5$	$5.93×10^1$	$2.36×10^1$	$5.39×10^4$	$1.18×10^4$	$4.60×10^1$	0
150×50×50	4.5	$1.5080×10^3$	$8.14×10^{-2}$	0	$1.20×10^1$	$3.29×10^6$	$2.28×10^5$	$5.58×10^1$	$1.47×10^1$	$4.39×10^4$	$5.99×10^3$	$2.60×10^1$	0
	3.2	$7.6630×10^2$	$5.90×10^{-2}$	0	$1.14×10^1$	$2.44×10^6$	$1.69×10^5$	$5.64×10^1$	$1.48×10^1$	$3.25×10^4$	$4.37×10^3$	$2.60×10^1$	0
	2.3	$5.5760×10^2$	$4.29×10^{-2}$	0	$1.10×10^1$	$1.81×10^6$	$1.25×10^5$	$5.69×10^1$	$1.50×10^1$	$2.41×10^4$	$3.20×10^3$	$2.60×10^1$	0
120×40×40	3.2	$6.0630×10^2$	$4.66×10^{-2}$	0	$9.40×10^0$	$1.22×10^6$	$8.43×10^4$	$4.48×10^1$	$1.18×10^1$	$2.03×10^4$	$2.75×10^3$	$2.10×10^1$	0
100×50×50	3.2	$6.0630×10^2$	$4.66×10^{-2}$	0	$1.40×10^1$	$9.36×10^5$	$1.49×10^5$	$3.93×10^1$	$1.57×10^1$	$1.87×10^4$	$4.15×10^3$	$3.10×10^1$	0
	2.3	$4.4260×10^2$	$3.40×10^{-2}$	0	$1.36×10^1$	$6.99×10^5$	$1.11×10^5$	$3.97×10^1$	$1.58×10^1$	$1.40×10^4$	$3.04×10^3$	$3.10×10^1$	0
100×40×40	3.2	$5.4230×10^2$	$4.17×10^{-2}$	0	$1.03×10^1$	$7.86×10^5$	$7.99×10^4$	$3.81×10^1$	$1.21×10^1$	$1.57×10^4$	$2.69×10^3$	$2.20×10^1$	0
	2.3	$3.9660×10^2$	$3.05×10^{-2}$	0	$9.90×10^0$	$5.89×10^5$	$5.96×10^4$	$3.85×10^1$	$1.23×10^1$	$1.18×10^4$	$1.98×10^3$	$2.20×10^1$	0
80×40×40	2.3	$3.5060×10^2$	$2.70×10^{-2}$	0	$1.11×10^1$	$3.49×10^5$	$5.56×10^4$	$3.16×10^1$	$1.26×10^1$	$8.73×10^3$	$1.92×10^3$	$2.40×10^1$	0
60×30×0	2.3	$2.5860×10^2$	$1.99×10^{-2}$	0	$8.60×10^0$	$1.42×10^5$	$2.27×10^4$	$2.34×10^1$	$9.40×10^0$	$4.72×10^3$	$1.06×10^3$	$1.80×10^1$	0
	1.6	$1.8360×10^2$	$1.41×10^{-2}$	0	$8.20×10^0$	$1.03×10^5$	$1.64×10^4$	$2.37×10^1$	$9.50×10^0$	$3.45×10^3$	$7.50×10^2$	$1.80×10^1$	0
40×40×40	3.2	$3.5030×10^2$	$2.70×10^{-2}$	0	$1.51×10^1$	$9.21×10^4$	$5.72×10^4$	$1.62×10^1$	$1.28×10^1$	$4.60×10^3$	$2.30×10^3$	$3.00×10^1$	0
	2.3	$2.5860×10^2$	$1.99×10^{-2}$	0	$1.46×10^1$	$7.13×10^4$	$3.54×10^4$	$1.66×10^1$	$1.17×10^1$	$3.57×10^3$	$1.39×10^3$	$3.00×10^1$	0
38×15×15	1.6	$1.0040×10^2$	$7.72×10^{-3}$	0	$4.00×10^0$	$2.04×10^4$	$2.00×10^3$	$1.42×10^1$	$4.50×10^0$	$1.07×10^3$	$1.80×10^2$	$8.00×10^0$	0
19×12×12	1.6	$6.0390×10^1$	$4.65×10^{-3}$	0	$4.10×10^0$	$3.20×10^3$	$8.00×10^2$	$7.20×10^0$	$3.70×10^0$	$3.30×10^2$	$1.10×10^2$	$8.00×10^0$	0
150×75×30	6.0	$1.4120×10^3$	$1.09×10^{-1}$	$6.33×10^1$	$1.56×10^1$	$4.06×10^4$	$5.64×10^5$	$5.36×10^1$	$2.00×10^1$	$4.69×10^4$	$9.49×10^3$	$2.20×10^1$	$4.50×10^1$
100×50×15	2.3	$3.6210×10^2$	$2.78×10^{-2}$	$3.91×10^1$	$9.40×10^0$	$4.64×10^5$	$4.96×10^4$	$3.58×10^1$	$1.17×10^1$	$7.62×10^3$	$1.22×10^3$	$1.20×10^1$	$3.00×10^1$
75×40×15	3.2	$3.8230×10^2$	$2.94×10^{-2}$	$3.91×10^1$	$8.00×10^0$	$2.10×10^5$	$3.93×10^4$	$2.34×10^1$	$1.01×10^1$	$4.68×10^3$	$1.23×10^3$	$1.20×10^1$	$2.10×10^1$
	2.3	$2.8160×10^2$	$2.17×10^{-2}$	$3.01×10^1$	$8.10×10^0$	$2.08×10^5$	$3.12×10^4$	$2.72×10^1$	$1.05×10^1$	$4.63×10^3$	$9.80×10^2$	$1.20×10^1$	$2.10×10^1$
50×25×10	2.3	$1.7810×10^2$	$1.37×10^{-2}$	$1.97×10^{-1}$	$5.40×10^0$	$5.59×10^4$	$7.90×10^3$	$1.77×10^1$	$6.70×10^0$	$1.84×10^3$	$4.00×10^2$	$7.00×10^0$	$1.50×10^1$
40×40×15	3.2	$2.7030×10^2$	$2.08×10^{-2}$	$1.46×10^{-1}$	$1.14×10^1$	$5.71×10^4$	$3.68×10^4$	$1.45×10^1$	$1.17×10^1$	$2.24×10^3$	$1.29×10^3$	$1.40×10^1$	$1.20×10^1$

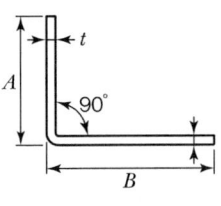
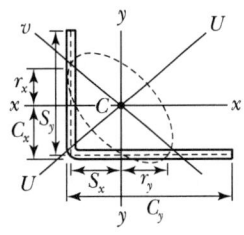

〈부표 10〉 경ㄱ형강의 표준치수와 단면 성능

치수(mm) $A \times B$	t	단면적 (mm^2)	단위중량 (N/mm)	중심위치 (mm) C_x	C_y	단면2차모멘트 (mm^4) I_x	I_y	I_u	I_v	단면2차반경 (mm) r_x	r_y	r_u	r_v
60×60	3.2	3.6720×10^2	2.82×10^{-2}	1.65×10^1	1.65×10^1	1.31×10^5	1.31×10^5	2.13×10^5	5.03×10^4	1.89×10^1	1.89×10^1	2.41×10^1	1.17×10^1
50×50	3.2	3.0320×10^2	2.33×10^{-2}	1.40×10^1	1.40×10^1	7.47×10^4	7.47×10^4	2.11×10^5	2.83×10^4	1.57×10^1	1.57×10^1	2.00×10^1	9.70×10^0
50×50	3.2	2.2130×10^2	1.71×10^{-2}	1.36×10^1	1.36×10^1	5.54×10^4	5.54×10^4	8.94×10^4	2.13×10^4	1.58×10^1	1.58×10^1	2.01×10^1	9.80×10^0
40×40	3.2	2.3920×10^2	1.84×10^{-2}	1.15×10^1	1.15×10^1	3.72×10^4	3.72×10^4	6.04×10^4	1.39×10^4	1.25×10^1	1.25×10^1	1.59×10^1	7.60×10^0
30×30	3.2	1.7520×10^2	1.35×10^{-2}	9.00×10^0	9.00×10^0	1.50×10^4	1.50×10^4	2.45×10^4	5.40×10^3	9.20×10^0	9.20×10^0	1.18×10^1	5.60×10^0
75×30	3.2	3.1920×10^2	2.46×10^{-2}	2.86×10^1	2.86×10^0	1.89×10^5	1.94×10^4	1.96×10^5	1.47×10^4	2.43×10^1	7.80×10^0	2.48×10^1	6.20×10^0

치수(mm) $A \times B$	t	단면적 (mm^2)	단위중량 (N/mm)	$\tan\alpha$	단면계수 (mm^3) S_x	S_y	전단 중심 (mm) $\overline{S_x}$	$\overline{S_y}$
60×60	3.2	3.6720×10^2	2.82×10^{-2}	1.00	3.02×10^3	3.02×10^3	1.49×10^1	1.49×10^1
50×50	3.2	3.0320×10^2	2.33×10^{-2}	1.00	2.07×10^3	2.07×10^3	1.24×10^1	1.24×10^1
50×50	3.2	2.2130×10^2	1.71×10^{-2}	1.00	1.52×10^3	1.52×10^3	1.24×10^1	1.24×10^1
40×40	3.2	2.3920×10^2	1.84×10^{-2}	1.00	1.30×10^3	1.30×10^3	9.90×10^0	9.90×10^0
30×30	3.2	1.7520×10^2	1.35×10^{-2}	1.00	7.10×10^2	7.10×10^2	7.40×10^0	7.40×10^0
75×30	3.2	3.1610×10^2	2.46×10^{-2}	0.198	4.07×10^3	8.00×10^2	4.10×10^0	2.70×10^1

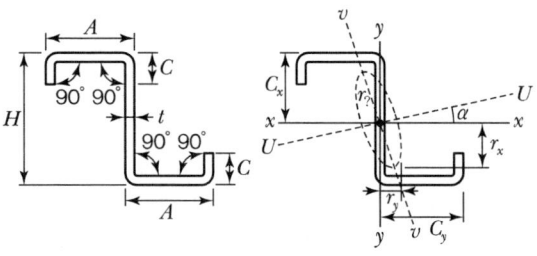

〈부표 11〉 립Z형강의 표준치수와 단면 성능

치수(mm) $H \times A \times B$	t	단면적 (mm²)	단위중량 (N/mm)	중심위치 (mm)		단면2차모멘트 (mm⁴)				단면2차반경 (mm)			
				C_x	C_y	I_x	I_y	I_u	I_v	r_x	r_y	r_u	r_v
100×50×50	3.2	6.0630×10²	4.66×10⁻²	5.00×10¹	4.84×10¹	9.36×10⁵	2.42×10⁵	1.09×10⁶	8.70×10⁴	3.93×10¹	2.00×10¹	4.24×10¹	1.20×10¹
	2.3	4.4260×10²	3.40×10⁻²	5.00×10¹	4.88×10¹	6.99×10⁵	1.79×10⁵	8.12×10⁵	6.53×10⁴	3.97×10¹	2.01×10¹	4.28×10¹	1.21×10¹
75×30×30	3.2	3.9830×10²	3.07×10⁻²	3.75×10¹	2.84×10¹	3.16×10⁵	4.91×10⁴	3.45×10⁵	2.00×10⁴	2.82×10¹	1.11×10¹	2.94×10¹	7.10×10⁰
60×30×30	2.3	2.5860×10²	1.99×10⁻²	3.00×10¹	2.88×10¹	1.42×10⁵	3.69×10⁴	1.65×10⁵	1.31×10⁴	2.34×10¹	1.19×10¹	2.53×10¹	7.10×10⁰
40×20×20	2.3	1.6660×10²	1.28×10⁻²	2.00×10¹	1.88×10¹	3.86×10⁴	1.03×10⁴	4.54×10⁴	3.50×10³	1.52×10¹	7.90×10⁰	1.65×10¹	4.60×10⁰
75×40×30	2.3	3.1610×10²	2.43×10⁻²	3.49×10¹	3.13×10¹	2.68×10⁵	6.15×10⁴	3.06×10⁵	2.39×10⁴	2.91×10¹	1.40×10¹	3.11×10¹	8.65×10⁰
75×30×20	2.3	2.7010×10²	2.08×10⁻²	3.44×10¹	2.09×10¹	2.07×10⁵	2.25×10⁴	2.19×10⁵	1.08×10⁴	2.77×10¹	9.13×10⁰	2.85×10¹	6.31×10⁰

치수(mm) $H \times A \times B$	t	단면적 (mm²)	단위중량 (N/mm)	$\tan\alpha$	단면계수 (mm³)		전단 중심 (mm)	
					S_x	S_y	$\overline{S_x}$	$\overline{S_y}$
100×50×50	3.2	6.0630×10²	4.66×10⁻²	0.427	1.87×10⁴	5.00×10³	0	0
	2.3	4.4260×10²	3.40×10⁻²	0.423	1.40×10⁴	3.66×10³	0	0
75×30×30	3.2	3.9830×10²	3.07×10⁻²	0.313	8.42×10³	1.73×10³	0	0
60×30×30	2.3	2.5860×10²	1.99×10⁻²	0.430	4.72×10³	1.28×10³	0	0
40×20×20	2.3	1.6660×10²	1.28×10⁻²	0.443	1.93×10³	5.50×10²	0	0
75×40×30	2.3	3.1610×10²	2.43×10⁻²	0.394	6.68×10³	1.69×10³	5.00×10⁻¹	1.38×10¹
75×30×20	2.3	2.7010×10²	2.08×10⁻²	0.245	5.10×10³	8.39×10³	3.00×10⁻¹	1.86×10¹

2 용어 정의

용어	정의
1점 집중하중	부재의 플랜지에 직교 방향으로 작용하는 인장력이나 압축력
2점 집중하중	부재의 한쪽 면에 한 쌍으로 작용하는 동일한 힘
가새실험체	프로토 타입의 가새를 모형화하기 위하여 실험에 사용하는 단일의 좌굴방지가새
강관의 두께	단면 성질을 결정할 때 가정되는 강관의 두께
강도저감계수	공칭강도와 설계강도 사이의 불가피한 오차 또는 파괴모드 및 파괴결과를 부차적으로 유발하는 위험도를 반영하기 위한 계수, ϕ
강도한계상태	항복, 소성힌지의 형성, 골조 또는 부재의 안정성, 인장파괴, 피로파괴 등 안정성과 최대하중 지지력에 대한 한계상태
강성	구조부재나 구조물의 변형에 대한 저항성으로서 적용된 하중(혹은 모멘트)에 대한 변위(혹은 회전)의 비율로 나타낼 수 있다.
강재코어	좌굴방지 가새골조에서 가새의 축력저항 요소. 강재코어는 에너지 소산을 위한 항복부와 인접요소로 축력을 전달하는 접합부를 포함한다.
갭이음	교차하는 지강관 사이에 주강관의 면에서 간격 또는 공간이 존재하는 강관트러스 이음
거싯플레이트	트러스의 부재, 스트럿 또는 가새재를 보 또는 기둥에 연결하는 판요소
건물사용그룹	제3장에 규정된 건축물 및 공작물의 점유용도에 따른 분류
게이지	파스너 게이지선 사이의 응력 수직방향 중심간격
겹침이음	서로 평행하게 겹쳐진 두 접합부재 간의 접합부
겹침판	집중하중에 대하여 내력을 향상시키기 위해, 보나 기둥에 웨브와 평행하도록 부착하는 판재
계측휨강도	보-기둥 실험시편에서 기둥 외주면에서 계측된 보의 휨모멘트
고정용 철근	합성부재 내의 철근으로 소요하중을 전달하도록 설계되지는 않았지만 다른 철근의 조립을 쉽게 하고 전단보강근을 고정시키는 앵커로 작용하는 철근. 일반적으로 이러한 고정용 철근은 연속되지 않음
공칭강도	하중효과에 저항하기 위한 구조체 혹은 구조부재의 강도(저항계수가 적용되지 않은 값)
공칭치수	단면의 특성을 산정하는 데 적용되도록 인정된 치수
공칭하중	건축구조설계기준에서 규정한 하중값
공칭휨강도	구조체나 구조부재의 하중에 대한 휨저항능력으로서, 규정된 재료강도 및 부재치수를 사용하여 계산된 값

용어	정의
구속판요소	하중의 방향과 평행하게 양면이 직각방향의 판요소에 의해 연속된 압축을 받는 평판요소
구조요소	구조부재, 접합재, 피접합재 또는 집합체
구조적합시간	합리적이고 공학적인 해석방법에 의하여 화재 발생으로부터 건축물의 주요 구조부가 단속 및 연속적인 붕괴에 도달하는 시간
구조해석	구조역학의 원리에 근거하여 구조부재 또는 접합부에 작용하는 하중효과를 산정하는 것
국부좌굴	부재 전체의 파괴를 유발할 수도 있는 압축판 요소의 좌굴
국부크리프	집중하중이나 반력에 바로 인접한 부분에서 웨브 판의 국부 파괴의 한계상태
국부항복	부재의 국부적인 영역에서 발생하는 항복
국부휨	집중인장하중에 의한 플랜지 변형의 한계상태
그루브 용접	접합부재면에 홈을 만들어(개선하여) 이루어지는 용접
기둥	주로 축력을 저항하는 구조부재
기둥주각부	철골 상부구조와 기초 사이에 힘을 전달하는 데 동원되는 기둥 하부의 판재, 접합재, 볼트 및 로드 등의 어셈블리를 지칭
끼움재	부재의 두께를 늘리기 위해 사용되는 판재
내진설계범주	건물의 내진등급 및 설계응답스펙트럼 가속도 값에 의해 결정되는 내진설계상의 구분
내화구조	화재에 견딜 수 있는 성능을 가진 구조로서 건설교통부령이 정하는 기준에 적합한 구조
내후강	적절히 조치된 고강도, 저합금강으로서 부식 방지를 위한 도막 없이 대기에 노출되어 사용되는 강재
노출형합성보	강재단면이 철근콘크리트에 완전히 매입되지 않으며 기계적 연결재에 의해 철근콘크리트슬래브나 합성슬래브와 합성적으로 거동하는 합성보
다이어프램 플레이트	지지요소에 힘을 전달하도록 이용된 면내 전단강성과 전단강도를 갖고 있는 플레이트
단곡률	곡률에 반곡이 있는 복곡률에 반대되는 것으로서, 한 방향의 연속적인 원호를 그리는 변형 상태
단부돌림	동일 평면상의 모서리 주변까지 연결되는 모살용접의 길이
단부패널	한쪽 면에만 인접하는 패널을 갖는 웨브패널
단순접합부	접합된 부재 간에 무시해도 좋을 정도로 약한 휨 모멘트를 전달하는 접합부
대각가새	골조가 수평하중에 대해 트러스 거동을 통해서 저항할 수 있도록 경사지게 배치된 (주로 축력이 지배적인) 구조부재
도급업자	강구조 제작자 또는 강구조 설치자를 지칭

용어	정의
대각스티프너	기둥의 패널존의 한쪽 혹은 양쪽 웨브에서 플랜지를 향해 대각방향으로 설치된 웨브스티프너
뒤틀림	비틀림에 대한 전체 저항 중 단면의 뒤틀림에 저항하는 부분
뒤틀림파단	각형 주강관의 사다리꼴형 뒤틀림에 근거한 강관트러스 이음의 한계상태
뚫림하중	주강관에 수직인 지강관의 하중성분
링크	편심가새골조에서, 두 대각 가새 단부 사이 또는 가새단부와 기둥 사이에 위치한 보의 부분을 칭함. 링크의 길이는 두 가새 단부 사이 또는 가새와 기둥외주면 사이의 안목거리로서 정의된다.
링크전단설계강도	링크의 전단강도 또는 링크의 모멘트 강도에 의해 발현 가능한 링크의 전단강도 가운데 작은 값
링크중간 웨브스티프너	편심가새골조 링크 내에 설치된 수직 웨브스티프너
마찰접합부	접합부의 밀착된 면에서 볼트의 조임력이 유발하는 마찰력에 의해 접합된 부재의 저항하도록 설계된 볼트접합부
맞춤지압스티프너	지점이나 집중 하중점에 사용되는 스티프너로서, 지압을 통하여 하중을 전달하기 위하여 보의 한쪽 혹은 양쪽 플랜지에 꼭 맞도록 만든 스티프너
매입된 강재	철근콘크리트에 매입된 강재 단면
매입형 합성기둥	콘크리트기둥과 하나 이상의 매입된 강재 단면으로 이루어진 합성기둥
매입형 합성보	슬래브와 일체로 타설되는 콘크리트에 완전히 매입되는 보
면제기둥	특수모멘트골조에 요구되는 식의 요건을 만족하지 않는 기둥
모살용접	용접되는 부재의 교차되는 면 사이에 일반적으로 삼각형의 단면이 만들어지는 용접
모살용접보강	그루브 용접을 보강하기 위해 추가된 모살용접
미끄러짐	볼트접합부에서 접합부가 설계강도에 도달하기 전에 피접합재 간에 상대운동이 발생하는 한계상태
밀스케일	열간압연과정에서 생성되는 강재의 산화피막
반강접합성접합부	상부는 슬래브철근으로, 하부 플랜지는 시트앵글이나 유사한 방법으로 우력을 제공하여 기둥에 반강접이나 완전합성보로 휨저항하는 접합부
반응수정계수(R)	하중저항계수설계법(혹은 강도설계법) 수준으로 지진하중을 저감시키는 데 사용되는 계수, 지진하중에 규정된 값을 사용한다.
변형도 적합법	각 재료의 응력-변형도 관계와 단면의 중립축에 대한 위치를 고려하여 합성부재의 응력을 결정하는 방법
보	주로 휨모멘트에 저항하는 기능을 갖는 구조부재
보단면감소부	부재의 특정 부위에 비탄성거동을 유도하기 위해 보 단면 일부를 감소시킨 부분

용어	정의
보통내진시스템	설계지진에 대하여 몇몇 부재가 제한된 비탄성거동을 일으킨다는 가정하에 설계된 내진시스템
보통모멘트골조	보통모멘트골조의 요구사항을 만족하는 모멘트골조시스템
보통중심가새골조	가새시스템의 모든 부재가 주로 축력을 받으며, 보통중심가새골조의 요구사항을 만족하는 대각 가새골조
보통합성전단벽	보통합성전단벽의 요구사항을 만족시키는 합성전단벽
보호영역	제작이나 부대물의 부착 시에 제한을 받아야 하는 부재의 특정 영역
복곡률	단부 모멘트에 의해 부재가 S형태로 변형되는 휨상태
부분강접합성 접합부	강재기둥과 부분합성보 또는 완전합성보를 접합하며, 상부 슬래브의 철근과 하부 플랜지의 시트앵글(또는 다른 유사한 접합요소)에 의해 발휘되는 우력으로 휨에 저항하는 접합부
부분골조시험체	프로토타입 가새의 축변형 및 휨변형을 가장 근접하게 모형화하기 위한 가새, 접합부 및 실험장비의 조합체
부분용입 그루브용접	연결부재의 전체 두께보다 적게 내부 용입된 그루브용접
부분합성보	매입되지 않은 합성보로서 그 공칭휨강도가 스터드 시어커넥터의 강도에 의해 결정되는 보
불완전강접합	접합되는 부재 사이에 어느 정도 상대적 회전변형이 발생하면서 모멘트를 전달하는 접합
블록전단파단	접합부에서, 한쪽 방향으로는 인장파단, 다른 방향으로는 전단항복 혹은 전단파단이 발생하는 한계상태
비골조단부	스티프너나 접합부 부재에 의한 회전에 대하여 구속되지 않은 부재의 단부
비구속판요소	하중의 방향과 평행하게 한쪽 끝단이 직각 방향의 판요소에 의해 연접된 평판요소
비균일분포하중	강관접합에서, 피접합재의 단면에 분포하는 응력을 용이하게 산정할 수 없는 하중조건
비지지 길이	한 부재의 횡지지 가새 사이의 간격으로서, 가새 부재의 도심 간의 거리로 측정
비콤팩트단면	국부좌굴이 발생하기 전에 압축요소에 항복응력이 발생할 수 있으나 콤팩트 단면의 회전능력을 갖지 못하는 단면
비탄성해석	소성해석을 포함한 재료의 비탄성거동을 고려한 구조해석
비탄성회전	실험체의 보와 기둥 또는 링크와 기둥 사이의 영구 또는 소성회전각(rad). 비탄성회전은 실험체변형을 이용하여 산정한다. 비탄성회전은 부재의 항복, 접합부요소와 접합재의 항복 그리고 접합요소와 부재 사이의 미끄러짐 등에 의해 발생한다. 특수 및 중간모멘트골조의 보-기둥 접합부에서 비탄성회전은 보 중심선과 기둥 중심선이 교차하는 한 점에 비탄성작용이 집중한다는 가정을 기초로 산정한다. 편심가새골조의 링크-기둥접합부에서 비탄성회전은 링크의 중심선과 기둥면이 교차하는 한 점에 비탄성작용이 집중한다는 가정을 기초로 산정한다.

용어	정의
비틀림좌굴	압축부재가 전단중심축에 대해 비틀리는 좌굴모드
사양적내화설계	건축법규에 명시된 사양적 규정에 의거하여 건축물의 용도, 구조, 층수, 규모에 따라 요구내화시간 및 부재의 선정이 이루어지는 내화설계방법
사용성한계상태	구조물의 외형, 유지 및 관리, 내구성, 사용자의 안락감 또는 기계류의 정상적인 기능 등을 유지하기 위한 구조물의 능력에 영향을 미치는 한계상태
사용하중	사용성한계상태를 평가하기 위한 하중
설계강도	공칭강도와 저항계수의 곱(ϕR_n)
설계응력	설계강도를 적용되는 단면의 특성으로 나눈 값
설계지진	설계응답스펙트럼으로 표현되는 지진
설계층간변위	증폭 층간변위(설계지진 내습 시 비탄성거동을 감안하여 산정된 변위)
설계판 두께	단면의 특성을 산정하는 데 가정되는 각형 강관의 판 두께
설계하중	하중저항계수설계법의 하중조합에 따라 결정되는 적용하중
설계화재	건축물에 실제로 발행하는 내화설계의 대상이 되는 화재의 크기
설계휨강도	부재의 휨에 대한 저항력으로, 공칭강도와 저항계수의 곱
성능적 내화설계	건축물에 실제로 발생되는 화재를 대상으로 합리적이고 공학적인 해석방법을 사용하여 화재 크기, 부재의 온도 상승, 고온환경에서 부재의 내력 및 변형 등을 예측하여 건축물의 내화성능을 평가하는 내화설계방법
세장비	휨축과 동일한 축의 단면2차반경에 대한 유효길이의 비
세장판단면	탄성범위 내에서 국부좌굴이 발생할 수 있는 세장판 요소가 있는 단면
소성단면계수	휨에 저항하는 완전항복단면의 단면계수로서, 소성중립축 상하의 단면적의 중립축에 대한 1차 모멘트
소성모멘트	부재에 작용하는 휨모멘트가 소성모멘트에 도달하여 단면이 전체적으로 항복하는 것
소성 해석	평형조건은 만족하고 응력은 항복응력 이하인 완전소성거동의 가정에 근거한 구조해석
소요강도	한계상태설계 하중조합에 대한 구조해석, 구조부재에 작용하는 힘, 응력 또는 변형을 지칭
수직스티프너	웨브에 부착하는 플랜지와 직각을 이루는 웨브스티프너
순단면	볼트구멍 등에 의한 단면손실을 고려한 총 단면
스티프너	하중을 분배하거나, 전단력을 전달하거나, 좌굴을 방지하기 위해 부재에 부착하는 ㄱ형강이나 판재 같은 구조요소
슬롯트 용접	부재를 다른 부재에 부착시키기 위해 긴 홈을 뚫어서 하는 용접
시방서	강구조물의 일반설계에 적용되어야 하는 문서

용어	정의
시어코넥터	합성부재의 두 가지 다른 재료 사이의 전단력을 전달하도록 강재에 용접되고 콘크리트 속에 매입된 스터드, ㄷ형강, 플레이트 또는 다른 형태의 강재
신축 롤러	둥근 강재봉 형태로, 부재의 신축을 수용할 수 있는 지지부
실험구성체	실험체와 관련 실험장치의 조합
실험장치	실험체를 지지하고 가력하기 위해 사용되는 지지장치, 재하장비, 횡지지구조 등
실험체	프로토 타입을 모형화하기 위해 실험에 사용하는 골조의 한 부분
심	접촉면이나 지압면 사이에 두께 차이 시 따른 공간을 메우기 위해 사용되는 얇은 판재
아이바	균일한 두께를 가진 특수한 형태의 핀접합 부재로서, 핀구멍이 있는 머리와 구멍이 없는 몸체에 거의 동일한 강도를 부여하도록, 몸체의 폭보다 크게 단조되거나 산소절단된 머리 폭을 가진 인장부재
안전계수	공칭강도와 실제강도 사이의 오차, 공칭하중과 실제하중 사이의 오차, 하중을 하중효과로 변환하는 해석과정의 불확실성 또는 파괴모드 및 파괴결과에 따른 위험도를 반영하기 위한 계수(Ω)
안정성	구조부재, 골조 또는 구조체가 하중의 작은 변화 또는 기학적인 변화에도 큰 변위를 발생하지 않고 안정한 평형상태에 있는 경우
역V형 가새골조	V형 가새골조 참조
연결보	인접한 철근콘크리트벽 부재를 연결하여 함께 횡력에 저항하게 하는 강재보 혹은 합성보
연마면	기계를 사용하여 평평하고 매끄러운 상태로 만든 면
연성한계상태	연성한계상태에는 부재와 접합부의 항복, 볼트구멍의 지압변형, 또한 폭-두께비 제한을 만족하는 부재의 좌굴이 포함된다. 부재 및 접합부의 취성 파괴 또는 접합요소의 좌굴은 연성한계상태에 포함되지 않는다.
연성한계상태	연성한계상태에는 부재와 접합부의 항복, 볼트구멍의 지압변형, 폭-두께비 제한을 만족하는 부재의 좌굴이 포함된다. 부재 및 접합부의 취성파괴 또는 접합요소의 좌굴은 연성한계상태에 포함되지 않는다.
연속판	패널존의 위와 아래에 설치되는 기둥스티프너. 수평스티프너로도 불림
열절단	가스, 플라스마 및 레이저를 이용한 절단
예상인장강도	공칭인장강도 F_y에 R_t를 곱하여 산정되는 부재의 인장강도
예상항복강도	예상항복응력에 단면적 A_y를 곱하여 산정되는 부재의 인장강도
예상항복응력	공칭항복강도 F_y에 R_y를 곱하여 산정되는 재료의 항복응력
오버랩 이음	교차하는 지강관이 겹치는 강관트러스 이음
완전강접합	접합되는 부재 사이에 무시할 정도의 상대회전변형이 발생하면서 모멘트를 전달할 수 있는 접합

용어	정의
완전용입 그루브 용접	용접재가 조인트 두께를 넘어 완전히 용접되는 그루브 용접(강관구조 접합부에서는 예외로 한다.)
완전재하주기	하중 0으로부터 다시 하중이 0이 되는 하나의 사이클로, 각각 하나의 양과 음의 최대치가 포함된다.
완전합성보	충분한 개수의 시어커넥터를 사용하여 합성단면의 공칭소성휨강도를 발휘하는 합성보
외피	가새축의 직각 방향의 힘에 저항함으로써 강재코어의 좌굴을 방지하는 캐이싱. 외피는 이러한 힘을 좌굴 방지 시스템의 나머지 부분으로 전달하는 수단을 갖추고 있어야 한다. 외피는 가새의 축방향의 힘에는 전혀 또는 거의 저항하지 않는다.
우각부	따내기나 용접접근공에서 오목한 노출면의 방향이 급변하는 절단면
요구강도	하중저항계수설계법의 하중조합을 적용하여 구조해석에 의해 결정되거나 규정에 따라 산정되는 구조요소에 작용하는 힘, 응력도 또는 변형
용입재	용접접합을 구성하는 데 첨가되는 금속 또는 합금재
용접접근공	뒷받침판 등의 설치를 위한 구멍, 일명 스캘럽
용착금속	용접과정에서 완전히 용융된 부분. 용착금속은 용접과정에서 열에 의해 녹은 용입재와 모재로 구성되어 있다.
웨브좌굴	웨브의 횡방향 불안정 한계상태
웨브횡좌굴	집중압축력작용점 반대편의 인장플랜지의 횡방향 좌굴한계상태
유효좌굴길이	압축재 좌굴공식에 사용되는 등가좌굴길이 KL로서 분기좌굴해석으로부터 결정
유효좌굴길이계수(K)	유효좌굴길이와 부재의 비지지 길이의 비
유효순단면	전단지체의 영향을 고려하여 보정된 순단면적
응력	축방향력, 모멘트, 전단력이나 비틀림 등이 유발한 단위면적당의 힘
이음	두 부재를 접합하여 단일의 긴 부재를 형성하도록 두 부재의 단부를 연결하는 접합
이음부	두 개 이상의 단부, 표면, 가장자리가 접합되는 영역. 사용되는 패스너 또는 용접의 형태와 하중 전달방법에 의해 분류됨
이중골조시스템	다음과 같은 특성을 갖는 구조시스템을 지칭함 ① 중력하중에 대해서는 거의 완전한 입체골조가 지지 ② 최소한 25%의 밑면 전단력을 지지할 수 있는 모멘트골조가 콘크리트전단벽, 철골전단벽, 또는 철골가새골조와 함께 횡력을 저항 ③ 전체 횡력을 각 상대강성에 비례하게 배분하여 각각의 시스템을 설계
인장강도	재료가 견딜 수 있는 최대인장응력도
인장역작용	플랫트러스와 유사하게 전단력이 작용할 때 웨브의 대각방향으로 인장력이 발생하고 수직스티프너에 압축력이 발생하는 패널의 거동

용어	정의
인장파단	인장력에 의한 파단한계상태
인장항복	인장에 의한 항복
일반조임접합부	견고하게 밀착된 겹으로 연결된 접합부
임계용접부	내진기준에서 별도의 요구조건이 부과된 용접부
저항계수	공칭강도와 실제강도 사이의 불가피한 오차 또는 파괴모드 및 파괴결과가 부차적으로 유발하는 위험도를 반영하기 위한 계수(ϕ)
적용건축기준	구조물의 설계 시 적용되는 상위 기준으로서 건교부고시 건축구조설계기준(Korean Building Code, 이하 이 기준)을 지칭
전단좌굴	면 내에 순수 전단력에 의해 보의 웨브와 같은 판요소가 변형하는 좌굴모드
전단파단	전단력에 의한 파단 한계상태
전단항복(뚫림)	강관접합에서, 지강관이 붙어 있는 주강관의 면외전단강도에 기반한 한계상태
전소성 모멘트	완전히 항복한 단면의 저항모멘트
전체 링크회전각	링크 한쪽 단부의 상대 쪽 단부에 대한 상대 변위(변형되지 않은 링크의 재축의 횡방향으로 측정함)를 링크 길이로 나눈 값. 전체 링크회전각은 링크 및 링크 단부에 접합된 부재의 탄성 및 비탄성 변형요소를 모두 포함한다.
접촉면	전단력을 전달하는 접합부요소의 접촉된 면
접합	둘 이상의 단부, 표면 혹은 모서리가 접착된 영역. 파스너 혹은 용접의 사용 여부와 하중전달방법에 따라 종류를 나눌 수 있다.
접합부	두 개 이상의 부재 사이에 힘을 전달하는 데 사용되는 구조요소 또는 조인트의 집합체
접합부인증위원회	내진철골접합부의 인증을 위하여 책임기관에서 권한을 위임받은 전문가위원회
정적항복강도	변형률 효과 또는 관성력 효과가 발생치 않게 느린 속도로 진행된 단조가력파괴실험을 기초로 산정된 구조부재 또는 접합부의 강도
조립부재	용접, 볼트접합, 리벳접합된 구조용 금속소재로 제작된 부재
조정가새강도	설계층간변위의 2.0배에 상당하는 변위에서의 좌굴 방지 가새골조의 가새강도
좌굴	임계하중상태에서 구조물이나 구조요소가 기하학적으로 갑자기 변화하는 한계상태
좌굴 방지 가새골조	대각선가새골조로서, 가새시스템의 모든 부재가 주로 축력을 받고, 설계층간변위의 2.0배에 상당하는 힘과 변형에 대해서도 가새의 압축좌굴이 발생치 않는 골조
좌굴 방지 시스템	좌굴 방지 가새골조에서 강재코어의 좌굴을 구속하는 시스템. 좌굴 방지 시스템에는 강재코어의 케이싱과 접합부를 연결하는 구조요소 모두가 포함된다. 좌굴 방지 시스템은 설계층간변위의 2.0배에 상당하는 변위에 대해서 강재코어의 횡방향 팽창과 길이방향 수축이 가능하도록 거동해야 한다.
주 강관	강관트러스접합의 주강관부재

용어	정의
주 강관소성화	강관접합에서, 지강관이 접합된 주강관에서 면외 휨항복선기구에 기반한 한계상태
중간내진시스템	설계지진에 대하여 몇몇 부재가 중간 정도의 비탄성적 거동을 일으킨다는 가정 하에 설계된 내진시스템
중간모멘트골조	중간모멘트골조의 요구조건을 만족하는 모멘트골조시스템
증폭지진하중	지진하중의 수평성분 E에 시스템 초과강도계수(Ω_0)를 곱한 것
지강관	강관접합에서, 주강관 또는 주요 부재에 붙어 있는 부재
지레작용	하중점과 볼트, 접합된 부재의 반력 사이에서 지렛대와 같은 거동에 의해 볼트에 작용하는 인장력이 증폭되는 작용
지압	볼트접합부에서, 볼트가 접합요소에 전달하는 전달력에 의한 한계상태
지압형식 볼트접합부	접합부재에 대한 볼트의 지압으로서 전단력이 전달되는 볼트 접합부
반응수정계수	지지하중효과를 강도수준으로 감소하는 계수
지진하중저항시스템	스트럿, 컬렉터, 현재 다이어프램과 트러스 등을 포함한 건물 내의 지진하중저항구조요소의 집합체
직접부착작용	합성단면의 강재와 콘크리트 사이에서 힘이 부착응력에 의해 전달되는 메커니즘
집합부재	바닥 다이어프램과 지진하중저항시스템의 부재 사이에 힘을 전달하기 위해 사용되는 부재
초과강도계수	증폭지진하중을 산정할 경우 사용되는 계수(Ω_0)
최소기대사용온도	100년의 평균 재현기간을 기준으로 1시간 평균 최저온도
충전형 합성기둥	콘크리트로 충전된 사각 또는 원형 강관으로 이루어진 합성기둥
층간변위각	층간변위를 층고로 나눈 값, 라디안 단위
커버플레이트	단면적, 단면계수, 단면2차모멘트를 증가시키기 위하여 부재의 플랜지에 용접이나 볼트로 연결된 플레이트
콘크리트압괴	콘크리트가 극한 변형률에 도달함으로써 압축 파괴를 일으키는 한계상태
콘크리트헌치	데크플레이트를 사용하는 합성바닥구조에서 데크플레이트를 절단한 후 간격을 벌림으로써 형성되는 거더 위의 콘크리트 단면
콤팩트단면	완전소성응력분포가 발생할 수 있고 국부좌굴이 발생하기 전에 약 3의 곡률연성비를 발휘할 수 있는 능력을 지닌 단면
타이플레이트	조립기둥, 조립보, 조립스트럿의 두 개의 나란한 요소를 결집하기 위한 판재. 두 나란한 요소에 타이플레이트는 강접되어야 하고 두 요소 사이의 전단력을 전달하도록 설계되어야 한다.
탄성해석	구조체가 하중을 제거한 후에 원 위치로 돌아온다는 가정에 근거한 구조해석
특수강판전단벽	특수강판전단벽의 요구사항을 만족하는 강판전단벽시스템

용어	정의
특수내진시스템	설계지진하에서 몇몇 부재가 상당한 비탄성적 거동을 일으킨다는 가정하에서 설계된 내진시스템
특수모멘트골조	특수모멘트골조의 요구사항을 만족하는 모멘트골조시스템
특수중심가새골조	가새시스템의 모든 부재들이 주로 축력을 받고, 특수중심가새골조의 요구사항을 만족하는 대각가새골조
특수합성전단벽	특수합성전단벽의 소요조건을 충족시키는 합성전단벽
파스너	볼트, 리벳 또는 다른 연결기구 등을 총괄해서 지칭하는 용어
패널존	접합부를 관통하는 보와 기둥의 플랜지의 연장에 의해 구성되는 보-기둥 접합부의 웨브 영역으로, 전단패널을 통하여 모멘트를 전달하는 영역
편심가새골조	편심가새골조의 요구사항을 만족하는 대각가새골조로서, 각 가새부재에서 최소한 한쪽 끝이 보-기둥 접합부나 다른 쪽 보-가새 접합부에서 짧은 거리 떨어져 편심 접합된 골조
표면지압판	철근콘크리트 벽이나 기둥 안에 묻히는 강재에 접합되는 스티프너로 철근 콘크리트의 표면에 위치하여 구속력을 제공하고 하중을 직접 지압에 의해 콘크리트에 전달하는 판
표준최소인장강도	KS에 의해 명시된 재료의 인장강도의 하한선
표준최소항복응력	KS에 의해 규정된 재료에 따른 최소항복응력의 하한선
품질관리	계약 및 제작·설치 요구사항을 만족시켰음을 입증하기 위해 철골 제작자와 설치자가 수행하는 철골공장과 현장의 관리절차
품질보증	건물주나 그 대리인에게 신뢰를 주기 위해 철골공장과 현장의 행위절차 및 건물주 또는 관리감독자가 수행하는 관리절차
품질확보계획	품질요구사항, 시방서, 계약서류에 구조물이 부합토록 하기 위한 조건, 절차, 품질 검사, 재료, 기록 등을 서면으로 기술한 문건. 프로토타입 특수 및 중간 모멘트골조, 편심 및 좌굴 방지 가새골조 등의 건물에 실제로 사용될 접합부 또는 가새의 설계물
프로토타입	실제 건물의 골조에서 사용되는 접합부, 부재 크기 및 강재 특성과 그 밖의 설계, 상세와 공사 특성
프리텐션접합부	규정된 최소의 프리텐션으로 조여진 고력볼트접합부
플레이트거더	조립보
피로	활하중의 반복작용에 따른 균열 생성 및 성장 한계상태
필러	요소의 두께를 증가시키는 데 사용하는 플레이트
하중저항철근	소요하중에 저항할 수 있도록 설계하고 배근한 합성부재 내의 철근
한계상태	구조체 또는 구조요소가 사용하기에 부적당하게 되고 의도된 기능을 더 이상 발휘하지 못하는 상태(사용성한계상태) 또는 극한 하중지지능력에 도달한 상태(강도한계상태)

용어	정의
하중저항계수설계법	하중조합하에서 부재의 설계강도가 소요강도 이상이도록 구조요소를 설계하는 방법
하중저항계수설계법 하중조합	하중저항계수설계법에 적용되는 하중의 조합
합성	내부 힘의 분산에 있어 강재요소와 콘크리트요소가 일체로서 거동하는 조건
합성가새	철근콘크리트에 매입된 강재 단면(압연 또는 용접 단면) 또는 콘크리트가 충전된 강재단면으로서 가새로 사용되는 부재
합성강판전단벽	면외강성을 제공함으로써 강판의 좌굴을 방지할 수 있도록, 양면 혹은 한 면에 철근콘크리트가 부착된 강판으로 이루어지며 합성강판전단벽의 요구사항을 만족하는 벽
합성기둥	철근콘크리트가 피복된 강재 단면이나 철근콘크리트가 충전된 강재 단면으로서 골조에서 기둥으로 쓰인 것
합성보	강재보가 슬래브와 연결되어 하나의 구조물로서 구조적 거동을 할 수 있는 보로서, 노출형 합성보와 매입형 합성보가 있음
합성보통가새골조	합성보통가새골조의 요구사항을 만족시키는 합성가새골조
합성부분구속모멘트골조	합성부분구속모멘트골조의 요구사항을 만족시키는 합성모멘트골조
합성슬래브	데크플레이트에 부착되고 지지된 콘크리트슬래브로, 지진하중저항시스템의 부재 사이에 하중을 전달하는 다이어프램으로 거동하는 것
합성전단벽	매입되지 않은 강재단면이나 철근콘크리트에 매입된 강재 단면을 경계부재로 갖는 철근콘크리트 벽
합성중간모멘트골조	합성중간모멘트골조의 요구사항을 만족시키는 합성모멘트골조
합성특수모멘트골조	합성특수모멘트골조의 요구사항을 만족시키는 합성모멘트골조
합성특수중심가새골조	합성특수중심가새골조의 요구사항을 만족시키는 합성가새골조
합성편심가새골조	합성편심가새골조의 요구사항을 만족시키는 합성가새골조
항복강도	응력과 변형의 비례상태의 규정된 변형한계를 벗어날 때의 응력
항복모멘트	부재에 작용하는 휨모멘트가 항복모멘트에 도달하여 단면의 최연단부가 항복하는 것
항복응력	항복점, 항복강도 또는 항복응력레벨
허용강도	공칭강도를 안전계수(Safety Factor)로 나눈 값
허용강도설계법	하중조합을 받는 구조요소의 요구강도보다 구조요소의 허용강도가 동일하거나 초과되도록 구조요소를 설계하는 설계법
허용응력	허용강도를 단면특성으로 나눈 값
현재	각 형강관에서 트러스 접합부를 통해 연결되는 주요 부재
횡가새	대각가새, 전단벽 또는 이에 상응하는 방법으로 면 내 횡방향 안정을 제공하는 부재

용어	정의
횡방향스티프너	웨브에 부착되고 플랜지와 수직을 이루는 웨브스티프너
횡방향철근	매입형 합성기둥에서 강재코어 주위의 콘크리트를 구속하는 역할을 하는 폐쇄형 타이나 용접철망과 같은 철근
횡지지부재	주 골조부재의 횡좌굴 또는 횡비틀림좌굴이 방지되도록 설계된 부재
횡하중	풍하중 또는 지진하중과 같이 횡방향으로 작용하는 하중
휨-비틀림좌굴	단면 형상의 변화 없이 압축부재에 휨과 비틀림변형이 발생하는 좌굴모드
휨좌굴	단면의 비틀림이나 형상의 변화 없이 압축부재가 휘는 좌굴모드
힘	일정 면적에 분포된 응력도의 합
k영역	k영역은 웨브와 플랜지-웨브 필렛의 접점으로부터 38mm만큼 "k" 치수를 넘어선 웨브를 포함하는 부분
K-이음	주 강관을 횡단하는 지강관 또는 접합요소의 하중이 주강관의 같은 측면에서 다른 지강관 또는 접합요소의 하중에 의해 평형을 이루는 강관이음
K형 가새골조	다이어프램이나 면외지지가 없는 위치에서 기둥과 접합된 가새로 구성된 골조
T-이음	지강관 또는 접합요소가 주 강관에 수직이고 주 강관의 횡방향 하중을 주 강관에서 전단에 의해 평형을 이루는 강관이음
V형 가새골조	보의 상부 또는 하부에 위치한 한 쌍의 대각선 가새가 보의 경간 내의 한 점에 연결되어 있는 중심가새골조. 대각선 가새가 보 아래에 있는 경우는 역V형 가새골조라고도 한다.
X-이음	주 강관을 횡단하는 지강관 또는 접합요소의 하중이 주 강관의 반대편 다른 지강관 또는 접합요소의 하중에 의하여 평형을 이루는 강관이음
X형 가새골조	한 쌍의 대각 가새들이 가새의 중간 근처에서 교차하는 중심가새골조
Y-이음	지강관 또는 접합요소가 주 강관에 수직이 아니며 주 강관을 횡단하는 하중이 주 강관에서 전단에 의해 평형을 이루는 강관이음
Y형 가새골조	Y자형의 스템 부분이 링크 역할을 하는 편심가새골조

3. 주요 기호

용어	정의
A	부재의 총 단면적, mm^2
A	기둥의 횡단면적, mm^2
A_B	콘크리트의 재하면적, mm^2
A_b	볼트공칭단면적, mm^2
A_{bi}	겹치는 지강관의 단면적, mm^2
A_{bj}	겹친 지강관의 단면적, mm^2
A_C	콘크리트 단면적, mm^2
A_C	유효폭 내의 콘크리트 단면적, mm^2
A_e	유효순단면적, mm^2
A_{eff}	감소된 유효폭(b_e)을 고려하여 산정한 유효단면적의 합
A_{fc}	압축플랜지의 단면적, mm^2
A_{fg}	플랜지의 총 단면적, mm^2
A_{fn}	인장플랜지의 순단면적, mm^2
A_{ft}	인장플랜지의 단면적, mm^2
A_g	부재의 총 단면적, mm^2
A_g	설계 벽두께를 기초로 한 강관의 전 단면적, mm^2
A_g	합성부재의 총 단면적, mm^2
A_{gt}	인장저항 총 단면적, mm^2
A_{gv}	전단저항 총 단면적, mm^2
A_n	부재의 순단면적, mm^2
A_{nt}	인장저항 순단면적, mm^2
A_{nv}	전단저항 총 단면적, mm^2
A_p	핀의 단면적, mm^2
A_{pb}	투영된 지압면적, mm^2
A_r	콘크리트 슬래브의 유효폭 내에 있는 적절하게 정착된 길이방향 철근의 단면적, mm^2
A_s	강재단면적, mm^2

용어	정의
A_{sc}	스터드커넥터의 단면적, mm^2
A_{sh}	띠철근의 최소단면적, mm^2
A_{sp}	합성전단벽의 강판수평단면적, mm^2
A_{sr}	연속길이방향철근의 단면적, mm^2
A_{st}	스티프너의 단면적, mm^2
A_{sf}	$2t(a+d/2)$, mm^2
A_w	용접유효면적, mm^2
A_w	웨브의 단면적, 부재전체춤 d와 웨브의 두께 t_w의 곱(dt_w), mm^2
A_1	베이스 플레이트의 면적, mm^2
A_2	베이스 플레이트와 닮은꼴인 콘크리트 지지부분의 최대면적, mm^2
B	접합평면과 90°를 이루는 각형 강관의 폭, mm
B	접합평면과 90°를 이루는 각형 주강관의 폭, mm
B_b	접합평면과 90°를 이루는 각형 지강관의 폭, mm
B_{bi}	겹치는 지강관의 폭, mm
B_p	접합평면과 90°를 이루는 판폭, mm
C	강관의 비틀림상수
C_b	횡좌굴모멘트수정계수
C_r	횡처짐좌굴상관계수
C_w	뒤틀림 상수, mm^6
C_v	웨브의 전단상수
C_m	골조의 횡변형이 발생하지 않을 때의 계수
D	강관의 외경, mm
D	부재의 외경, mm
D	설계하중에 의한 1차 층간변위
D	원형 강관의 외경, mm
D	원형 주강관의 외경, mm
D	주강관의 외경, mm
D_b	원형 지강관의 외경, mm
D_b	지강관의 외경, mm
D_s	플레이트거더에 사용되는 수직스티프너의 종류와 관계있는 계수

용어	정의
D/L	구조물의 모든 층에 대한 최대 L에 대한 D의 비
E	강재의 탄성계수, MPa
E_c	콘크리트의 탄성계수 $0.043w^{1.5}\sqrt{f_{ck}}$, MPa
E_s	강재의 탄성계수, MPa
EI_{eff}	합성단면의 유효강성, $N \cdot mm^2$
F_a	축방향응력, MPa
F_{bw}	주축에 대한 가용휨응력도, MPa
F_{bz}	약축에 대한 가용휨응력도, MPa
F_c	가용응력, MPa
F_{cr}	해석에 의해 결정된 단면의 좌굴응력, MPa
F_{crz}	$= \dfrac{GJ}{A_g \overline{r_0^2}}$
F_e	탄성좌굴응력, $\dfrac{\pi^2 E}{\left(\dfrac{KL}{r}\right)^2}$
F_{ex}	$= \dfrac{\pi^2 E}{\left(\dfrac{K_x L}{r_x}\right)^2}$
F_{ey}	$= \dfrac{\pi^2 E}{\left(\dfrac{K_y L}{r_y}\right)^2}$
F_{ez}	$= \left(\dfrac{\pi^2 E C_w}{(K_z L)^2} + GJ\right) \dfrac{1}{A_g \overline{r_0^2}}$
F_L	형강의 잔류응력을 고려하여 공칭강도의 산정에 이용된 응력, MPa
F_n	공칭비틀림강도, MPa
F_n	공칭인장응력, MPa
F_{nt}	공칭인장응력, MPa
F_{nt}'	전단응력의 효과를 고려한 공칭인장응력, MPa
F_{nv}	공칭전단응력, MPa
F_u	강재의 인장강도, MPa
F_u	강관의 인장강도, MPa

용어	정의
F_u	강관부재의 극한강도, MPa
F_u	인장강도, MPa
F_u	스터드커넥터의 설계기준인장강도, MPa
F_u	피접합재의 공칭인장강도, MPa
F_w	용접모재의 공칭강도, MPa
F_y	강재의 항복강도, MPa
F_y	강관의 항복강도, MPa
F_y	기둥 웨브의 명시된 최소항복응력, MPa
F_y	주강관의 항복강도, MPa
F_{yb}	지강관의 항복강도, MPa
F_{yh}	띠철근의 공칭항복강도, MPa
F_{ybi}	겹치는 지강관 재료의 항복응력, MPa
F_{yf}	플랜지의 항복응력, MPa
F_{yp}	판재의 항복강도, MPa
F_{yr}	철근의 설계기준항복강도, MPa
F_{yst}	스티프너의 설계항복강도, MPa
F_{yw}	웨브의 항복응력, MPa
G	강재의 전단탄성계수, 77,200MPa
H	접합평면에서 측정한 각형 주강관의 춤, mm $H = 1 - \dfrac{x_0^2 + y_0^2}{\overline{r}_0^2}$
H_b	접합평면에서 측정한 각형 지강관의 춤, mm
H_{bi}	겹치는 지강관의 춤, mm
I	휨평면에 대한 관성모멘트, mm^4
I_c	콘크리트단면의 단면2차모멘트, mm^4
I_s	강재단면의 단면2차모멘트, mm^4
I_{sr}	철근단면의 단면2차모멘트, mm^4
I_x	x축에 대한 단면2차모멘트, mm^4
I_y	y축에 대한 단면2차모멘트, mm^4

용어	정의
I_{yc}	y축에 대한 압축플랜지의 단면2차모멘트 또는 복곡률의 경우 압축플랜지 중 작은 플랜지의 단면2차모멘트, mm^4
I_{yc}	압축력을 받는 플랜지의 y축에 대한 단면2차모멘트 또 역곡률휨의 경우 작은 플랜지에 대한 단면2차모멘트, mm^4
I_z	약축에 대한 단면2차모멘트, mm^4
J	비틀림상수, mm^4
K	유효좌굴길이계수
K_z	비틀림좌굴에 대한 유효좌굴길이계수
$\left(\dfrac{KL}{r}\right)_m$	조립부재의 수정된 기둥세장비
K_1	횡방향으로 구속된 골조에 대해 산정한 휨평면에 대한 유효길이계수
K_2	횡방향으로 구속되지 않은 골조에 대해 산정한 휨평면에 대한 유효좌굴길이계수
L	부재의 비지지 길이, mm
L	중심라인에서 작업구간 사이의 부재길이, mm
L	층고
L	횡좌굴에 대한 비지지 길이, mm
L_b	횡지지 길이, mm
L_b	보의 비지지 길이, mm
L_c	ㄷ형강 시어커넥터의 길이, mm
L_c	하중방향 순간격, 구멍의 끝과 피접합재의 끝 또는 인접구멍 끝까지의 거리, mm
L_e	각형 강관에서 맞댐용접과 모살용접의 총 유효길이, mm
L_v	최대전단력작용점과 전단력이 0인 점 사이의 거리, mm
M_A	비지지 구간에서 1/4지점의 모멘트
M_B	비지지 구간에서 중앙부의 단부모멘트
M_C	비지지 구간에서 3/4지점의 모멘트
$M_{c(x,y)}$	휨강도, N·mm
M_{cx}	강축휨에 대한 휨-비틀림강도, N·mm
M_e	탄성횡좌굴모멘트
M_{lt}	골조의 횡변위가 발생할 때의 1차 모멘트
M_{max}	비지지 구간에서 모멘트 중 가장 큰 값

용어	정의
M_n	공칭휨모멘트
M_{nt}	골조의 횡변위가 발생하지 않을 때의 1차 모멘트
M_p	소성휨모멘트, N·mm
M_r	소요휨강도, N·mm
M_{r-ip}	하중조합을 사용하는 지강관의 소요면 내 휨강도, N·mm
M_{r-op}	하중조합을 사용하는 지강관의 소요면 외 휨강도, N·mm
M_u	하중조합을 사용하는 주강관의 소요휨강도, N·mm
M_y	항복휨모멘트, N·mm
N	강관축과 나란한 하중지지 길이, mm
N	집중하중이 작용하는 폭(다만, k보다 작지 않아야 함), mm
N_b	인장력을 받는 볼트의 수
N_s	전단면의 수
O_v	오버랩 접합계수
P_c	압축강도, N
P_c	설계축방향압축 또는 인장강도, N
P_{co}	면 외 휨을 고려한 압축강도, N
P_{e1}	횡방향으로 구속된 부재의 탄성좌굴저항
P_{lt}	골조의 횡변위가 발생할 때의 1차축 강도
P_n	공칭인장강도, N
P_{nt}	골조의 횡변위가 발생하지 않을 때의 1차축강도
P_o	세장효과를 고려하지 않은 공칭압축강도, N
P_o	편심이 없는 합성기둥의 공칭축강도, N
P_p	콘크리트의 공칭지압강도, N
P_r	소요압축강도, N
P_u	합성기둥의 소요축 강도, N
P_y	기둥의 축방향 하중강도, N
P_y	부재의 항복강도
Q_f	주관-응력상관변수
Q_n	시어커넥터 1개의 공칭강도, N

용어	정의
Q_a	세장한 구속판 요소의 저감계수 $=\dfrac{A_{eff}}{A}$
Q_s	세장한 비구속판 요소의 저감계수
R	반응수정계수
R_a	허용강도설계법의 요구강도
R_g	그룹의 효과를 고려한 계수
R_m	단면형상계수
R_n	공칭강도 =1.0(가새골조구조시스템) =0.85(모멘트골조 및 혼합골조)
R_p	시어커넥터의 위치에 따른 효과를 고려한 계수
R_{pg}	휨강도감소계수
R_u	하중저항계수설계법의 요구강도
S	탄성단면계수, mm^3
S_c	휨축에 대한 다리 압축부분의 탄성단면계수, mm^3
S_{eff}	압축플랜지의 유효폭 b_e에 대한 유효단면계수, mm^3
S_x	강축에 대한 탄성단면계수, mm^3
S_{xc}	압축플랜지의 탄성단면계수, mm^3
S_{xe}, S_{xt}	플랜지의 탄성단면계수, mm^3
$S_{xt}S_{xc}$	인장과 압축 플랜지에 대한 단면계수, mm^3
S_y	ㄷ형강의 경우 최소 단면계수, mm^3
T_c	비틀림강도, $N \cdot mm$
T_n	공칭비틀림강도, $N \cdot mm$
T_o	설계볼트장력, kN
T_r	소요비틀림강도, $N \cdot mm$
T_u	하중저항계수설계법의 하중조합에 의한 인장력, kN
U	전단지연계수
V	기둥에 작용하는 전단력, N
V'	시어커넥터에 의해 전달되는 전단력, N
V_c	전단강도, N

용어	정의
V_c	$\Phi_v V_n$ 설계전단강도, N
V_n	공칭전단강도, N
V_{ns}	합성전단벽 내 강판의 공칭전단강도, N
V_r	스티프너 설치 지점의 소요전단강도, N
V_r	하중저항계수설계법의 하중 조합을 사용한 소요전단강도, N
Y_{con}	강재보의 상부에서 콘크리트슬래브 또는 외피재의 상부까지의 거리, mm
Y_{PNA}	콘크리트의 최대압축섬유에서 소성중립축까지의 최대거리, mm
Z	소성단면계수, mm^3
Z_b	휨축에 관한 지강관의 소성단면계수, mm^3
Z_x	x축에 대한 소성단면계수, mm^3
a	보강스티프너의 간격, mm
a	접합재 사이의 거리, mm
a	핀구멍의 연단으로부터 힘의 방향과 평행하게 측정한 부재의 연단까지의 최단거리, mm
a/r_i	각 개재의 최대 기둥세장비
b	압축판요소의 폭, mm
b	압축을 받는 다리부분의 외측
b	전단력을 저항하는 ㄱ형강 다리의 폭, mm
b	파스너 게이지선 사이의 간격, mm
b_{cf}	기둥플랜지의 폭, mm
b_e	감소된 유효폭
b_{eff}	유효연단거리, mm, $=2t+16mm$. 다만, 구멍연단으로부터 작용하는 힘의 직각방향으로 측정한 부재의 연단까지 거리보다 커서는 안 된다.
b_{eoi}	주강관에 용접된 지강관 면의 유효폭, mm
b_{eov}	겹친 브레이스에 용접된 지강관면의 유효폭, mm
b_f	플랜지의 폭, mm
b_{fc}	압축플랜지의 폭, mm
b_{ft}	인장플랜지의 폭, mm
b_l	ㄱ형강의 긴 쪽 다리의 길이
b_s	ㄱ형강의 짧은 쪽 다리의 길이
b_w	전단력방향과 직각으로 측정된 콘크리트단면폭과 형강폭의 차이, mm

용어	정의
d	강봉 단면의 두께, mm
d	파스너의 공칭지름, mm
d	볼트의 공칭직경, mm
d	부재의 전체 높이, mm
d	핀의 직경, mm
d	트러스 접합의 편심, mm
d_b	보의 깊이, mm
d_c	기둥의 깊이, mm
e	트러스 접합의 편심, mm
e_{mid-ht}	스터드 몸체의 바깥면으로부터 데크플레이트 웨브(데크골의 중간높이)까지의 거리이며 스터드의 하중저항 방향, 즉 단순보에서 최대 모멘트의 방향으로의 거리
f_a	소요축방향응력도, MPa
$f_{b(w,z)}$	대주축, 소주축에 대한 소요휨응력도, MPa
f_c'	콘크리트의 공칭압축강도, MPa
f_{ck}	콘크리트의 설계기준압축강도, MPa
f_v	소요전단응력, MPa
g	갭 K이음에서 용접부를 무시한 지강관 끝 사이의 간격, mm
g	파스너 게이지선 사이의 응력 수직방향 중심간격, mm
h	압연강재의 경우 모살 또는 코너 반경을 제외한 플랜지 간 순거리, 조립단면의 경우 파스너선 사이의 거리 또는 용접한 경우에는 플랜지 간 순거리, mm
h	좌굴의 부재축에 수직인 각 요소의 중심 간의 거리, mm
h_c	압연형강의 경우 중립축으로부터 압축플랜지의 내측면 거리에서 모살 또는 코너 반경을 제외한 거리의 2배 값. 조립단면의 경우 중립축으로부터 파스너선 사이의 거리 또는 용접한 경우에는 플랜지의 내측면 거리의 2배 값, mm
h_{cc}	합성기둥 내부 구속코어의 단면 치수, 횡철근의 중심 간 거리로 측정, mm
h_o	상하부 플랜지 간 중심거리
h_p	중립축으로부터 압축플랜지의 최단 파스너선 사이의 거리의 2배 값 또는 용접에 의한 경우 압축플랜지의 내면까지 거리의 2배 값, mm
h_{sc}	구멍의 종류에 따른 계수
j	수직스티프너의 최소 단면2차모멘트를 산정할 때 사용되는 계수
k	플랜지의 바깥쪽 면으로부터 웨브 플랫 선단까지의 거리, mm
k	강관 모서리의 외부반경(모르면 $1.5t$로 함), mm

용어	정의
k_c	비구속세장판요소의 계수
k_s	인장과 전단 조합 시 마찰접합의 감소계수
k_v	웨브판좌굴계수
l	지압길이
l	하중점에서 각 플랜지의 횡방향 비지지 길이, mm
n	인장력에 의한 파단선 상에 있는 구멍의 수
p	주강관에 대해 겹치는 지강관의 투영길이
q	2개의 지강관 아래에 있는 주강관의 접합면을 따라 측정된 겹친 길이
r	단면2차반경, mm
r_i	각 개재의 최소 단면2차반경, mm
r	좌굴축에 대한 단면2차반경, mm
r_{ib}	좌굴의 부재축에 평행한 중심축에 대한 각 요소의 단면2차반경, mm
r_x	접합된 다리의 단면2차반경
r_y	y축에 대한 단면2차반경
r_z	약축에 대한 단면2차반경
$\overline{r_0}$	전단 중심에 대한 극 2차 반경
$\overline{r_0^2}$	$= x_0^2 + y_0^2 + \dfrac{I_x + I_y}{A_g}$
s	두 개의 연속되는 구멍의 종방향 중심간격, mm
s	인접한 2개 구멍의 응력 방향 중심간격, mm
s	합성구조부재의 종축을 따라 배치된 횡철근의 간격, mm
t	ㄱ형 강다리의 두께
t	강관의 두께, mm
t	부재의 두께, mm
t	용접피접합재의 두께, mm
t	주강관의 두께, mm
t	휨축과 평행한 방향의 강봉단면의 폭, mm
t_b	지강관의 두께, mm
t_{bi}	겹치는 지강관의 두께, mm
b_{bj}	겹친 지강관의 두께, mm

용어	정의
t_{cf}	기둥플랜지의 두께, mm
t_{cw}	기둥웨브의 두께, mm
t_f	ㄷ형강 시어커넥터의 플랜지 두께, mm
t_f	플랜지의 두께, mm
t_{fc}	압축플랜지의 두께, mm
t_{min}	콘크리트충전각형강관의 최소벽두께, mm
t_p	부착된 직각방향 플레이트의 두께, mm
t_p	판재의 두께, mm
t_w	ㄷ형강 시어커넥터의 웨브 두께, mm
t_w	웨브 두께, mm
w	대주축 휨을 나타내는 아래첨자
w_c	콘크리트의 단위체적당 무게($1,500 \leq w_c \leq 2,500\,\mathrm{kg/m^3}$)
w_r	콘크리트리브 또는 헌치의 평균폭, mm
x	강축을 나타내는 아래첨자
x_0, y_0	중심에 대한 전단 중심의 좌표
y	약축을 나타내는 아래첨자
z	주축 휨을 나타내는 아래첨자
Δ_b	실험을 위한 가력제어하는 데 사용하는 변형량(부분골조 실험체의 경우 가새단부의 전체 회전각, 그리고 가새실험체의 경우는 가새의 전체 축변형)
Δ_{bm}	Δ_b 가운데 설계층간변위에 상응하는 변형량
Δ_{by}	Δ_b 가운데 실험체가 처음으로 상당한 항복을 할 때의 변형량
Δ_H	횡하중에 의한 1차 층간변위
Σ_H	Δ_H를 계산하는 데 사용되는 횡하중에 의한 층전단력
ΣP_{e2}	횡방향으로 구속되지 않은 골조의 좌굴해석에 의한 부재의 탄성좌굴저항
ΣP_{nt}	중력기둥하중을 포함한 중력하중의 합
α	선팽창계수
α	분리비율(separation ratio) $= h/2r_{ib}$
β	압축강도보정계수
β	폭비 - 원형 강관의 주강관에 대한 지강관 지름의 비 $= D_b/D$ - 각형 강관의 주강관에 대한 지강관 폭의 비 $= B_b/B$

용어	정의
β_{eff}	유효폭비, K 이음에서 2개 지강관의 원주를 주강관 폭의 8배로 나눈 총합
μ	평균미끄러짐계수
γ	주강관세장비 -원형 강관에서 관두께에 대한 1/2 지름의 비 = $D/2t$ -각형 강관에서 관두께에 대한 1/2 폭의 비 = $B/2t$
γ_{total}	전체 링크 회전각
ζ	갭비 -각형 강관에서 주강관폭에 대한 갭 K이음의 지강관 사이의 간격비 = g/B -각형 강관의 주강관에 대한 지강관폭의 비 = B_b/B
η	각형 강관에서만 적용할 수 있는 하중길이 변수 -주강관폭에 대한 접합평면에서 주강관과 접촉하는 지강관의 길이비 = N/B 여기서, $N = H_b/\sin\theta$
θ	지강관과 주강관 사이의 실제 각도(°)
θ	층간 변위각
λ	판폭 두께비
λ_p	콤팩트판요소에 대한 판폭 두께비 제한값
λ_{pf}	콤팩트플랜지의 한계세장비
λ_{pw}	콤팩트웨브의 한계세장비
λ_r	비콤팩트판요소에 대한 판폭 두께비 제한값
λ_{rf}	비콤팩트플랜지의 한계세장비
λ_{rw}	비콤팩트웨브의 한계세장비
ν	푸아송비
ρ_{sr}	길이방향 철근의 최소철근비
ϕ	강도감소계수
ϕ_B	콘크리트의 지압에 대한 저항계수
ϕ_b	휨저항계수
ϕ_c	압축저항계수
ϕ_t	인장저항계수
ϕ_v	전단저항계수

참고문헌

- 건축구조 설계기준 2016
- 개정 철골 구조학(김규석)-기문당
- AISC 360-05 Specification for Structural Steel Building(Thirteen Edition)
- AISC ASD Manual 9th Edition
- AISC Steel Construction Manual 13th
- AISC_DESIGN_EXAMPLES_14
- Design_Guide 01_Base Plate and Anchor Rod Design(Second Edition)
- Design_Guide 17_High Strength Bolts
- Design_Guide 21_Welded Connections-A Primer for Engineers

저자소개

서보현
- K1구조엔지니어링 소장
- 공학석사/건축구조기술사

김태영
- K1구조엔지니어링 소장
- 공학박사/건축구조기술사

공학전공 대학 및 대학원생·건축구조 실무자·
구조기술사를 위한 지침서

철골구조(KDS 14 31)

발행일		
2017. 1. 20	초판 발행	
2017. 4. 30	개정 1판1쇄	
2018. 4. 5	개정 2판1쇄	
2019. 4. 10	개정 2판2쇄	
2021. 6. 20	개정 3판1쇄	
2022. 1. 10	개정 3판2쇄	
2023. 4. 10	개정 3판3쇄	
2025. 4. 10	개정 4판1쇄	

저 자 | 김태영·서보현
발행인 | 정용수
발행처 | 예문사

주 소 | 경기도 파주시 직지길 460(출판도시) 도서출판 예문사
T E L | 031) 955-0550
F A X | 031) 955-0660
등록번호 | 11-76호

- 이 책의 어느 부분도 저작권자나 발행인의 승인 없이 무단 복제하여 이용할 수 없습니다.
- 파본 및 낙장은 구입하신 서점에서 교환하여 드립니다.
- 예문사 홈페이지 http://www.yeamoonsa.com

정가 : 32,000원

ISBN 978-89-274-5807-4 13540